中国现象学文库
现象学原典译丛

时间概念史导论

〔德〕马丁·海德格尔 著
欧东明 译

商务印书馆
2016年·北京

Martin Heidegger

Prolegomena zur Geschichte des Zeitbegriffs

ⓒ 1979 Vittorio Klostermann, Frankfurt am Main

本书根据 Vittorio Klostermann 出版社 1994 年版译出

中国现象学文库编辑委员会
（以姓氏笔画为序）

王庆节（香港中文大学哲学系）
邓晓芒（武汉大学哲学系）
关子尹（香港中文大学哲学系）
刘小枫（中山大学哲学系）
刘国英（香港中文大学哲学系）
孙周兴（同济大学哲学系）
张庆熊（复旦大学哲学系）
张志伟（中国人民大学哲学学院）
张志扬（海南大学社会科学研究中心）
张灿辉（香港中文大学哲学系）
张祥龙（北京大学现象学研究中心）
杜小真（北京大学哲学系）
陈小文（商务印书馆）
陈嘉映（华东师范大学哲学系）
庞学铨（浙江大学哲学系）
倪梁康（中山大学哲学系）
高宣扬（同济大学哲学系）
靳希平（北京大学现象学研究中心）

常务编委
（以姓氏笔画为序）

关子尹（香港中文大学）
孙周兴（同济大学）
倪梁康（中山大学）

《中国现象学文库》总序

自20世纪80年代以来,现象学在汉语学术界引发了广泛的兴趣,渐成一门显学。1994年10月在南京成立中国现象学专业委员会,此后基本上保持着每年一会一刊的运作节奏。稍后香港的现象学学者们在香港独立成立学会,与设在大陆的中国现象学专业委员会常有友好合作,共同推进汉语现象学哲学事业的发展。

中国现象学学者这些年来对域外现象学著作的翻译、对现象学哲学的介绍和研究著述,无论在数量还是在质量上均值得称道,在我国当代西学研究中占据着重要地位。然而,我们也不能不看到,中国的现象学事业才刚刚起步,即便与东亚邻国日本和韩国相比,我们的译介和研究也还差了一大截。又由于缺乏统筹规划,此间出版的翻译和著述成果散见于多家出版社,选题杂乱,不成系统,致使我国现象学翻译和研究事业未显示整体推进的全部效应和影响。

有鉴于此,中国现象学专业委员会与香港中文大学现象学与当代哲学资料中心合作,编辑出版《中国现象学文库》丛书。《文库》分为"现象学原典译丛"与"现象学研究丛书"两个系列,前者收译作,包括现象学经典与国外现象学研究著作的汉译;后者收中国学者的现象学著述。《文库》初期以整理旧译和旧作为主,逐步过渡到出版首版作品,希望汉语学术界现象学方面的主要成果能以《文库》统一格式集中推出。

我们期待着学界同仁和广大读者的关心和支持,藉《文库》这个园地,共同促进中国的现象学哲学事业的发展。

《中国现象学文库》编委会
2007 年 1 月 26 日

译者前言

本书德文版的主要文本来源是马丁·海德格尔1925年夏季学期的马堡大学讲课稿（由海德格尔本人手书但尚未按音标抄写）以及经过海德格尔授权同意并增补的西蒙·摩塞尔（Simon Moser）的听课笔记，由佩特拉·耶格尔（Petra Jaeger）负责整理、编辑并于1979年初版问世（本译本所依据的是1994年的第三版）。[①] 本书是海德格尔划时代巨著《存在与时间》的第二稿[②]，同时又被认为是海氏的一部完全独立的代表作。

相对于《存在与时间》而言，《时间概念史导论》具有其独特的重要性。而该书的最为研究者所看重的特色，就在于其中有五分之二篇幅的内容（即它的"准备性部分"）是《存在与时间》中所完全没有的。这部分内容基本上就是对胡塞尔现象学的若干重要论题的讨论，并从中开掘出了经过海氏重新表达的关于"存在本身"的问题。这是一种以比现象学本身更为现象学的方式来彻底地廓清现象学的内在趋向与问题的探析，而这些探析向我们显出了海氏本人的"现象学的本体论"得以生成的最重要的思想来源和准备。通过这个部分，我们可以看到海德格尔对胡塞尔现象学方法的积极推介与辩护，

[①] 读者若欲详知有关本书的文本来源、编辑与整理以及本书的主要论题等具体情况，可参看书末的"编者后记"。

[②] 它的第一稿是1924年的马堡大学讲课稿《时间概念》，终稿即是1927年出版的《存在与时间》本身。

也可以看到他的娴熟而精到的现象学分析的范例,同时更能够见出他对现象学的不满、批评与超越之处;此外,这部分还涉及对与现象学大有关系的两人即布伦塔诺和狄尔泰的评介,包含了对属于现象学内部的另一位重要人物马克斯·舍勒的有关讨论。鉴于海德格尔思想与胡塞尔现象学方法所具有的亲缘性,在很大程度上,这个部分构成了我们依据海氏本人的思想踪迹来理解《存在与时间》及其他著作的必须的前提(而这个部分却刚好是后者所缺失的);与此同时,这部分内容还应该是我们进一步澄清"胡塞尔－海德格尔关系"这一现代哲学史悬案的第一手重要文献。该书另五分之三的内容(即它的"主干部分"),就是海德格尔从自己特有的问题和方法出发,对时间现象所作出的独到的解释。这一部分内容就属于《存在与时间》的直接前身,但其表达方式则比《存在与时间》更为朴拙,所讨论的主题也更为集中。①

在此还需提到的是:根据本书英译者的检校,在其原始手稿与后来正式出版的文本之间,存在着为数很少但并非不重要的差异:出版物中约有10处所出现的用语"生存"(Existenz)和"生存的－本体论的"(existential-ontological),其实是海德格尔后来(主要是在修订《存在与时间》的手稿期间)所加上的。有鉴于此,英译者认为海德格尔由其早年的用语向《存在与时间》的用语的过渡原本是十分谨慎的,而《时间概念史导论》的1925年文本实际上就证实了海氏后来的反

---

① 关于本书对于理解《存在与时间》的重要性,著名的美国海德格尔研究专家、本书英文版译者 T. 克兹尔指出:"也许没有其他的课程比1925年夏季的课程更能展现它的遗传基因上的证书,从它的误导性的开头,经由它的概念谱系,再到它对古典的和基督教传统的结论性的提示,都无不如此。因而它为我们提供了第一个从谱系上去理解《存在与时间》的内容丰富的案例,这个案例甚至还要优于《存在与时间》本身……"(参见 Theodore Kisiel: *The Genesis of Heidegger's "Being and Time"*, University of California Press, 1993, p. 362.)

复辩称：走向《存在与时间》之路与其说是存在主义的，还不如说是现象学的。①

为使读者能对中译本与德文本之间的对应关系有一个了解，有必要将本书所遵循的译文"凡例"专门介绍如下（这些凡例的主要用意就在于尽量保持德文本的形式上的原貌）：

一、对原著中的重要词语和用法特别的词语，对那些具有富含意味的词根联系的相关词以及其他需要注明的词语，在译文中用小括号附上原文，例如：现成可见的（vorhanden），现成可用的（zu-handen）；惶然失所（Unheimlichkeit）。

二、原著中使用了若干古希腊语、拉丁语等语种的词语和文句。对于这些"外来语"，中译本分三类情况加以处理：

原著给出了这些词句的德文译文时，中译文一般就采用作者自己的译文，在这种情况下，采取先给出外来语原文、再以通用字体译出对这些外来语的德文翻译的办法处理，例如：substantia quae nulla plane re indigeat, unica tantum potest intelligi, nempe Deus. 唯一地满足以上所说的那种实体性的意义的存在者，只有上帝。而在作者自己的译文与通常的译法有明显差别的情况下，则先用括号内的楷体给出一般的译法，再用通用字体给出对作者的德译文的中文翻译（如果遇上完整的句子，则通常要用破折号表示后面的文句是作者自己所译出的内容），例如：nulla ejus nominis significatio potest distincte intelligi, quae Deo et creatures sit communis.（我们不可能清楚地理解，"存在"这一名称竟然具有一种相对于上帝和受造物的共同的含

---

① cf. Martin Heidegeer: *History of the Concept of Time*, Translated by Theodore Kisiel, University of California Press, 1993, p. Ⅹⅶ，Ⅹⅷ.

义。)——当人们作出这两个存在陈述时,他们不能清楚地看到:这样陈述所指的是两个相同的东西。

原著中紧跟着外来语又并列地使用了德文的同义词时,中译本(为避免重复)就不再专门给出这些外来语的中文翻译,在这种情况下中译本的字体不变,只是通常要在外来词后加上一个"即"字,以示后面的词是与前面的词相对应的同义词。例如:proprietas 即属性。

原著中单独使用外来词时(既没有给出这些词句的德语译文,也没有与之并列使用的德语同义词),中译本才会专门附上它们的中文译文。在这种情况下,中译本用括号内的楷体字予以处理。例如:φωνη ηετα φαντασια(后于视像的声音)。

三、为了标示出原文中隐含的省略和不易看出的指代关系,中译本加上了一些补足文句和语气的词。在这种情况下,译本用括号内的楷体字予以表示,例如:人们会说,(在上面关于幻觉的例子中)汽车事实上完全不是现成可见的。

四、原著使用斜体字来表示强调,中译本则使用着重符号来标示这些得到强调的地方。例如:"众人"刚好就是那永远不死和永远无能去死的东西。

五、对于那些非一般用法的、大多为作者所铸造的词或词组,中译文有时要加上引号,以示那是一个专门的和完整的用语,例如:"要有良知"(Gewissenhabenwollen)、"在-已经-寓于某物-存在-之际-先行于-自身-存在"。

最后,建议读者在阅读正文之前,先行参看书末由中译者所编制的附录"德-汉术语对照表"、"古希腊语-汉语词语对照表"和"拉丁语-汉语词语对照表"以及正文之后的"编者后记"。对于某些新用的和新铸的译名,德汉词语对照表中给出了若干必要的注解。

至少对于海德格尔早期著作的翻译而言，由熊伟先生校、陈嘉映及王庆节合译的《存在与时间》中译本实已提供了一个坚实的基础，设若没有这一先行的津梁之便，本书的翻译势将极难设想。此外，本译本或直接或间接地领受张祥龙师的启示甚多。而在遇到德文本的太过难解的文句之时，本人在首先试译出德文之后还参考过 T. 克兹尔先生的英译本，为此特地致谢。思想如行远道，对思想的翻译如临深渊。本人诚请读者尽量指出拙译的任何错误、不当与不善之处，以利于来日进一步加以修正。

欧东明　于四川大学望江校区
2007 年 11 月

目　　录

导言　讲座的课题及其探索方式 ················· 1
　第一节　作为科学对象域的自然和历史 ············· 1
　第二节　以时间概念史为线索的关于历史和自然的现象
　　　　　学引论 ··························· 6
　第三节　讲座的大纲 ······················· 9

准备性部分　现象学研究的意义和任务

第一章　现象学研究的兴起与初步突破 ············· 13
　第四节　十九世纪下半叶哲学的形势。哲学与科学 ······ 13
　　　a）实证主义的立场 ···················· 16
　　　b）新康德主义——从科学论立场重新发现康德 ····· 17
　　　c）对实证主义的批判——狄尔泰对于人文科学独立方法的探求 ··· 18
　　　d）文德尔班和李凯尔特对狄尔泰问题的肤浅化处理 ······· 19
　　　e）哲学作为"科学的哲学"——作为哲学基础科学的心理学
　　　　（关于意识的学说） ·················· 20
　　　　　α）弗兰茨·布伦塔诺 ················ 21
　　　　　β）埃德蒙德·胡塞尔 ················ 27

第二章　现象学的基本发现，它的原则和对其名称的阐明 ······· 31
　第五节　意向性 ························· 31

a）作为体验之结构的意向性：对此的揭示和初步阐明 …………… 33
　　　b）李凯尔特对现象学与意向性的误解 …………………………… 37
　　　c）意向性本身的根本枢机 ………………………………………… 43
　　　　α）感知中的被感知者：自在自足的存在者（寰世物、自然物、
　　　　　　物性） ……………………………………………………… 44
　　　　β）感知中的被感知者：被意向状态的方式（存在者的被感知
　　　　　　状态，亲身具体的 – 在此之特征） ……………………… 48
　　　　γ）关于意向性基本性向之为 Intentio（意向行为）与 Intentum
　　　　　　（意向对象）之共属一体的初步阐明 …………………… 54
　第六节　范畴直观 ………………………………………………………… 59
　　　a）意向式意指与意向式充实 ……………………………………… 61
　　　　α）自证作为呈示性的充实 ……………………………………… 61
　　　　β）明见作为自证性的充实 ……………………………………… 63
　　　　γ）真理作为呈示性的自证 ……………………………………… 64
　　　　δ）真理与存在 …………………………………………………… 67
　　　b）直观与表达 ……………………………………………………… 70
　　　　α）感知的表达 …………………………………………………… 71
　　　　β）简捷的和多层的行为 ………………………………………… 77
　　　c）综合行为 ………………………………………………………… 81
　　　d）观念直观行为 …………………………………………………… 87
　　　　α）防止各种误解 ………………………………………………… 90
　　　　β）这一发现的意义 ……………………………………………… 94
　第七节　先天的原初含义 ………………………………………………… 95
　第八节　现象学的原则 …………………………………………………… 100
　　　a）"朝向事情本身"这一座右铭的意义 …………………………… 100
　　　b）现象学自我理解为对先天的意向性的分析性描述 …………… 104
　第九节　对"现象学"这一名称的阐明 ………………………………… 106
　　　a）对这个名称各构成成分源本含义的阐明 ……………………… 107

　　　　α) φαινομενον（现象）的源本含义 …………………… 107
　　　　β) λογοσ（逻各斯）的源本含义［λογοσ αποφαντικοσ（陈示性逻各斯）与 λογοσ σημαντικοσ（意会性逻各斯）］………… 111
　　b) 关于"现象学"的意义整体的规定和与之相切合的研究 …… 114
　　c) 排除几种对于现象学的典型误解——这些误解就产生于"现象学"这个名称 …………………………………… 118

第三章　现象学研究的最初成型和对现象学的一种既深入其里又超出其外的彻底思考的必要性 ……………… 120

第十节　课题域的厘定：关于意向性的基本规定 ………… 121
　　a) 解释胡塞尔和舍勒对现象学课题域的界划和对现象学研究视域的限定 ……………………………………… 121
　　b) 关于课题域之本源结构的基本思考：将纯粹意识看作独立的存在领域加以廓清 …………………………… 126

第十一节　现象学研究的内在批判：有关纯粹意识四个规定的批判性讨论 ……………………………………… 136
　　a) 意识是内在的存在 ……………………………………… 138
　　b) 意识是在绝对的被给予性意义上的绝对的存在 ……… 138
　　c) 意识是在 "nulla re indiget ad existendum"（无需存在者也可达到存在）意义上的绝对既与的存在 ………… 139
　　d) 意识是纯粹的存在 ……………………………………… 141

第十二节　现象学耽误了对作为现象学研究基本领域的意向式存在者之存在的追问 …………………… 144

第十三节　现象学耽误了对存在的意义本身和对人的存在的追问 ……………………………………………… 153
　　a) 与自然主义心理学相对，关于现象学的必要的界定以及对这种心理学的克服 …………………………… 155

b) 狄尔泰的"人格主义心理学"尝试——他的作为人格之人的
　　　　观念 ………………………………………………………… 157
　　c) 胡塞尔在《逻各斯－论文》中对人格主义倾向的接纳 …… 160
　　d) 在现象学基础上对人格主义心理学的原则性批判 ……… 167
　　e) 舍勒规定行为与行为实行者之存在方式的不成功尝试 … 170
　　f) 上述批判性思考的结论:对存在本身的问题和意向式存在者
　　　　之存在问题的耽误植根于此在本身的沉沦 ……………… 173

主干部分　时间现象的分析和时间概念的界定

第一部　对研究领域的准备性描述,借此显露时间现象

第一章　植根于存在追问的现象学 ……………………………… 183
　第十四节　依据对现象学原则之意义的一种彻底的理解
　　　　　　而对存在问题所作的阐发 ……………………… 183
　　a) 把传统接受为真正的重演 ………………………… 186
　　b) 通过对存在本身的问题的批判性思考而对现象学的课题
　　　　域、它的科学的研究方式以及今日现象学的自我理解作出
　　　　修正 ……………………………………………………… 188
　　c) 依循时间线索展开存在问题 ………………………… 190

第二章　通过对此在的初步阐释厘定存在问题 ………………… 193
　第十五节　存在问题起源于此在的无规定的前理解——
　　　　　　存在问题与存在理解 ………………………… 193
　第十六节　存在问题的问题结构 ……………………………… 195
　第十七节　存在问题与发问的存在者(此在)之间的关联 …… 199

第三章　由此在的日常状态出发对此在进行最切近的阐释。
　　　　此在的根本枢机即为在－世界－中－存在 …………… 204

第十八节　寻获此在根本枢机所具有的基本结构 ………… 205
　　a）此在处于一种"当下切己的-去-存在"之中 ………… 206
　　b）此在的日常状态即是以当下切己的方式"去-存在" …… 209
第十九节　此在的根本枢机之为在-世界-中-存在。
　　　　　此在的"之中-在"与现成之物的"处于其中" …… 212
第二十节　认知作为此在的"之中-在"的派生样式 ………… 217
第二十一节　世界的世间性 …………………………………… 228
　　a）世界的世间性就是让此在能够与之际会的那个"其间" … 229
　　b）寰世的世间性：寰围，由世间性所构成的"寰"的原初空间
　　　　特性 …………………………………………………… 232
第二十二节　以笛卡儿为例表明传统哲学跳过了世界的
　　　　　　世间性问题 ……………………………………… 234
第二十三节　对世界的世间性基本结构的正面显示 ………… 255
　　a）世界的际会特性之分析（指引，指引整体，熟信，"常人"）…… 256
　　b）寰世的际会结构之分析：照面特性本身现象上的奠基关系 …… 261
　　　α）对操持所及的寰世的更确切的现象学解释——生产世界 262
　　　β）生产世界所特有的让最切近的寰世物照面的际会功
　　　　用——现成可用之物特有的实在性品格 ………… 266
　　　γ）生产世界特有的际会功用：让总是已然在此的现成可见之
　　　　物照面 ………………………………………………… 273
　　c）将世间性的根本结构规定为意蕴 ……………………… 275
　　　α）把指引现象看作实体与功能的错误解释 ………… 276
　　　β）作为意蕴的世界所具有的际会结构之意义 ……… 277
　　　γ）意蕴、标记、指引、关联现象之间的相关性 ……… 281
　　　δ）理解性、操持性的在-世界-中-存在开显出了作为意
　　　　蕴的世界 ……………………………………………… 288
第二十四节　外部世界实在性问题的内在结构 ……………… 295

a) 外部世界的实在存在超拔于一切关于其存在的证据和信念之上 296

b) 实在之物的实在性(世界的世间性)不是依据它的对象化状态和被把捉状态而获得规定的 300

c) 实在性不能通过"自－在"得到解释,而自在这一特性本身恰好还需要解释 302

d) 实在性不是根据被感知者的物体形质而原本地获得理解的 303

e) 实在性不是根据作为驱动与追求之对象的阻力现象而获得充分阐明的 304

第二十五节 世界的空间性 309

a) 去远、场域、定向彰显出了寰围本身的现象结构 311

b) 此在本身源本的空间性:去远、场域、定向是此在作为"在－世界－中－存在"的存在规定 315

c) 寰世与寰世空间的空间化——例如莱布尼茨以数学方法规定的空间与广延 325

第二十六节 在－世界－中－存在之"谁" 327

a) 此在作为共在;作为共同此在的他人之存在(对同感论的批判) 329

b) 常人:作为日常状态中的相互共存之"谁" 338

第四章 对之中－在的更为原初的阐释:此在的存在即为牵挂 348

第二十七节 "之中－在"与牵挂——纲要 348

第二十八节 开觉现象 350

a) 此在在它的世界中所具有的开觉状态之结构:现身情态 350

b) 开觉状态之形诸存在:理解 357

c) 理解在解释中的成型 361

d) 言说与语言 ································· 363
　　　α) 言说与聆听 ····························· 368
　　　β) 言说与缄默 ····························· 370
　　　γ) 言说与闲谈 ····························· 372
　　　δ) 言说与语言 ····························· 375

第二十九节　沉沦作为此在的一种基本动向 ············ 378
　　a) 闲谈 ·· 378
　　b) 好奇 ·· 380
　　c) 模棱两可 ··································· 385
　　d) 沉沦所固有的动向特征 ····················· 390
　　e) 以沉沦状态为视野来考察此在的基本结构 ···· 391

第三十节　惶然失所的结构 ······················· 393
　　a) 逃逸和惧怕现象 ··························· 393
　　　α) 从惧怕的四种本质环节考察,惧怕作为在某物面前的害
　　　　怕 ····································· 395
　　　β) 惧怕的各种变形 ······················· 399
　　　γ) 在缘何而怕意义上的惧怕 ··············· 400
　　b) 惶恐与惶然失所 ··························· 401
　　c) 以此在的根本枢机即牵挂为先导对沉沦和惶恐(惶然失所)
　　　进行原初的解释 ··························· 406

第三十一节　牵挂作为此在的存在 ··················· 408
　　a) 对牵挂的分环结构的规定 ··················· 408
　　b) 驱迫与趣向现象 ··························· 411
　　c) 牵挂与开觉状态 ··························· 413
　　d) 牵挂与理解和解释中的"先"特征(先有、先见、先执) ···· 415
　　e) Cura(牵挂女神)寓言作为有关此在的一种原初的自我解释
　　　的证据 ···································· 419
　　f) 牵挂与意向性 ······························ 423

第二部　解释时间本身

第三十二节　基本的此在分析的成果与任务：厘定存在本身的问题 ········· 426

第三十三节　开辟对作为整体的此在进行现象学解释这一课题的必要。死亡现象 ········· 429

第三十四节　对作为此在现象的死亡的现象学解释········· 436
    a) 日常状态的存在样式中死亡的极端可能性 ········· 441
    b) 此在朝向死亡的原本的存在干系 ········· 444

第三十五节　"要有良知"现象与负罪现象········· 445

第三十六节　作为存在的时间，在其中此在能够成为它的整体 ········· 447

编者后记 ········· 449
附录一　德-汉术语对照表 ········· 454
附录二　古希腊语-汉语词语对照表 ········· 460
附录三　拉丁语-汉语词语对照表 ········· 461

导言　讲座的课题及其探索方式

第一节　作为科学对象域的自然和历史

我们首先需要赢得有关本讲座课题内容和适合于这一课题的探索方式的理解,而这一理解就将通过对本讲座副标题即《关于历史与自然的现象学引论》所作的一种阐明而得以实现。严格地讲,这一表述所意指的,是那种应当先行就已道明并得到界定的东西。因此,为了能够在本著中建立一门有关自然和历史的现象学,我们就要对那一开始就必须获得昭揭的东西加以探察。我们将经由关于自然和历史的现象学的应有之义,来获知究竟什么是所谓的 Prolegomena（引导）。

在说到历史和自然这两个概念之际,我们首先想到的是诸科学各自具有的对象域,它们分别由经验科学的两大主要学科群（自然科学与人文科学、文化科学、历史科学）加以研究。我们习惯于并且乐于通过研究历史和自然的科学而去理解历史和自然。但这样一来,我们就恰好只是在历史和自然之为科学的专题对象这个限度以内,去了解历史和自然。然而这一点却并未获得决定:一个对象领域（Gegenstandsgebiet）是否也必然向我们提供了一个原本的课题域（Sachfeld）,出自此课题域,科学的课题才得以塑造成型。即便当历史科学在讨论历史之际,这也并不意味着:在科学之中得到理解的历史,就必定是原本的历史现实,而这首先不意味着:关于历史性现实的历史学知识,可以见出在历史性(Geschichtlichkeit)意义上的历史。科学所可能具有的对一个课题域的开显方式,很可能依然必定是对它的本质的一种锁闭,而如果它只想满足于它所专属的任务,那就必定是一种锁闭。在目前讨论的案例中,两个领域的分割就已经标明:一种原初和统一的课题联系依然处于障蔽之中,而通过对处于人类生存(Dasein)整体中的自然和历史的某种事后的拼接,是永远也不能重新赢得这一联系的。

上述分野是从科学那里产生出来的;而基于这里所说的对象领域,自然和历史则得到了等量齐观。但是,关于历史和自然的现象学,则恰好应当开显出在科学式探询之先所显出的那种现实,而这样的一种现实就预先规定了现象学之所是:不是有关人文科学和自然科学的现象学,也不是关于作为科学之对象的历史和自然的现象学,而是有关历史和自然所秉有的原初的存在方式与枢机(Verfassung)的一种现象学式的开显。通过此一开显,才能为关于科学的理论开创一个地基,而这一科学论将首先根据前理论的经验来对科学的起源作出解释,其次将显明科学通达那已然既有的现实的探索方式,最后将规定在这样的一种探索中所生长起来的概念构造。由于某种程度上只有在逾越科学之际我们才能朝向现实(自然以及历史)推进,故而这一对于现实的前科学的、真正哲学式的开显,就当成为一种我所称作的生产性逻辑,这是一种对于诸科学之可能的对象域的先行的开显和概念的穿透。它不像传统的科学学说那样,为了对科学的结构加以研究,而去步一种偶然的、历史上已有的科学这种既定事实之后尘;相反,它是这样的一种逻辑:它先行投入一门可能的科学的原初的课题域,并通过对此课题域所具有的存在枢机的开显而预制出这一科学之可能对象的根本结构。这是在柏拉图和亚里士多德的研究中获得成型的那种本源逻辑的工作程序——虽然它还只是在一种相当狭窄的限度内成型的。而自此以后，逻辑的概念就走样变形，不再为人所理解了。因而，现象学就具有了如下任务：让那先于科学加工的课题域成为人们所能理解的，在此基础上，才可使现象学本身成为人们所能理解的。

经由关于现有科学的理论这一途径并不能朝向课题领域有所推进，这一点可由得到了合理理解的当今科学危机的意义予以表明。今天，人们在两重意义上谈论着一种科学的危机：首先，今天的人们，尤其是年轻人感到，他们正在丧失与科学的一种源本的关系。当人们回忆起那场由马克斯·韦伯的讲座所引发的讨论，就会对科学及其意义真正地产生怀疑。人们把马克斯·韦伯的立场看作是怀疑的和无助的立场，他们试图通过构建一种关于科学的神话式理解来为科学建立一种世界观，由此重新给科学和科学研究赋予意义。

而原本的危机则存在于科学本身之中，它表现在：各专门科学与它们所探究的实事之间的根本关系已经成为了问题。在与实事的根本关系变得不确定之际，出现了一种强烈的对所探询的实事之根本结构加以先行思考的趋势，这就是说：要消除各门科学基本概念的不确定性，或者要根据关于实事的更源始的认识来确定这些基本概念。真正的科学进步仅仅发生在出现了危机的领域，而由于历史性的人文科学还尚未达到足以发生革命这种成熟程度，其中就不存在上述危机。

据此，今天所有科学的危机就都是植根于这样的一种倾向之中：它要以源本的方式重新赢取诸科学的各自的对象领域，亦即要推进到这些科学的研究必当纳入其课题范围的课题域之中。

在此普遍的危机中，出现了一种什么样的任务？什么东西应当获得完成——这种完成又怎样才是可能的？

唯当我们对危机所具有的科学方法上的意义赢得了明白的见解，并且洞见到：要开辟出源初的课题领域，就需要一种与在具体科学本身当中所通行的那种理解方式和解释方式根本不同的全新的理解方式和解释方式,借此上述危机才有可能被导向一条在科学上富有成果的和可以确定地加以驾驭的道路。在此危机中,科学的研究承担了某种哲学式的角色。正是在这个地方,科学说道:它需要一种源本的解释,而靠它自身却又无力办到。

如果要依照各专门科学的次序来简略地指明其中的困境(就像我们这里所随便列举的几门科学那样),那么,当今数学中的危机就最具有典型的意义,人们在强调的意义上将其称为基础性危机。在数学中存在着一种形式主义与直觉主义的争论。在此争论中人们所追问的是:数学科学的基础是否就奠定在形式命题之上?简单地讲,上面的表述是说:从形式命题出发,作为公理系统的其余全部命题能够被演绎出来——这就是希尔伯特的立场。而与此相反的、主要受到了现象学影响的立场,则提出了如下问题:在最终的意义上,那最初既有的东西是否就是各种对象的特定的结构本身(在几何学中,连续统就先于例如微分分析和积分分析中的科学的探询),如布劳威尔和魏尔的学说所宣称的那样?所以,在表面上最为稳固的科学中,也出现了一种整个学科朝向新的、更本源的基础转移的趋势。

在物理学中也通过相对论而出现了革命,而相对论的意义无非在于:要将自然所具有的不依赖于任何规定和探询而存在的源本的联系揭示出来。那自称为相对论的理论,就是一种关于相对性的理论,也就是一种关于通达条件和把捉方式的理论,对这种理论可以如此表述:在这一通过确定的时-空测量方式通达自然的过程中,依然可以保持运动规律的不变性。相对论不是要成为某种相对主义,相反,它原本的意图恰好就是:经由引力问题(而引力问题又被集中为物质问题)这一迂回之路去揭示自然之自在。

在生物学中,人们同样进行着对生命的基本成分进行思考的尝试。人们试图摆脱那种将生命物当作躯体把握并借此机械地加以规定的成见。活力论也局限于上述成见之内,因为它试图用机械的概念来规定生命活能。如今人们还在努力去弄清"生命体"、"有机物"这一实体的含义,以图由此获得具体研究的指针。

今天,人文科学由于追问历史的现实本身的问题而陷入了一种不安定状态。在文学史中我们听到温格尔的重要宣称:作为问题史的文学史。在这个领域进行着这样的尝试:越过一种单纯的史学式－文学式－艺术式的描述,而推进到一种关于所描述的事态的历史。

神学也意欲通过一种信仰的更新,也就是通过更新与现实(这现实就是神学的主题)之间的根本干系,来推进到对于人的趋向上帝之存在的一种源初的解释,也就是推进到把有关人的基本问题从传统的教条体系中剥离出来。因为这个教条体系在根本上以一种哲学的体系和一套概念的东西为基础,根据其意义,这套哲学和概念既把关于人的问题也把关于上帝的问题,尤其是把人与上帝的关系问题提到了首位。

我们已经可以看到,为了打通那种与实事本身的源始的联系,各门科学都在奋力地开路前行。至于科学革命的实现过程所走过的步伐,在各门科学那里则是各不相同的,而这是因为被经验者与经验行为的存在方式在各门科学那里互不相同,因为事态(Sachverhalt)就存在于与人本身之间的特定的根本关系(Grundverhaltnis)之中,因为科学本身无非就是人(即此在)本身的这样一种具体的可能性:在科学中,此在是在对自身处其中的世界、对自己本身加以言述。据此,如果说科学并非一种偶然任意的大胆行为,它的权利并不是仅仅建基于它对流传至今的传统套路的遵循,而毋宁说,就其意义而言,科学的权利在于:它是基于人的此在而赢得它的存在可能性的,那么,决定性的问题以及上述危机由之而得到回应的契机就在于:在其被一种特定的科学式探问加以遮蔽之先,将我们所探究的实事本身纳入一种源初的经验之中。在此,我们仅限于在历史和自然这两个对象域去打通这种源初的经验,其目的就在于廓清这两个对象域的源初的存在方式。

第二节　以时间概念史为线索的关于历史和自然的现象学引论

前面我们只是依据两个领域的科学而作出的关于课题任务的解说还是粗浅的,还没有进入原本的课题对象本身。我们寻求对历史和自然加以揭示,以便在科学化的加工之前去看到它们,以便去看到两个领域的原本的现实。而这就是说:我们要获得历史和自然由之才能以获得崭露的那样一个视域。此视域本身应当是历史和自然由之而得以崭露的一个事相的领域,而《关于历史和自然的现象学引论》所要去从事的就是对这一领域的阐释。现在,我们就将尝试沿着时间概念史这一路径,去切实地进行对事相(它们就存在于历史和自然之先,而历史和自然由之出发才赢得其存在)的阐释。

率先一看,这是一条显得陌生的途径,或者无论如何都像是一条迂回之路。但是,当我们联想到,甚至只是表面化地联想到:历史的现实以及自然的现实都是一种处在时间之中的过程之链(传统上对它们就是如此理解的),那么对上述途径的陌生感就会马上消失。在自然科学中,尤其是在其基本学科物理学中,时间测量乃是对象规定的一个基本环节。而如果没有一部编年史、一种时间排序,对历史现实的研究就将在根本上成为不可设想的。仅仅就表面而言,可以说历史和自然就是时间性的。人们倾向于将这一时间性的全部现实与那种非时间的连续体对置起来——例如在数学中,上述非时间的连续体就是研究的课题。除了这一数学的非时间连续体以外，人们还认识到一种在形而上学或神学中被当作永恒的超时间的东西。以完全图式化的和粗浅的方式，人们已经知晓：时间是对一般存在领域进行区分和划界的一种标识。就这种对存在者的一般领域进行划界的方式和可能性而言，时间概念提供了一盏指路的明灯。在其作为一个概念而成型之后，时间概念一直就成为了有关存在者之存在及其可能领域这个问题的指导线索，而在人们对时间概念的这一作用没有明确的和基本的意识的情况下（因而这一作用相应地只是得到了粗浅的实现），在人们未曾把蕴涵于这样的一种取向中的可能性加以凸显的情况下，时间概念就作为这样的一种指导线索而发挥着作用。因此时间概念绝不是一个随意提出来的概念，而是一个事关哲学基本问题的概念——如果哲学所追问的就是关于存在者之存在、关于现实（Wirkliche）的现实性（Wirklichkeit）、关于实在（Reale）的实在性（Realität）的问题的话。

这样，时间概念的历史也就是时间之发现的历史和关于时间的概念式解释的历史，或者说，这一历史也就是追问存在者之存在的历史，是尝试通过存在者之存在去揭示存在者的历史，这一历史就由关于时间的各种理解所构成，由时间现象的概念成型的各个阶段所构成。因而更确切地说，时间概念的历史最终就是没落的历史和有关存在者之存在的科学探索所应有的根本问题遭到歪曲的历史：一种丧失可以彻底地重提存在问题并重新开掘出它的最初基础的能力的历史，而这样的无能为力就植根于此在的存在之中。不过，相对于关于时间概念的奠基性作用的这种完全外在的标画，现在我们的考察要转而面向如下问题：在对现实的诸领域（时间内的、非时间的、超时间的现实）所作的标画和划分中，究竟是什么东西使得时间和时间概念，使得对于时间的理解性观视（Hinblick）能具有这种特有的、至今总是被当作自明的东西而接受下来的作用?

与时间和时间概念本身的根本含义相应,时间概念的历史反过来又不是一种随意的历史学意义上的考察。而这一区别向我们提示出了关于时间概念史的基本的探察方式。关于时间概念的历史学可以做成一种有关时间的各种观念和有关时间概念的各种表述之汇集。人们似乎可以指望,通过这样的一种关于时间概念的教条图式般的概览,就可赢得一种对时间本身的理解,并借此赢得对特殊的时间性现实即"历史"和"自然"加以刻画的基础。但是,在未曾首先弄清这样的历史学认知所不断追问的东西究竟为何之前,这种对有关时间的观念的费尽心力的收集就依然是盲目的。从有关时间概念的历史学那里,我们永远也不能获得对时间本身的理解;相反,正好是我们先行即已掌握的那种关于时间现象的领悟,方能允许我们获得对从前的时间概念的理解。

那么,对于把历史和自然规定为时间性现实而言,以上就时间概念进行的简单的讨论是不够的吗? 时间概念的历史将向何处去? 这个历史只是关于以前人们所曾经想到的东西的一种事后的了解,而在对于时间和时间性现实的所谓"系统化"讨论方面,它并未得出任何结果。由于人们相信:一种系统化的哲学讨论在一种彻底的意义上应该是可能的(这种讨论却不必在最内在的根基上就是历史性的),以致上述关于时间的系统讨论的观念长期以来一直引导着人们。但是,如果这里所显示出来的实情应该是:正是哲学研究的根本问题即关于存在者之存在的问题以逼迫之势使得我们朝向一种本源的研究领域推进——而这个领域就存在于有关哲学研究的历史性认识与系统化认识这种传统式划分之先,那么,我们就只有通过一种逾越历史的途径,去赢取关于存在者之存在的研究之导向,这就等于说,我们的研究方式既不是历史的,也不是系统的,而是现象学的。

按照本讲座的目标,我们还需要指明这样的一种基础性研究的必要性和意义,但确切地说,我们要依据有待探讨的事情的课题内容,而不是依据对哲学观念的一种随意的发明或者基于某种所谓的哲学立场,来对此加以指明。我们要将上述源本的研究方式(它先行于历史的和所谓系统的研究方式而存在)理解为现象学的研究方式。作为哲学的课题所具有的对象方式以至存在方式恰好就要求这样的一种研究方式本身。不过,在一开始我们还是要按传统的方式来进行讨论。

关于时间概念史的历史学式(historische)阐明只是为了教学之便而从关于时间现象本身的分析之中分立出来的,而这种阐明本身又是在为可能的历史学理解做准备。

第三节 讲座的大纲

关于历史与自然之现实的基本问题,也就是关于某一特定的存在领域之现实的基本问题。时间概念则是探询存在问题的指导线索。据此,探询一种存在者之存在的问题——如果要对这一问题予以彻底理解的话——就与关于时间现象的探索紧密地联系到了一起。由此我们就获得了整个讲座的轮廓,它将分成三个部分:

第一部分:时间现象的分析和时间概念的界定。

第二部分:时间概念史的解释。

第三部分:在第一部分和第二部分的基础上,为一般存在问题以及特别地为历史与自然之存在的问题廓清研究的视域。

而在这三个部分之前,还要先就有关研究的一般方法特征做一个简短的、引导性的说明(准备性部分),也就是要对现象学研究的意义与任务作一规定。这部分将分成三章:

第一章：现象学研究的兴起与初步突破。

第二章：现象学的基本发现，它的原则和对其名称的阐明。

第三章：现象学研究的最初成型和对现象学的一种既深入其里又超出其外的彻底思考的必要性。

第一部分："时间现象的分析和时间概念的界定"分成以下三部进行讨论：

第一部：对研究领域的准备性描述，借此显露时间现象。

第二部：解释时间本身。

第三部：概念的解释。

第二部分："时间概念的历史"将以一种由今及往的追踪历史的方式进行：

一：H.柏格森的时间理论。

二：康德和牛顿的时间概念。

三：亚里士多德对时间的第一次概念式揭示。

至于为什么我们要追踪时间概念历史的这三个主要节点，我们的探察本身就将予以显明，因为这三个节点是时间概念曾经发生过某种相对的转型的阶段。我说一种"相对的"转型，这是因为（如同亚里士多德所理解的那样）时间概念自始至终就是得到了保守的。而柏格森则曾经在事实上试图越过它以达到更为本源的概念。这一事实表明，我们在历史上的时间概念的问题范围内来对柏氏加以专门的讨论，应该是正当的。从根本上讲，就是说从他所提出的那些作为时间概念之前提的范畴基础（质性、绵延等）来看，柏氏依然还是传统式的，就是说它并未对时间问题有所推进。

第三部分所涉及的内容是：阐发"一般存在的问题以及特别是历史和自然之存在的问题"。它同时还将致力于在已获阐明的课题内容的基础上对现象学研究的意义和任务作出更为透彻的规定。

准备性部分

现象学研究的意义和任务

第一章　现象学研究的兴起与初步突破

第四节　十九世纪下半叶哲学的形势。哲学与科学

我们必须从十九世纪最后十年哲学的历史局面出发,来理清现象学研究兴起的历史。这种兴起是由十九世纪科学意识的变革所决定的,正如这种科学意识是在唯心主义体系瓦解之后而完成的一样——科学意识的此一变革不仅触及了哲学本身,而且触及了所有的科学。由这一变革,我们将可以理解:在十九世纪后半叶,人们以怎样的方式重又尝试让科学的哲学获得一种自身独具的权利。这一尝试是在这种趋向中进行的:首先,让各具体的专门科学获得其独立的权利,与此同时又给相对于这些专门科学的哲学确保一个特有的领地。由此趋向出发,导向了一种带有科学论、科学的逻辑学这种本质性特征的哲学。而这个特征就成了十九世纪后半叶哲学革新的标识。

其次,上述哲学革新不是在一种源本地回到被探究的事情中实现的,而是通过返回到一种历史上既有的哲学,即康德的哲学而实现的。因而,这种哲学就是传统主义的;它由此而接受了一套与完全确定的提问方式相应的完全确定的体系,并进而在一种完全确定的立场中走向了具体的科学。

只有着眼于这一哲学式科学之革新的方式与范围这一主要特征,我们才能够把握十九世纪中叶前后科学的局面。关于这一局面,可以通过当时所有科学中的一个口号来加以规定:经验事实,而不是思辨和空疏的概念。这一口号的流行有着多方面的原因,而首要的原因就是唯心主义体系的瓦解。各门科学都倾其全力集中于各经验领域,确切地说,就是集中于两个当时已彼此分离的历史性世界的领域和自然的经验领域。当时,在哲学思考上多少还有一点生命力的,是在一种贫乏而粗糙的唯物主义形态中占统治地位的所谓自然科学的世界观。

历史科学在根本上放弃了哲学式的思考。就其一般的精神取向而言,它还生活在歌德和莱辛的世界中;对它而言,只有具体的工作才是决定性地有效的,而这就意味着一种遵奉"事实"的倾向。这一倾向要求做好历史中的一项首要的课题:史料(Quellen)的阐释与维护。与之一道,文献学批评和解释技艺得以齐头并进地成长起来。就其方法上的取向和它的原理而言,一种事实性的解释——人们用它来指称一种对史料中现成已有的材料的"见解"(Auffassung)——依然忽略了历史学家各自的精神存在状况;而关于历史材料的见解向来都是随着在历史学家那里活跃着的冲动而变动不居的。这些"见解"是各式各样的,而从七十年代以后,它们本质上是从政治中汲取营养的。除此以外,还存在过一种文化历史的思潮。由这一思潮,出现了八十年代的这样一场讨论:历史应该是文化的历史呢还是政治的历史?由于缺乏任何进行讨论的方法,人们未能推进到一个基本的领域。而这一点表明:历史学家与其对象的根本关系是不确定的,并且,这种根本关系还被委弃给了某种在本性上属于文化性的或流行的看法。尽管上述两种历史现在已在精神历史的名号下得到了综合,但此种状况依然在今天大行其道,历史科学依然纯粹专注于它的具体工作并在此工作中获得它的实质性成果。

当时的自然科学则是由伽利略和牛顿的伟大传统所决定的。尤其值得注意的是，自然科学的疆界扩展到了生理学的和生物学的领域。这样，与生理现象一道，心灵生活，首先是那与生理现象最为紧密相关的领域即生命（只要它是在感觉器官中表现出来的）也进入了自然科学的探索视野之中。只要心灵生活是借助自然科学的方法而得到探究的，那么感觉心理学的研究即关于感知（Wahrnemung）、感觉（Empfindung）的心理学就与生理学有着最为紧密的关联。就像冯特的主要著作所显出的那样，心理学成为了生理学式的心理学。在这里冯氏发现了这样的一个领地，在其中人们也能够用自然科学的探询手段去阐明心灵生活、阐明精神。在此，我们有必要注意的是：在英国经验论（向前还可追溯到笛卡儿）的影响之下，当时心理学的课题就被理解为关于意识的科学。在中世纪和希腊时期的哲学中，人们的眼光所看到的还是作为整体的人，而对内在心灵生活（现在人们则喜欢称之为意识）的把捉则是在一种自然的经验中进行的，它没有被界定为与一种外部感觉相对的内部感觉。从笛卡儿以来，心理学（根本上就是关于心灵的科学）的概念已发生了特征性的变化；关于精神、关于理性的科学就成了意识科学，一门在所谓内在的经验中去取得它的客体的科学。对于生理学式的心理学而言，心理学课题的设定也在一开始就是不言自明的；人们纯粹外在地在一种对立的含义上来表述这一见解：不是关于作为实体的心灵之科学，而是关于心灵现象、关于那在内在经验中自身给出的东西的科学。在此具有特征意义的是：在其专有的方法的意义上，自然科学突进到了传统上哲学所占有的领地。一门自然科学式的心理学的趋向，就是要在哲学本身的领地中取而代之，以至于要在其进一步的发展进程中成为哲学本身的基础科学。

a) 实证主义的立场

在当时所有的科学学科中,实证主义都占据着统治的地位。所有的学科都表现出一种遵从实证(Postive)的倾向,而"实证"是在事实(Tatsachen)的意义上得到理解的,事实又是对实在性(Realität)的一种确定的解释;事实仅仅是那种可计数、可衡量和可测定的东西,可以在实验中加以分析的东西,在历史中,则是那些在史料中首先可以通达的过程和事件。实证主义不仅被理解成了具体研究的指南,而且还被理解成了关于一般认识和一般文化的理论。

作为一种理论,实证主义同时也在法兰西和英格兰通过奥古斯特·孔德(Auguste Comte)与约翰·斯图亚特·密尔(John Stuart Mill)的工作而取得了进展。孔德区分了人类生活发展的三个阶段:宗教、形而上学和科学。而科学的阶段现在正处于开端,它的目标是要用自然科学的方法赢得一种扩展了的社会学,一种关于人以及人类关系的一般学说。

在密尔那里,实证主义从哲学上被理解为一种普遍的科学理论。他的《演绎的和归纳的逻辑学体系》的第六卷所研究的是道德科学的逻辑,而道德科学指的就是我们所讲的历史科学或人文科学。这一英格兰-法兰西的实证主义很快就进入了德意志,并在五十年代前后唤醒了科学论方面的思考。在科学中的实证主义和哲学理论的实证主义这一运动的内部,还出现了一位某种程度上受到孤立的 H. 洛采,他既对德国唯心主义传统保持着怀念,同时又试图为科学的实证主义正名。洛采具有一种值得注意的过渡地位,而这对后来的哲学并非没有意义。

b) 新康德主义——从科学论立场重新发现康德

在六十年代,密尔的《逻辑学》已经广为人知。对具体科学的结构加以探问的可能性,提示了这样一种前景:在维护具体科学自身权利的同时,确立哲学本身的独立的任务。这一科学论的课题唤醒了人们对康德的《纯粹理性批判》的回忆,因为它被解释成了一部有关科学理论之课题的著作。向康德的回溯,或康德哲学的更新、新康德主义的创立,是在一种完全特定的、科学论的提问方式之下达成的。它是对康德的一种狭隘化的理解,而今天人们才试图重又克服这种理解。这一科学论的思考和向康德的回归同时表明,今天的科学论中存在着一种根本的耽误。面对自然科学之外的第二大经验科学群组——各门历史学科,科学论的思考构想了如下这一任务:通过一种历史理性批判来补充康德的工作。而狄尔泰早在七十年代就已经提出了这样的任务。

对于康德哲学的带有相当明确的科学论成见的再发现,首先集中于一种对康德哲学的实证主义式解释中。这一工作是由所谓马堡学派的创始人 H. 柯亨在《康德的经验理论》这部著作中完成的。由这部书的标题,就可以见出康德在根本上是如何被看待的:关于经验的理论,而经验被理解为科学式的经验,就像它在数学化的物理学中所具体地表现的那样,这样,就有了一种以康德为导向的关于科学的实证主义的理论。更确切地说,这一科学论成为了一种完全处在康德眼界之中的有关认识之结构的研究,成为了一种在关于意识的科学意义上的对认识的诸构成环节的清理。与心理学的思潮相应,在科学论的研究这里,也存在着一种朝向意识的回溯。一方面意识成了自然科学的心理学之课题,另一方面意识也成了认识论的课题(虽然这两种课题的意义是完全不同的),这样,到今天为止,意识一直都是人们的考察的一个未经明言的课题域。也就是说，正是由于笛卡儿所采取的那种相当特别的考察途径，使得意识成为了哲学思考的一个根本的领域。

c) 对实证主义的批判——狄尔泰对于人文科学独立方法的探求

在其《逻辑学》的第六卷《论道德科学的逻辑》中，密尔试图将自然科学的方法移植到历史科学之中。而青年时代的狄尔泰就已经认识到这种移植是不可能的，因而，各门科学就只能从自身出发创制出一种切合于自身的积极的理论。他看到，唯当人们对于原本存在于科学课题中的对象即现实加以反思时，唯当这一现实的基本结构（他将此基本结构称为"生活"）获得了揭示之际，我们才能成功地实现对各门历史学科加以哲学的理解这一任务。这样，为了实现这一积极的、全新的和独立提出的任务，狄氏就不得不建立一门心理学、一门关于意识的科学，但这一心理学既不是自然科学的心理学，也不是认识论课题意义上的心理学，而毋宁说，这一心理学的课题在于：将"生活"的结构本身作为历史的根本现实加以考察。在狄尔泰的提问中，决定性的东西不是关于历史科学的理论，而是那种要将历史现象的现实收入眼界并由此出发去阐明解释的方式与可能性的倾向。诚然，他还没有如此彻底地提出问题；他同样地活动在同时代人提问方式的框架之内，这就是说，在追问历史科学之现实的同时，他也提出了关于认识本身的结构问题。一段时期以来，此一提问方式（在狄尔泰那里）都占据着主导地位，而他的著作《人文科学导论》在根本上就是以科学论为指南的。

d）文德尔班和李凯尔特对狄尔泰问题的肤浅化处理

文德尔班和李凯尔特接过了由马堡学派和狄尔泰所开创的工作，但却使其走向了平凡和肤浅。问题已被歪曲得面目全非，就是说，这个学派的那种在科学论意义上的提问，变成了一种空疏的方法论。认识本身的结构、研究的结构、通向各种现实的途径不再得到追问，更没有去追问这一现实本身的结构；研究的课题只剩下科学式表述的逻辑结构。这样的一种倾向走得如此之远，以致在李凯尔特的科学论中，他所讨论的科学已经是不可辨认的了；在这里，起根本作用的仅仅是科学的图式。对于狄尔泰问题的这一变形和浅薄的理解，具有一种不良的结果，它掩盖了狄尔泰提问的真正意义，使其直到今天也不能发挥积极的作用。

与此形成对照的，是狄尔泰的工作中一种切近现实本身的积极的趋向，这里的现实就是历史科学中的课题。基于上述提问方式，狄尔泰在十九世纪下半叶的哲学中保持着一种别具一格的立场，此立场正好是与马堡学派相对的，因为他摆脱了一种教条式的康德主义，而尝试一种激进主义（Radikalismus）的走向，纯粹从实事本身出发进行哲学思考。不过，由于传统以及同时代哲学的影响依然过于强大，致使狄尔泰的工作难以按其固有的本性稳步而明确地前行。他经常出现摇摆，在某些时期，他纯粹按照他那个时代的传统哲学来看待自己的工作，而这种哲学与自己的旨趣是完全不同的。但他又总是一再地突破他自己提问的基本天性。这种不稳定性表明，他还没有获得自己的独特的方法，也没有达到一种原本的提问方式。尽管如此，这一点依然是决定性的：他的工作突进到了传统的问题所未曾达到的源本的领域。而当人们摆脱了传统标准（此标准在今天的科学式哲学中还在起着作用）的约束，当人们看到，在哲学中起决定作用的,不是那规定了十九世纪末的科学式哲学之特征的东西,即各种思潮和学派的斗争以及要将一种与其他立场相对立的立场贯彻下去的企图;当人们看到,在哲学中起决定作用的不是这种做法:依据一种接受下来的传统式哲学立场、重又借用传统的概念对事物加以探究,而是相反的做法:去拓展新的课题领域本身并通过生产性的概念生成(Begriffsbildung)而使新的课题领域成为科学的领地——只有在这样的时候,人们才能够理解并接受上述突进。上面所说的是一种科学式哲学的标准,而非构建一种体系的可能性,此种构建只是奠基于对历史上流传下来的概念性材料所做的一种任意的加工。今天,一种走向体系的倾向在哲学中重又时兴了起来,但此一倾向中却并不抱有这样的见识:体系的建立要遵从对于问题的一种合乎实情的探究。相反,这一倾向纯粹是传统主义的,如像人们在对康德哲学的重新理解中所表现出来的那样,这就是说,人们经由康德走向了费希特和黑格尔。

e) 哲学作为"科学的哲学"——作为哲学基础科学的心理学(关于意识的学说)

概括地说,在十九世纪中叶,一种相当明确的科学式哲学已走上了统治地位。"科学式哲学"这一表述有着三方面的含义。十九世纪中叶的哲学之所以自称为科学式的,其依据在于:

首先,由于它是关于科学的哲学,就是说,由于它是有关科学认识的理论,由于它将科学的事实用作自己的真正对象。

第二,由于它通过追问现成已有的科学本身的结构而赢得一种自己的课题,并根据自己的方法对此课题进行研究,因为它本身不再属于专门的科学思考的范围之内。它是"科学的",因为它赢得了一片自己的领域和一套自己的方法,此方法根据科学本身的实际活动不断地调整着方向并同时保持着它的稳定有效。这样一来,就避免了一种世界观式的沉思。

第三,因为它寻求通过一门关于意识本身的本源科学,即通过心理学来为所有的指向意识的学科奠立一个基础。

尽管新康德主义非常鲜明地逆自然科学的心理学而行,但这并不妨碍心理学既从科学本身那里(赫尔姆霍兹)又出自哲学而被抬举成哲学的基础学科。如果认识是意识的行为,那么,唯当人们已经先行描述出了心灵生活即意识并对其进行了科学式的探索时(这里的"科学式"的意思,就是指运用自然科学的方法),才会存在一种关于认识的理论。

在此必须指出的是:在各个不同的流派中,今天的心理学都具有一种与自然科学的心理学完全不同的水平;由于在根本上受到现象学工作的影响,心理学中的提问方式已经发生了转变。

到十九世纪末,"科学式"哲学的所有思潮都普遍地把意识当作了自己的课题,而它们都清楚地知道自己与笛卡儿的关联,因为正是他第一次把意识、把 res cogtans(我思者)确定为哲学的基本课题。如果我们只是分别地加以考察,我们将很难看透当时的哲学。不过,我们也不是要在这里去追踪它们彼此的联系,因为对我们的探询来说这一点是无关宏旨的。我们仅仅需要指出的是:从 1840 年以后,在这个哲学运动中一直活跃着一种亚里士多德传统。这个传统由特伦德能堡(Trendelenburg)所建立,它在反对黑格尔的斗争中成长起来,并作为对施莱尔马赫和贝克(Böckh)在希腊哲学领域的历史性研究之接续而见行于世。而特伦德能堡的学生就是狄尔泰和布伦塔诺。

α)弗兰茨·布伦塔诺

弗兰茨·布伦塔诺七十年代末在柏林做研究,最初研究的是天主教神学。他的第一部著作是以亚里士多德为课题,在其中,他试图从中世纪哲学,首先是从托马斯·阿奎那的视野出发去解释亚里士多德。他的工作的独特之处就正在于此,但这并不等于说,这就是我们理解亚里士多德的真正的途径。毋宁说,通过这一解释方式,亚里士多德就在根本上得到了重新的理解。但最为重要的还不在于此,而是在于:通过关注于希腊哲学,布伦塔诺本人为哲学的课题本身赢得了自己的视野。天主教信仰体系中的内在困境,首先是三位一体的奥秘和在七十年代关于教皇无错误的解释,驱使他从这一精神世界中越墙而出;不过,虽然他现在已经融入了一种自由的、不受束缚的哲学式科学的潮流中,但同时还依然带有自己原来所特有的视野和对于亚里士多德的尊崇。

对布氏而言,超越传统的道路首先是由笛卡儿所探询出来的。因而在布伦塔诺这里,就显出了亚里士多德－经院派的哲学思考与近代笛卡儿问题的一种独特的混合。在他这里,哲学研究的目标也是在于一种有关意识的科学;但布伦塔诺的《基于经验立场的心理学》(1874年)却表达了一种关键性的思想进展,在其中他首次摆脱了将自然科学的－哲学的方法移植到关于心灵生活的研究之中的做法。他的教职资格论文典型地显示了他这一思想流派的特征:Vera methodus philosophiae non alia est nisi scientiaenaturalis——《真正的哲学方法无非就是自然科学的方法》。如果人们把这一命题解释为一种将自然科学的方法移植到哲学中的要求,那么这就恰好颠倒了它的意思。此命题实际上所说的是:哲学在它的研究领域之内必须恰如自然科学那样行事,这就是说,它必须出自它自己的课题本身而取得它的概念。这一命题不是在宣示一种自然科学方法向哲学中的粗糙的移植,相反是在宣示自然科学方法之排除,是在宣示这样一种主张:就像自然科学在它的领域内所做的那样,哲学也应该在根本上依据其所涉及的课题的本性而进行自己的探索。

对于心理学的课题而言,上述命题就意味着:在一切关于心灵与肉身、关于感性生活与感性器官之间关系的理论之先,最重要的任务就在于:无论如何要如其直接可通达的那样首先去切实地探察出心灵生活的各种事相(Tatbestände)。这里要做的第一件事情就是"心理现象的分类",而心理现象之划分所依据的不是一种随意的、从外部引入的原则,相反,它是一种切合于心理现象之本性的分类和归并,而在进行这一归并时,依据心理现象本身的本质,一套基本概念(这些基本概念就来自探索工作所面向的实事之本质)也同时获得了成型。

因而,他试图从体验出发,从最广泛意义上的心理现象出发,通过探察在心理领域中所给出的事相来为关于意识的科学创建基础。他首先加以探讨的,并不是关于心灵现象(Seelische)、关于心灵本身、关于心灵现象与生理-生物现象之间关联的理论,而是首先澄清:当我们谈论心灵现象、谈论体验之际,那当场被给予的东西究竟是什么。他的主要著作《基于经验立场的心理学》(1874年)分为两部,第一部讨论的是作为科学的心理学,第二部讨论一般言谈中的心理现象。这里,"经验的"所指的不是自然科学意义上的"归纳的",而恰好是指"合乎实事的、非想象的"。也就是说,在他这里,首先必须去做的事情就是:描述心理现象本身的特质,规整心理现象的多方面的基本结构,由此再去进行一种"分类"的工作。"分类"就是指对已然既与的(心理)事相进行划分、归并。如同人们所说的那样,此归并总是在某种观点的支配之下实现的。此观点就是我所着眼之处,凭此着眼之处,我在一个课题领域中实行一种确定的划分。此着眼点或观点可以是各式各样的。我可以通过着眼于一种臆想出来的图式,来对诸对象的一种已然既与的多维流形(Mannigfaltigkeit)加以归并；我可以想象：存在着一系列完全一般的由内部流向外部的过程，同时也存在着另外的由外部流向内部的过程，而我就根据这一观点来规约心理现象。其次，我们也可以依据对象方面的相关性而取得归并心理现象的观点，而这样的观点就与那本身有待于归并的东西相关联地存在着，这种关联的方式就是：我从生理现象之间的关系着眼来归并这一心理过程。正是按照这样的一种观点，人们试图根据运动神经的现象来规定思想和意志。第三，我们可以从那有待于规整的事相出发来形成看待心理现象的观点，我们不是把原理带入事相之中，而是依据事相本身而赢得原理。这就是布伦塔诺在其分类中所遵循的真正的座右铭，"对体验的归并必须是合乎本性的"（natürlich），每一种体验都必须被指派给这一体验在本性上所应该属于其中的类别。这里的"本性"指的是：由其本身而被看到的东西，体验当场所是的东西。唯当一种分类"根据关于对象的先行的知识"、"根据对于对象的考察"[1]而是真实的分类时，这种分类才能够进行。为了以合乎实情、合乎对象的方式进行归并，我必须在一开始就具有关于对象、关于对象的基本结构的知识。那么于此出现的问题就是：那与物理现象相对的心理现象的本性是什么呢？布伦塔诺在其心理学著作的第一部中就提出了这一问题。他说道：使得心理现象与一切物理现象区别开来的最关键的特征，就是对象之物内在地寓居于心理现象之中。因此，如果在心理现象的领域之内存在着分野，它们就必定是源出于"内在的寓居"这一基本结构的区分，是某物在体验中如何成为对象的方式上的区分。某物在各种不同的体验里成为对象的方式上的不同，被表象者在表象中，被判断者在判

---

[1] F. 布伦塔诺：《基于经验立场的心理学》，1874 年；编者注：引自 1925 年版，第二卷，第 28 页。

断中,被意愿者在意志中,成为对象的方式是如何不同的,就在心理现象内部构成了最重要的种类区别。关于心理现象的这一基本结构,即对象之物在每一体验中的内存在,布伦塔诺称之为意向式内存在(intentionale Inexistenz)。

Intentio(意向行为)是一个经院哲学的用词,它的意思就是:自身指向(Sich-richten-auf)。布伦塔诺所说的是对象的意向性内存在。每一体验都按照这种体验的不同特征而指向某物。以表象的方式表象某物与以判断的方式判断某物,是两种各不相同的指向。布伦塔诺明确地强调:(如他所说),在亚里士多德关于心理现象的探讨里,就已经将这一观点设为基础,而经院学派则曾经探究过意向性现象。

着眼于心理现象的基本结构,布伦塔诺将心理行为的指向其各自对象的方式区分为三种基本类别:首先是表象活动(Vorstellen)意义上的表象(Vorstellung),第二是判断(Urteil),第三是兴趣(Interesse)。"我们谈到一种表象,在其中总有某物显现出来。"①——在表象中总有某个东西简捷(schlicht)地被给出并且这个东西得到了感知。在最广泛的意义上,表象就是对某物的简捷的当场具有(schlicht-Dahaben)。而布伦塔诺把判断解释为"一种认之为真的接受或认之为假的拒绝"。② 与对某物的简捷的当场具有相对照,判断是对被表象的东西本身的一种确定的持态(Stellungnahme)。对上述的第三类心理行为,布伦塔诺用这样一些不同的名称来指称它:兴趣、爱、情感活动(Gemütsbewegung)。"在我们看来,这个类别将要包括前两个类别所未包含在内的所有的心理现象(Erscheinungen)。"③他强

---

① 布伦塔诺:《基于经验立场的心理学》,1874年,第261页。
② 同上,第262页。
③ 同上。

调,关于这一对某物的起兴(Interessenahme)的行为,还缺少一个恰当的表述。而后来人们也提出过用"价值"或者更好地用"赋值"(Wertnahme)这个词来表达这一行为。

以对于心理体验的这种基本区分为指针,布伦塔诺试图揭示表象、判断和情感活动的基本结构。在论及这些心理现象间的关系时,布伦塔诺提出了一个基本的命题:每一心理现象要么本身就是表象,要么以表象作为基础。"表象不仅构成了判断的基础,而且同样构成了期求的基础,以及一切其他心理行为的基础。如果没有什么得到表象,就没有什么可得到判断,也没有什么可得到期求,也没有什么可得到希望或者害怕。"①就此而言,对某物的简捷的当场具有就具有了一种基础行为的功能。唯当某物得到了表象的时候,判断、起兴才是可能的,而唯当某物得到了判断的时候,才能对之生起兴趣。布伦塔诺不仅仅是在进行一种单纯的描述,而且还试图与传统的做法相反,在一种批判性的探察中来限定这一分类。而我们目前尚未涉及这方面的内容。

这样,在心理学和哲学中就兴起了一股全新的趋势,此一趋势在当时就已对美国的心理学(比如对威廉·詹姆斯的心理学)产生了作用,而该氏在德国和整个欧洲都赢得了影响,由此,上述趋势又回过头来影响了亨利·柏格森,以至于后者的关于意识的直接既与状态的学说(《论意识的直接既与的材料》,1889年)可一直回溯到布伦塔诺心理学的思想。这一有关描述心理学的观念也强烈地影响了狄尔泰。在其1894年的学术论文《关于一种描述的和分类的心理学的观念》中,他试图使心理学成为人文科学的基础科学。然而,在布伦塔诺的提问方式获得进一步发展的进程中,真正决定性的事件却

---

① 布伦塔诺:《基于经验立场的心理学》,1874年,第104页。

是在于：布伦塔诺成为了胡塞尔的老师，而胡塞尔后来则成了现象学研究的创始人。

β) 埃德蒙德·胡塞尔

胡塞尔最初是一位数学家——作为魏埃施特拉斯（Weierstrass）的学生，他攻读的是数学研究领域的博士。那时他对哲学所具有的了解，不会超出每一个学生从讲堂上所听到的东西。鲍尔森（Paulsen）（在课堂上）所讲授的知识，既令人尊敬又使人愉快，但却不至于激发胡塞尔走向作为一门科学式学科的哲学。在博士毕业之后，他才去参加了那位当时被广为传说的人物的讲座。而布伦塔诺在胡塞尔心目中所产生的个人印象，尤其是其追问与思考的激情攫住了他，使得他在布氏那里一直驻留了两年（1884–1886）。布伦塔诺为胡塞尔的工作所采纳的科学式的研究方向提供了一条出路，而胡氏在数学与哲学之间的动摇不定，现在就获得了一种明断。在同时代无创生力的哲学中，布伦塔诺作为老师和研究者对他所造成的影响，为他开启了一片科学式哲学的前景。在胡塞尔这里，独具特色的一点在于：他的哲学研究不是从任何一种构想出来的或借用过来的问题出发的，相反，与他在科学上的发展进路相应，他是在他自己所具有的基础上来从事哲学思考的，具体地说，他所从事的是一种布伦塔诺的方法论意义上的针对数学的哲学思索。

按照传统的讲法，他首先探究的是关于数学的逻辑。但是，他思考的课题不仅是关于数学思想和数学认识的理论。他首先思考的是对于数学对象的结构（即数的结构）的分析。八十年代末，胡塞尔在哈勒以数学概念为题完成了教职资格论文[①]，指导者为布伦塔诺的大弟子斯通普夫（Stumpf）。这项工作作为对课题的一种以布伦塔诺

---

① E. 胡塞尔：《论数的概念。心理学分析》，哈勒，1887 年。

的描述心理学为基础的实际研究而得到了完成。但问题很快就在原则上得到了扩展,他的研究推进到了一般思想和一般对象的基础概念;课题发展成了科学的逻辑学和与之结为一体的对正确地研究逻辑学对象的方法论手段与途径的思考。这意味着对布伦塔诺的描述心理学首先提出的那种思想探索的一种彻底的把握,同时也是对当时的人们把心理学-发生论的问题与逻辑学的问题相混淆的一种原则性批判。胡塞尔从事这项有关逻辑的基本对象的研究长达十二年以上。这个研究的第一项成果,构成了1900/1901年以《逻辑研究》为题出版的两卷本著作的内容。而这部著作的问世就标志着现象学研究的第一次破晓而出。现在,这部书已经成为了现象学的基本著作。至于在这部著作的撰写中,作者在思想上所经历的一连串不断地绝望的过程,这一点就不是我们这里所要讲述的了。

很快就认识到这项研究的核心意义的第一人,就是狄尔泰。他把这项研究称作哲学领域自康德的《纯粹理性批判》以来的第一次伟大的科学进步。当狄尔泰研习胡塞尔的《逻辑研究》之际,他已达七十岁的高龄,而在别的人那里,这是一个人已长时期对自己的体系感到自信而满足的年龄。狄尔泰马上就在他最亲近的学生圈子内开设了整整一学期的《逻辑研究》研读课。由于两人在基本的倾向上具有一种内在的亲和性,自然就减轻了狄氏洞察到这部著作的含义的难度。在一封写给胡塞尔的信中,他把他们两人的工作比作从相向的两面钻探同一座山脉,通过这样的一种钻探和打通,他们彼此相会了。长达数十年以来,狄尔泰都在寻求着一门关于生活本身的基础科学,并在1894年的一篇学术论文中批判性地和有计划地进行了表述,而在《逻辑研究》中,他看到这门有关生活本身的科学已经曙光初现。

这部著作还进一步影响到了李普斯(Lippps)和他的慕尼黑学

生,但是在这里,《逻辑研究》仅仅是被理解为改进了的描述心理学。

马堡学派也以他们的方式表达了对此书的态度。在一次内容广泛的谈话里,那托普只是赞扬了这部著作的第一卷,这一卷对当时的逻辑学作出了批判并且表明逻辑学的基础不能建立在心理学之上。按照他的评论,对于马堡成员来讲,并不能从这部著作中学到太多的东西,因为他们自己本身就已然发现了在这部书中所读到的思想。而这部书的包含着决定性内容的第二卷,则根本未获得看重。人们只是察觉到,第二卷似乎又倒退到了心理学,而胡塞尔却正好在第一卷里曾经反对过心理学在哲学中的移植。

在一定程度上,造成此误解的责任,也要归因于胡塞尔在这一卷的导论中对其工作所做的自我解释:"现象学是描述的心理学。"相对于其所获得的成果而言,对自己著作的这一自我解释是完全不恰当的。换言之,当其为此项研究写这篇导论的时候,胡塞尔尚不能真正地洞观他在这一卷中实际上所贡献出来的思想。迟至两年以后,他才在他的《系统哲学的原则》(1903年)里更正了他的这一错误解释。

作为一部如此具有根基性意义的著作,《逻辑研究》并没有带给我们任何一种深刻的可以对情感需要这类东西进行驾驭的认识,而是出入于一些完全专业而枯燥的问题之中;它探讨的是对象、概念、真理、命题、事实、规则等等。该书的第二卷富有积极的内容,它的副标题为:《关于现象学和认识理论的研究》。它包含六项内容广泛的专题研究,而这些研究之间的联系并不是轻易就能够看清的:Ⅰ.《表述与含义》;Ⅱ.《种的观念统一与现代抽象理论》;Ⅲ.《整体与部分学说》;Ⅳ.《独立与非独立含义的区分和纯粹语法的观念》;Ⅴ.《意向式体验及其"内容"》;Ⅵ.《关于认识的一种现象学阐述的原理》。对于逻辑学和认识论而言,以上的专题都不是人们所习以为常的课题。而副标题《关于认识的理论》仅仅是一种为顺应传统而生出的说法。按照在导论中的更为严格的讲法，认识论完全不是一种理论，而是"就认识作为特定的种而具有的纯粹本质而言，一种关于思想和认识根本上是什么的思索和明证的理解"。[①] 凡是说到理论的地方，就有一种隐藏的自然主义，因为每种理论都是一种旨在对预先给定的事实加以解释的推理系统。胡塞尔明确地拒绝了一种通常意义上的认识论。

更为非同寻常的并与通常的哲学思考方式完全相反的，是这部著作所要求的那种洞彻（Durchdringen）与习得（Aneignung）的方式。在这部著作中，存在着一条连贯的探索之道；它逐步地达到了以明确直观的方式面见和以可操作的方式呈明那被探寻的东西。因此，如果人们不想错认这部著作的整个意义的话，那么人们就不可以只是简单地抓出研究的结果并将其套进一个体系之中，毋宁说，这部著作还倾向于期待（读者）对所讨论的实事进行一种即时发生的和进一步推进的深究。如果说人们在其所要求的东西方面错认了这部著作的作用的话，那么就必须说，尽管二十年以来该书已经引起了巨大的变革，它业已起到的作用（比起它所应有的作用来）依然还是琐细的和表面性的。

由现象学研究的本质所决定，关于它我们不可能只用三言两语就可以说清，相反，我们必须每次都要从头到尾重做一遍。在现象学的意义上讲，对此部著作的所有进一步的内容概括，都有可能是一种误解。因而在这里，我们要提供出关于目前已获得成果的最初指南，以此来尝试一条另外的出路。此项工作同时也将成为我们整个讲座都要采取的那种工作态度的一种初步准备和预制。

[①] E. 胡塞尔：《逻辑研究》，哈勒，1900/1901 年版；第二卷，第一部分，第 7 节，第 19 页。

第二章 现象学的基本发现，它的原则和对其名称的阐明

我们将对现象学发现的特征进行描述，并通过对现象学研究原则的说明来补充这一描述。在此基础上，我们将尝试对这一研究的自我标识作出解释，也就是对现象学这一名称作出分析。

关于现象学的决定性发现，我们要讨论三个方面的内容：第一是意向性，第二是范畴直观，第三是先天的原本意义。关于课题内容与探察方式的探讨都是不可避免的。唯有经此探讨，我们才有可能以现象学的方式看见"时间"的面容，才能开出一条由时间自身显示的现象出发而对时间进行可操作的分析的进路。

第五节 意向性

因为正是在意向性现象这里，当时和今天的哲学遇到了一种真正的障碍，因为正是意向性阻碍了人们直接而无成见地接受现象学所意欲寻求的东西，所以我们首先要来讨论意向性。在描述布伦塔诺怎样尝试以更严格的考量来对全部的心理现象进行分类之际，我们就已经接触到意向性了。在意向性中，布伦塔诺辨识出了那构成了心理现象的真正本质的结构。因而在他那里，意向性就成了区分心理现象与物理现象的标准。而只要意向性这一结构在显现着的本质中是可觉知的，它同时也就是关于心理现象本身的一种合乎其本性的划分标准和原则。布伦塔诺明确强调，他只不过是接受了亚里

士多德和经院学派所已经认识到的东西。而正是通过布伦塔诺,胡塞尔学到了如何去明察意向性。

那么,我们又是凭何种理由去谈论一种由现象学所发现的意向性呢?这里的理由在于:一者是对一种结构的简单而粗略的认识,一者则是对此结构的最本己的意义及其枢机(Verfassung)的理解——经由这种理解,我们就将赢得朝向这一结构稳步前行的研究之可能性与视野,而这两者之间是大有区别的。从一种服务于分类目的的粗略的认识,到一种原理性的理解和一个课题的创制,这是一段非常漫长的、需要全新的探察与变革的道路。就此胡塞尔写道:"因之,从对一种意识区分的初步的把握,到对于它的切当的、现象学式的纯粹的分析和具体的评判,这之间还需要一个强有力的步骤——对前后一贯的、富有成果的现象学而言,这是一个决定性的步骤,而恰好就是这个步骤尚没有得到实行。"[①]

在哲学的大众化读物中,现象学很可能以这样的方式得到书写:胡塞尔从布伦塔诺那里继承了意向性概念;而众所周知意向性又可追溯到经院学派;意向性是一个暧昧的、形而上学的、教条式的概念。据此,意向性概念在科学上就是不可用的,而运用此概念的现象学则背负了一个形而上学的前提,这样它就完全不是以直接被给予的东西为基础的。故此 H. 李凯尔特在"哲学的方法与直接之物"中这样写道:"尤其是在意向性(它是由布伦塔诺从经院学派借用过来的概念)起着作用的地方,直接之物的概念就显得几乎还未得到明察,而大多数现象学家的思路还是由各种传统的形而上学教条所贯穿的,正是这样的一些教条,使得其追随者刚好不可能无所束缚地看见那

[①] E. 胡塞尔:《纯粹现象学和现象学哲学的观念》(简称:《观念 I》),载于《现象学与哲学年鉴》,第一卷,第一部分,哈勒,1913 年,第 185 页;编者注:另见:《胡塞尔全集》,第三卷,第一部,W. 比梅尔编,哈革,1950 年,第 223 页以下。

近在眼前的东西。"①这篇论文包含了一种针对现象学的原则性论战。而除此以外,恰恰在 O. 克劳斯为布伦塔诺《心理学》新版所作的导言②中,也这样说道:胡塞尔简单地继承了布伦塔诺的意向性概念。对于马堡学派而言,意向性依然是一块真正的挡路石,它同时也阻隔了进入现象学的通道。

在此我们把这些指摘明确地罗列出来,这倒不是为了在布伦塔诺面前争得胡塞尔的原创地位,而是为了保护旨在理解现象学的最基本的考察和步骤,以免它从一开始就遭到上述这样一些解说的败坏。

a) 作为体验之结构的意向性:对此的揭示和初步阐明

我们将要尝试表明,意向性就是体验本身的结构,而不是一种附加于作为心理状态的体验之上的可划归为另一类实在的东西。需要预先指出的是:我们不可能期望,对意向性的阐明,也就是对它进行洞察并就其所是予以把握这件事情是可以一蹴而就的。我们必须摆脱如下成见:现象学所提出的把握实事本身的要求,意味着我们应当无所依凭地一挥而就作出把握;恰好相反,朝向实事的推进毋宁说是一场繁难之举,它首先需要做的就是将那阻隔着实事的成见予以铲除。

从字面上看,意向(Intentio)的意思就是:自身-指向(Sich-richten-auf)。每一体验、每一心灵行为都指向着某物。表象是对某物的表象,回忆是对某物的回忆,判断是关于某物的判断,猜测、期待、希望、爱、恨——都是对于某物的。人们会说,这样的一种意向性是平

---

① H. 李凯尔特:"哲学的方法与直接之物。提出一个问题",载于《逻各斯》,第十二卷,1923/1924 年,第 242 页。

② 参见《哲学辞典》,汉堡,迈讷,1925 年。

庸而浅显的,对于它几乎不需要特别地加以强调,在此并不存在什么突出的、值得被称为一种发现的成就。然而,我们现在就是要探讨这平庸当中所蕴涵的东西,并且指明它在现象学上具有什么样的含义。

在进行下面的探察时,我们并不需要什么特别的洞察力,而只是需要排除我们的成见,我们只管简捷地去看并止步于我们所看到的东西,而不必提出这样一个好奇的问题:我们能够用它去做什么。与最为自明的东西相对,事体(Sachlichkeit)是我们所欲达致的最为艰难的东西,因为人们的那带有伪饰与虚谎的生活样态总是要受到他人的劝诱。如果以为,现象学家只是一种模范童子,他们的杰出之处就在于他们的去从事与这一生活样态的一触即发的战斗之决心,在于他们的积极的进行揭示的意志,除此之外他们就不具备其他任何能事,那么这就是一种错觉。

现在我们就来想象一个典型的、容易进入的"心理行为"的实例,一种具体的和自然的感知,即对于一把椅子的感知:我走过教室时碰见这把椅子,由于它挡住了我的道路,我把它移开了。我在此强调最后之点,是为了提示,我们要探询的是一种最为日用而平常的感知,而不是在强调的意义上的单纯为了观看而观看的感知。当我活动于我的世界中时,自然的感知——如同我亲历于其中的那样——通常不是对于事物的一种孤立的观察和研究,而是融汇在了一种与事情(Sach)的具体的打交道之中;这感知不是孤立的,我并不是为了感知而去感知,而是为了给我判定方向、开出道路,为了探究某个东西;这就是一种我持续地亲历于其中的、完全自然的观察。一种粗糙的解释将会这样来描述对椅子的感知:在我的内心经历着一种确定的心理事件;这一"内在的"、"处于意识之中的"心理事件,对应着外部的一种物理的、实在的事物。这样,就出现了一种在意识的现实(主体)与一种意识之外的现实(客体)之间的划分。心理事件发生于一种与其它的、外在于它的东西的关系之中。在心理事件自身中,这一关系的进入并非必需,因为感知还可以是一个错觉或一场幻觉。通过心理过程的显现,某物以臆想的方式得到了感知(而此物却全然不曾实存),这是一种心理学的事实。很有可能,我的心理进程被一种幻觉所攫住,例如以这种方式:我感觉,现在一辆汽车正越过你们的头顶穿越教室而去。在这里,并没有一种实在的客体与主体中的心理过程相对应;这里我们拥有一种感知,但是那种与感知之外的某物的关系却并未进入;或者例如在一种错觉的情况下:在幽暗的森林里,我看见一个人向我迎面而来,待我定睛细看时,原来那只是一棵树。在此,那个在错觉中以臆想的方式被感知到的客体也是缺失的。面对这一无可争议的事实:在感知中,实在的客体恰好是可以缺失的,人们就将不可以说,每一感知都是关于某物的感知;这就是说,意向性、自身-指向某物并不是每一感知的必要的标志性特征。即使每一心理进程(我将其称为感知)都是与一种物理对象相对应的,"每一感知都是关于某物之感知"的说法也是教条的断言;因为确无这一回事情发生:我跨越我的意识而达到了一种实在。

自从笛卡儿以来,人们就已知道——而每一批判哲学都对此加以接受:我真正把握的从来都只是"意识内容"。据此,在将意向性概念用于例如感知的行为中时,已经就包含着一套双重的假定:首先是形而上学的假定——心理之物越出自身而达到一种物理之物。众所周知,自从笛卡儿以来,这一点就不为人们所承认。其次,在意向性中还存在这一假定:一种心理过程总是对应于一种实在的对象;然而,错觉和幻觉中所显示出来的情况却与此相左。当李凯尔特和其他许多人说,在意向性概念中隐藏着形而上学的教条,他们就是如此认为的。但是,在对作为幻觉和错觉的感知进行这样的解释时,我们究竟是不是就把意向性纳入眼界了呢? 我们以上所谈论的,是否就是现象学用"意向性"这一名称所意味的东西呢？不是！当以上指出的这些解释竟然被用作讨论意向性的依据的时候,那么它们就很有希望阻断我们走向现象学式思想的通道。通过对这种解释重作一遍并加以更锐利的洞观,我们将能够明白这一点。因为(意向性)这一所谓的平庸完全不是轻易就能把握的,人们必须首先将那非原本的然而为通常的认识论问题所特有的坏的平庸搁置一边。

现在让我们回到幻觉现象:人们会说,(在上面关于幻觉的例子中)汽车事实上完全不是现成可见的,因而在物理现象与心理现象之间就不存在什么划分,而只有心理之物得到了给出。但是按其意义而言,难道幻觉就不是幻觉吗,不也是对一辆汽车的臆想式的感知吗？难道这一臆想性的、不具有与一个实在对象的实在关系的感知,它本身不正好也是对于一臆想的被感知物的一种自身－指向吗？难道梦幻本身不也是一种自身－指向,即使实在的对象事实上并没有当场在此？

并不是说,当一种物理之物与心理之物相关联地出现时,一种感知才成为意向性的,而当这个实在的东西不复存在的时候,感知也就不再是意向性的了。相反,无论其为真实还是虚幻,感知就其本身而言就是意向性的。意向性不是被追加和配给在感知之上,并在一定情况下对感知有所增补的一项属性,相反,感知作为感知本来就是意向性的,而与被感知物是否现成可见全然无关。实际上,正是仅仅因为感知本身就是一种自身－指向某物,正是因为意向性构成了感知行为本身的结构,像错觉和幻觉这样的东西才能够存在。

这样,当我们把所有认识论的成见搁置一边后,就能清楚地看到,行为本身——它已然摆脱了它正确还是不正确的问题——就其结构而言就是自身－指向。并不是说,一开始只有一种作为状态的心理过程以非意向性的方式运行着(感觉、记忆联系、表象和思想过程的复合体,借此出现一幅图像,由此图像出发,我们始可提出这样的问题:是否有某种东西与之相对应?),在此之后,它才在某些特定的情况下变成意向性的。与此相反,行为之所是本身就是一种自身-指向。意向性不是加派于诸体验之上的一种与非体验式对象的关系——这种关系有时会随着这些体验一同出现,毋宁说,体验本身就是意向性的。以上是关于意向性的初步的,也许还是全然空洞的规定,但是,就其为我们提供了一个将形而上学成见予以排除的地基而言,这样的规定已经是相当地重要了。

b) 李凯尔特对现象学与意向性的误解

在对意向性的接受当中,以及在对布伦塔诺的解释和进一步发展的方式当中,人们很少看到布氏对经验结构之构成成分的揭示,而更多看到的是对布伦塔诺所怀有的猜疑:形而上学的教条。而在胡塞尔那里,决定性的一点就在于:他不是沿着各种教条和前提的方向去进行观察(就其是现成可见的而言),而是沿着现象本身,即感知是一种自身-指向这个方向去进行观察。而现在,这一结构在其他的各种行为中也是不可忽视的。李凯尔特就是把这一点当作他的辩论的基础,并声称要从各种行为那里去看出(意向性)这样的东西。他对判断式行为保留使用意向性,而对表象性行为则放弃使用它。他说:表象不是一种认识。他之所以走向这一结论,是由于坚持这样的教条:我的表象活动(Vorstellen)自身不具备超越,它并不向外达到对象。笛卡儿确曾说过,表象、perceptio(感知)只是停留在意识之内,而李凯尔特则认为,比之于存在于表象中的向外达到一种实在事物这个意义上的超越,判断的超越[他把判断的对象规定为价值(Wert)]才是一种并非不可思议的东西。他之所以达到这一见解,是因为他认为,在判断中有某种东西得到认定(Anerkennen),这种东西具有价值的特性,因而它并非实在地存在,他把这种东西等同于精神之物(geistigen),而这种东西就是意识本身;在他看来,价值是某种内在的东西。当我承认一种价值时,我就没有超越意识之外。

我们的主要意图不是在于表明:李凯尔特徘徊在矛盾之中,他有时运用关于表象的现象学的概念,有时则运用关于表象的心理学的神秘概念,而是在于指出:他只是在出发点上,在适合于解释他的理论的范围之内应用了意向性,但是当意向性与他关于表象不是认识的理论相背反时,他就抛弃了意向性。这里的要害在于,尽管他在其他的地方都非常地敏锐,但是在回应"按照其自身所给出的那样去接纳事相"这一最基本的要求时,却失去了这种敏锐。他的思想由此而成为无根基的。人们不可以在一种情况下看到实事(Sachen)的强制,而在另外的情况下却对它视而不见;当其刚好与一种预先构想出来的理论相适合时,人们就看到了这些事实,而当其越出了那种理论时,它们就得不到注意。作为一种由布伦塔诺出发的判断理论和认识理论,李凯尔特的思想就提供了这种思想样式的一个典型的实例。我们讨论这个理论,就是为了在此见出判断是如何依存于对实事的把握的。

李凯尔特从布伦塔诺那里接受了判断是认定的规定。我们所要去探究之处,恰好就是这个李氏应用着由布伦塔诺所指明的意向性而同时又对它闭眼不看并陷入了理论构想的地方。现在我们就来简短地看一下这个以布伦塔诺对判断的描述为基础的理论:

李凯尔特说,当我们进行判断时,我们就是在对表象加以赞同或拒绝。在判断中隐含着一种本质性的"实践性"行为。"因为对于判断有效的,对于认识也必须有效,所以,根据判断与意愿和感知(Fühlen)之间所具有的亲缘性,就出现了这种情况:在进行纯粹的理论认识之际,也要牵涉到对一种价值采取态度……只有相对于价值,

第二章 现象学的基本发现,它的原则和对其名称的阐明

赞成与不赞成的二者择一行为才具有一种意义。"[①] 这样李凯尔特就达到了他的理论:认识的对象是一种价值。按照李凯尔特,当我感知这把椅子并且说这把椅子有四只脚时,那么这一认识的意义就是对一种价值的认定。但在这一感知陈述的结构中,人们无论如何也永远发现不了价值这样的东西;因为我并没有指向表象,更没有指向价值,而是指向实际被给出的椅子。

这里的认定并不是被粘连在表象(Vorstellungen)之上的,毋宁说表象活动(Vorstellen)本身就是自身-指向;表象在根本上先行给出了判断可能的关涉对象,判断中的认定是以表象行为为基础的。在表象行为和判断行为之间,本来就存在着一种意向式的关联。如果李凯尔特看到了表象行为的意向性,那么他也就不会沉陷在有关判断与表象的关联的神话里,好像判断(对于表象)"增加了什么"。各种意向性之间的关系本身就是意向式的。

因而,李凯尔特就不是根据对实事的探索,而是通过空洞的推论达到了上述理论,而这个理论接纳了教条的成见。李凯尔特从布伦塔诺那里所接受的唯一东西,仅仅是事态的最后残余,至于它是否运用到了判断的整个事相里,这都是成问题的。"如果我们把……判断描述为一种与表象不相类属的行为,这并不是说,借助布伦塔诺,我们在判断里看到了意识与其对象之间的一种与在表象行为那里不同的另外样式的关系。对我们来讲,这一断言有着太多的前提。"[②] 在此,李凯尔特拒绝了布伦塔诺意义上的作为表象行为与判断行为之区分标准的意向性。那么他自己用什么来充当这个标准呢?他是怎样去规定和建立这一区分呢?

---

① H. 李凯尔特:《认识的对象。关于哲学的超越问题的演讲》,弗莱堡,1892 年,第 57 页。编者注:1904 年,第 2 版,第 106 页。

② 同上,第 56 页。编者注:同上,第 104 页。

我们探究的是:"如果我们一般地在一种心理状态(在其中我们以漠不相干的方式进行观察)与另一种心理状态(在其中我们把我们的意识内容当作富有价值的并参与其中)之间进行区分的话,那么完整的判断应该属于哪一个种类(Gattung)的心理状态呢?……在此,我们仅仅意在确定一个连一种纯粹的感觉主义理论也不能反驳的事实。"①只有盲人才看不到这里所表达的就字面而言就是布伦塔诺的立场,而布氏所想做的,也无非就是按照我们行为的样式——我们对心理过程是漠然无关地进行观察呢,还是对其有一种参与——而对心理过程的种类加以分类。李凯尔特首先从一种由布伦塔诺的描述展示出来的地基出发而得出他的理论,但他却并未看到:他需要把意向性用作他的判断理论和认识理论的基础。这一点的证据在于:一方面李凯尔特运用了布氏的描述式区分,另一方面他同时也运用了这样一种表象概念;这个概念是与他为了赢得判断的定义而当作(判断的)基础的表象概念相违背的;后面的表象概念是一种漠然无关的自身-指向,因而是作为表象(活动)之方式的表象,而前者则是作为被表象者的表象,确切地讲就是作为意识内容的被表象者。而在李凯尔特拒绝表象唯心主义并意欲表明认知不是表象的地方,他并没有坚持表象的简单而朴素的含义,而是将一种神秘的表象概念当作了基础。李凯尔特说,一旦表象成为了被表象者,那么它就会生动起来。② 现在,表象就不是一种单纯地进行表象的行为,毋宁说,是得到了表象的表象。"进行表象的认识需要一种不依赖于认识主体的现实(Wirklichkeit),因为只有在表象是一种现实之映象或标记(Zeichen)的情形下,我们才能通过表象而把捉到一种不依赖

---

① H. 李凯尔特:《认识的对象。关于哲学的超越问题的演讲》,弗莱堡,1892 年,第 56 页。编者注:同上,第 105 页。

② 同上,第 57 页。编者注:同上,第 105 页。

于认识主体的东西。"①按照这一表象概念,当然就可指明表象不是一种认识,如果自身-指向只能够达及一种标记的话。

但是在其将判断与作为单纯观察行为的表象区分开来的地方,李凯尔特所运用的又是一种什么样的表象概念呢?为什么李凯尔特接受产生于描述的判断概念,却不接受描述意义上的表象概念呢?为什么他没有去探究下面的话所包含的意义:一种漠然无关的观察性行为?

这是由于李凯尔特受到了这样一种先入之见的引导:表象不可以是认识。因为如果表象是认识的话,那么他自己的关于认识就是认定和关于认识的对象是一种价值的理论就会成为多余的甚至可能遭到颠覆。关于表象不可以是认识这一成见,还通过求助于亚里士多德的以下命题而得到了加强:认识就是判断。认识从来都总是真的认识或假的认识;但是根据亚里士多德,只有判断才是真的或者假的。在求助于亚里士多德之际,李凯尔特简单地认为亚里士多德所理解的判断与他自己所理解的判断就是同一个东西——然而,亚氏在这里所表示的,刚好就是李凯尔特根本不愿去看到的那种属于表象本身的单纯的事相——"让某物为人所见"。李凯尔特没有看到表象的这一单纯的含义:正好在表象中就包含了认识。

就李氏而言,他之所以洞察不到表象源本的认识特性,是因为他把一种关于表象的以自然科学哲学为依据的神秘概念当作了前提,并作出了这样的表述:在进行表象时,表象活动(Vorstellung)也得到了表象(Vorgestellt)。在上述作为简捷感知的表象的实例中,得到表象的并不是一种表象活动,毋宁说,我看见的(得到表象的)就是椅

---

① H. 李凯尔特:《认识的对象。关于哲学的超越问题的演讲》,弗莱堡,1892年,第47页。编者注:同上,第78页。

子。这一点是包含在表象本身的意义中的;我指的是:当我观看的时候,我要去看的不是关于某物的表象(活动),我要去看的就是椅子。在单纯的观照(人们也将其称为对于某个非现成可见之物的表象)——例如,当我现在表象起我的写字台——的情形中,表象活动也没有得到表象,不是意识内容在观照中得到表象,而是事物本身得到表象。在回忆性表象中(例如回忆一次帆船航行),情形也是如此,我回忆的不是表象活动,而是回忆船和航行本身。仅仅为了顺应一种理论,就使得那呈现在(行为)结构中的最源本的事相遭到了忽视,使得李氏坚持认为表象不可以是认识,因为只有在表象不是认识时,这个理论才有存在的理由——因为一种价值哲学必须存在,所以认识的对象就是且必须就是价值。

使得李氏对于意向性茫然不知的,就是这一成见。在他这里,事情涉及一种生理现象与心理现象之间关系的理论,而他想要加以指明的又只是心理现象本身的结构。但是,无论表象行为所指向的东西究竟是实在的质料性事物还是仅仅属于幻想,无论认定是不是就承认了一种价值或者判断是否指向某种另外的、非实在的东西,那首要的事情都在于:我们要在根本上看清这一自身-指向。可以说,只有在没有任何认识论教条的情形下,行为的结构才有望得到把捉。只有出自并且彻底地经由切当地获得明见的东西,我们才有可能对当今关于意向性的现象学式解释获得一种敏悟并对其提出一种可以成立的批评。我们需要学习着看到:就是在现象学中,意向性也与某种未经澄清的成见有着瓜葛,而这样的成见自然就使得一种像新康德主义那样的背负着教条包袱的哲学很难简捷地看到那昭然若揭的东西。只要我们是以教条和门派的方式进行思维,那么我们首先就会倾向于沿着所属教条和门派的路子去进行假定,而当现象在事实上没有详尽地获得开掘之时,我们就越是紧紧地抓住那假定的东西。

在关于行为的探究中，唯一重要的事情就在于：将行为所具有的自身-指向结构保持于眼界之中。在此，我们必须远离一切有关心理之物、意识、人格等这类东西的理论。

c) 意向性本身的根本枢机

到目前为止，我们关于意向性所赢得的理解从形式上讲都是空洞的，不过有一点已经是明确无疑的：在做任何事情之前，我们必须首先自由无拘地面向意向性所具有的那种结构关联本身，而不要把某种关于意识的实在主义的或唯心主义的理论设为背景；我们必须学会看到那既与的东西本身，去看清这一实情：各种行为之间、各种体验之间的关系本身并不是各种事物的复合体，相反，各种行为、各种体验之间的关系本身复又具有意向性的特性，生活的全部联系本身都是由（意向性）这一结构所规定的。我们将进一步看到，这里还存在着不可能一下子加以排除的困难。而为了看清此点，首先就需要注目于意向性本身。由此出发，我们才能同时获得术语上的确定，进而才能理解在现象学中经常使用并经常受到误解的一种说法：行为（Akte）的概念是至关重要的。人们把感知、判断、爱、恨等等这样一些生活中的行处应作（Verhaltungen）也叫做行为。行为在这里指的是什么呢？它不是指什么活动（Tätigkeit）、过程或任何一种力量，相反，行为的含义仅仅是指意向性的关系。那些具有意向性特征的体验就是行为。人们必须紧紧地把握这一行为概念，而不要把它与其他意义上的行为概念相混淆。

意向性是如此地根本，但最初一看它依然还是如此空洞。我们只是简单地说：表象是对某物的表象，判断是关于某物的判断，如此等等；人们还未曾正确地看清，一门科学是如何地由这样的一种结构出发而成为可能的。很明显，在其真正地获得创始之前，这门科学就迈向了终结。事实上,现象学关于意向性的规定显得就像是一场独白。故此冯特早已说过,整个现象学的认识可以归纳为这样一个命题:A = A。我们以下就要试图去看清,(关于现象学)是否还有许多的东西有待于付诸言辞,而说到底其中的绝大部分东西都还根本未曾道出。通过把牢现象学的这一首要发现:意向性是体验的结构而不是体验所具有的事后追加的联系,我们就拥有了一种我们以下的考察该当如何进行的指南,凭此我们就将能够去看清上述枢机与结构。

α)感知中的被感知者:自在自足的存在者
(寰世物、自然物、物性)

通过将意向性把定为行为所本来具有的结构,我们就避免了在任何情况下滑入人为的构造、滑入僭越的理论之中。与此同时,我们也可以见出:这一结构是行为所必不可少的,这样我们就将同样不带成见地来探究这一结构。现在,我们就当尝试来显明意向性的基本结构。时至目前,我们只是凭借自身-指向描画了意向性的一种首要的机括,此一描画与完整的结构枢机还有着相当遥远的距离,并且这种描画还完全是形式上的和空洞的。

为了阐明意向性的根本枢机,现在我们要重新回到自然地感知物体的典型实例。我们用意向性所表示的,不是发生在物理事物与心理过程之间的一种偶然的、事后的对象化关系,而是行为作为朝向某物的行为所秉有的结构,即自身-指向;值此,我们不是在描画此时此地的一个特定的(对于椅子的)感知,而是感知活动本身(Wahrnehmen als solches)。如果我们要探寻意向性的基本结构,那么我们最好就去探察此结构本身——自身-指向。而现在,我们将不去关注其中的"指向"(Sich-richt),而是把其中的何所向(Worauf)纳入眼界。我们将不去看感知行为,而是去看被感知者,确切地说是去看这一感知行为中的被感知者。那么它是什么呢？

没有成见地说，它就是椅子本身。我看到的不是椅子的"表象"，把捉的不是椅子的图像，我觉知的不是对椅子的知觉，毋宁说，我只是简捷地(schlicht)看到了它——看到它本身。这就是感知最直接地赋有的意义。那么现在需要进一步追问的是：在我的自然的感知中，我看到的是什么，在自然的感知中，我活生生地站在大厅里，我能够就椅子说出什么来呢？——我将说，它立在第24号教室中的讲台之下，也许已被好几十人使用过：他们在讲课的时候就把它拉过来坐下。它不是一把任意的讲台椅，而是一把完全特定的、在马堡大学的24号教室里的讲台椅，也许由于使用而遭到了某些损坏，在家具工厂里(显然它就是从那里生产出来的)它只是简单地上过漆。关于椅子，如果我要完全自然地、非构造地和没有实验准备地对其进行描述的话，我将要说的就是这类东西。那么我说出的是什么呢？我叙说的无非是某种完全特定的东西，即便这些东西只是属于这把椅子的无关紧要的事迹，这把椅子就带着这样的一些事迹而持续地、日复一日地面对着我们。我们就把"自然的"感知中的被感知者称为寰世物(Umweltding)。

我还可以保持在这个感知之中，继续对感知中当下在此的东西，对椅子本身如此进行描述：它是如何地重，有什么样的颜色，它是如何地高和如何地宽，它可以由一个地方移向另一个地方，当我举起而后放开它时，它就会掉落，我可以用斧头将它劈开，用火把它引燃。现在我们又有了一些关于椅子的朴实的陈述，而这些陈述所谈论的是被感知者本身，现在我们不是在谈论对椅子的表象，也不是在谈论知觉，然而，现在所谈的却是事物的一些与前面有所不同的内容规定。现在，我们就被感知者本身所说出的东西，也可以用来谈论任意的一块木头。我们从这把椅子那里所得到的东西，并不把它规定为特定的椅子。虽然我们对椅子有所陈述,但这不是对作为椅子的物进行陈述,而是将它作为自然物进行陈述;现在,被感知者作为椅子这一点,已经变得不重要了。

被感知者是寰世物;但它同时也是自然物。从语言本身是如何地构成含义和表达的方式来看,我们的语言对于这一区别有着非常精细的区分。我们说:我闻玫瑰;我也可以说:我闻花,但是却不说:我闻植物。这一植物与花之间的区别(这两者都可用来表述这同一朵玫瑰),就是自然物与寰世物的区别。作为花朵的玫瑰是寰世物,而作为植物的玫瑰则是自然物。

就其本身而言,被感知者既是寰世物也是自然物。尽管如此,这里还是出现了这样一个问题:在进行上述描述之际(由此我们揭发出了在被感知的事物本身那里所显现的东西),我们是否借此描述就赢得了现象学中人们在严格的意义上称之为被感知者的东西?如果我们思考:这两类事物结构——寰世物和自然物——是归属于同一把椅子的,那么这里显然存在着一个困难:这两类事物结构之间的关系该当如何得到理解?对此,我们后面将在联系到其他有关问题时作出更切当的分辨。目前似乎只有下面这一点已得到了把握——如果我在自然的言说中,而不是在对椅子的探察和理论性研究中说:这把椅子很硬,那么我这并不是在确定作为质料之物的椅子的硬度和密度,而是在说:这把椅子用起来不舒适。在此就已经可以见出,那归属于自然物的,因而可以被分离地加以考察的特定的结构(如硬度、沉重),首先是以一种完全特定的寰世(Umwelt)品格呈显出来的。硬度、质料的阻力本身是伴随一种不舒适的特征同时当下在此的并且也只是以此种方式在此的,而不是由不舒适推导出来的或由不舒适派生出来的。被感知者自在自足地自身给出,而不是基于被塞进事物之中的观点才得以被给出。这里的被感知者就是具体的寰世物,尽管在许多方面它还依然是隐而未显的。

对于在感知中所发现的东西(在此即自然物),我还可以进一步加以追索。通过合适的探究方式,我可以对自然物继续进行开掘:作为这样的一种自然物,它必然具有像质料和广延这样的属性,而每一广延之物作为广延之物都是有颜色的,进一步,每一种颜色作为颜色也都有它的分布范围,而有质料、有广延的东西都是可移动的,它的位置是可变换的。这样,我又再次在物体本身这里揭发出了一些显现出来的属性,但现在我不再是依据作为寰世物的被感知者(椅子),也不是依据作为自然物的被感知者来揭示它,而是在探究物性(Dinglichkeit)本身。我谈的是质料(Materialität)、广延、颜色、可移动性以及诸如此类的规定,这些规定不专属于这一把特定的椅子,而是属于每一个任意的自然物,我所谈的是构成了物之物性的各种结构,是自然物本身的结构要素,是能够从既与之物(Gegebenen)本身那里揭取下来的物性内容。

在所有这三种情况中,我们讨论的都是自在自足的被感知的存在者,讨论的是一种认知能够由之而有所发现的东西。在此,感知是在一种广泛然而自然的意义上被使用的。从通常的认识论或心理学出发,人们将要说,这一关于自然物和寰世物的描述还非常地简单,而这种简单的描述本质上是非科学的。由于我用眼睛首先和原本看见的只是有色的东西,我首先具有的就只是黄色知觉,而后我才在此之上获得更多其他的东西。

相对于这一科学式的描述,我们所需要的却正是那种最初和原本地看到讲台椅的质朴(Naivität),且是纯粹的质朴。当我们说"我们看到"时,这里的"看"不能在狭隘的视知觉的意义上去理解,相反,这里的"看"所意味的无非就是"对显现物的简捷的认知"。如果我们把牢这一表达,那么我们就能够懂得并且毫无困难地如其自身所显示的那样去把捉那直接的被给予者。因此我们说,人们由椅子本身看出它来自一座工厂。我们没有引出任何结论,没有进行任何思辨,相反只是在椅子那里看到这点,尽管我们并没有关于一座工厂或工厂之类东西的知觉。那在简捷的认知中显现出来的东西所展开的领域,在根本上要比以感知理论为基础的认识论或心理学所欲确定的东西宽广得多。如同我们后面将要看到的那样,甚至所有的被感知者,就是那些我们关于物体形质(Leibhaftigkeit)所曾说过的东西——在物本身中有着质料,而质料又含有广延,广延又含有颜色,颜色本身复又有着它的分布范围——都处于广义的感知和看的畛域之内。以上所述并不是此刻我在这个讲堂里所发现的东西,而是某些一般特性之间的各种联系(Zusammenhänge),但这些联系并不是发明或构想出来的,毋宁说,在单纯的显现物(Vorfinden)的那种充分地获得了成型的样式中,我也可以看见这些结构与这些结构的特有的共属一体(Zusammengehörigkeit)——不是在一种神秘行为或灵感的意义上看见,而是在简单地观照(Vergegenwärtigung)诸结构(我们可以在既与的东西那里直接地看取这些结构)这个意义上看见。

β)感知中的被感知者:被意向状态的方式

(存在者的被感知状态,亲身具体的-在此之特征)

到现在,我们依然还没有达到我们在严格的意义上称之为被感知者(Wahrgenommene)的东西。在严格的现象学意义上,被感知者并不是那自在自足的已得到感知的存在者本身,而是被感知到的存在者——只要它如同在具体的感知中所显现的那样得到了感知。严格意义上的被感知者是被感知者本身,确切地讲,例如是这把椅子的被感知状态(Wahrgenommenheit),是椅子由之而得到感知的途径与方式,是椅子由之而得到感知的结构。这把椅子的被感知之方式与它的被表象之结构之间存在着区别。用被感知者本身这一表达,我指的是存在者的被感知状态的途径与方式。通过以上的阐明，我们只是暂先提示了一种全新的结构，而我迄今就椅子所说出的一切规定，都不能归之于这一结构。

椅子的被感知状态不是那属于椅子本身的东西；石头、房屋、树木以及诸如此类的东西也可以得到感知。就此而言，被感知状态以及被感知状态的结构就属于感知本身，也就是属于意向性。据此，我们就可以按照以下的排列而作出区分：存在者本身——寰世物、自然物与物性；以及存在者的被意指的方式——在最广泛的意义上，就是存在者的被感知、被表象、被判断、被爱、被恨、被回忆的方式。在上述的前三种情况中，我们所涉及的是自在自足的存在者，在第四种情况中，我们所涉及的则是存在者的被意向状态、存在者的被感知性。

而什么又是被感知状态呢？在根本上存在着"被感知状态"这么一种东西，而且人们能够就椅子的被感知状态说出些什么吗？这里的关键在于：我们要不依赖于任何一种理论，在一种与那些属于物的和属于存在者本身的结构的相互区别中去看被感知状态这一结构。依据前面的与物性相对的先行的规定与界划，我们已经获得了从哪一个方向着眼去进行探察的初步指南。显然，我们不能如其在感知中被指向的那样去看椅子本身，而应根据它的被意指的方式去看它。那么，在这里显出了什么呢？被感知者本身具有具体有形（Leibhaftigkeit）之特性，也就是说，存在者，作为被感知者而呈显出来的东西，具有具体有形的－在此（Leibhaft-da）之特性。存在者不仅作为其本身得到给出，而且它本身的具体形质也得到了给出。在具体有形的－被给出与自身－被给出之间，存在着一种被给出方式上的区别。我们将通过辨析单纯的被表象物的呈现方式，来清楚地看清这一区别。而在这个地方，表象是在简捷的观照（Vergegenwätigung）这个意义上得到理解的。

现在我可以观照魏登豪塞桥;我设想我自己就处于这座桥的面前。在对桥的观照当中,它自身得到了给出,值此,我所意谓的是这座桥本身,而并非它的图像,我意谓的也并非幻象,而是桥梁本身,然而在这里,它还不是以具体有形的方式向我给出。但是,如果我走下去并站立在这座桥本身面前,那么它就会以具体有形的方式获得给出。而以上所说的就意味着:那自身给出的东西,并不是非要以具体有形的方式给出不可,可是相反,一切以具体有形的方式给出的东西都是自身给出的。具体的形质是某一存在者的自身给出状态的一种特出的样式。通过与表象的另一种可能的样式[在现象学中人们将其理解为空意指(Leermeinen)]相互分开,这一自身给出状态还将更加清晰地为我们所见。

空意指是通过念想(Denken an)某物、忆念(Erinnung)某物的途径而表象某物的方式,这种表象方式可以在关于桥的谈话中出现。我意指这座桥本身,但在意指它时我并没有直接看见它的外观,而是在空意指的意义上意谓它。我们的自然的言谈有一大半都是以这种说话方式进行的。我们意指的是事物本身,而不是有关它的图像或表象,我们还未曾直观地给出它。在空意指中,被意指者也间接而简单地得到了意谓,但这仅仅是以空洞的方式,就是说,在没有任何直观充实的情况下被意谓的。直观的充实只能在简捷的观照中出现。这种直观的充实尽管给出了存在者本身,但并不是以具体有形的方式来给出它。

这一空意指与直观式表象的区别不仅对感性的感知是有效的,而且对行为的所有的变体都是有效的。例如我们说出这一命题:$1+2$等于$2+1$。人们可以无思想地说出它,但人们还是能够理解它,并且知道它所道出的并非毫无意义。但是人们也可以用明察的方式说出此命题,以致每一个(言谈)步骤都是在对被意谓者的观想

第二章 现象学的基本发现,它的原则和对其名称的阐明

中进行的。在前一种情况下,它在某种程度上只是盲目地被谈论的,在后一种情况下它则是以明见的方式被谈论的。如果情况是后一种,即被意指者得到了观想,那么被意指者就处在一种源本的回忆中,借此,我就使 2+1 等于 1+2,使所有的规定所具有的源本的含义向我呈显。只是在很少的情况下,我们才活动于直观性的、将实事一一呈明的思想方式中,而在大多数情况下,我们都是活动在与之相反的简括而空茫的思想中。

从最广泛的意义上讲,表象的更进一步的方式就是图像感知(Bildwahrnehmung)。通过对一种图像感知加以分析,我们将清楚地看到,一种图像意识中的被感知者如何具有与简捷的感知中的被感知者或单纯的观照中的被表象者完全不同的结构。当我观察一幅魏登豪塞桥的风景片时,在此就出现了一种新的表象方式。现在,风景片本身以具体有形的方式获得给出。正如一座桥、一棵树或诸如此类的东西那样,这一风景片本身也是一个物体、一个对象。但这个物体不是如同桥本身那样的单纯的物体,而是(如同我们说过的)一种图像物(Bildding)。在看这个图像的时候,我通过它所看到的是那被摹状的东西(Abgebildete),也就是这座桥。在图像感知中,我不是在专题地把捉图像物,毋宁说,在一种自然的态度之下,当我看一幅风景片时,我看到的是它上面的被摹状之物,是这座桥,即风景片所反映的东西。在这一实例中,桥梁既不是被空洞地意指,也不是被单纯地观照,亦不是被源本地感知,而是通过一种对于某物的图像化(Verbildlichung)所特有的层级结构得到把定的。现在,桥梁就是在被表象状态(Vorgestelltsein)意义上的被表象者(Vorgestellte),而这个被表象者是通过某物得到显表(Darstellung)的。这一图像把捉,这种通过一图像物而把某物当作一种被摹状物的理解,具有一种与简捷的感知完全不同的结构。人们必须清楚地记住这一点,因为从

过去到现在,人们都一再地尝试把图像理解看作这样的一种把捉方式:人们以为,借助有关图像的理解,就能够在根本上对对象感知作出阐明。图像物和被摹状者都处在图像意识(Bildbewusstsein)的范围之内。图像物可以是一具体的物,例如墙上的黑板,但图像物并不是如同自然物或寰世物那样的单纯之物,相反,它显示着某种东西,显示着被摹状者本身;与此相对,在简捷的感知中,在对一个对象的单纯的把捉中,我们将找不到任何一种属于图像意识的东西。要是人们对单纯的对象把捉中所具有的简捷的发现作出这样的解释:例如当我看这座房屋时,似乎我首先感知到了我意识中的一幅图像,于是给出了一个图像物,并且,由此图像物而来,我将此图像理解为某种有所反映的东西,即理解为这座外部的房屋的(内在)映象,也就是说,在我的内部有一个主观的图像,而在外部有一个超越的图像、一个得到摹状的东西,那么,这种解释就是与所有单纯的对象理解中简捷的发现背道而驰的。由上述的那样一种图像出发,我将什么也发现不了,相反,我是在简捷的感知的意义上看见房屋本身。把全然以另一种方式构成的图像意识移植到单纯的对象把捉中,这并不能对对象把捉作出任何解释,还把人引向不能成立的理论。即使完全不考虑以上之点,我们也必定想得起一种务必拒绝上述移植的原本的理由:把图像意识移植到单纯的对象把握中,这不符合现象学式的简捷的发现(Befund)。此外,上述移植还存在着如下困难(但对此我们不想多加探讨):如果说,认识在根本上是对于一种客观图像的把捉,即对于外部超越物之内在图像的把捉,那么这超越的对象本身是如何得到把捉的呢? 如果每一对象把捉都是图像意识,那么相应于这内在的图像,我重又需要一个另外的图像物,此图像物是我用于显表内在图像的……如此等等。然而这里所说的还只是与上述理论相悖反的一个次要的方面。另一更为主要的方面还在于:不仅在单

第二章 现象学的基本发现,它的原则和对其名称的阐明

纯的把捉中不存在什么与图像之物和图像化特性的瓜葛,而且在对象把捉的行为本身中也不存在像图像意识这样的东西。并不是因为人们进入了一种无限的倒退,在这一无限的倒退之中什么也不能解释,所以我们就不得不排除用图像意识来为对象把捉置基(Substruktion)这种做法;不是因为通过这一置基人们达不到任何站得住脚的理论,而是因为此一置基已经就是与一切现象学的发现相背离的,此一置基已经就是一种非现象学的理论,所以感知就必须整个地远离图像意识而得到思考。在根本上,图像意识只有首先作为感知才是可能的,并只是在这样的情况下才是可能的:当图像物在根本上得到了理解,进而,依循此图像物,被摹状者也得到了理解。

现在我们确定:如果我们从简捷的感知出发,就可以看到,在被感知者的被感知状态中,原本的环节在于:在感知中,被感知的存在者以具体有形的方式当场在此。除了被感知者的作为具体有形的物体自在地存在这个特征之外,就其被感知状态而言,所有具体的物体感知的另一个环节还在于:我们所意指的总是作为一个整体的被感知者。当我们观看一个从感官上可感知的对象,观看这里的这把熟悉的椅子时,我们看到的——从一种特定的看的方式来讲——就总只是椅子的一个特定的面和一个特定的角度。例如我看见的是座位的上半部分,而没有看见下半的平面,但是尽管如此,当我这样看这把椅子或只看见它的一两个椅腿时,我并不认为它有几个被锯开了的椅腿。当我走进这个房间并看到一个柜子时,我所看见的不是这个柜子的门或者一个单纯的平面,毋宁说,在感知的意义上,我所看见的就是这个柜子。如果我围着它打转,我总是还可以看见新的角度;但在一种自然的意指(Meinen)的意义上,不管在什么时候,我所意欲去看的都是椅子本身,而不是它的某一个角度。物体向我所呈现(sich darbieten)出来的这样一些角度可以处在一种持续不断的流

变之中。当我围着物体打转时，被感知者本身所具有的具体有形的同一体（Selbigkeit）一直贯彻始终。事物的各个角度渐次分明。但是在这里，并不是物体的一种明暗层次（Abschattung）得到了意谓，相反，总是被感知的物体在一种明暗层次中得到意谓。在感知的变换着的多维流形中，被感知者自身保持不变，在这个时候，我并不具有对于另外的被感知者的一种另外的感知，感知内容可以是另外的东西，但被感知者却总是作为同一个东西而得到意谓。

而在图像感知的情况中，与对物的整体把捉及其明暗层次有关，在较狭窄的意义上复又存在着被感知者的另一种结构。以具体有形的方式得到感知的东西是图像物本身，这图像物也总是从某个方面得到感知的。但是在某种程度上，在自然的图像感知中，对图像物的感知并没有得到实现。与对图像物的感知相反，例如一个邮差可以把图像物（风景明信片）仅仅看作世间之物，看作明信片。作为纯粹的、单纯的物体感知，对图像物的感知不仅没有达到完成，并且情况也并非：我首先只是看见一个物，而后断定"它是一个关于什么什么的图像"，相反，我是立马就看见了一个被摹状的东西，而全然不是一开始就专题地和孤立地看见了图像物，看见了一幅画的线条和色块。为着把这幅画当作纯粹的物体要素来加以观察，首先就需要我们的自然观察方式的某种变易，需要一种去图像化（Entbildlichung）的观察方式。运用这种观察方式，感知的自然的倾向才可进入图像把捉的方向。

γ）关于意向性基本性向之为 Intentio（意向行为）与 Intentum（意向对象）之共属一体的初步阐明

在看到表象方式所表现出来的多维流形的同时，我们也获得了这些方式之间确定的联系：空意指、观照、图像把捉和简捷的感知并不是简单地、相互并列地罗列出来的，相反，在它们之间具有一种特定的结构关系。例如,一种空意指在直观的观照中可获得直观的充实。而在空意指之中,在无念想的思想中被意谓的东西,在直观上是未予充实的,它缺少直观的丰富性。在观照从来都不可能具体有形地给出事物本身这个限度之内,观照具有达致某种程度的直观充实的可能性。

我们不仅仅以那种空意指的方式来谈论事物,我还可以依据关于某物的单纯的、持续不断的观照来谈论某物,或者,例如在关于桥的拱顶和柱石的数目出现了争论时,我甚至还可以通过具体有形的既与之物本身这一新的方式来充实被观照者。感知和感知所给出的内容是意向式充实的一种特别的情况。每一种意向自身都有一种趋于充实的倾向,而每一意向又总是有其得以充实的特有的和独具的可能性方式,感知在根本上只能通过感知得到充实;而记忆永远不能通过期待得到充实,而只能通过回忆性的观照,或者通过感知得到充实。在对某种给定的空意指进行充实的诸可能性之间,存在着完全确定的有规则的关联。在图像感知领域,情况也是如此。而这类关联的模式还有可能构成更为复杂的形态。在作为原件的图像之外,我们还可以列出作为复件的模仿图。如果我有一个复件,就是说有一个作为某物之模仿的图像,那么这之中就有一套确定的有关模仿图——图像(原件)——原型的层级关联,进一步,通过模仿图(关于原型的图像)的呈显功能就可以透彻显示原本的被摹状者。但如若复件作为复件能够显明它的模仿上的真实,那么我就不必依据原型来衡量这个复件,毋宁说,对于复件即模仿图的直观性的呈示(Ausweisung)是由被模仿的图像(原件)所给出的,而这个图像(作为关于某物的图像)自身就是原型。即便我们全然不顾感知这种特殊的把捉行为,呈示及其可能性这种独特的结构也是贯穿于所有的把捉行为中的。这样一来,被感知者就经由它的被感知状态显现了出来

(而这是最为重要的),我们将其意识为图像的东西就经由它的图像化特性显现了出来,单纯的被观照者就在回忆的样式中显现了出来,被空洞地意指者就在空意指的样式中显现了出来。而以上所有的这些分别都是它们的对象在被意向状态方面所生出的各种不同的样式。

这一充实(Erfüllung)、呈示(Ausweisung)和证实(Bewährung)的结构关联体及其层级在直观的表象领域里是相对容易看清的,但它也普遍而无例外地贯穿在所有的行为中,例如贯穿在纯粹理论的行为、规定与言谈里。如果不对各种行为的可能性,在这里就是对诸行为各自的被意指者的结构本身加以探究,就完全不可能设想以科学的方式去开创一门真实的、产生于现象本身的有关概念成型(从素朴的含义到概念的起源)的现象学。如果缺少了这一基本的要件,任何逻辑学就仍然只是外行的或者只是一种人为的构造。

这样我们就有了在被意向状态的方式之间,在 Intentio(意向行为)和 Intentum(意向对象)之间的一种固有的相互共属(Zugehörigkeit),根据这一相互共属,意向对象即被意向者就当在以上所揭示的意义上得到理解:不是作为存在者的被感知者,而是存在者所从出于其中的被感知状态、意向对象所从出于其中的被意向状态。运用这一属于每一意向行为的被意向状态,才能在根本上(尽管只是初步地)将意向性的根本枢机纳入眼界。

在现象学中,意向行为也被理解为意指(Vermeinen)。在意指和被意指者或意向行为与意向对象之间,存在着一种关联。Noειν(意向行为)也可被称为意指、单纯的把捉、感知(活动)本身,也就是被意指者所从出于其中的被意向状态。我之所以举出这一用语,不仅是因为这之中包含了一个术语,而且还因为其中已然包含了一种关于自身-指向的确定的解释。一切自身-指向(害怕、希望、爱等等）都具有自身－指向的特征，胡塞尔称之为 Noesis（意向行为）。在 νοειν（意向行为）是出自理论认识领域而得到理解的意义上，任何关于实践领域的解释也将来自这样的一种理论认识。对于我们的目标而言，这一术语是不存在危险的，而这个目标就在于对这一点加以澄清：只有当意向性被看作意向行为（Intentio）与意向对象（Intentum）的相互共属的时候，意向性才能得到充分的规定。现在可以概括地说：意向性与其说是一种事后指派给最初的非意向式体验和对象的东西，还不如说是一种结构，所以此结构所禀有的根本枢机就必然总是蕴涵着它自己的意向式的何所向即意向对象。这里我们把意向性的根本枢机暂先标揭为意向行为和意向对象两个相对之方的相互共属，但这却并不是最后的结论，而只是对我们所探察的课题域的一种最初的指引和显示。

如若要将上述规定与布伦塔诺对意向性的规定划开界限，那么我们就应当说：布伦塔诺在意向性那里看到的是 Intentio 即 Noesis（意向行为），以及意向行为之方式的各不相同，但他却没有看到 Noema 即 Intentum（意向对象）。他一直未对他称之为"意向式对象"的东西作出确信的规定。关于感知的对象即被感知者的四种含义就已经清楚地表明，在关于某物的表象中，"某物"的意义并不是轻而易举就可把握的。因而布伦塔诺也就摇摆于两个倾向之间：有时他用"意向式对象"表示存在者本身之存在，有时又用它表示与存在者混然未分的存在者之被把握的过程。在布伦塔诺那里，还根本没有达到对被意向状态之方式的一种纯粹的彰显，就是说，在他那里，意向性本身还没有作为一种结构统一体而得到突出的彰显。而这又进一步意味着：意向性同时是通过存在者而得到规定的，它被规定成了存在者所具有的特征；意向性被等同于某种心理之物。至于意向性到底是什么东西的结构，布伦塔诺并未加以探究，之所以这样说，是因为他在内在的可感知者、内在意识(在笛卡儿理论的含义上)这种传统的意义上将心理之物纳入了他的理论之中。由于心理之物本身的特性一直未获得规定,所以布氏就未能阐明,那据说具有意向性结构的东西为什么原本地需要一种意向性。就是在今天的现象学中,这也还是一个未获解决的问题。今天,意向性也被简单地理解为意识的结构或行为的、人格的结构,而在这样的理解中,那据说具有意向性结构的两种现实又是以传统的方式被看待的。尽管在现象学中,人们(胡塞尔以及舍勒)在两个完全不同的方向上试图超出心理的限定和心理的特性——在这个问题上,胡塞尔把意向性把握为一般的理性结构(不是作为心理之物的,而是与心理之物划开了界限的理性),而舍勒则将意向性把握为精神的或人格的结构,并且也是将其与心理之物划分开来的——但我们将要看到,凭借理性、精神、anima(生命)所意指的东西,并没有克服这门理论所徘徊于其间的那一最初的进路。我之所以指出此点,是因为我们将会看到,现象学是如何地需要通过对意向性加以规定而在它的内部实行一种彻底的深化。因而,人们不应该为了反驳现象学的意向性而简单地批评布伦塔诺!倘若如此,人们将在一开始就失手错过意向性这一课题。

并非意向性本身是形而上学的教条式的,毋宁说,只有那种为意向性结构奠立基础的东西才是形而上学的和教条的,而由于传统上对这一所谓的结构究属何物未加追问,对这一结构本身的意义未加追问,以致这种东西现在依然还在起着奠基的作用。不过,在对意向性进行初步的理解之际,我们的方法上的原则应该是:我们恰好不要费力去作出什么解释,而只是去把捉住那自身显现的东西——尽管这一原则也许还是相当地贫乏的。唯有如此,才有可能依循意向性本身并出入于意向性而完全合乎实际地看清:意向性是什么东西的结构,以及它以怎样的方式而成其为这种东西的结构。意向性不是关于心理之物的一种最终的说明，而是对那些按传统的方式得到规定的现实，如对心理之物、意识、体验关联、理性等这类无批判的设定加以克服的最初的起点。但是，如果这样的一项任务就包含在现象学的这一基本的概念之中，那么意向性这个名称就最不应当用作现象学的口号，毋宁说，意向性所指称的是这样一种东西：现象学本身的兴衰生灭就是由这种东西的展开所制约的。由此，我们就必须不加伪饰地说：那意向行为与意向对象的共属一体所意味的到底是什么，这一点依然是晦而不明的。一种存在者的被意向状态与此存在者本身有着怎样的关联，这一点依然如同谜一般难解。甚至在根本上我们是不是可以如此提问，连这一点现在也依然是成问题的，但我们可以确定的是：只要人们还在用各种赞成和反对意向性的理论去掩盖意向性的隐秘，那么人们就不能去探询意向性之谜。只要我们还在对意向性进行着抽象的思考，那么我们关于意向性的理解就不会出现太大的进展。我们应该只是通过探究意向性的具体现象来加深对它的理解。现在，作为进一步理解意向性的又一个契机，我们将尝试去阐明现象学的第二项发现，即关于范畴直观的发现。

第六节　范畴直观

只有当意向性在根本上作为一种结构而先行获得了阐发之后，我们在当前这个题目下所欲探明的东西才有可能得到揭示。就其含义而言，"直观"这一表述与上面我们已在充分的意义上加以规定的"看"是相应的。直观所指的是：对具体有形的显现物本身的简捷的把捉，就如同这一显现物自身所显示的那样。在这一概念中，首先没有假定，感性的感知是否就是直观的唯一的和最为源本的样式，或者，就其他的课题领域和构成成分而言，是否存在着直观的更广泛的可能性。其次,在这个概念中,也没有搀杂进多于现象学在使用这一表述时所具有的含义:对具体有形的被给出者的简捷的把捉,如同其自身所显出的那样。现象学意义上的直观(Anschauung)并不是指某种特别的能力,某种使自己转入世界的另一个锁闭的领域和深度中的出类拔萃的方式,也不是属于柏格森所使用的直觉(Intuition)的某种样式。因此,如果有人把现象学说成是与当代直觉主义互有牵连的,那就是一种草率的做法;现象学与直觉主义恰好是互不相干的。

范畴直观这一发现表明,首先,存在着一种对于范畴之物的简捷的把捉——在传统上,人们就把存在者中的这样一些组成成分称之为范畴,并很快就以一种粗糙的形式见出了这种成分。其次,这一发现首要地证实了,这种把捉渗透到了最为日常的感知和所有的经验之中。凭借这种把捉,语词的意义方能为人所明白。现在,我们就将指明这一直观方式本身,把它作为意向性呈显出来,并且探明:在范畴直观中,是什么东西得到了直观,而这种东西又是以怎样的方式获得直观的?

前面已经提示,范畴直观作为一种嵌入成分(Einschluß)应该出现于一切具体的感知(对于物体的感知)之中。现在,为了对这样的范畴直观加以证明,我们还需重新回溯到关于椅子感知的范例上。不过,为了在这个例子中看到范畴直观,我们还必须取得充分的准备。为此,我们还需要进行两项更为一般的考察:一方面需要进行关于意向式意指及其意向式充实的考察,另一方面则需要对经过了表达的意向式行为,也就是对直观与表达进行考察。

我们将要看到,我们的行为(从最广泛的意义上讲,我们的体验)是彻底地经过了表达的体验;即使这些体验尚未付诸言辞,它们也会在某种贯透着理解的串联(Artikulation)中得到表达(当我简捷地亲历于体验之中而未对其进行专题的观察之际,我就凭借体验而秉有了这种理解)。

a) 意向式意指与意向式充实

α) 自证作为呈示性的充实

在描述各种样式的表象之间所具有的关联的时候,我们指出了各种表象样式的从单纯的空意指(符号化行为)到源本的给予性感知(在最狭窄意义上的直观行为)的一个确定的阶梯系列。就其含义而言,空意指是未得到充实的,而空意指中所涵泳的被意指者(Vermeinte)也就寓于空意指的未充实状态之中。空意指或被意指者能够以某种方式在直观式观照中得到充实,值此,被意指者(被观照者)就以或高或低的充实程度被给出(桥:柱子－栏杆－桥拱的样式－石建筑的组成部分)。但无论这一充实的完满程度可能是如何地高,它都总是要显出一种相对于感知性充实的差别——这一感知的充实以具体有形的方式给出了存在者。不过,只要我们伫留于有关质料性事物的感性感知,这种感知的充实就不是整体性的;虽然它源本地给出了存在者,但却总是仅仅从一个角度予以给出的。无论一种感知可以是多么的充分,被感知的存在者都只能总是在一种特定的明暗层次(Abschatung)之内显现出来。因而,就一个进行充实的直观所可能给出的充实的终极程度和完满程度而言,就当存在着区别。如果说,在意指(Vermeinen)方面,所有的局部意向都得到了充实,而在赋予充实的直观方面,此直观呈显出了整个事物的全体,那么我们就可以称这是一种最终的和彻底的充实。

表象的诸种方式之间的关联是一种功能性的关联,而这种关联总是在它们的意向方式中预先就得到了规定。空意指、观照、感性的感知并不是如同在一个种之中的属类那样简单地连接起来,例如就像我这样说的那样:苹果、梨、桃子、李子是各种水果。毋宁说,这些表象方式是在功能性的关系中相互依存地存在的,而充实本身则具有意向性的特性。充实的意思是说:当面直接地拥有(Gegenwärtighaben)存在者的直观性的内容,以至于先前只是得到了空意指的东西在这里以真凭实据的方式呈示(ausweisen)出来。感知或者说感知所给出(gibt)的东西进行着呈示。空意指在直观所给出的事态中自身呈示;源本的感知给出着呈示(Ausweisung)。

在此具有特征意义的,是这样的呈示或者充实中所具有的那种关联。比如可以举出具体的观照的例子:现在我可以仅仅以空洞的、清谈的方式,来想起我家里的写字台。我可以通过关于写字台的回想对此空意指加以充实,然而最终我还是需要回到家里,在原本的和最终的经验中去看这个写字台本身,以此来充实此一空意指。在这样的一种呈示性的充实中,空意指和源本的被直观物就达到了一种相符(Dekung)。这一达-到-相符(Zur-Deckung-bringen)——被意指者在作为其本身和作为同一物的被直观者之中得到经验——是一种自证(Identifizierung)的行为。被意指者通过被直观者而自证自身;在此人们所经验到的是同一体(Selbigkeit)。我们还应该看到,在这一自证的行为中,同一性(Identität)并未像同一体(Selbigkeit)那样得到专题的把捉。自证本身并非已经就是对同一性的把捉,而仅仅是对同一之物(Identischem)的把捉。只要直观原本地就是亲身具体的,它就给出着存在者,给出着实事本身。空洞的被意指者还缺乏实事本身,换言之,在直观中我就拥有了对实事本身的洞见,更确切地说:我拥有了对于先前的那种仅仅得到意指的东西的真凭实据的洞见。在这一作为自证行为的充实中,就有着一种对于被意指者之真凭实据的采见(einsichtnahme),而人们就把这一作为自证性充实的采见称之为明见(Evidenz)。

β）明见作为自证性的充实

所谓自证性的充实，就是我们称之为明见的东西。明见是一种确定的意向式行为，确切地说就是对于被意指者和被直观者的自证；被意指者经由实事而验明自身。胡塞尔第一次成功地清理了明见现象，并借此而赢得了超越一切传统上笼罩在逻辑学和知识论中的晦暗不明的决定性进步。不过这一发现并未取得太多的结果。今天，人们还在坚持以一种传统的神话般的方式来理解明见，因为人们还是把它看作某一种经验的，特别是判断经验的标志，将其看作有时在我们心灵中涌现出来的一种信号，它向我们报道：与这个信号相连接而出现的那个心理过程，应该是真实的。在某种程度上，这就好像是对于一种心理资料的报道，它表明：在判断活动之外，存在着某种与此判断相应的实在之物。众所周知，这一超越之物本身是不能成为内在之物的，故此它就必须能够在"内部"进行呈报。按照李凯尔特的说法，这就是所谓的"明见感"（Evidenzgefühl）。

但是，如果人们看到，以自证方式进行把捉的行为是由意向性所规定的，那么人们就不会诉诸把明见作为心理感觉或心理资料的神话式理解，就好像首先存在着一个（心理上的）压力（Druck），而后人们才察觉到真相（真理，Wahrheit）的当场给出。

此外，还有一种通常的理解，它把明见当作某一特定的经验类别即判断的附属物。这种把明见当作（心理）过程的一种可能的附属物的界定以至概念，是与实情不相符合的。我们很容易看到，只有当见出了明见中的意向性时，明见才能够在根本上为我们所把捉。正是在这里，我们获得了一个具有重大意义的基本洞见。因为明见的行为所指的就是：出自源本直观的实事（Sache）而对事态（Sachverhalt）的一种自证性的看取（Heraussehen），所以，依据事情领域的存在特征，依据（对事情领域的）把捉方式的意向式结构，以及依据以以上二者为基础的各种充实的可能性,明见的含义就总是存在着不同样式的区别和不同的严格性的区别。由此,我们可以谈到明见的领域特性(Regionalität)。按其意义,每一明见都可被划归于一个相应的事情领域。而要将某种可能的明见方式,比如数学的明见方式移植到其他的把捉方式之中,那将是荒谬的。这一点也适用于严格的理论性呈示的观念,据其意义,此观念是分别建基于不同的理论(哲学的、神学的、物理学的)所各自具有的明见概念之上的。在看到所有的这些区间差别的同时,另一方面,我们还须注意到明见的普遍性。明见首先是所有对象给予行为的,并在更广泛的意义上是所有行为(意志的明见、愿望的明见、爱和希望的明见)的一种普遍的功能。它不仅仅限于陈述、谓词、判断的领域。而在具有这种普遍性的同时,就明见的事情领域和通达方式而言,又存在着各自的不同。

至此,我们就赢得了这样的几项结果:第一是纯粹的和绝对的明见的观念,作为对本质事态之洞见的"确信无疑";第二是对"个别的"事态、对"实情"之洞见的观念,即 assertoric(实在的)明见;第三就是关于这二者之间的联结的观念:对某一个别事态所带有的那种以"给定的个别物"为本质根据的必然如是(Notwendigkeit des Soseins)的洞见。

γ) 真理作为呈示性的自证

现在,依据对总体的和最高的充实所做的阐发,就产生了两个现象学的概念,这就是真理和存在的概念。最终的和彻底的充实所说的意思是:对被意指者即 intellectus(理解)与被直观到的实事本身即 res(存在者)之间的 adaequatio(相符)所作的度量(Anmessung-adaequatio-des Vermeinten-intellectus-an die angeshaute Sache selbst-res)。由此,我们就赢得了关于经院派的如下这一古老的真理定义的一种现象学式解释:veritas est adaequatio rei et intellectus(真实的东西就是存在者与理解的相符）。而另一方面，在意指的关联体中，没有任何局部意向（Partialintention）处在以对象性方式得到呈示的东西之内，这种局部意向不会以直观的方式，不会出自源本被直观到的实事而得到充实。按照现象学式的理解，adaequatio（相符）的意思就是指那种以达到-相符（Zur-Deckung-bringen）的方式而实现的度量（Anmessung）。那么，就认识的完全的结构关联而言，现在真理这一名称所指的究竟是什么意思呢？

凭借被直观物而对被意指者所作的呈示就是自证，以现象学的方式，可以将此规定为意向性，规定为自身-指向的行为。这就是说，每一行为都有它的意向式的相关项，感知有其被感知者，自证有其被证实者，而在这里，被意指者与被直观者的同一状态（Identischsein）就成了自证行为的意向性相关项。据此，人们就可以将一个三重体标识为真理：真理的最初概念所指的就是被意指者与被直观者的这种同一状态。因而，成真（Wahrsein）所意味的，正好就是这种同一状态，就是这种同一性（Identität）的合成（Bestand）。从自证行为的相关项着眼，现在我们就赢得了有关真理的初步的概念：被意指者与被直观者之同一性的合成。在此，我们应当看到的是：凭借对实事本身的把捉、凭借行为的实现，感知本身就亲历于具体的感知的活生生的行为当中和被意指者的呈示当中。当被意指者与被直观者走向相符之际，我就源本而唯一地指向了实事本身，尽管如此——这一点是这一结构关联的独特之处——，在对被直观到的实事之把捉当中，明见自身也得到了经验。某物得到了经验（erfahren），却没有得到把捉（erfaßt），这就是我们现在所达到的一种奇特的（结构）关联。而恰好只是在对象得到把捉之际（也就是在同一性未被把捉之际），此同一性才得到了经验。达到-相符是寓于实事之中的，而恰好通过作为一种特定的意向性的这一"寓于实事之中"（Bei-der-Sache-sein），此同一性（这种同一性本身的实现是非专题的）才直接而明白地被经验为真实的。而以上所说的内容，就是这一说法的现象学含义：在明见的感知中，我不是在专题地探究属于这一感知的真理本身，而是亲历于真理之中。成真（Wahrsein）应被经验为一种特出的行处干连（Verhalt），一种被意指者与被直观者之间的行处干连，确切地说就是在同一性意义上的行处干连。我们把这一特出的行处干连称作真的行处干连（Wahrverhalt）；而成真恰好就寓于这一行处干连之中。所谓真理，就当在这样的一种着眼于自证行为之相关项的标识中，也就是根据意向性而联系到 Intetum（意向对象）来加以看待。

与此相关，在对意向行为（不是对行为的内容，而是对行为本身）的考量中，我们就可获得关于真理的第二个概念。现在，我们的专题不是关乎意指和直观中被意向者的同一状态，而是明见作为相符性的自证所具有的行为结构本身。换言之，我们这里要探察的，是意指行为和直观行为之间的结构关系，是明见的意向性结构本身，是被理解为 adaequare（应和）的 adaequatio（相符）。在此，真理就被把握为认识所具有的特性、被把握为行为，也就是被把握为意向性。

人们可以在两重意义上来把握 adaequatio（相符）的真理概念，而在历史上，此概念一直是从两个方面得到把握的：一方面作为自证的、作为"达到-相符"的相关项，另一方面作为对达到-相符这一行为本身的规定。关于真理概念的争论一直都在这两个论题之间来回进行：真理是事态（Sachverhaltes）与实事的一种关系以及真理是各种行为的一种特定的关联（因为我只能够说到一种出自认知的真理）。上面的两种理解、两种片面地规定真理概念的尝试，都是不完善的；无论是基于事态的理解，还是基于行为的理解，都没有切中真理的源本意义。

而通过重新沿着被直观到的存在者本身的方向去加以观察，我们就可获得真理的第三个概念。真实的东西（das Wahre）也可以在存在着的客体本身的意义上得到理解，它作为源本被直观到的东西向人们呈示出来，而这种呈示则为同一化行为提供了基础与正当性。因而在这里，真实的所指的就是那使得认识成真的东西。真理在这里就意味着存在（Sein）、成为－真实（Wirklich-Sein）。这是一种在希腊哲学的早期就已经出现了的真理概念，而这个概念一直是与前面所说的两种概念相互混杂在一起的。

δ）真理与存在

借助真理的第一个概念：真理作为被意指者与被直观者之同一性的合成——真理作为成真（Wahrsein），我们同样也赢得了一种确定的在成真（Wahrsein）意义上的存在（Sein）的含义。依循一种在简捷的椅子感知中所达成的关于事物的陈述："这一把椅子是黄的"，我们可以让上述之点成为明白可见的。被陈述者本身，此陈述所表述的内容是椅子之"是黄色"（Gelbsein），人们也将这一内容称之为被判断的事态。在被判断的事态中，我可以辨别出两重的内容：是－黄色的（Gelb-Sein），我可以把"是"划上着重号，并借此指明：这一把椅子实在（wirklich）是黄的，它真的（wahrhaft）是黄的。人们会注意到，我们是如何能够交替地使用"实在的"和"真的"这两个词的。这一着重标出的是（Sein）所指的正好就是：先前所指出的那种真的行处干连得以合成，就是说，被意指者与被直观者之间的同一性得以合成。"是"在这里所意味的，正好就是真理的、真的行处干连的合成，同一性的合成。

现在，我可以根据一个与上述所说相对反的方面，来强调对于是－黄色的（Gelb-*Sein*）这个事态的表述——当然这仅仅只是一种图式化的考察——现在我所强调的是"是－黄色的"（*Gelb*-Sein）。

当我以 S＝P 这个式子解析此判断时,这一强调在形式上所说的恰好就是 S 的是－P(P－Sein)。用现在的这个"是",用我在是－黄色的这个强调用语中所指的"是",我所要表述的不是被判断的事态的成真(Wahrhaftsein),而是 S 的是－P,也就是谓词向主词的归属。现在所意指的是作为系词的是——这把椅子是黄的。运用存在(是)的这第二个概念,就不像第一个概念那样指的是真的行处干连(Wahrverhalte)的合成,而是事态本身的一个结构环节。作为行处干连的事态有其形式上的结构 S＝P。在"这一把椅子是黄的"这一表述里,我们所意谓的是存在(是)的两种意义——存在(是)作为事态本身的关系因素(Verhältnisfaktor)和存在(是)作为真的行处干连(更确切地说,就是事态在真的行处干连中的合成与持存)。就这两种含义从未通过现象学的方式获得过清理而言,判断理论一直都是充满了混乱的,就是说,在没有将这两种关于存在(是)的含义区分开来的情况下,人们就建立起了判断理论。而只有从这一区分出发,我们才可以看到,这两种含义在结构上是怎样地互为条件的,而在命题本身中,又存在着一种什么样的表达可能性。关于存在(是)的这两个概念的区分:真理(而真理又被解释为同一性之合成)意义上的存在以及系词(系词则被解释为事态本身的结构因素)意义上的是,是一个属于现象学的逻辑学领域的问题。这里所具有的现象上的结构性联系在于:那在其自身结构中就赋有这个"是"、这个"存在"的真实的事态,本身就是(自证行为的)相关项,是事态本身之中的一个相关项。而这就是说,当其依凭事态本身而获得呈示之际,作为单纯被意指的事态就是真实的。真的行处干连就这样得以合成,此行处干连得以是真实的。

在现象学最初成型的时候,就已经赢得了以上两个关于真理的概念以及相应地关于存在(是)的两个概念,并在现象学的进一步发展中一直贯彻了下去。把握以上的这些概念,对于我们的探索具有重要的意义,因为我们后面将要提出有关存在意义的根本问题,并且还要面对这样一个问题:依据成真(Wahrsein)的关联体和与之相应的成实(Wirklichsein)的关联体,我们是否就可以在根本上原初地引出存在的概念?或者,真理是否是一个首先依据陈述,或在更广泛的意义上依据客体化行为才能够原初地予以把握的现象?

真理这一名称原初而原本地应归属于意向性,这就是说,根据意向性所具有的枢机,真理应该既归属于意向行为又归属于意向对象。在传统上,这一课题被专门划归于陈述行为,也就是述谓的、连接的行为。但是,当我们回忆起关于明见的阐述时,这一点就当清晰可见:那种非连接的,亦即单射线的、单命题的(monothetisch)行为,也同样地具有呈示的可能性,就是说也能够是真的。据此,现象学就已经超越了那种把真理概念限制在连接性行为之内、限制在判断之内的做法。连接性行为的真理仅仅是一般认识的客体化行为这种成真方式的一种特定的样式。由此,在未有明确意识的情况下,现象学的这一真理概念又回归到了一种境界广阔的真理概念之中:依据这种真理概念,希腊人——亚里士多德——也能够将感知本身和关于某物的简捷的感知称为真实的。由于现象学没有意识到它自己的来路,它也就不能切中希腊真理概念的原初的意义。但是,基于这一与希腊真理概念的联系,现象学还是成功地做到了这样一点:在经院学派的真理的定义(而这种定义通过某种迂回又要回溯到希腊哲学)中,首次又为我们带来了一种可理解的意义,并将此定义从令人迷惑的错误解释中挽救了出来——正是这种错误的解释导致人们以一种充满危害的做法把图像概念引入了关于认识的解释之中。

在传统上,如果说真理是与连接性行为、与判断联系在一起的话,那么"存在"就倾向于被看作是非连接性、单射线行为的相关项

(作为对于对象、对于实事本身的规定)。但是,如同在真理的情况中必须作出一种"拓展"一样,在这里的"存在"的情况中,也需要不但从实事方面,而且从事态方面进行拓展——在"存在"方面以及在"如此存在"方面都要加以拓展。这样,才可望达到对存在与真理的现象学解释进行描述所必需的条件要求。至于我们现在所已经达到的东西,首先对于理解范畴直观具有某种准备性的作用,而对于进一步的合乎实事的探索而言,它同时也具有一种基础性的意义。

b) 直观与表达

至此,我们基本上已经指明了直观的含义,而这个含义并非只能限定在对于感性之物的源本的把捉这一范围之内。此外,在关于直观的概念中,也没有隐含任何的关于如下问题的先入之见:直观是否可以一蹴而就,而作为这样的直观,它是否就给出了孤立的、点式的对象? 在我们对意向与充实之间的意向性关联作深入的阐明以及对作为自证性行为的明见加以清理之际,已经以隐含的方式引入了一些未加澄清的现象。将真理规定为例如一种事态的真的行处干连,这要通过回溯到命题和陈述才能得到实现,确切地说是要回溯到这样的一种陈述——由这一陈述出发,我们将可以表明:我们是通过对椅子这个物体的感知而实现上述规定的。

陈述是意谓行为(Bedeutungsakte),程式化命题意义上的陈述只是可表达状态(Ausdrücklichkeit)的特定的形态,而可表达状态的含义是:通过意谓(Bedeutung)而对经验或行为作出的表达。把关系到所有行为的表达与已表达状态(Ausgedrücktheit)的原本含义看作基础性的东西并将其置于有关逻辑之物的结构这一问题的前台,这一点是现象学研究所取得的一项重要的功绩。如果人们想到,我们的行为事实上是彻底地由陈述所贯穿的,它们总是在某种可表达状态

第二章 现象学的基本发现,它的原则和对其名称的阐明　71

中实现的,那么现象学的这种做法就不会令人惊奇。实际上,我们最朴素的感知和理解就已经是经过了表达的,甚至是以一定的方式经过了解释的。与其说我们首先和源初地看到了对象和事物,还不如说我们首先是在谈论对象和事物,更确切地讲,我们不是在说出我们所看到的东西,相反,我们是在看到人们对于事物所说出的东西。可以说,这一可表达状态、这一"已经-被说出-且被透彻说出-状态"(Schon-gesprochen-und-durchgesprochen-sein)就是世界以及对世界的可能的理解和把捉所具有的一种内在的规定性,而现在,在我们追问范畴直观的结构之际,我们就有必要在根本上把这样一种规定性纳入我们的眼界。

α）感知的表达

现在的问题是:我们如何能够将一个我们在某一具体的感知中进行的表达称之为真实的?那种我在具体现实的感知中所做成的表达,也可以像对应于某一具体感知的空意指那样获得充实吗?

按照惯常的说法,我们可以将这里的情形表示为:通过陈述"这把椅子是黄的并且有坐垫",我就给出了对于我的感知的表达。对于这里的"表达",我们应当作何理解呢?对此我们可以从两个方面来进行理解。给出一种感知的表达,一方面可意味着通报(Kundgeben),也就是关于感知这一行为的通报。这个通报指出:我现在正进行着这个感知;我告之于人:现在我在进行这个感知。对行为加以通报的可能性,不仅对感知而言是存在的,而且对任何一个行为而言都是存在的:存在着对于感知、表象、判断、愿望、期待以及诸如此类行为的一种断定性的通报。当我对他人说"希望你关注此事"时,这之中就包含了:我期望着你去关注它。除了其它的含义以外,这里还关涉到向他人的传述(Mitteilung):我对他有所期待。或者当我说"我希望……"时,这样我就给出了愿望的表达,即我通报说,我的心灵正被这一愿望所贯注。这样,在以上第一个意义上的给出-表达(Ausdruck-geben),就是关于行为的现成存在、关于这一行为正贯注于我的心灵的通报。就此而言,所谓对一个行为给出表达,它所指的就是:现在我告知,我听到了下面的汽车噪音。

但是,所谓"给出一个感知的表达",也可以不是指对于行为所作的通报,而是指对于在行为本身中被感知到的东西的传述。在表达的第二种样式里,我不是在就行为及其当下存在作出陈述,我不是申明有关这一椅子的感知正出现在我心中,而毋宁说,现在陈述所陈明的,是被把捉到的东西本身,是作为行为中的被感知者之根据的东西,是存在者本身。现在,表达的这种含义就扩展到了所有朴素的给出对象的行为之中。这样,我就可以在一种空意指中,在对某物的单纯的念想中对其加以陈述。而在这样的陈述中,我不是就一个单纯的表象,就某种主观性的东西,而是就被意谓者本身作出陈述,固然这是以这样的一种方式进行陈述:我并未对那个我有所讲说的东西的每一步骤进行直观的呈示。当我们谈到感知陈述(Wahrnehmungsaussagen)时,我们需要解决的问题是:在"就感知中的被感知物加以传述"这个意义上而对感知给出表达。一个感知陈述是在对感知中被感知到的存在者作出传述,而不是就感知行为本身进行告知。

现在让我们继续回到我们前面讨论过的物体感知和在其中所形成的陈述的案例上。出自对未分解的(unabgehobener)事物整体的最初的、简捷而纯粹的把握,这一陈述凸显出了特定的干连,它从源本被给出的直观性内容中抽取出了此一干连。按照前面的讲法,正是在实物之中、在源本地被给予和直观的东西中,陈述才获得了自己的作为相符的呈示(Ausweisung);陈述成为真实的。在陈述的意义中就包含着走向它本身的真理、走向它本身的成真的趋向。唯有这样,它才真正地是它所是的东西。前面关于真理、相符(Adaequation)、充实所说的东西,显然也完全可以从简捷的把捉行为移用于陈述的行为。那么,现在我们就来试图看清,感知陈述是如何在被感知者中得到充实的。

为此让我们回到前面的案例并且记起,我们曾经拥有那种由简捷的感知所给出的东西:实在出现的物体(椅子)的完整的实事内容,进而还拥有关于它的表达:这把椅子是黄的并有坐垫——S 是 P 与 Q。这里的问题是:这一陈述在被感知到的东西中可以找到完全的充实吗?每一完全的意指与陈述的意向都可以根据感知而在实物当中找到证实吗?简而言之,那对于感知加以表达的感知陈述,能够以切合于感知的方式得到证实吗?这就是说:那联系到明见而赢得的真理的观念,也可以贯彻于陈述本身之中吗?——而在我们的行处应作的具体行为的范围之内,陈述构成了一个广阔的领域。更确切地讲,需要逐一加以探问的是:"这个"、"是"、"与"等可以根据感知而在实物之中获得证实吗?这个椅子、这个"有坐垫"(Gepolstertsein)和这个"是黄的"(Gelbsein)我都可以看见,但是我将永远也不能够如同看见椅子那样去看见"这个",看见"是"、"与"。在完全的感知陈述中,存在着一种意向上的剩余物(Überschuß),而简捷的物体感知不能够胜任对这种剩余物的证实。

但是,也许这只是在一种单纯的命名、一种名词性设定这类较为简单的表达中的情形(例如这种样式的设定:黄色,有坐垫的椅子)?然而,当我们更为深入地考量时,在这里甚至也出现了一种剩余;我可以看见"黄-色",但是我却不能够看见"是黄"(Gelbsein)、"有色"(Farbigsein),而这一表达要素"黄",也就是属性,经过完整的表达所指的应是:这一把是黄的(gelbseiende)椅子。而这一表达中的这个"是(存在)"(Sein),以及上面的作为"是"(ist)的存在,乃是不可感知的。

"是（存在）"不是处在椅子之中的一种像木头、重、硬、颜色等等那样的实在的要素，它也不是像坐垫或螺钉那样的附着于椅子之上的东西。"存在"——康德已经说过，而他在这里所指的是实在的存在（Realsein）——不是关于对象的实在的谓词，而这个说法也适用于系词意义上的是。明显可见，在这里，陈述与被感知者之间就不存在什么相符，就内容而言，被感知者总是少于人们关于被感知者所陈述出来的东西。以一种顺应感知的方式去看，我们将完全找不到陈述所表达出来的东西。据此，我们是否就必须放弃那种与一般陈述相对应的充实的观念，由此也放弃真理的观念呢？

在引出结论之前（在哲学中，这种做法从来就是一件令人可疑的事情），我们首先要更切近地朝向实事本身，就是说我们要去追问的是：前面所指出的暂时还未得到充实的那些词——"这一个"、"是"、"与"，到底原本地是什么。

我们说过，颜色是可以看见的东西，但有色（Farbigsein）却是不能看见的；颜色是某种感性的东西，实在的东西；相反，有（存在）不是任何这一类东西，因而"存在"是非感性的，非实在的。既然实在的东西被人们看作客体化的东西、被看作客体的部分和要素，那么，非感性的东西就应当与主体之内的精神之物、与内在之物等量齐观。实在的要素是依据客体而得到给出的，实在之物以外的东西则是由主体带到客体之内的东西。但主体是在内在的感知中显现出来的。那么，我将要在内在的感知中去找到这个"存在"、这个"统一体"、这个"多"、"与"、"或"吗？非感性要素的源头存在于内在的感知之中、存在于对意识的反思之中。自从洛克以来，英国经验主义就坚持以上这样的看法。这一看法在笛卡儿那里有其根苗；尽管已然经历了本质性的变形，但原则上它也还存在于康德和德国唯心主义之中。而今天，人们之所以能够正好在这个问题上与唯心主义背道而驰，这只有通过现象学对以下一点的成功阐明才是可能的:非感性之物、观念之物并不能够简单而直接地等同于内在之物、意识之物、主体之物。现象学的阐明并不只是一种消极的说法,而且它也积极地指出和表明了范畴直观这一发现的真正意义。对此,我们以下还将进一步加以明察。

因为这个"是"、这个"有"、这个"统一体"(Einheit)、这个"这个"等等一类词指的是非感性之物,而非感性的东西不是实在的、不是客观的,从而也就是某种主体性的东西,所以我们就必须转向主体、转向意识去加以考察。但是当我们观察意识时,只要意向性未进入我们的眼界,我们所发现的就将是——这依然还是从前的观察方式所具有的特征——心理过程意义上的意识行为。如果我对意识加以探寻,我发现的就总只是判断、愿望、表象、感知、回忆,也就是内在的、心理的事件,用康德的话说,就是出自内感官而向我呈显出来的东西。因此,按照现象学上的一致性,人们说:这样的一些我通过内感官而呈显出来的概念,在根本上就是一些通过内感官而得以通达的感性的概念。当我探寻意识之内在时,我获得的总只是感性的东西和对象性的东西,我必须把这些东西称之为心理进程的实项的(reelle)组成部分,然而我却永远也找不到像"存在"、"这一个"、"与"这样的东西。因此胡塞尔说:"不是在对判断或者进一步在对判断充实的反思中,而是在判断充实本身中,才真正存在事态概念和(系词意义上的)存在概念的源头;不是在作为对象的行为中,而是在这些行为的对象中,我们才找到了让上述这些概念得以实在化的抽象的基础……"①"存在"(范畴)、"与"、"或"、"这一个"、"一"、"几个"、"而后"不是任何类属于意识的东西,而是某一行为的相

---

① E.胡塞尔:《逻辑研究》,第二卷,第二部分,第141页。

关项。

当我要形成一个总体的概念时,我不是通过对组加的心理过程 a+b+c+d……的反思,而是着眼于在此总体把握中所意谓的东西,不是面向行为,而是面向行为本身所给出的东西,去发现这一总体现象。同样地,我不是在对意识和对作为一种观念化行为之过程的主体的反思中,而是着眼于行为本身中所意指的东西,去发现同一性的范畴。

在这里,依据对一个古老的成见(这一成见将"非感性者"、"非实在者"解释为并等同于内在的和主体性的东西)的这样一种原则性的和决定性的修正,人们同时也看到了:对这一成见的克服同时也要依赖于意向性之发现。当我们正在抉择关于范畴之物的正确理解,而同时又认为我们能够弃绝作为一种神话式概念的意向性之际,我们并不知道自己到底在做什么;然而,这两种做法其实就是一回事情。

"全体"、"与"、"但是"……不是任何类属于意识的东西、不是任何心理之物,而是某种特别样式的对象属性(Gegenständlichkeit)。这种对象属性所关涉的是这样一些行为:这些行为所要给出的是某种依止于行为本身的东西,确切地讲,就是那些不具有实在的-感性的物体对象之特性,就是不具有对象的组成部分或对象的构成要素之特性的东西。这些要素不是通过感性的感知而获得证实的,毋宁说,唯有通过一种本质上同一样式的充实方式,也就是通过在相应的呈示性行为中的原本的自我给出的方式,这些要素才成为可证实的。如同"全体"、"数目"、"主体"、"谓词"、"事态"、"某物"是各种对象一样,我们也必须以相应的方式将原本地证实着这些对象的行为理解为直观(如果我们只是遵循直观的形式上的意义的话)。那些处于完整的陈述之内的要素,那些在感性的感知中为之找不到任何充

第二章　现象学的基本发现，它的原则和对其名称的阐明　77

实的要素，通过非-感性感知、通过范畴直观获得了充实。在完整的陈述的各种要素之中，我们至今还没有对其充实方式加以阐明的要素，就是这里的范畴之物。

β）简捷的和多层的行为

现在我们需要做的，首先就是严格地廓清两类直观之间的区别，其次就是更为明确地规定范畴化行为本身。

我们已经表明：简捷的，即感性的物体感知不能够完成对所有的陈述意向的充实。现在，尽管感知的意向性特性已经大致地得到了标识，但它的"简捷"的特性却恰好依然未获得规定。而关于此特性的补充性规定，应该同时也能够显示出这一特性与另一样式的行为即所谓范畴化行为之间的区别。

那么，是什么构成了感知当中的简捷性（Schlichtheit）特性呢？经由对简捷性这一要素的阐明，我们将找到一条对"范畴化行为的奠基"和"范畴化行为的被奠基过程"之含义予以阐明的进路。而利用对被奠基行为的阐明，我们相应地就能够既把简捷感知的，也把被奠基行为的对象属性理解成一个统一的对象属性，而这样的理解将使我们看到：简捷的感知（人们倾向于将其称作"感性的感知"）是如何在其自身之中就已经是由范畴直观所贯穿的，以致虽然感知性把捉的意向性是单纯而简捷的，但感知的单纯性却并不排除行为结构本身的一种高度的复杂性。

我们已经从各个不同的方面描摹了简捷的感知所具有的特性。根据它的意义，其中的一个特性就在于：它以亲身具体的方式给出它的对象。在这样的一种亲身具体的给出中，对象本身保持自身为同一个对象。在各种不同明暗层次（这些明暗层次是在各种感知的系列里显现出来的）的相互转换中，我看到的是作为"同一个自身"的对象。我可以通过例如围绕着对象来回旋转，来获得这样的一种对于同一个物体的感知系列。那么,我们如何来确切地规定这一感知系列的相互间联系呢?这一感知系列并不是对于若干时间上相邻近的行为的单纯的呈示,而这些行为是通过一种随后进行的综括(Zusammennahme)才得以形成为一个感知的。但是,如果我们用现象学的方式来加以省察,这里的实情就应该是:每一个处在连续的系列之中的单一的感知相状(Wahrnehmungsphase),其本身都是对于物体的一种完整的感知。在感知的每一瞬间,整个物体都是具体有形的它自身,而这个自身是作为同一物的它自身。这就意味着:感知系列的连续体不是事后通过对此系列所作的更高层次的综合而形成的,相反,这一感知系列中的被感知者是在一个行为级中被给出的,也就是说,这个感知关联体(Wahrnehmungszusammengang)是一个唯一的、仿佛只是经过了拉长的感知。此感知"以简单而直接的方式面对它的对象"。[①] 以上所指明的这一层特性,即各个不同的感知相状都是在一个行为级中实现的,以及感知系列的每一相状都是一个完整的感知,就是我们所称作的感知的简捷性或单级性特征。简捷性所指的是:不存在那种多层级的、只是在事后才去构建某种统一体的行为。因而,这一"简捷"的特征就意味着一种把捉的方式,这就是意向性的特征。作为把捉的方式,这一意向性特征并不排除:这一感知(正如已经说过的那样)本身所具有的结构在最高的意义上是错综复杂的。这样,感知的简捷性所指的就不是行为结构本身的单纯性。反过来,范畴化行为的多层级性也并不排除:这一行为是单纯的。

这一有关感性感知及其单级性的富有特征的理解方式,就使我们有理由赢得一种实在的对象的定义,这样一种定义当然有其界限

[①] E. 胡塞尔:《逻辑研究》,第二卷,第二部分,第 148 页。

第二章 现象学的基本发现,它的原则和对其名称的阐明 79

并首先只是在关于感知和感知对象的分析中获得的。对于胡塞尔,"实在的"所意指的含义也就是实在性(Realität)所具有的最源本的意义;依据定义,一个实在的对象就是一个简捷感知的可能对象。①实在的部分(Teile)这一概念,或在最广泛意义上,实在的局部(Stücke)、实在的要素(Momente)、实在的形式(Form)等概念也由此而得到了规定。"一个实在的对象的每一部分(例如形式)都是一个实在的部分。"②在我们面对"范畴性结构本身的结构环节与实在的对象具有何种关系"这一问题时,这一点有必要牢记于心。在此我突出地强调的是:与感性的、简捷的感知概念相关联,这一"实在的"、实在性的概念是一个完全特定的关于"实在之物"的概念,当然也就是一个对世界的实在性分析(就如同胡塞尔所进行的那样)有着决定性意义的概念。

在简捷的感知中,对象整体作为具体有形的同一之物而清晰地得到了给出。与此相反,那最初被简捷地感知的东西所具有的各个部分、要素与局部则是以混而未分的、不分明的方式当场在此的[这里的在此(da)同时就是指那种可离析的(abhebbar)先行给予]。这一简捷的感知,或者说它所给出的东西——当前的存在者本身,现在自然就成了这样一种行为的基础:此行为基于简捷感知所具有的一种特殊的意向性(对象属性的一种相关项)而构建起来,简捷的感知是构建新的对象属性(Objektivität)所必需的基础。

在前面,我们只是指示过这些新的对象,在关于完全陈述的意谓(Vermeinen)中意指(vermeint)过这些对象。而借助这一初步的指示,就给出了那些给予着这些对象的直观方式的预先提示。现在,应

---

① E.胡塞尔:《逻辑研究》,第二卷,第二部分,第151页。
② 同上。

该是我们去看清这些新的对象属性与实在的对象的对象属性,以及与基础级的对象属性之间联系的时候了,应该是我们去看清各种意向本身的层级关系的时候了。根据我们对意向性的根本枢机所说过的东西,这两者是不可分开的。现在,当我们谈论行为系列,谈论基础级的行为与建基于其上的行为(谈论简捷的行为与被奠基的行为)时,我们的目光不是指向心理的事件与这种心理事件在渐次出现的时间序列之中的联结,毋宁说,行为系列是意向性的各种层级构造关系和各种变形(Modifikationen),就是说,是(行为的)那种以其本己的对象为鹄的的各种指向性的结构。作为行为,它们从来都具有其可能的、它们自身所意指的存在者,它们凭借一种特有的显现方式而拥有这一存在者。在多层级的行为中作为对象之物而显现的东西,是永远不能在基础级的简捷的行为中获得通达的。就是说,正是凭借一种新的对象化方式,范畴化行为使得那些此种行为构筑于其上的对象属性(即简捷的被给出者)成为可参通的。这种使得简捷的预先给出的存在者能以为我们所参通的新的方式,人们也与行为相关联地称之为表达。

就被奠基的行为与奠基的、简捷的行为之间的关系而言,我们可以完全一般地讲:被奠基的行为(即范畴化行为)虽然同时指向在它之中一同得到设定的、以单纯的行为(即奠基性行为)为基础的对象属性,但却是以一种与简捷的给予性行为的意向性不相重合的方式指向这些对象属性的,就好像多层级的范畴化行为在某种程度上只是简捷的给予性行为的一种形式化的重演。而这就意味着:被奠基的行为对简捷的预先给出的诸对象做出了新的展放,以至于这些对象所具有的实在的内容恰好达到了分明的把捉。

为了得见范畴直观的本质性要素,我们有必要考察范畴化的、被奠基的行为的两大类型。第一是综合的行为,第二是一般直观的行为,更好地说是对一般之物的直观行为,或者用更为准确的术语说:观念化(Ideation)行为。而关于观念化行为的考察,同时还会给我们提供这样一道桥梁——由这一考察出发,我们就能够通向我们将要讨论的现象学的第三个发现,这就是先天的特征。以下我们将根据三个视角来考察范畴化行为:第一要考察范畴化行为的被奠基特征;第二考察范畴化行为的呈显性特征,也就是考察它的直观性特征、它的对对象属性加以呈显的功用;第三考察简捷的行为所含摄的那些对象属性是通过怎样的相状与方式而在范畴化行为中一同被给出的。

c) 综合行为

在对一个存在者的简捷的感知中,被感知的存在者本身首先单纯地(einfaltig)当场在此。这一单纯性是指:其中所包含的实在的部分和要素是未经辨析(unabgehoben)的。然而,只要这些部分和要素在整个简捷地被把捉的对象的统一体中得到了呈显,那么它们同时就是可加以辨析的。此一辨析(Abhebung)是在一种新异而独特的阐发(Explikation)行为中执行的。正是这种例如在被感知的椅子中、在 S 中,也就是在整个被感知的事情整体中对于"黄色"、对于 q 的简捷的辨析,这种对作为依附于椅子的一种特定属性的色性的简捷的抓取,才使得这个 q、这个"黄色"作为要素显现于前,而这个要素在先前对于物体的简捷的感知中却并未呈显。这一对存在于 S 之中的 q 的辨析,同时也包含了对作为一个自在整体的 S——而这个整体自身就包含着 q——的辨析。对于作为整体的一个部分的 q 的辨析与对于整体本身(其中包含着作为部分的 q)的辨析,这两者乃是同一个对作为整体的 S 加以辨析的行为;更有甚者,在对处于 S 之中的 q 加以辨析之际,在根本上同时也辨析出了一种 q 与 S 之间的联系(Beziehen)；这就是说,椅子之"是-黄色",这一先前未得到分解的实情,现在就通过这一分解(Gliederung)(我们称之为对于事态的分解)而成为清晰可见的。但是,尽管这种对于事态的辨析是以被感知的实物为基础的,我们还是不能够说：事态本身,那出自实物而得到辨析的合成者(Bestand),应该就是实物的实在的部分,是一个实在的局部。椅子之"是-黄色",就是说此一事态本身,不是一个像靠背和坐垫那样依附于椅子的实在的要素,毋宁说,这一事态具有观念化的本性。椅子并不具有"椅子实在地是-黄色的"这一特性,毋宁说,实在的东西乃是这个黄色,而在事态之中只有这个性质作为一种实在的性质得到辨析,即成为对象化的东西。关于这一事态的辨析并未对给定的实物造成任何变形,椅子及其简捷地给出的实在属性(Realität)并未发生任何变化；尽管如此,却正是通过获得了辨析的事态的这种新的对象属性,椅子才作为是其所是的椅子而成为清晰可见的。通过这一陈述,通过对处于 S 中的 q 的辨析,也就是通过对事态联系的辨析,椅子的在场、它的当面现前(Gegenwart)才成为更原本的。在对事态联系加以辨析之际,我们拥有一种对给定的实物更原本地加以对象化的方式。值此,我们应该记住的是：上述从起点 q 到 S 然后再到联系这一系列的辨析步骤,并没有在原本的和最终的意义上展示出这样的一种事态辨析是如何实现的。以后我们将会看到：那首要的步骤最先并不是对 q 的抓取,而后才抓取出作为整体的 S,最后再进行综括,以至事态联系就是根据那些最初既与的诸成分而组合起来的,与此相反：首要的步骤正好是联系本身,正是源出于这一联系,各个联系环节自身才成为清晰可辨的。

需要进一步看到的是：这一对事态加以辨析的方向(如我们刚刚已描述过的那样),并不就是唯一可能的方向。在上述的辨析中,我们是从 q 出发推进到 S,也就是从部分到整体；但人们也可以相反

第二章 现象学的基本发现,它的原则和对其名称的阐明 83

地从对整体的简捷的把捉出发而推进到部分,换言之,人们不仅仅可以说:q 处于 S 之中,而且还可以反过来说:S 本身含有 q。这样,在这里就出现了一种可以从两个方向去把握的关系。事态结构本身的意义同时就蕴涵着这一双重的方向。

这些对行处干连(Verhalt)加以辨析和给出的行为,不是并列的和前后相随的行为,而是统一地处在关于事态联结本身的意指统一体之中的。它们是一种源本的行为统一体,而作为相互交融的统一体,它又呈显出了新的对象属性(更确切地说:存在者的新的对象属性),它使这些对象属性首次获得意指并作为被意谓者而成为当前的。这种新的对象属性(即事态)表明自身乃是一种特定的联结,而它所具有的各联系环节(Bezierungsglieder)就给出了包含在它之中的以主词的角色和谓词的角色出现的各个被分解的节段(Gegliederte)。

按照上述分别从整体与部分的视角来进行把捉的双重的方向,联系的行为(通过这种行为,实物所带有的"现在如此获得奠基的事态的方式上的如何"得到了呈显)就可以既被理解为综合也被理解为分析。亚里士多德早就已经看到了这一点。现在,这一行为的意义还有待于得到恰当的领会。所谓的综合并非一定就是对两个先已分离的部分加以连结,就像把两个东西黏结在一起并加以融合,毋宁说,συνθεσισ(综合)和 διαιοεισ(分析)都应从意向的角度加以理解,就是说,它们的意义就在于它们在给出着一种对象。综合不是对诸对象的一种连结,毋宁说,是 συνθεσισ(综合)和 διαιοεισ(分析)在给出着对象。这里的关键在于:在综合中,作为属于 S 的 q 以及简捷的整体(Ganzheit)S 明确地显示了出来。所以这样一点已变得清楚可见:只有在先行给出的实物之基础上,才有可能对作为全体(Ganzen)的事态加以辨析和呈显(Präsentierung),确切地说,这种呈显是如此进行的:在事态中,这一实物且只有这一实物清楚地显示了出来。被奠基的联系行为给出了某种凭借简捷的感知本身永远也不能够得到把捉的东西。

还需要进一步看到的是:获得辨析的事态本身并不是实物的实在的部分,而是范畴性的形式。下面,通过回溯一个阐发性的陈述(在此一陈述中,一种实在的联系本身得到了专题的表述),我们将最为明白地看清这一确定的联系即"事态"的非实在的、范畴性的特征。这个回溯还将使我们有机会同时去描述范畴性对象化的一种新的样式。

假如在简捷的观看中给出了两个明亮程度不同的颜色板 a 和 b。① 由此,我们可以直接地看到 a 比 b 是"更为明亮的"。上述这一特定的实在的联系是通过 a 和 b 两者的直观的呈显(Präsentation)而获得给出的。在此,我们必须在完全自然的和最切近的意义上来理解"实在性"一词所具有的含义,在这里人们不可用这个词去谈论什么物理学的或生理学的客观性(Objektivität)。现在,通过"a 是比 b 更亮的"这个陈述,我可以使这一先行给出的事相(Tatbestand)清楚地浮现于当前。这就意味着:A 是由"比 b 是 - 更亮的"得到规定的。对此作形式上更简化的表述:a 自身包含 o,而 o 不仅简单地表示更明亮,而且表示比 b 更明亮。但这就是说,在目前作为一个联系整体而被辨析出来的事态中,有一种关系本身就包容在了一个联系的成分即谓词的成分之内。作为范畴性联系的事态所包含的这一连比(Relat)本身就是一种关系,确切地说是一种实在的关系。作为一种实在的实物内容(Sachhaltigkeit),这个"比 - 更明亮"是已经实存

---

① 编者注:参见胡塞尔在《逻辑研究》中所给出的例子,E. 胡塞尔:《逻辑研究》,第二卷,第二部分,第 50 节,第 159 页。

第二章 现象学的基本发现,它的原则和对其名称的阐明 85

于感知的基础层级之中的。与之相反,"比-是-更亮的"则只是在一个新的行为中,确切地说在谓词性的联系这一最初被奠基的行为中才是可通达的。实在的联系"比-更明亮"在谓词成分的新的对象属性中得到呈显,就是说在一个非实在的联系的整体中得到呈显。这一"实在的联系呈显在事态的观念性联系的整体中",现在还不是指:这里的实在的联系本身得到了专题的把捉。而在一种(例如以下的)以其他的方式构建起来的陈述中,也许就有着这种专题的把捉:比起 c 与 d 之间的明亮关系来,我们更容易觉察到 a 与 b 之间的明亮关系。在这里,这个"比-更明亮"就得到了专题的把捉,确切地说是以一种命名、以一种名词化的方式得到了专题的把捉,而与此同时,作为如此被命名的东西、被简捷地加以谈论的东西(不再只是被简捷地感知),就构成了一个陈述的主词成分所具有的对象属性。所有在完整的陈述"a 是比 b 更为明亮的"中明确地得到设定的事态,都可以被名词化。名词化是一种我们用以去专题地把捉某一事态本身(例如,a 相对于 b"是更明亮的")的形式。但这一名词化必须与对"比-更明亮"的单纯的辨析区分开来。这样就存在这一可能性:实在的关系、"比-更明亮"的关系,能够被从实物本身当中提取到一种观念化关系之内,提取到这样的事态关系之内:a 是比 b 更为明亮的,而当此之际,实在的关系就形成了一种观念化的关系。而这两种关系不是重合的,相反,"比-更明亮"的实在的关系仅仅是处在事态整体本身中的一种连比(Relat)的内容。这里已经清楚的是:事态本身必须被理解为一种最特别的联系。

当我们讲"事态联系是观念性的或非实在的"时,这恰好不是在说——而这一点是关键所在——事态联系是非客观的或至少是比实在的先行既与的东西更少客观性的。更进一步,我们还可以通过理解范畴直观中所显示于前的东西而学会看到:一个存在者的客观属性（Objektivität）恰好不是那种在狭窄的意义上得到规定的实在属性所能穷尽的，在最广泛的意义上，客观属性或对象属性要比一个事物的实在属性丰富得多。更有甚者，只有根据被简捷地经验到的存在者的完整的客观属性，一个事物的实在属性才能从结构上得到理解。

在范畴直观的各种类型之中，综合行为的另一种样式是连接（Kongjungieren）和分离（Disjungieren）。它的对象性的相关项是连词、选择连词，即"和"以及"或者"。当诸对象的一种多维流形（例如 a,b,c……）以简捷的方式先行给出时，这一由各种连接所构成的多维流形就可以通过我说 a + b + c…… 而被突出地对象化，而在这里的把捉行为中，这个"加"（Plus）也总是一同得到了对象化。在这样的一种行为中，就显现出了"和"，由此也显现出了"总体"（Inbegriff）概念得以构成的对象性基础。"和"生成了一种新的对象属性，此对象属性是以最初的对象属性为基础的，但这新的对象属性却使第一种对象属性变得更加清楚可见。从其必要的结构来看，在"和"之中，那使得"和"由以成为这一特定的"和"的关系的东西，也总是一同得到了意会（mitgemeint）。着眼于对实物所具有的形态要素（figuralen Momenten）的简捷感知与对作为被清数过的"多"（Vielheit）的多维流形的明确呈显之间的区别，我们将最为明确地看清辨析行为。在一个感知行为中，我可以简捷地看见一个鸟群，一条树林的林带。这个先行给出的整体是自足的。林带、鸟群、绿翅鸭群的统一体并不是建基于此前的清数，相反，简捷地给出的整体是直观的统一体；这个统一体是形态性的。

很早以前，胡塞尔就在他的数学研究中看到了这一形态。目前它正在心理学中得到进一步的探究——在心理学中，人们就把这种形态称之为完形（Gestal）。在这一发现的基础上，人们建立了一门新的心理学，即完形心理学；而时下这种心理学已经成为了人们的一种世界观。

d) 观念直观行为

以上所讨论的被奠基的综合的行为，必然也同时意指着奠基性的对象属性，它由于如下之点而与观念直观行为区别了开来：尽管观念直观行为也是在奠基性的对象属性之基础上构造而成的，但是，在观念直观中，奠基性的对象属性却恰好没有进入意指。作为范畴化行为，观念直观行为即关于一般之物的直观乃是给出对象的行为。它所给出的东西人们就称之为型式(Idee)、ειδοσ(型相)、species(种类)。拉丁词 species(种类)是对 ειδοσ(本相)、某物之形相(Aussehen)的翻译。一般直观行为所呈显出来的，就是人们在实物那里首先和简捷地看到的东西。在进行简捷的感知之际，我活动于我的寰世之内，这样当我看房屋时，我首先、主要和突出地看到的不是房屋的个别状态即房屋的区别相(Unterschiedenheit)，而是首先一般地看到：它是一座房屋。我们并没有以凸显的方式去把握这一"作为-某物"即房屋的一般特质之"是什么"，但房屋的一般特质却已然在简捷的直观中同时被把捉为这样的一种特质：在这里，它在某种程度上就敞明了那先已给出的东西。观念直观是一种给出种类(Spezies)，即给出个别状态(Vereinzelung)之一般相(Allgemeine)的呈示性直观。在个别的房屋所表现出来的多面相(Mannigfaltigkeit)之内，房屋这个 species(种类)是在观念化的(ideierenden)抽象中被辨析出来的。出自一定数量的个别的红色，我看见了这个红。这样的一种对观念的看取是一种被奠基的行为，就是说，它的基础就在于对个别状态的一种已然既有的把捉。但这里所出现的那种对象化的东西——我们凭借观念直观而以一种新的方式所看到的东西，此即观念本身，也就是红色这一自身等同的统一体——却并不等于个别状态、不是特定的红。尽管个别的东西是奠基性的，但是在这里，它恰好没有一同获得意指——例如不像在连词的情况中，"和"也同时意指着此一物和彼一物，伴随着新的对象属性，"a"和"b"也同时获得了辨析。与此相反，在这里，奠基性的对象属性并没有被吸纳进观念直观所意指的东西（Vergemeinte）的内涵之中。奠基性的、个别性的表象只是从一个特定的视角去意指"这－一个"（Dies-da）或者多种多样的"这－一个"（在上例中，就是那些有着相似特性的红色球）。我们一眼就可以看到，这些已然既与的球具有相似的特性，或者，我们可以通过比较性的检视（Durchlaufen）这些球而确认这种相似性。但是在所有的这些情形中，相似性本身都没有以一种专题的方式成为对象化的东西，就是说相似性还没有成为自在自足的东西，还没有成为这些球由之而得到比较的着眼点。这里的着眼点是相似性本身的观念统一体，而不是球的实在的客观的相似性。这样，种类的观念统一体也已经是在具体的把捉之中当场在此的，尽管还赶不上从比较性的观察这一视角所看到的那么清楚。那个我在比较中将其看作可比较之物的着眼点的东西，可以单方面地从它的纯粹的事态之中被孤立地提取出来，而通过这样的提取我就赢得了观念。当此之际，红这一事态本身就成了完全与每一特定的个别状态洒落无关的东西。对于观念性的内容而言，红色是在哪一个具体对象那里、通过哪一种细微的色彩差别而在个体性的个别状态中实现的，这一点是完全无关紧要的。但是，至于（观念）在根本上还存在着一种基础，这一点又是由观念直观行为的性质所决定的。如同所有的范畴化行为一样，观念直观也是一种被奠基的行为。

通过上述，以阐明范畴直观对象之意义为鹄的，我们现在就获得了有关观念直观之特征的如下四个方面的内容：1. 在根本上，新的对象属性即种类（Spezies）需要一种处于某一个别化状态的基础

(Fundament),需要这样一种示范性的奠基者(Grundlage):此奠基者先已呈显出了某物,但其自身并没有得到意指。2. 观念的具体的个别化状态之范围可以是任意的。3. 甚至观念的实事内容与观念的个别化状态的可能范围之间的关系,也是次要的。4. 种类、一般之物的观念统一体,如同人们所说的那样,是一种不可变更的观念统一体,一种不发生变易的同一性(Identität)。此观念统一体作为同一个观念统一体而处在每一具体的红中。

至此,我们就清理出了两类范畴化行为,而后者则是这样一种范畴化行为:按其含义,这种行为虽然需要奠基性的对象,但它并没有意指奠基性的对象本身。

现在,通过这一暂时的辨析,简捷的直观行为与被奠基的直观之间的区别应该已经清晰可见了。前一类行为被称作感性直观的行为,后一类行为则被称为范畴直观的行为。而陈述意向(Aussageintentionen)的完整的合成(Bestand)——这个"S 是 p 和 q"——虽然并不是在感性直观领域获得充实的,但"是"与"和"这一范畴化行为自身却也不能够孤立地为这一陈述提供出可能的充实。毋宁说,这一陈述所包含的意向的完整的合成,只是在一种被奠基的行为,亦即在一种贯穿着范畴化行为的感性感知中以直观的方式获得实现的。这意味着:具体而明确地呈显出对象的直观,永远不会是一种孤立的、单级的感性感知,而从来就是一种多层级的,也就是在范畴上得到了规定的直观。正是这一层级完整的、范畴上有所规定的直观,才构成了对那种为此一直观给出表达的陈述的可能的充实。如果人们完全在给出对象的行为中去寻究这一合成,且不把范畴化行为归结为主观性的附加和神秘的理智的功能,由于人们实在没有在实体之物、感性之物身上发现这种范畴化行为所具有的作为观念性存在的相关项,那么在陈述领域,就会存在着与范畴化行为相对应的充实的观念与可能性。更确切地讲,对我们而言,对于被意指者和被直观者之符合统一的真理观所进行的以陈述为着眼点的讨论,只是我们所赢得的一个在陈述本身中从根本上澄清范畴化行为之合成的契机。

α) 防止各种误解

在我们综合地刻画(范畴直观)这一发现的意义以及确认它的积极的作用范围之前,首先应该防范那些很容易潜入现象学的范畴直观概念之中的误解。由于这一概念(范畴直观)本身是依赖于传统的问题视野而赢得的并且是借助传统的概念而获得解释的,这样的误解就更加容易发生。而这一点也同时标志着:这一发现本来蕴涵的可能性,也许还完全没有得到穷尽呢。但是,我们首先必须做成这一发现,就是说我们首先必须确保这一发现取得成功,充分揭发这一发现之可能性的工作才可进一步得到追补。当人们跨越了成见的障碍之时,当研究的视野获得了开掘的时候,描绘远大前景的工作就成了轻而易举之事,但人们却忘记了:在哲学研究领域,具有决定性意义的从来都是前面的那种工作——在根本上,这就是一种开拓性的和启示性的工作。人们也许会说,那种仿佛以不可见的和隐晦的方式进行的并随着成见的崩溃也一同被埋葬了的研究,其成果是贫乏的。但实际上,柏拉图在逻辑学和本体论研究方面的成果是异常充足的,甚至与亚里士多德的成果不相上下。而导致了如此丰硕的成果的恰好是以下这样一种研究方式:为了赢得研究的地基和视野,就必须从方向上去探寻研究的途径,就必须把持住那种彻底的,也许尚未明朗化的问题走向。

范畴直观本身以及对它的开掘(Ausarbeitung)方式首先对舍勒的工作(尤其是在他的质料的价值伦理学的研究范围内)产生了积极的作用。而拉斯克(Lask)关于哲学逻辑和判断理论的研究,也是由范畴直观的研究所规定的。

第二章　现象学的基本发现,它的原则和对其名称的阐明

范畴化行为是被奠基的行为,就是说所有的范畴之物最终都是以感性直观为基础的。这一命题必须得到正确的理解。它的意思并不是说,范畴之物最终可以被解释为感性之物,毋宁说,这一"基于"所指的无非是:它是被奠基的。按其含义,我们可以这样来表述这一句子:所有的范畴之物最终都是以感性直观为基础的,每一对象化的解析(Explikation)都不是漂浮无根的,而是对已然既与之物的一种解析。"所有的范畴之物最终都是以感性直观为基础的",这一命题只是亚里士多德如下命题的一种另外的表述:"ουδεποτε νοει ανευ φαντασματος η ψυχη"①;"如果灵魂不是首先呈显了某种东西的话,它就不能意指任何东西,不能把捉对象之物的对象属性。"那种缺乏奠基的感性属性的思想是荒谬的。"在对知识之合成的不可否弃的明见状态作出一种基本分析之前"②,所谓的"纯粹理智"的观念只能属于一种构想出来的东西。然而,尽管有关纯粹理智的观念是无意义的,但一种纯粹范畴化行为的概念却可以具有一种好的意义。

虽然观念直观的行为是以个别化的直观为基础的,但它恰好没有意指在个别化直观中的被直观者本身。观念直观构成了一种新的对象属性:一般属性(Generalität)。现在,相对于那些还包含着感性之组成部分的直观即范畴上混合的直观,那种就其对象化内容而言不仅摆脱了所有的个体性之物,并且也由此而摆脱了所有的感性之物的直观,就是纯粹的范畴直观。与直观的这两个类型(纯粹的和混合的范畴直观)相对应,还存在着感性的直观、感性的抽象、对纯粹感性观念的看取(Heraussehen)。在感性之物的领域里,观念直观产生出了像颜色一般、房屋一般这样的对象;在内感官的领域则产生

---

① 编者注:《动物学》,431a,第 16 页以下,牛津,1956 年。
② 《逻辑研究》,第六研究,第 183 页。

了判断一般、希望一般等等这类对象。而混合的范畴性观念直观又产生出了例如有色状态（Farbigsein）意义上的色性（Fartbigkeit），值此，"有（是、存在）"就构成了特殊的非感性范畴之要素。平行线公理、一切的几何学命题尽管都是范畴性的，但也是由一般感性属性、一般空间性所规定的。纯粹的范畴概念则是统一、多、联系。作为纯粹的 mathesis universalis（一般原理）（莱布尼茨），纯粹逻辑就没有包含任何一种感性的概念。从纯粹范畴的、混合的和感性的抽象可以明确看到，感性属性的概念是一个非常广泛的概念。在以后的讨论过程中，人们必须对这个问题非常小心，以免在这里把一种感觉主义输入现象学之中，以免造成现象学仿佛只是与感觉材料有关这样的看法。

　　感性属性是一个形式化的现象学概念，与原来的关于范畴之物的概念（也就是形式上的、对象上的空）相对，它所意指的是所有质料上的实物内容，就如同它由实物本身所先行给出的那样。这样，感性属性就是表示存在者之全体组合的一个名称，这一组合是由它的实物内容先行呈显出来的。（例如）一般质料属性、一般空间性是感性概念，尽管在空间性的观念中没有任何东西是来自感觉材料的。这一范围广泛的感性属性概念，原本是在感性直观与范畴直观之二分的基础上得到建立的。然而，当《逻辑研究》对上述联系第一次加以探究时，这一奠基关系还没有清楚地获得揭示，就像十年以后实际上所揭示出来的那样。

　　鉴于两种直观方式彼此对立的态势，我们看到，一种古老的感性属性与理智之间的对立又再度重现。如果人们坚持使用形式与质料这一对概念，那么可能就会这样来解决这一对立：感性属性将被规定为接受性而理智则被规定为自发性（康德），感性之物被看成质料而范畴之物被看成形式，这样，理智的自发性就将成为接受性质料的构形（formenden）原则，借此，人们立刻就拥有了一种关于理智的古老神话，这样的理智运用它的各种形式把世界材料抟合在一起并予以黏结。不管这个神话是形而上学的还是认识论的（如李凯尔特），它都是同一个神话。然而，范畴直观是不会让上述错误理解所取代的，除非人们看不到或低估了直观和所有的行处应作（Verhaltungen）所秉有的那种基本结构——意向性。范畴化的"形式"不是来自行为的任何一种制作物（Gemächte），而是在行为中依凭自身（an sich）就可以见出的对象。它们不是来自主体的制作物，更不会把某种东西带入实体对象之中，以致通过形式的构成，实在的对象本身就会产生某种变形。毋宁说，这些形式对象恰好原本就是根据存在者的"自－在－存在"（an-sich-Sein）而去呈显（präsentieren）存在者的。

范畴式行为构成了一种新的对象属性，对此，我们必须总是以意向性的方式加以理解。它的意思并不是说：范畴化行为使得各个物体在某个地方产生出来。"构成"不是指作为造成和制作的生产，而是指让存在者的对象属性为人所见。这一在范畴化行为以及感知（其中贯穿着范畴化行为）中体现出来的对象属性，并不是理智对外部世界所施加的活动之结果，并不是对已然既与的感觉的混合体或心理感受的混沌物所施加的活动之结果——通过此一活动，这样的一些感觉或心理感受得到了一种排列组合，以便由此形成一种有关世界的图像。诚然，使用质料（Stoff）与形式（Form）这一古老的表述——尤其是在传统的枯竭而贫乏的意义上使用这一表述——明显有利于上述错误解释。但是，指出感性的概念与范畴的概念之区分，就已经可以显示："质料的"（stofflich）和"质料"（Stoff）所具有的含义，并不是指一种物质（Materiael）通过精神的各种作用与形式而具备了一种潜在的变形可能性，毋宁说，质料的含义所意指的是这样一种实物内容：这种内容是与形式上空洞的东西以及这种东西所具有的开显着那一内容的结构相对应的。但是,由于形式与质料这类概念(这些概念好像就是哲学的传家宝一样)以及与之纠结在一起的那些问题对我们的统治目前还过于强大,以致在这里我们还不能一蹴而就简单地克服它们,而凭借这样的一种克服,我们就能以彰显出一种全新的东西。

β) 这一发现的意义

范畴直观这一发现的关键之点在于:存在着这样一些行为,在其中观念性的合成体立足于自身而显现出来,而这个观念的合成体不是此行为的制作物,不是思想的、主体的功能。更进一步:这一前已指出过的直观方式之具体样式以及那种在此一直观中自身呈达出来的东西之具体样式,就提供出了对这一观念的合成体之结构加以剖析的地基,也就是对范畴之物加以开掘的地基。换句话说,借助范畴直观的发现,我们就第一次赢得了一种可加以明示的和真正的范畴研究的具体门径。

在较为狭窄的意义上,范畴直观的发现显示了一种对抽象(观念直观)、对观念(Idee)之把捉的真正理解。凭借这种理解,一种古老的关于一般概念、普遍之物之所是这一问题的争论就可以得到某种暂时的解决。自从中世纪、自从波爱修斯(Boethius)以来,人们就提出了这一问题:一般概念到底是一种 res(存在者)呢,或者仅仅是一种 flatus vocis(人声之吹息)?——如同人们在十九世纪所说的那样,它是否仅仅是一种着眼的角度、一种关于一般性质的意识,且没有任何对象之物与其相对应?人们在正确地否定了普遍之物的实在性(恰如一把椅子那样的实在性)的同时,也随之而否定了一般之物的对象属性,并因此而阻断了通达对象属性、通达观念之物之所是的道路。而范畴直观的发现,尤其是观念直观的发现,则已经开辟出了这样的一条通达之路。这一发现的重要意义在于:通过它哲学研究就将有能力更为清晰地把捉先天(Apriori),并扩展对先天之物的存在意义的描述。

进而言之,在上述那种行为中给出的对象属性,本身乃是这样的一种对象化方式:在其中实在性自身能够更原本地成为对象化的东西。通过指明范畴的结构,我们已经扩展了客观性的观念,以至于在关于与之相应的直观的探究中,此客观性本身成了一种可以从内容上加以明示的东西。换句话说,在凭借范畴直观所进行的突破性的现象学研究中,就赢得了古老的本体论所寻求的那样一种研究方式。除了现象学之外,就不存在什么本体论,毋宁说,科学的本体论无非就是现象学。

我们是有意把作为意向式行为的范畴直观放在第二个位置来加以讨论的。通过回顾我们所理解的现象学的第一个发现,我们可以看出,范畴直观正好就是由(现象学的)第一个发现所指明的意向性根本枢机的一种具体化。如同范畴直观只有在先行见出的"意向性"现象的基础上才是可能的一样,目前正有待于讨论的(现象学)的第三个发现,也只有在第二个发现的基础上并进而在第一个发现的基础上才是可理解的。以此,上述发现的序列才可表明它的道理所在,而第一个发现才可逐步地显示它的基础性意义。

第七节 先天的原初含义

廓清先天的意义是现象学的第三个发现,而现象学的发端就归功于这一发现。不过,对这个发现我们将只做一简短的描述,这是因为:第一,尽管先天是一个本质性的洞见,但现象学本身却没有对它做出很清楚的阐明;第二,它还继续与传统的提问方式有着瓜葛;而首要地则是因为第三点:若要对先天的意义加以阐明,那么这恰好就要以我们所正在寻求的关于时间的理解为前提。

通过对先天这个名称的说明,我们就足以看清上述的最后之点:a priori(先天的) – prius(以前的) – προτερον(在先的) – 早先的;先天的——来自先前的——从很早以来就业已存在的。先天(Apriori)就是那种在某物中从来都是更为早先的东西(Frühere)。这是对先天的一个完全形式上的规定。这个规定还没有道明:一种"先行者"这样的东西寓于其中的那个"某物"到底是什么。先天这个名称就隐含着时间序列这样的东西,尽管这一时间序列还依然是苍白的、无规定的和空洞的。

关于导向先天之发现和对先天进一步深究的科学上的动机(这一过程在柏拉图那里就已经开始了),关于先天最初是如何被把捉的和在哪一种界限中被把捉的,现在我们还不能够加以描述并加以澄清。我们所探询的仅仅是:在先天的名义下,人们以前有过什么样的理解,而在现象学当中人们对于先天又有着什么样的理解。

自从康德以来——就实质而言,自从笛卡儿以来——人们首先和通常都把先天的名号划归于知识的领地,把先天看作一种规定认识行为的东西。当一种知识不是以经验的、归纳的知识为根据时,当它不是以(作为奠基性实例的)实在之物的知识为参照时,这样的一种知识就是先天的。因而,先天的知识是无需经验的。按照笛卡儿所提供的对知识的解释,先天的知识就是那种首先且唯一地在主体自身之中就可以掌握的知识(只要主体还依然维持于它自身、还依然保守在它自身的范围之内),因此,在一切关于实在之物的知识中,也就是在一切超越的知识中,总是已经同时包含了先天的知识。

人们把先天知识的对立样式称之为后天的(a posteriori)知识,居后的知识,也就是后于早先的、后于纯粹主体性知识的知识,有关各种客体的知识。关于知识的先天与后天的意义之划分,是以主体性知识的优先地位这一论题[如同笛卡儿以"cogito sum"(我思故我在)、"res cogitans"(我思者)对其加以论证的那样]为基础的。所以，今天人们也还把先天标识为一种专属于主体领域的品格，并也把先天知识称为内在的知识、内在的看。人们还可以扩展这一先天的概念，说先天就是所有的主体性行为(在这种行为跨过它的内在性界限之前)本身——无论其为认知行为还是任何其他的行为。

与康德的先天概念相联系，人们也在尝试对柏拉图那里的先天概念作同样的解释。因为柏拉图谈到，当灵魂通过 λογοσ ψυχησ προσ αυτην(前世灵魂的话语)对自己说话时，存在者的原本的存在就会得到认识(智者篇，263e)。由于把希腊意义上的 ψυχη(灵魂)等同于意识和主体，人们就产生了这样的看法：在先天的发现者柏拉图那里，似乎先天的知识所意谓的就是内在的知识。对柏拉图的这一解释是荒谬的；它没有任何实事上的根据。关于此点下面还要更确切地加以指明。

在康德的意义上，先天是主体领域所秉有的一种品格。这样的一种用主体性来囊括先天的做法通过康德而变得特别地顽强，因为他把先天问题与他的特殊的认识论提问方式结合到了一起，并着眼于一种先天的行为即先天综合判断来进行追问：这种判断是否以及如何具有一种超越的(transzendente)有效性。与此相对，现象学已经指出，先天并不是局限于主体性之内的，在根本上，先天与主体性之间并没有一种首要的干系。将观念直观描述为一种范畴直观，就已经清楚地表明，不但在观念之物的领域里(也就是范畴的领域里)，而且在实在之物的领域里，都发生着观念之揭示这样的事情。存在着感性的观念，也就是带有实物性结构(颜色、质料属性、空间性)的观念，这种观念是已经在每一实在的个别物之中当下在场的，这就是说，此一观念相对于此时此地的(例如)某个确定的物体颜色而先天地存在着。而整个几何学本身，就是一种质料性的先天之存在的证据。就对象属性而言，在观念之物中，如同在实在之物中一样（如果我们最终还是采纳此一分别的话），存在着可加以辨析的观念，此即那种寓于观念之物的存在及实在之物的存在之中的东西、一种先天的东西、在结构上更为早先的东西。值此，我们就已经表明，在现象学式的理解中，先天不是关于行为的名称，而是关于存在的一个名称。先天不仅不是任何内在之物（这种内在之物首先又是属于主体领域的），而且也不是任何超越之物（这种超越之物又特别是与实在性纠缠在一起的）。

因此，现象学就先天问题所指明的第一点，就是先天的普遍有效范围，第二点就是先天与主体性之间特有的不相关。而第三点也就一同包含于以上两点之中：走向先天的通达方式。只要先天在实事领域和存在领域中总是有其根基，那么在一种简捷的直观中，它就是在自身之内可显明的东西。先天不是被间接地推论出的，不是从实在之物的某一个征象出发而猜测出来、假设性地推算出来的，不像人们从某一物体的特定运动状态而推论出另一个人们全然没有看到的物体的存在那样。把在物理领域中有其意义的探察方式移用到哲学上，并对物体以及物体类的东西进行一种分层，这是荒谬的。实际上，先天在自身之内就是直接可把捉的。

由此就导向了关于先天的第四个规定："早先"不是认识的排序系列中的一种特性，但也不是存在者的次序排列（确切地说是存在者从另一个存在者那里之产生的次序排列）中的一种特性。毋宁说，先天是存在者的存在、存在的存在论结构所蕴涵的构造层级之特性。从形式上讲，先天根本上没有就以下问题作出任何预设：这一早先所涉及的是一种认识（活动）呢还是一种认识状态或者还是此外的任何一种对于某物的行处应作？它涉及的是一种存在者呢还是存

第二章 现象学的基本发现,它的原则和对其名称的阐明

在?甚至它也没有对以下之点作出预设:它是否就是以那种流传下来的希腊式存在概念的形态去理解存在?以上的预设是不可能根据先天的意义而推演出来的。将近本讲座结束之际,我们就会清楚地看到:先天之获得发现恰好是与巴门尼德以及柏拉图对存在概念的发现同时发生的,或者说,这两种发现原本就是一回事,而正是由于这一特定的存在概念所具有的统治作用,甚至在现象学内部,先天也还是处于传统的存在概念的视野之内,以致人们在一定程度上不无道理地议论过现象学内部所存在的柏拉图主义。

以上所说的就是对先天的三个方面的开揭:第一是它的普遍的有效范围和它与主体性的无关,第二是走向先天的通达方式(简捷的把捉、源本的直观),第三就是为了把先天结构规定为存在者之存在的特性而不是存在者本身的特性所作出的准备——这些内容向我们开示了先天的源本的意义,而下面这一点则具有一种本质上的重要性:上述关于先天的开示,特别还有赖于对于观念直观的一种更为明白的理解,就是说还有赖于对意向性的真正意义之揭示。

如同以上的三个发现本身就是相互关联的,并且是以第一个发现即意向性的发现为基础的那样,当我们将它们——意向性、范畴直观和先天——统握到一起之时,我们也就达到了那种一直引导着我们的目标,赢得了一种把现象学看作某种探索的理解。在第一章里,我们首先展示了现象学的突破和现象学的前史,在目前的第二章里,我们又描述了它的几个决定性的发现。而通过以下的步骤,我们还将对以上描述作出补充:我们将追问现象学原则的意义,而在这一阐发的基础上,我们将进一步去廓清这一研究的自我标识,即"现象学"这个名称所具有的含义。因此,在上述三个发现的描述之基础上,现在我们就来讨论现象学的原则。

第八节　现象学的原则

a)"朝向事情本身"这一座右铭的意义

一项研究的原则就是其研究行为的原则,也就是研究的理念之拥有和实现的原则。如果我们记起我们前面关于研究所曾经说过的东西,那么这里的意思就是:研究的原则就是赢得课题领域的原则,是形成研究之视角的原则(实事就依据这个视角而得到探索),同时也是研究方式获得成型、研究方法走向精到的原则。行进中的研究工作不断地用以为据而去探寻自身方向的那个东西,作为指南不断地引领着研究的原本步伐的那个东西,就是一种研究的原则。在这样的原则中,不隐含任何结论、任何论题,不隐含任何属于有关研究之知识的事实内容的教条,毋宁说,探索活动之进行就是以研究的原则为依据的。

一种原则,如果它规定着此在之生存的一种可能的实现样式,那么人们也把它叫作一个座右铭,而按照生存意义(Seinssinne)来看,科学本身、研究活动则无非就是人生此在的一种特定的样式。现象学的座右铭所说的是:"朝向事情本身。"与那种在传统的、已经越来越失去根基的概念中所进行的(人为)构造和漂浮无据的提问相反对,人们提出了这个座右铭。至于这一座右铭既是某种自明的东西,但同时又存在着这样的必要:针对那种漂浮无据的思想局面,使这个座右铭明确地成为战斗的号令——这一点恰好就刻画出了哲学所置身其中的形势。现在,这个座右铭将得到更为切当的规定。就其被表述出来的、形式上的普遍性而言,该座右铭应是一切科学认识的原则,但这里的问题恰好就是:如果哲学要成为科学式研究的话,那么哲学不得不回归于其中的那种实事到底是一种什么样的实事呢？我们要朝向一种什么样的实事本身呢？在现象学的座右铭中，我们听到了两重要求——仅当我们做到了在这个意义上的朝向实事本身：以脚踏实地的方式进行呈示性的(ausweisend)研究(呈示性工作的要求)，而后我们才可以一再地获取和保证这一地基(着眼点；开掘地基的要求)。这第二个要求是根本性的，而第一个要求就同时包含在它之中。

在领域之开掘这个要求方面，现象学提出了什么样的良策呢？人们容易看到，关于现象学研究的课题领域之规定与限定是有赖于哲学的观念的。但是我们现在所要采取的不是这样一条进路：按照哲学的观念去规定现象学研究的课题领域，毋宁说，我们仅仅只是去看：一种研究领域的开掘是如何借助现象学的突破及其发现而在同时代哲学的内部实现的，换言之，我们现在要询问的是(当此之际，我们需要将现象学三个发现的内容牢记于心)：在这里到底是哪一种实事得到了把捉，或者现象学研究所力争要去把捉的是哪一种实事？借此，我们才有可能更为切实地规定现象学座右铭的第一种含义(一种呈示性的工作的要求)，这就是说，以现象学原则本身的一种具体的实施为据，把对上述课题的切合实情的探索方式之特征照样摹写下来。我们不是根据现象学的观念去进行推导，而是根据一种具体得到实施的实际研究而将研究的原则照样描述下来。我们上面已经描述过的那几个发现，就是实际研究的具体体现，现在，就研究原则形式含义所能够具有的内容范围而言，我们在这里所关心的只是：(在上述这些发现中)显示出了怎样一种课题领域，怎样一种有关课题的着眼点，怎样一种探索方式？这样的一种根据课题领域和探索方式而对现象学原则所作的阐明，就可以让现象学本身去彰显"现象学"这一名称的合法性并与错误的解释划清界限。

现象学的最初研究是一种逻辑学的和认识论的研究。它是由一种科学的逻辑学和认识论的诉求所激发起来的。现在的问题是：凭借这三个发现——关于意向性、关于范畴之物及通达它的方式，以及关于先天的厘定，是否就赢得了一个这样的地基：在此地基之上，我们就可以找到逻辑学的课题，并将这些课题加以明白的呈示？

逻辑学是关于思想和思想之规则的科学，但它所探察的又不是作为心理事件的思想和作为事件过程之规律的规则，而是作为对象即被思想的东西本身之规则属性（Gesetzlichkeit）的思想。所有的思想同时也都是一种表达，亦即对于被思想的东西的一种富有意蕴的规定，而在逻辑学对象的范围之内，就是对于如含义、概念、陈述、命题等等这样一些对象的规定。在传统上，认识是作为已结束的、完成了的认识而得到理解的，它被表达为陈述、命题、判断（由概念所组成的判断、作为各种推论的判断复合体）。而那些规则性的结构就蕴涵在这些认识之中以及它们所意谓的东西之中。判断是在表象性的、（或者一般地说）直观性的把捉中得到执行的，由此判断才秉有其真理与客体性。现在，我们还有待于以一种真切的方式去赢得关于上述这些对象的概念，就是说，让关于这些对象的概念源出于其本身而达到成形并依止于其本身而获得明示。这些逻辑学的对象［含义、概念、陈述、命题、判断、事态、客体属性、事实、规则、存在（是）等等之类］是在什么地方、作为什么东西而能够且必定获得通达呢？存在着某种在其自身的内容之中就蕴涵着这些对象的对象域吗？存在着一种出自课题领域的统一体而探究这一统一体的原则（Disziplin）之统一体吗？或者，这些对象最终竟要听任于一种偶然而任意的敏锐，这种所谓的敏锐只是以一种蛮野而粗放的思考方式来（人为地）针对这些对象构想出一些东西？或者，对于所有科学和所有认识所具有的那些基本的课题内容（Sachen）而言，我们在根本上还是可以寻求到某种实证性的明示？在上述三项发现的内容之内，我们最终可以寻求到作为一种课题领域的统一的境域（Horizont）吗？这个境域并不是关于一些各自分离的对象的一个名称吗？为了追求一门科学的逻辑学，我们就有必要按照以上所说的这些原本的方向来进行进一步的追问与探索。

那么，意向性无非就是那个我们可以在其中找到上述这些对象的基本的境域，它包括了行为的全体（Gesamtheit）和存在者之存在的全体。现在的问题是：在 intentio（意向行为）和 intentum（意向对象）这两个方向上（在这里，那已然既与的东西或者是行为，或者是与其存在相关的存在者），那结构性的东西到底是什么——这就是说，那作为结构性成分而已然蕴涵在既与之物中的东西到底是什么，那有待于在既与之物中发现的、构成了既与之物之存在的东西是什么？据此，现象学研究的课题领域，就是先天的意向性，而意向性是在 intentio（意向行为）和 intentum（意向对象）这两个方向上得到理解的。但这就意味着：在意向性的疆域之内，关于思想或关于客体化、理论化认识的逻辑性行为只构成了一个特定而有限的范围，而逻辑学所涉及的课题范围无论如何也不能穷尽意向性的全部领地。至此，现在我们就已然对课题领域与课题的着眼点——也就是意向性与先天——作出了规定。接下来的第二个问题就是：到底是哪一种探索方式堪称与这一课题领域相适配呢？

在关于先天的描述中，以及在对范畴直观进行规定之际，我们就已经指明：这里的描述与规定是一种简捷而源本的把捉，而不是某种试验性的置基（Substruktion）（在某种程度上，这种试验性的置基就是在范畴领域制造假说），毋宁说，先天的意向性的全部内容是可以通过依照实事本身的朴素的测度（Anmessung）而得到把捉的。在传统上，人们把这样一种直接观察的把捉和分辨（Hebung）就称为描写、描述。现象学的探索方式就是描述的方式。更确切地讲，这里的描述是一种对守身自在的（an ihm selbst）被直观者的辨析性的分解（Gelidern）。辨析性的分解即是分析，这就是说，描述即是分析。根据以上所述，现象学研究的探索方式就得到了（尽管又只是形式上的）标识。

人们很容易看到，或者更恰当地说，人们总是忽略了这一点：使用"描述"这个一般性的名称，我们并没有就现象学研究所特有的结构而有所述说。恰好要依据那有待描述者的实际内容，这个描述的特性方能得到规定，以致在不同的场合下，描述与描述之间可以有根本性的差别。我们必须记住的是：把现象学对于它的对象的探索方式刻画为描述，这首先所指的只是对于课题领域的直接的自我把捉，而不是指间接的假设和试验——除此以外，在"描述"这个名称中就再也不含有其他的意思。根据现象学突破之际现象学座右铭在实际研究中的最初体现，我们就现象学座右铭的内涵作出了以上的阐明，与此相应，接下来我们就可得出有关现象学研究的如下规定：现象学就是关于先天的意向性的分析性描述。

b）现象学自我理解为对先天的意向性的分析性描述

如果人们是从一种倒退的和过时的哲学立场出发去理解以上所规定的这种研究的意义，就是说，在意向性这一名号之下，如果人们还同时听到了这一新异的研究所刚好克服了的东西：意向性和心理之物，那么就可以说，现象学就是对心理之物的描述——"描述的心理学"。如果除此以外，人们还采纳了传统的问题视野以及由此而来的固定的学科划分（逻辑学、伦理学、美学……），那么，这一描述心理学所要探察的就是所有的行为：逻辑领域的认知性行为，道德的、艺术创造的、饮食的、社会的、宗教的行为，就是说，那些根据其规则特性与标准而在各个相应的学科(逻辑学、伦理学、美学、社会学、宗教哲学)中得到规定的行为。根据这样的一种研究方向,人们最后就会走向这一步:把现象学看作一门以某种前科学自任的描述性学科,而这门前科学则是为(上述的那些)传统式的哲学学科作准备的,在这些传统的哲学学科中,各种问题都还有待于讨论;而在现象学本身之中,并没有任何问题获得讨论,它所不得不接受的事实是:现象学是被排除在真正的法庭审判之外的。它也没有一种获准进入这个审判的期望。但是,在此有必要思考的是:凭借这一解释,不是正好又重新把现象学研究及其原初的原则曲解成了它恰好已经摆脱了的那种东西、曲解成了应该已被现象学所克服的那种东西吗?我们可以将这种现象学的观念及其解释比作这样的一种做法:就好像人们试图通过星占学来解释现代物理学或通过炼金术来解释化学一样,而不是相反——从物理学出发而把星占学标识为(物理学的)前阶段和被物理学所克服了的阶段。用另外的话来说:我们通过对其原则的阐明而获得的现象学的定义,应该根据它的课题、根据它所蕴涵的积极的可能性、根据引导着它的研究的东西,而不是根据人们关于它所谈论的东西来得到理解。

凭借对现象学课题的理解以至透彻的认识,我们并非就到达了一个幸运的终点,而是处在一个艰苦然而自由的开端。当有关现象学研究的那种指引性的、形式上的规定——对先天的意向性的分析性描述——清楚地,亦即以一种现象学的方式被赢得时,这就是说,当上述规定在现象学为着科学的探究而提出的那些课题内容的方向上被赢得时,那么这就会提供出有关这种研究的一种更为彻底的明示——此一明示就严格地源出于这样的一种研究本身,这种研究奉行的是它的最本己的座右铭:朝向实事本身,而这一座右铭只是重又把我们推上了一条进一步探索的道路。

现在我们已经澄清了现象学研究的原则,确切地说是通过如下途径去加以澄清的:从现象学的实际研究出发,首先标揭出其中的主要成就,并尝试统一地去考察也就是去规定这些成就,以致凭借意向性我们赢得了(现象学的)原本的课题领域,凭借先天而赢得了探索的着眼点——意向性的诸结构就在这一先天的畛域之内得到考察,而关于此一结构的源本的把捉方式即范畴直观,则充当了探索的方式、现象学研究的方法。凭此,自从柏拉图以来,哲学的课题才在根本上又重新回归于真实的地基之上,这就是说,现在我们又赢得了一种对范畴加以研究的可能性。只要现象学具有一种自知之明,它就会与哲学中的所有预言相对,与所有要成为某种生活指导的倾向相对,而坚持走这一条探索性的道路。哲学研究从来都是并依然是无神论的,因此它才能让自己大胆去作"思想的僭越"(Anmassung),不仅是它要去进行这种僭越,而且这种僭越还是哲学内在的必需和原本的力量,而正是缘于这种无神论,哲学才会成为一位伟人所说的"快乐的科学"。

第九节　对"现象学"这一名称的阐明

现在我们将要尝试澄清的是:与前已指出的课题相联系,"现象学"这个名称本来具有什么样的含义。下面我们就将分三个步骤来对"现象学"这个名称加以阐明:a)阐明这一名称各构成成分的源本的含义;b)对如此赢得的这一组合词的统一意义进行定义并应用这一本来的名称意义去检视前面所描述的具体的研究;c)我们还要简短地讨论几种有关现象学的错误理解,而这些错误的理解是与对现象学这个名称的一种肤浅的和误解性的解释相联系的。

a) 对这个名称各构成成分源本含义的阐明

"现象学"这个名称有两个组成部分:"现象"(Phänomen)与"-学说"(-logie)。根据例如神学、生物学、心理学、社会学这样的构词,人们得以熟悉上述表达;人们通常用"关于……(的)科学"来翻译它:神学,关于神的科学;生物学,关于生命的科学,也就是关于有机自然的科学;社会学,关于社会共同体(Gemeinschaft)的科学。那么相应地,现象学就是关于现象的科学。"学说"(Logie)即"关于什么的科学"所具有的特性从来都是依照不同的专题性内容而各不相同的,它在逻辑上和形式上是未受规定的。而在我们所讨论的案例中,上述特性则是根据现象所意谓的东西而得到确定的。故此,我们首先要对这个名称的第一个组成部分作出阐明。

α) φαινομενον(现象)的源本含义

以上两个组成部分都可以回溯到希腊的表述,现象要回溯到 φαινομενον,而-学说则要回溯到 λογοσ(逻各斯)。φαινομενον (现象)是 φαινεσθαι 的动词分词;该词的中世纪含义是:显现;那么 φαινομενον(现象)就是那自身显现者。作为中动态的动词 φαινεσναι 是源自 φαινω 而构成的词:将某物带入白昼,让其在自身之内昭然可见,将其置于光亮之中。φαινω 有着词根 φα-φωσ,即光照,光亮,源于这种光照,某物才能够成为公开者、能够成为在自身之内昭然可见的东西。我们需要把牢的就是这一现象的含义: φαινομενον(现象),即自身显现自身的东西。而 φαινομενα 就构成了自身显现之物的全体,希腊人也简单地将其等同于 τα οντα 即存在者。

但存在者还能够以不同的方式在自身之内并出自自身而显现,而这种不同就在于通达存在者的方式上的不同。甚至还存在着这样一种特别的可能性：存在者作为某种它所不是的东西来显现。对于这种存在者，我们就不将其称为现象，称为原本意义上的自身－显现者，而是叫作外观(Schein)。由此，φαινομενον(现象)这个表达就经历了一种意义的变迁：由于这样的变迁，人们就不是说αγαθον(善，善良)，而是说φαινομενον αγαθον(善的外观)，也就是说到这样一种善(Gut)，它只是看起来是好的，但实际上却并非如此，它仅只"显得好像是"好的而已。现在，一切都有赖于这样一件事情了：去看清φαινομενον(现象)的基本含义"敞现者"与第二种含义"外观"之间的关联。因为外观就是第一种含义上的φαινομενον(现象)的变易，所以φαινομενον(现象)的含义也就只能恰如外观的含义一样；更清楚地讲：只因φαινεσθαι(使公开，显示)所指的就是显现，它也就能够意味着：只是如像什么而显现，仅仅看起来如像什么。一旦某物依据其意义而在根本上要求显现，它就能够表露成某种东西；一旦公开者要求去成为某种东西，它也就能够成为外观——事实上这就是外观的意义：成为公开者的要求，但它目前恰好还不是这个公开者。由此，我们就指明了作为外观的φαινομενον(现象)，这样一来，现象的含义所意味的就是：自在自足的敞开的存在者本身；与此相对，外观则是一种外露的自身显现。因而，现象所意指的就是存在者的一种自在自足的照面方式(际会方式，Begegnisart)，即"自身显现自身"这种照面方式。

我们必得记住φαινομενον(现象)所具有的这一真正的、希腊人所使用的含义，同时还应当看到，这个含义首先与我们的用语"显象"(Erscheinung)以至"单纯显象"(bloss Erscheinung)没有一点关系。在哲学中，也许还没有一个词像它那样招致了如此之多的破坏和混乱。在这里，我们不可能去追溯这一迷误的历史，而只是尝试表明作为外观(Schein)的现象(Phänomen)所具有的原本而源初的含义与显象(Erscheinung)之间的主要界限。

我们在例如疾病症象这样的用语中使用"显象"这个表达。在一个事物中显现出了某些过程和属性,通过这些过程和属性,事物就作为这种或那种东西而表露(sich darstellt)出来。作为事件中的一类,显象本身还需要追溯到其他的事件,由这些事件出发,我们就可以推断出某种另外的、未曾具备显象的东西。显象是这样的一种东西的显象:这种东西并不作为显象被给出,而是基于它物获得指引(Verweist)。显象活动(Erscheinen)具有指引(Verweisung)的特性,而指引又正好是由此得到突出的:那显象所指引的东西,并不自在自足地显现,而只是表露(darstellt),有中介地提示(andeutet),间接地显示(anzeigt)。因此,显象这个名称指的就是一个东西对另一个东西的指引方式,这被指引的东西并不自在自足地显现——更确切地讲,它不但不是自在自足地显现,而且就其意义而言根本就不要求显现自身,而是要求表露自身。就显象、显象活动(Erscheinen)中的指引功能之特征而言,它具有一种指示(Indizierung)的功能,它是对某物的显示(Anzeige)。但通过另一物而对某物加以显示所意味的正好就是:这个"某物"不是自在自足地显示,而是间接地、有中介地、有征象地(symbolich)进行显露(darstellen)。这样,在我们用显象所意指的东西这里,我们就具有了一种完全不同的关联;在现象那里,我们恰好不具有任何指引的关联体,我们具有的毋宁就是现象所固有的自身-显现-自身(Sich-selbst-zeigen)的结构。这么说,我们目前就要达到这一步了:透彻地澄清真正意义上的现象与显象之间的联系,同时也要在显象与外观之间划清界限。

外观是公开者(Offenbaren)、敞开之物(Offenbares)的一种变易,这种外观要求去成为公开者,但它还不是公开者。外观不是一种私密意义上的现象;外观具有自身显现的特性,但那个显现自身者并不如同它之所是的东西那样显现;而另一方面,显象则恰好是对于那种本质上并非公开者的表露。因而外观总是要回溯到敞开之物并在自身中隐含着公开者的观念。但现在同时已清楚的是:一种显象、一种征象(Symptom)只能是对于另外的、不显现自身的某物的指引,而这种指引的条件在于:显象的东西自身显现自身,就是说,那作为征象而给出的东西就是现象。作为某物对某物的指引,显象的可能性在于:那进行指引的某物,是自在自足地显现自身的。换一个角度说,作为一种指引,显象的可能性就奠基于原本的现象之上,亦即奠基于自身-显示之上。作为指引,显象的结构本身就已经是以更为源本的自身-显现,也就是以原本意义上的现象为条件的。只有作为指引性的(verweisend)自身-显现-自身,某物才能够成其为某物。

至此,显象的概念就获得了现象这个名称,或者说,人们把现象规定为某种不显现者之显象——在这里,人们是根据一种本来就要以现象的意义为前提的、不能由自身单方面获得规定的事态来定义现象的。进一步,显象所意味的正就是显象者(Erscheinend),而它与不显象者(Nichterscheinend)处在对立的一极。这样我们就有了两种存在者,因之人们说:显象是一种东西,而处在它背后的是另一种东西——那显象由之而得以是显象的东西。在通常情况下,人们在哲学那里经验不到这处于背后的东西所指的到底是什么;但无论如何,这一点总是包含于显象的概念之中的:现在,显象和从中推论出来的指引关联(Verweisungszusammenhang)在实存状态上、从存在者方面得到了把捉,而显象与物自身之间的关联从而就是一种存在联系(Seinsbeziehung):一种东西存在于另一种东西的背后。如果人们进而还能够做到这一步:把那处于背后的、不显现的东西(即仅仅在显象中呈报出来的东西)作为原本的存在者在实存状态上标揭出来,那么人们就能够做到把显象者、显象标识为单纯的显象,以致在实存性的指引关联体之内,造成在自身显现者与在自身呈报意义上的单纯显象者之间的存在等级上的区分。这样我们就碰上了两重显象:纯粹作为指引关联的显象——在一开始人们并没有以一种确定的方式从实存状态上去把捉它;而后就是那种可以名之为 φαινομενον 与 νουμενον 之间(即实存意义上的本质与显象之间)的一种实存性指引关联的显象。现在,如果我们相对于在单纯显象意义上的本质来把握这一低等级的存在者即显象,那么这一单纯显象就将被称作外观。但这样一来,混乱就达到了极点。然而,传统的认识论和形而上学却就是在这一混乱中成长起来的。

综上所述,我们现在可以清楚的是:存在着关于"现象"的两种基本的意义:第一是公开者、自身-显现-自身者,第二是要求成为公开者,但仅仅以外观这种方式来给出自身。在大多数情况下,人们还根本不知晓现象的源本意义,并放弃了去弄清现象这个词所指为何这一任务。人们简单地用"现象"这个名字去指称我们这里用"显象"所表示并作为显象加以分析的东西。而当人们批评现象学时,他们关于"现象"所采纳的恰好就是那种适合于他们的概念,也就是"显象"概念,并用这个词来批评一种合乎实事的研究。有关"现象学"这个表达的这一组成部分,即有关 φαινομενον(现象)的阐明,我们就讨论至此。

β) λογοσ(逻各斯)的源本含义[λογοσ αποφαντικοσ
（陈示性逻各斯）与 λογοσ σημαντικοσ（意会性逻各斯）]

Λογοσ(逻各斯)这一表达要追溯到 λεγειν(言说)。在上面提到的组合词即神学(Theologie)、生物学(Biologie)中,logie 所指的就是"关于……之科学"。而在这里,人们就把科学理解为有关一个课题域的命题和陈述的系统。但 λογοσ(逻各斯)原本所指的并不是科学,而是指来源于 λεγειν 的"言说"(Rede),关于某物的言说。不过，在这里我们不可以随心所欲地去规定 λογοσ（逻各斯）的意义，而必须遵循希腊人凭借 λεγειν 所理解到的东西去规定 λογοσ（逻各斯）的意义。

那么，希腊人如何理解 λεγειν 即言说的意义呢？Λεγειν 所指的并不简单地就是形成并说出语词，毋宁说 λεγειν 的含义就是 δηλουν：使（某物）敞开，也就是使那在言说中被道说的"言之所涉"以及对其加以道说的方式上的"如何"公开出来。亚里士多德更明确地把 λογοσ（逻各斯）的意义规定为 αποφαινεσθαι：让某物自在自足地为人所见，确切地说就是 απο（从出于）——让某物出自其本身而为人所见。只要言说是真切的，在言说中被道说的东西就会——απο（从出于）——从言说所关涉的东西那里汲取出来，以致言说性的传述（Mitteilung）所具有的内容、言说所道出的东西就使得言说所关涉的东西成为敞开的，并使之对于他人成为可会通的（zugänglich）。这就是 λογοσ（逻各斯）的严格的、功能上的意义，就如同亚里士多德曾对它加以廓清的那样。

在其具体的实现中，言说具有说话，也就是以语词的方式付诸音声的特性。从这一点着眼，λογοσ（逻各斯）就是 φωνη——声音。但这一特性并不构成 λογοσ（逻各斯）的本质（Wesen），相反，φωνη（声音）的特性倒是源出于 λογοσ（逻各斯）的原本意义即 αποφαινεσθαι（让……为人所见），源出于言说原本所是的东西——开示者（aufzeigende）、让（某物）为人所见者（sehenlassende）——而得到规定的。如同亚里士多德所强调的那样，λογοσ（逻各斯）是一种 φωνη ηετα φαντασια（后于视像的声音），因而在付诸音声之际，就已经经历过一种"使之可见"（Sichtbarmachen）、"使之能为人所觉知"（Vernehmembarmachen），已经存在着某种 φαινεθαι（可显现）、φαντασια（可成像）的东西，人们能够看见的东西。在付诸音声之际，本质性的东西是 φαντασια（视像）、αποφαινεσθαι（让……为人所见），那在言说中被道说的东西和作为被说出的东西（Gesprochen）而得到意指（gemeint）和意谓（bedeutet）的东西。由此，完全一般地说，λογοσ（逻各斯）就是一种 φωνη σημαντικη（形诸音声者），在意谓（Bedeuten）的意义上显示某物者，给出某种可理解的东西者。Εστι δε λογοσ απασ μεν σημαντικσ，…αποφαντικοσ δε ον πασ（每一句话皆具有含义，但并非每一句话都是一种理论命题）。[①]

现在，亚里士多德就在完全一般的 λογοσ（逻各斯）[就是作为 σημαντικοσ（意会）的 λογοσ（逻各斯），表示一般的言说的 λογοσ（逻各斯）]与作为 αποφαντικοσ（陈示）的 λογοσ（逻各斯）之间作出了区分。Αποφαινεσθαι，让被道出者自在自足地为人所见，是言说的一种特定的含义。并非一切命题都是某种理论命题，都是关于某物的陈述。一声呼喊、一个请求、一种希望以及一阵祈祷就不是对某物作出传述的 λογοσ αποφαντικοσ（陈示性言说）。尽管如此，但这些却都是一种 σημαντικοσ（意会），都意谓着某种东西，但这里的意谓并不具有对某物的理论性把捉之意。而在所有的像神学、生物学等等之类的组合词中，λογοσ（逻各斯）都必须在 λογοσ σημαντικοσ（意会性言说）的这一特定的含义即 λογοσ αποφαντικοσ（陈示性言说）的含义上得到理解，换言之，这里的 λογοσ（逻各斯）就是作为 θεωρειν（理论）的 λογοσ（逻各斯），是在把捉着实事且仅仅把捉着实事的传述这一意义上的言说。据此，在组合词"现象－学"（Phänomeno－logie）中，λογοσ（逻各斯）也要在 λογοσ αποφαντικοσ（陈示性言说）之意义上得到理解。

---

① 亚里士多德:《解释篇》，编者注:4,17a,1sqq。

b) 关于"现象学"的意义整体的规定和与之相切合的研究

现在,我们就可以把"现象学"的这两个已分别获得阐明的组成成分结合起来加以理解。通过上面的说明,我们获得了一种什么样的意义统一体呢?而作为我们上面所描述的那种研究的名称,这个意义统一体在多大的程度上以切合的方式表达了这种研究本身呢?这里出现了一个令人惊奇的情形:作为 αποφαινεσθαι(让被道出者自在自足地为人所见)的 λογοσ(逻各斯)在其自身中就与 φαινομενον(现象)有着内容上的连结。现象学就是 λεγειν τα φαινομενα = αποφαινεσναι φαινομενα——让那依持于自身的公开者出自其本身而为人所见。而从根本上来把握,现象学的座右铭"朝向实事本身"无非就是又再次给出了现象学的名称。但这里的意思是说:"现象学"这个名称与关于科学的其他名称——神学、生物学等等——之间的本质性区别在于:"现象学"这个名称没有就这门科学的专题对象之课题内容说出任何东西,而恰好只是说出了——这一点正是我们所强调的——这样的一种方式上的如何:正是基于这种方法上的"如何",某种东西在现象学研究中才成为了且应当成为专题的内容!据此,只要现象学仅仅被用来标画有关哲学课题的经验方式、把捉方式和规定方式,那么现象学就是一个"方法上的"名称。

哲学研究的对象具有现象的品格。简短地讲,这种研究所探讨的就是现象并且只探讨现象。就其源初而真切的含义而言(此含义是我们在"现象学"这一表述中所把握到的),现象学所意味的就是某物的照面方式,确切地说就是这样一种别具一格的照面方式:自在自足地显现自身。现象学这一表述所指称的就是某物通过 λεγειν(讲说)并且为着 λεγειν(讲说)、为着概念的解释而不得不当场在此

第二章 现象学的基本发现,它的原则和对其名称的阐明 115

的那种方式。由前面的讨论已经知道,现象学所探究的是先天的意向性。先天的意向性之结构就是现象,就是说,先天的意向性之结构,就限定了在这一研究中应当自在自足地获得呈显(Präsenz)并在此呈显中变得清楚可见的那些对象。但是,"现象"这个名称并不包含任何有关所涉及的对象之存在的规定,而只是表明了这些对象的照面方式(Begegnisart)。据此,"现象的"就是一切在此照面方式中成为明白可见的东西和一切属于意向性的结构关联的东西。这样,我们关于"现象之结构"的谈论,就成了关于在这一研究方式中被看到、被规定和被探究的东西的谈论。"现象学的"所意谓的,就是一切属于这样一种现象的展显(Aufweisung)方式的东西,一切属于这样一种现象结构的展显方式的东西,一切在这一研究方式中成为课题的东西。而"非现象学的"就当是一切不符合这一研究方式、不符合这一研究方式的概念属性(Begerifflichkeit)及其展显方式之要求的东西。

因而,作为关于意向性这一先天现象之科学,现象学从来并永远也不会去与显象以至单纯的显象纠缠不清。如同谈论某种东西、如同谈论事物那样去谈论现象,就好像在现象背后还存在着某种东西,而基于这种东西,这些事物就构成了作为显表性、表达性显象的现象——在现象学看来,这样的一种思路是荒谬的。现象不是任何一种在其背后还存在着某物的东西,更明确地讲,对于现象根本就不能提出什么背后之物的问题,因为现象所给出的东西,恰恰就是那自在自足的东西。但是也有可能,那自在自足即是可展显的东西和必得被展显出来的东西,却受到了遮蔽。那自在自足即为可见的东西和按其意义只是作为现象而获得通达的东西,并非必然地需要实际上已然存在。按其可能性而言,现象之所是的东西,恰恰不是那作为现象而被给出的东西,而是那才刚有待于给出的东西。在由某种方法所引导的对遮蔽加以破除的意义上,现象学作为研究恰恰是一种开启性的让某物能以得见的工作。

遮蔽状态(Verdecktsein)是与现象相对的概念,而遮蔽正好是现象学考察的最初的课题。那能以是现象的东西,首先和通常都是遮蔽的,或者说只是通过临时的规定而为人所知。遮蔽可以是各式各样的:一方面,一种现象可以是这种意义上的遮蔽:它在根本上就没有得到揭示,关于它的存在我们没有任何认知与线索。另一方面,一种现象也可以是遭到掩盖的。这就是说,它先前曾经得到过揭示,但后来重又陷入了一种遮蔽。但这并不是一种完全的遮蔽,毋宁说,在受到掩盖的情况下,先前的被揭示者仍然是可见的,尽管只是作为外观(Schein)而为人所见。但是,有多少的外观——就有多少的存在;这一作为伪装(Verstellung)的遮蔽是最为频繁和最为危险的遮蔽方式,因为这里存在着最大的掩盖与误导的可能性。在这种情况下,原本看到了的现象被连根拔起,从它的地基那里被撕裂开来,而它的合乎实情的源头再也得不到人们的领会。遮蔽本身——它既可以在根本未得到揭示的意义上也可以在掩盖与伪装的意义上得到理解——又具有双重含义。存在着偶然的遮蔽与必然的遮蔽,必然的遮蔽就是那种体现于揭示行为的存在方式及其可能性之中的遮蔽。一切来自源头的现象学命题作为告知性的陈述都处于走向遮蔽的可能性之中。当这些命题凭借一种空洞的前理解传递下去之时,它们就会丧失牢靠的根基而变成一种漂浮无根的名号。取自源头的东西并以源本的方式获得展显的东西之变成化石的可能性,就固着于现象学研究本身之中。就现象学本身就担载着那一彻底的原则而言,可以说遮蔽总是同时与现象学同行的。与彻底揭示的可能性相伴随,现象学也同时处在这一相应的危险之中:在它所取得的成果之中走向硬化。

第二章 现象学的基本发现，它的原则和对其名称的阐明

真正的现象学研究所固有的艰难性恰恰是在于：在一种积极的意义上，它针对自己本身而成为批判性的。那由现象的样式所规定的照面方式，是现象学研究必须首先从现象学研究的对象那里争而后得的东西。而这就意味着，那种对于现象的特征性的把握方式——源本的领会性的解释——并不在以下的意义上隐含着任何直接的把握：如同人们可能要说的那样，现象学是一种单纯的看，这种看全然无需任何方法上的装备。实际上，正确的说法恰好与之相反；由此也可见出，对于（现象学）座右铭的清楚的表述和理解是多么地重要。由于现象首先还必须争而后得，单单是对于出发点的考察和对于穿越障蔽的通道的开掘就已经需要一种大规模的方法上的配备，以便我们能够依据意向性的现象上的既与的结构（Gegebenheit）而获得一种规定与引导。在争取现象所具有的一种最终的和直接的既与性结构这一要求之中，绝不带有任何直接的直观所应有的轻松与舒适。正是因为没有本质出自本质、没有先天出自先天，没有任何东西能够出自另一个东西被推论和演绎出来，相反，所有的这些东西都必须经过呈示性的（ausweisend）观视，所以，在所有情形之下，我们的考察之路从来都必须从各个个别的现象联系出发，而根据先天之被揭示的程度和根据其被传统所掩盖的方式与规模，考察之路又从来都是一再地变动不居的。由于每一结构都必须最终依据其自身得到开显，现象学的研究方式首先就获得了一种——正如人们所说——图画书现象学的特征和外观，以致在现象学研究中人们只是纯粹地去阐发一些个别的结构。对于一种系统哲学而言，这些结构也许是非常有用的，但对于一种（现象学的）阐发而言，这些结构只能是某种临时性的东西。因此之故，对于那些经由现象学的个别化的探察而被揭示出来的东西，人们就想通过将其嵌入某种辩证法等等之类的东西当中，而在哲学上加以认可。与这种做法相反，我们必

须要说的是,首先,我们完全无须在意向性的各种结构的结构关联之上再去构造任何东西,毋宁说,先天之物的关联本身从来都只是根据课题内容而自我规定的,这里的课题内容则应当基于它的现象上的结构而获得探索。进一步讲,我们在一开初还不必去关注上述的这些考虑,因为,只要现象的具体的相状(Aspekt)还不是清楚可见的,这些考虑就终将是无结果可言的。

c) 排除几种对于现象学的典型误解——这些误解就产生于"现象学"这个名称

在这里,我们还想非常简短地讨论一下对于现象学的几种典型的误解,而这是因为今天这些误解还在普遍地统治着哲学,还因为只有很少的人在从事这样的一种努力:以现象学的具体研究来澄清现象学的本来意义。误解的一个典型的例子,以及在上述考量之下可以让今天的人们引以为鉴的最好的例子,就是李凯尔特发表在《逻各斯》杂志上的一篇论文。①

在这篇文章里,李凯尔特想要表明,现象学并不是且不可能是任何关于直接之物的哲学,并通过比较而就"关于直接之物的哲学应该是怎样的"作出了建议。在此,人们已经可以看到这一特征性的立场:一种直接之物的哲学必须存在,为此人们就必须安排好一切。"首先至少需要一种中介,以便显象的和现象学的概念能够服从于为关于直接之物的哲学提供帮助而得到规定。"②与这一看法相对,我们首先必须一般性地指出的是:现象学既不想成为一种关于直觉的哲学,也不想成为关于直接之物的哲学;它根本就不想成为任何这

---

① H. 李凯尔特:"哲学的方法与直接之物。提出一个问题",载于《逻各斯》1923/1924年,第十二卷,第235-280页。

② 同上,第242页。

种意义上的哲学,毋宁说,它所想要的就是课题内容本身。

李凯尔特的批评之理据在于:据他所说,按其作为某物的显象这个意义,显象这一表述就有着对不是显象的东西,因而不是直接被给出的东西的一种指向,而因为显象总是对于那在它背后的某物的显象,所以直接之物就是不可把握的,相反人们一直都总是在与一种中介打交道。因此,现象学就不适于成为哲学的基础科学。人们可以看出,(在上述批评中)显象或现象概念首先仅仅得到了一种相当简单的把握,而这一批评还全然没有就此加以探索:现象源初地意味着什么,而它在现象学中又原本地意味着什么,毋宁说,被设置为(上述批评之)基础的,是传统的显象概念,一个空疏的概念用语,而对于一种具体的研究工作所提出的批评,就是据此进行的。不过现在我们没有必要再深入讨论这篇论文,因为通过一场批评事实上是不能获取什么东西的,还因为去批评李氏的这一反对的立场事实上也不是我们的一着重大的招术。但是我们必须要提到上面的显象概念,因为在这篇文章里,李凯尔特只不过是把那些在哲学中以及哲学对现象学的看法中习以为常的意见表达了出来。我之所以强调这点,并不是为了去拯救现象学,而是为了表明:经过上述的那样一种解释,现象学研究的意义是如何地不但遭到了变形,而且首要的是,那能够切合实情地进行哲思的本能又是如何在这种解释中丧失殆尽的。

第三章 现象学研究的最初成型和对现象学的一种既深入其里又超出其外的彻底思考的必要性

至此,我们就达到了关于现象学研究的意义和任务的引导性考察的第三章。现在,在阐明了现象学的原则和现象学的三个主要发现的基础上,对"现象学"这一表达的描述已然完成了我们在第二章里所提出的澄清现象学研究的意义的任务。在第一章里我们探讨了现象学研究的兴起和突破,在第二章里我们探讨了现象学的基本发现、它的原则以及对它的名称的阐明,而在目前的第三章里,首先,我们还必须进一步简明地探究现象学的初步成型,其次,我们还必须考量那种从现象学本身出发,以切合于现象学自身原则的方式而对现象学的对象域作出重新思考的必要性。

这一思考的意图,就在于对课题域做出一种源本的,也就是现象学式的基本规定,换言之,它的意图就在于对意向性以及随意向性一道俱来的既与的结构做出基本的规定。因此,在"源本地赢得课题域"(而这个课题域是由意向性现象所先行规定的)这一任务的考量之下,关于现象学研究之深化与发展的描述也将随之而发生变动。我们一方面要考察关于课题域的不断生成着的厘定、关于课题域的规定,同时也要考察对于研究视域的勾画,一如这些视域从这一关于课题域的规定中所产生出来的那样,确切地说,按照今日现象学中两个引领性的研究者——胡塞尔和舍勒——的工作,我们将从两个方向上来探究这一课题。

根据上述那种研究本身,我们随之就能够表明:在这一研究中,有一个基本的问题依然未获得提出并且必然是依旧得不到提出的;为什么这个问题必定得不到提出;它又是在一些什么条件之下方能获得提出;这个问题是如何地导致了对于现象学研究之任务的一种彻底的规定。这个问题就是作为现象学基本问题的关于存在之意义的问题,它是一门本体论永远也不可能提出来的问题,但本体论却又总是把它当作了前提并且在某种或有根据或无根据的回答中利用着它。存在的问题是通过对现象学研究本身的走向(Zuge)的内在批判而产生出来的,而就问题的有待于回答的那部分而言,这个问题就构成了本讲座的原本的课题。以下,这个准备性部分的第三章就将着手对考察的课题内容加以开显。

第十节　课题域的厘定:关于意向性的基本规定

a) 解释胡塞尔和舍勒对现象学课题域的界划和对现象学研究视域的限定

在现象学研究最初获得突破之际,其实际的工作所集中处理的是基本现象的规定(与此同时,逻辑学和认识学说的对象就随着这一规定而一道被给出了),集中处理的是本质上具有理论特征的,准确地说即特殊的科学认识的意向式行为。然而在那时(特别是联系到这个问题:在根本上,行为如何能够通过概念获得表达?),还出现过对其他情感性行为加以描述的研究动向。现象学的早期研究在课题方面的探索意图,就在于对一个特定的局部领域的开掘;在最初的研究过程中,现象学并没有着手从原则上提出一个有关总的课题域本身的界定,虽然它也并不是没有进行过针对这一目标的考察。进一步,意向性、客观化行为的特性虽然着眼于 intentio(意向行为)和 intentum(意向对象)这两个主要方向而得到了探讨,但意向性根本枢机的这两个本质性的结构要素本身,却还没有获得充分明晰的廓清。

所有这些——领域的具体的拓展,关于现象学研究的领域上的特性和关于它与其他领域之界限的基本思考,关于意向性研究工作的基本方向的厘定——都是在下一个十年里(从《逻辑研究》出版之时算起,即1901年到1911年之间)进行的。与现象学之领域的不断增长的和更为丰富而纯粹的展开一起同时并进的,是现象学方法和现象学理论之成型。有关这一成型以及关于它的文献上的成果,我们将仅只做一非常简短的说明,其目的是为了对所谓的现象学文学的问题(人们曾一再向我提出这个问题)给出一个简略的回答,而这种文学并不真正地存在。

在《逻辑研究》出版以后,胡塞尔的工作首先就专注于构建有关最广泛意义上的感知——不仅是感性的感知,而且是在各种不同的对象域中的源本的把捉这个意义上的感知——的现象学。这项研究刚好在一年之前——也就是在其初创的几乎25年之后——才达到结束,但尚未付诸发表。与他在哥廷根的新的教学活动相连,胡塞尔的工作还进一步转向了逻辑学的系统构造,转向了有关客观化认识尤其是有关判断的现象学。而这一逻辑学——尽管经过了一连串新而再新的向前冲击——也是未完成的。胡氏的研究工作同时还致力于建立一门关于特殊的实践行为(与康德的实践哲学相分野的实践行为)的现象学。在这一期间(1913 - 1914),一门所谓的先天价值公理体系在初次滥觞之后就陷入了停顿,而舍勒后来接过了这一工作并做出了进一步的建树。

就在这一时期,柏格森在德国也逐渐地广为人知——而这件事也算是舍勒的一大功劳,他很早就了解到了柏格森的哲学及其意义并相应地受到了它的影响。舍勒还在德国发起了对柏氏著作的翻译。与柏格森在德国的声誉鹊起相伴随,在胡塞尔的工作中也出现了关于内在时间意识的研究,这一研究是分成若干部分在他的后期著作中发表出来的。①

进一步,狄尔泰的影响也变得明显起来,而他的工作与现象学的研究倾向确实具有一种内在的亲和性。狄尔泰的影响所及,导致胡塞尔的最广泛意义上的科学论的研究转离了以自然科学为取向的那些问题,而扩展到了对人文科学的特殊的对象属性的思考。而通过与马堡学派,首先是与那托普的《心理学导论》②的分道扬镳,胡氏的研究工作获得了它的最后一次重要的方向规定。与心理学的决裂自然地无非就是与追问意识之结构这一研究路线的决裂(而人们把全部的行为,从而也把意向性的全部合成要素都归入了意识的领域)。所以,在现象学成型的期间,它的研究工作也同时囿于同时代哲学的眼界之内,然而,这一状况并没有继续维持下去,也未曾对现象学后来的提问方式产生影响。

在 1900 年至 1910 年的十年里,没有出现过一本现象学的出版物;但(现象学的)影响在哥廷根的较为狭窄的研究圈子里却愈发强烈。但是,胡塞尔于 1902 年在哥廷根数学学会所作的两个报告,却具有特别的意义。当此之际,还发生了所谓的"李普斯学派的倾覆"事件,以致那时一批李普斯从前的学生来到了哥廷根。在那里,现象

---

① 编者注:E. 胡塞尔:《内在时间意识的现象学讲座》,马丁·海德格尔编辑,单行本出自:《哲学与现象学研究年鉴》,第九卷,哈勒 a. d.,第 1928 页。

② P. 那托普:《遵循批判方法的心理学导论》,1888 年;第二版。1912 年版的标题是:《一般心理学》。

学家的圈子中讨论着一些基本的问题,而这些讨论就进一步形成了后来的出版物。就在那时的讨论中,胡塞尔把他的富有活力的研究的绝大部分都传播了出去,而许多后来以其他人名义所发表出来的东西,实际上原本是属于他的成果。不过,对于现象学的研究工作而言,这种名义上的东西并没有太多的意义,无论究竟是谁发现了当时所传播出来的东西,最终而言都是一回事。

胡塞尔首次在文献上的表达,是发表在《逻各斯》上的论文:《哲学作为严格的科学》。① 这篇论文具有一种纲领性的特征,但这并非一个存在于工作之前的纲领,而是以长达十年的研究为背景的、从研究本身之中产生出来的一个纲领。论文在哲学界唤起了一种近乎普遍的惊骇,而在现象学中则导向了这样的结果:它推动逐渐成长的年轻的研究者们去从事更为共通的和更为可靠的研究。这种团结导致了一个属于现象学研究自己的机构在1913年的创立,这就是《哲学与现象学研究年鉴》。它的第一卷就出版于1913年,至今又已出版了六卷,而最后一卷出版于1923年。它的头两卷包含了这样一些作者的论文——胡塞尔和舍勒、亥纳黑(Reinach)、朴芬德尔(Pfänder)和盖革尔(Geiger)。年鉴的更后来的卷期发表了朴芬德尔和盖革尔的著述,也发表了一些由学生们所完成的各种性质的著述。

在年鉴的第一卷上,发表了胡塞尔的《纯粹现象学和现象学哲学的观念》的第一部。② 该书的第二部本来是紧接着第一部就已经

---

① E.胡塞尔:《哲学作为严格的科学》,载于:《逻各斯》,第一卷,1910/1911年;编者注:今天作为单行本也载于:《哲学资料》,第一期,R.贝林格编,美茵的法兰克福,1965年。
② E.胡塞尔:《纯粹现象学和现象学哲学的观念》,第一部,载于:《哲学与现象学研究年鉴》,第一卷,第一部分,哈勒,1913年;编者注:另见:《胡塞尔全集》,第三卷,比梅尔编,哈革,1950年。

完成了的，但是至今却尚未出版。①

在年鉴的第二卷里，发表了第二部极为重要的著作（实际上在第一卷里就发表了其中的一部分），也就是马克斯·舍勒的《伦理学中的形式主义和质料的价值伦理学》；②该书包含了很多章节的针对伦理学这个专门领域的基本的现象学式考察。还需要提到的是马克斯·舍勒的论文集，尤其是论文《论自我认识的偶像》③，以及《论同感（Sympathegefüle）的现象学与理论》④——该论文集在几年以前发行了第二版，不过出版质量较差。

现象学的原本的成型、有关现象学课题域之界定与奠基问题的更为切当的解释，就是由上述这些属于胡塞尔和舍勒的问题所规定的。因而，有关后来的现象学基本研究的分析，就应当持守于这样的两个问题范围之内。在现象学工作的具体成型的过程中，其研究的视域（Arbeitshorizonte）最初也是纯粹依照传统的学科来确定的，人们以现象学的方式在逻辑学、伦理学、美学、社会学、法哲学这些学科中进行研究；现象学所探究的问题领域，依然属于传统哲学中的那些同样的问题领域。进一步，在以意向性现象作为定准的基础上——就人们以现象学的方式区分出 Intentio（意向行为）、Intentum（意向对象）以及两者之间的相关性而言——就出现了现象学的三个总是相互倚持的研究方向：行为现象学、实事现象学以及两者之间的相关

---

① E.胡塞尔：《纯粹现象学和现象学哲学的观念》，第二卷。编者注：《胡塞尔全集》，第四卷，比梅尔编，哈革，1952 年。

② 马克斯·舍勒：《伦理学中的形式主义和质料的价值伦理学（特别地与康德的伦理学相比照）》，第一部分，1913 年，载于：《哲学与现象学研究年鉴》；与第二部分分别发表，同上，哈勒，1916 年。

③ 马克斯·舍勒：《论自我认识的偶像》，载于：《论文集》，莱比锡，1915 年。

④ 马克斯·舍勒：《论同感的现象学与理论》，第二版的标题为：《同情的本质与形式》，1923 年；第三版，1926 年。

性。在"Noesis"（意向行为）（特有的自身－指向的结构）和"Noema"（意向对象）（在意向中得到意指的实事）的名号下，在胡塞尔那里也出现了与此相同的区分。但是在胡氏这里，并不存在一种专门的相关项，因为这个相关项是连带地呈现于和包含于 Noesis（意向行为）与 Noema（意向对象）之中的。

b）关于课题域之本源结构的基本思考：将纯粹意识看作独立的存在领域加以廓清

我们现在要问：在胡塞尔那里，现象学的课题域是如何从根基上得到清晰的厘定的？

现象学曾被标识为关于先天的意向性的分析性描述。那么，先天的意向性可以被甄别（aussondern）为一个独立的领域、被甄别为一门科学的可能的课题吗？

意向性曾被规定为体验的结构，确切地说，这一规定是依据意向性之枢机所蕴涵的基本要素即 intentio - intentum（意向行为－意向对象）才得以作出的。对先天的意向性进行清理，指的就是对单个的行为及其可能的关联所先行具有的结构的开掘，这结构是已然包含在每一感知行为或被感知者之中的，而不管感知作为感知在不同的人那里、在来源上和样态上恰好是如何具体地个别化的。人们把对先天的看取（Heraussehen）称为观念直观（Ideation）。观念直观是范畴直观行为，亦即被奠基的行为，它奠基于对一具体的个别状态的一种观照（Vergegenwärtigung）之上。观念直观总是且必然是在一示范性直观的基础上得到实现的。这样，对于先天的意向性领域的一种原则性的开揭也将必须就以下这几个方面作出阐明：第一是示范性的地基，即体验获得具体体现的领域——出自这个领域，体验的意向性结构将在观念的层面得到彰显；第二是以这一先行领域为本的对先天结构予以彰显的方式;第三是这一获得彰显的领域自身的特性与存在方式。

人们容易见出,关键性的考察乃是以上的第一项考察,也就是我们去赢得并规定我们由之出发的那个领域的考察,——因为只有从出于这个源本的领域,我们才能赢得并界划出我们所求索的那个(课题)领域。目前的这样一种基本思考与现象学突破阶段的先期思考之间的区别是明显可见的。在那时,有关意向性的讨论和描述还完全是在前面提到的心理学和逻辑学这样的学科及其问题框架中进行的。但是现在,现象学研究就不再讨论这样的一些问题与传统意义上的课题,而是由实事本身所驱使,去专注于一种关于有待赢得的现象学领域与源本的领域之间联系的思考,就是说它所关注的是意向性的、行为的、体验的具体的个别状态;现在的思考所关注的,是对这样的一种领域的规定:通过这种领域,行为才能够首先获得一种理解。

现在的问题是:我们以之为凭而将意向性结构摹写下来的行为,是如何成为可参通的?像意向性、体验结构、体验这样的东西最初是如何获得给出的?所谓"最初获得给出"指的是:在一种所谓自然的立场面前呈达出来。体验、行为,以及有关某物的不同的意识方式是作为什么而显现在自然的立场之中的?需要看清并探究的是:现象学的"新的科学领地"是如何出自在自然的立场中被给出的东西而起源的。[①] 这样,我们的研究的意图就转向了对一个新的科学领地的发现。这个新的领地被称作纯粹体验的领域、连带着它的纯粹相关项的纯粹意识的领域、纯我的领域。这个领域是一个新的客体领域和——如同胡塞尔所说——一个原则上独具特性的存在领域,专

[①] E. 胡塞尔:《观念 I》,第56页(比梅尔编,1950年,第67页)。

属于现象学的领域。胡塞尔本人这样来描述(朝向这个领域的)推进方式:"我们最初直接地展示性地推进,因为那有待展示的存在不外乎就是这样的一种东西:我们出于本质性的根据而将它称为'纯粹体验',称为带有其纯粹的'意识相关项'以及带有其'纯粹自我'的'纯粹意识',我们首先是从在自然的立场中向我们给出的这个我、这个意识、这个体验出发的。"①

按照胡塞尔的描述,我是如何在自然的立场中获得给出的呢? 我是"与其他人一样的处于自然世界之中的一个实在的客体",②就是说,如同房屋、桌子、树林、山岗一样,事实上人也以它们那样的方式出现,而我也跻身于这些实在的东西之中而出现。我施行着行为[cogitations(我思)];而这些行为从属于"人的主体",因而它们也就等于"这同一的自然现实的事件"。③ 对于存在于人或动物的主体之内的这样一种体验关联的总体,人们可以称之为个体性的体验之流。"就动物性的本质而言",体验本身就是"实在的世界事件"。

我们将继续固着于这一自然的立场中(正是在此立场中我们发现了以上所讲的这样一些客体),并继续把目光投向体验关联,确切地说投向我们自己所具有的、实在地消逝着的体验关联。这种对我们自己的体验关联的自我指向是一种新的行为,人们将这种行为称为反思(Reflixion)。在反思行为中我们发现了这样的对象之物,它本身有着行为的、体验的、关乎某物的意识方式的特性。凭借这一追踪行为的反思,我们就可以对行为加以描述,就像我们前面在分析表象、图像意识和空意指的时候所做过的那样。当我们亲历(leben)于反思行为之中时,我们本身所指向的就是行为。而此中就显示出了

---

① E. 胡塞尔:《观念Ⅰ》,第58页(第70页)。
② 同上。
③ E. 胡塞尔:《观念Ⅰ》,第58页(比梅尔编,1950年,第70页以下)。

第三章 现象学研究的最初成型和对现象学的一种既深入…… 129

这一固有的实情:反思的对象即行为与对对象的观察(反思)一样,都属于同一个存在领域;对象(被观察者)与观察活动(Betrachtung)是实项地(reell)彼此包含的。对象与(关于对象的)把捉方式都从属于同一个体验流。被把捉对象在把捉行为本身之中,也就是在同一个实在状态(Realität)的统一体之中的这种实项的被包含状态,人们就称之为内在性(Immanenz)。在这里,内在性具有被反思者与反思行为之间的实项的关联性的含义。通过上述,我们就刻画出了一种存在者的特别的多维流形,也就是体验和行为之存在的多维流形。"意识及其客体(反思与作为反思之对象的行为)构成了一种个体性的纯粹经由体验而生成的统一体。"①

而在所谓超越的感知即物体感知那里,情况显然就是全然不同的。对椅子这个物体(Stuhlding)的感知作为经验就没有在自身中实项地包含着椅子,以至于椅子仿佛作为物体而一同漂游在体验流之中。如同胡塞尔也说过的,感知是处在"所有(自有的)与物体的本质性(wesentlich)统一体之外的"。② 一个体验"只能与各种体验绑结在一起形成一个整体,整体的全部本质包括了这些体验的个别的本质并奠基于这些个别的本质之上"。③ 意识的整体、体验流的整体乃是这样的一种整体:这种整体只能奠基于各种体验本身之上。这些整体的统一体、体验关联是纯粹通过各种体验自有的本质而得到规定的。而一个整体的统一体最终只有依凭它的各个部分的个别的本质才是统一的。一切物体,也就是一切实在的对象——首先是所有物质的世界,都是被排除于统一的体验流整体本身所自足地包容的东西之外的。相对于体验的领域,物质的世界是一个陌生的、他者

---

① E. 胡塞尔:《观念 I》,第 68 页(第 85 页)。
② 同上,第 69 页(第 86 页)。
③ 同上。

的世界。所有的有关简捷感知的分析都已经指明了这一点。

但与此同时，在考察的开初就已经清楚的是：作为实在的事件的体验流是与实在的世界，例如与身体（Körpern）相联结的，它是附着于表现为动物性的心理－物理统一体的具体的统一体之上的。因此，作为体验整体的名称，意识就以双重的方式卷入了实在的结构之中。首先，意识总是一种处在一个人或者动物之中的意识。那作为既与的实在的客体而出现的东西，就构成了一个动物的心身统一体。"生理的东西不是一个自足的世界，它是作为我或我体验（Icherlebnis）而得到给出的，……而我或我体验这类东西合乎经验地显示其是与确定的生理事物，与被称作身体的东西结为一体的。"① "所有心理学的规定 eo ipso（当然）也都是心理－生理性的规定，这就是说：在最广泛的意义上……这种规定具有一种永不缺失的物理上的伴随含义。即便在心理学（经验之科学）专注于对单纯的意识事件之规定而不专注于通常较狭窄意义上的心身依赖性的地方，这些（意识）事件也依然被认为是属于自然的，即被认为属于作为人的或动物的意识之自然，此意识在其自身方面又具有一种自明的和同时获得理解的与人类躯体和动物躯体的连结。"②

作为所谓的动物性统一体的组成部分，意识同时就是对于这一实在的自然的意识，是在每一实际的生命（人）的具体化中与这一自然实在地相统一的意识，但同时也是通过一种绝对的鸿沟而与这一自然相分野的意识，就像每一物体感知在内在与超越的二分中所显明的那样。现在，鉴于内在的领域即体验领域恰好决定了如下这样的一种可能性：在这个领域之内，那与这个领域横隔着一道鸿沟的超

---

① E. 胡塞尔：《哲学作为严格的科学》，载于：《逻各斯》，第一卷，第298页。
② 同上，第298页以下。

越的世界才能够在根本上成为对象性的东西,故此上述两个存在领域之间的那种二分就成为了值得注目的区分。面对上述的两重卷入——一是卷入了动物性的具体化这种实在的统一体中,二是卷入了内在与超越的关联交织之中——现在的问题就是:我们如何还能够说,意识具有一种"独有的本质"?这本质是一种蕴涵在自身之内的关系吗?把意识标揭为独有的体验领域、标揭为独有的存在领域,这在根本上如何还是可能的呢?

在最初的探察中,我们就已经看到,体验领域是通过意向性特征而获得规定的。在体验中,超越的世界基于体验的意向性而以某种方式当下在场。在此需要注意的是:超越世界的,首先是物体(Dinge)世界的对象化状态(Gegenständlichsein),并非必然地要被理解为已把捉状态。如同胡塞尔所明确强调的那样,对于被给定的物体的把捉仅仅是一种特定的行为样式,例如在爱的行为里,我亲历(lebe)于被爱者"之中",但当此亲历之际,这个行为中的被爱者本身并不是在已把捉的对象这个意义上的对象;为着被爱者在单纯把捉的意义上作为对象之物(Gegenständlichkeit)而呈显出来,首先还需要一种新的(相对于对象的)姿态上的变易。为了不致把意向性概念狭隘化,我们必须看到:把捉(Erfassung)并不等于自身-指向,毋宁说,把捉仅仅是指向存在者的一种完全特定的样式,且是一种并非必然地占统治地位的样式。因而,当我在反思中指向一特定的体验、指向一特定的行为,例如物体感知行为时,那么我就是以专题的方式专注于感知行为而不是被感知者。诚然,我可以以这种方式使得感知成为专题:被感知者,即感知所感知到的东西、感知的对象本身也一同得到把捉,但却是以这样的方式得到把捉的:我不是直接地亲历例如对椅子的感知,而是专题地亲历对感知行为的把捉和对感知中的被感知者的把捉。这一对行为及其对象的观察方式不是任何一种对物本身的超越性的把捉;在这种对于反思的观察中,我不是在某种程度上亲证(mitmachen)感知、亲证具体的感知本身;我不是原本地亲历对椅子的感知,而是亲历对椅子感知的内在反思性把捉这样一种姿态(Einstellung),不是亲历有关质料性世界的论题(Thesis),而是亲历对把捉着这个世界的行为及其对象(如同它在行为中当下在此的那样)的一种专题性的执取(Setzung)。这一对有关质料世界的和一切超越世界的论题的不加－亲证(Nicht－Mitmachen),我们就称之为 εποχη(悬搁),即中止(判断)。

一切现象学的行为分析都这样去观察行为:(现象学的)分析并不真正地亲证行为,并不探究行为的专题性意义,而是使行为本身成为主题,并借此让行为的对象及其如何被意指的方式(即与行为相应的意向)一同成为主题。这指的就是:被感知者不是自身直接地得到意指,而是通过其存在方式得到意指。关于这一(意指的)变形(只要存在者成为了意向性之对象,现在这个存在者就要经由此一变形而得到观察),人们就称之为加括号(Einklammerung)。

这一对存在者的加括号并不从存在者本身那里移取出任何东西,它所意味的也不是假定存在者不存在,毋宁说,目光的这种转变恰好具有使存在者的存在品格呈显出来的作用。现象学的对超越性论题之排除仅仅具有这样一种唯一的功能:着眼于存在而使存在者呈显出来。所以,只要人们以为:在对存在者论题的排除中并通过这种排除,现象学的考察就刚好不再与存在者发生关系了,那么人们就总是误解了"排除"这一表述;与此误解相反,现象学的考察恰好要以一种极端的和独一无二的方式去探究关于存在者本身之存在的规定。

现在,人们可以在原则上联系到所有可能的意识行为来执行这样的一种 εποχη(悬搁),以至于现在我这样来观照(Vergegenwärtige）意识：我不是在感知、思考等等这样的个别行为里去趋随这些行为所涉的对象,而是贯通行为的整个领域来统一地实行 εποχη（悬搁）,也就是说,现在我经由行为及其对象在行为中的被意指方式而观照行为及其对象。这样的一种经由一特定领域的统一属性（Einheitlichkeit）而对行为领域及其对象的赢取,人们就称之为还原（Reduktion）。

这种在不-亲证一切超越性论题之意义上的还原,是现象学还原进程中的第一个阶段。当我如此地还原我的生活本身的这种具体的体验连续体(Erlebniszusammenhang)时,尽管在还原过后我总是还拥有同一个具体的体验连续体,它依然是我的体验连续体,但是在这里,我并不是以如下这种方式而拥有此体验连续体——我融身于世界之中,我追随着行为本身的自然的指向；毋宁说,现在我是以这样一种方式而拥有具体的体验连续体：我呈显出了行为本身所具有的完整的结构。而在这一所谓的先验的还原(transzendental Reduktion)之后,被还原后的领域又还是一个孤诣独照(Einmaligkeit)的领域,是我的意识之流的领域。

这一属于本己的体验流的孤诣独照的领域,还要经历第二次还原,即 eidetisch(本质的还原)。现在,行为和行为对象将不再被当成我的具体存在的具体的个别状态、被当成一体验流而加以探究,相反这一体验流的统一体现在将以观念的方式得到观察,与此同时排除一切把这一个体性的体验流规定为个体之物的因素。现在,在具体的体验里获得看取(herausgesehen)的只有那种例如属于一个感知、表象,属于一个判断自身的结构,而不管这一判断、感知是否就是此时此地正在进行的属于我的判断与感知,不管这一判断、感知是在这一具体的格局(Konstellation)中进行的还是在一种另外的格局中进行的。通过上述双重的还原(先验的和本质的还原),出自一体验流所最初给出的个体性的个别状态,意识的所谓纯粹的领域(不再是具体的个体性的领域,而是纯粹的领域)就被彰显了出来。

在相对于体验流的实在性而对物体的实在性进行划界的时候,我们就已经指出,超越性的世界实在性(Weltrealität)不属于体验流的实项的整体。椅子不是任何体验和任何体验之物(Erlebnisding),相反,就其存在方式而言它是全然不同于体验的存在方式的。另一方面,所谓内在感知的所有的对象之物则都是由此得到规定的:这些对象之物有着一种与内在的感知相同的存在方式。此中就包含着:内在感知的对象是绝对的被给予者。据此,体验流就是这样的一个领域——如同胡塞尔所说,它构成了一个绝对断定(absolute Position)的领域。尽管每一超越的感知都以亲身具体的特征把捉着它的被感知者、把捉着物体,但任何时候都存在着这样的可能性:被感知者不可能存在和根本就不存在了,与此相对照,在内在的体验把捉中,体验是在其绝对的自身之内被给予的。内在的感知、对行为的反思给出了这样的一种存在者:这种存在者的当下存在(Dasein)原则上是不可否定的,或者如同胡塞尔对此所作的表述那样:"所有具体有形地(leibhaft)被给出(gegebene)的物事(Dingliche)都可以是不存在的,而没有任何一种具体有形地给出的体验(与前述的情况相反)是可以不存在的。"① 这就表明,内在的领域是通过人们称之为绝对的被给出方式而得到彰显的。而这就意味着(如果对前面的内容加一个总结的话):纯粹意识的领域,这个我们经由先验还原和本质还原的途径所赢得的领域,就是那种通过绝对的-被给予者这一品质而彰显出来的领域。

物事世界所带有的偶然性丝毫也改变不了体验的绝对的存在,

---

① 《观念Ⅰ》,第86页(第109页)。

而体验却总是构成了物事世界的条件。值此,以上的探察就发展到了一个极致。"在那向我们展放出来的本质的关联(Wesenszusammenhängen)里,已经包含着我们想要引出的有关全部的自然世界与意识领域(体验之存在就源出于这个领域)之间的原则上的可分离性(Ablösbarkeit)这样一种推断所需的最重要的前提"[1]——这就是借助于还原(而显示出来)的有关自然世界(在给出方式上)之"如何"的可分离性。

在这里,我们已经可以认出一种与笛卡儿的亲缘性。在现象学分析的更高阶段上被廓清为纯粹意识的东西,实则就是笛卡儿在 res cogitans(我思者)的名号下所瞥见的领域,而超越的世界——胡塞尔同样在质料性的物事世界之基底层面中看到了它的典型指征——在笛卡儿那里就被规定为 res extensa(广延的存在)。上述亲缘性不但实际上存在着,而且在胡塞尔说考察已达极致的地方,他也明确地提到了与笛卡儿的联系。他说,他只是要就此而探出一个究竟:在《沉思录》中——诚然是以另外的方法和抱着另外的哲学意图——笛卡儿所原本追求的到底是什么东西。这一与笛卡儿的关系和对此关系的明确的承认,对于我们批判地理解这一通过所谓还原的考察而赢得的领域所具有的存在特性而言,将具有重要的意义。

我们还需进一步予以追问的是:绝对断定的领域,即纯粹意识,一种据说通过一种绝对的鸿沟而与一切超越者分离开来的领域,同时又要在一个实在的人的统一体中与实在属性达到一致(这个人本身是作为实在的客体而出现在世界中的),这在根本上是如何可能的呢?体验既构成了绝对的和纯粹的存在领域而同时又在超越的世界中出现,这是如何可能的呢?以上所说的就正是胡塞尔在廓清纯

---

[1] 《观念Ⅰ》,第87页(第109页以下)。

粹意识这一现象学领域之际所行止于其中的问题局面。

第十一节　现象学研究的内在批判：有关纯粹意识四个规定的批判性讨论

现在我们面临的问题是：在对现象学的课题域（即意向性领域）进行廓清的过程中，提出过关于这个领域之存在的问题，即关于意识之存在的问题吗？或者，当人们说：意识的领域是一个绝对存在的领域，那么在这里究竟什么叫作存在呢？在这里绝对的存在指的是什么意思呢？而当人们说到超越的世界之存在，说起物事的实在性时，这里的存在所意味的又是什么？在基本的思考的维度之内（有关现象学领域的廓清就经由这一基本的思考而获得决定），在区分两个领域的时候所提出的那个着眼点——此即存在的意义、我们一直在谈论的这个"存在的意义"，已然由其自身而得到了澄清吗？在根本上，为着提出关于存在意义的问题——为着提出这个先行于每一现象学的思考之前的和未经明言地包含在这种思考之中的问题，我们已经在现象学当中赢得了方法上的地基吗？

目前我们尚未就这一点作出讨论：这一（关于存在意义的）问题是否是一个基本的问题呢？而在没有清楚地提出这个问题并对其作出回答的情况下，要彻底地赢得意向性的领域又是否是可能的和是否具有意义呢？如果这个问题是必要的话，那么关于存在一般的思考在现象学上就将成为更加必要的了，从而，我们最终也就有必要就这个问题的具体的研究可能性作出思考。以上之点已足以表明：我们目前所达到的见地在现象学上还是不够充分的。

我们要设法获得对现象学所独有的对象域进行批判性考察的地基，以便借此能够探讨：一般意向式存在者（das Intentional）的存在是否按照以下的三种考察视野而得到了追问:这一对象域是出自什么样的基础而得以赢得的? 这一课题域又是通过何种方法途径而得以赢得的? 而这一新发现的对象域即所谓纯粹意识的领域又得到了一种什么样的规定? 现在,我们的考察就将从最后的这个问题出发,从关于"意识"领域之存在的规定出发。作为意向性的基本领域,意识的领域即纯粹意识之存在是否以及以何种方式得到了规定?

很明显,这样的规定要以一种关于存在的规定为基础。而意识恰好就被称为绝对存在的领域,而且它还是一种与所有其他的存在者(实在性、超越者)界限分明的领域。因此进一步,这一相对于意识之存在的区别正好就被规定为最彻底的存在区分,而这个区分在根本上是只有在范畴学说中才是能够和必须进行的。

在关乎纯粹意识的这样一种存在规定之中,这样的一种批判性区别——是否以及在什么程度上存在得到了追问——在根本上还具有意义和根据吗? 我们将专门讨论由胡塞尔给出的对纯粹意识的存在规定。此规定有四个方面,但它们在性质上又是相互交融的,以致同一个名称经常被用来指称两个不同的规定。

意识是一个这样的领域:第一,它是内在的存在。第二,这一内在的存在是绝对既与的存在。这一绝对的既与状态(absoluten Gegebensein)也被称作无条件的绝对存在。第三,这一在绝对的被给予性(absoluten Gegebenheit)意义上的存在在下面这个意义上也同时是绝对的:这个存在 nulla re indiget ad exstendum(无需存在者也可达到存在)[这里接受了古老的实体定义(Substanzdefinition)],为了达致存在(um zu sein)并不需要任何 res(存在者)。在这里,res(存在者)是在狭隘的实在性、超越的存在之意义上被理解的,它就是所有非意识的存在者。第四,这两种意义上的绝对存在——绝对的被给予性和无需一种实在性——是作为属于体验的本质存在(Wesenssein)、属于体验的观念式(ideal)存在的纯粹存在。

关于这四个存在规定,我们要追问的是:它是不是那种根据对实事本身的观察而产生出来的规定?它是不是那种依据意识以及这个名称所意指的存在者本身而引出的规定?

a) 意识是内在的存在

从形式上看,内在所指的首先就是:存在于其他的东西之中。内在这一本性是就意识领域、体验领域而言的,更确切地说,这是针对把捉的行为、针对反思的行为(而把捉和反思自身则指向着行为、指向着体验)而言的。内在是就这样一种联系而言的:这种联系在体验本身之间、在反思的行为与被反思者之间是可能的。在反思的行为与被反思者即反思中的对象之间,存在着实项的、彼此交融的包含这样一种联系。在此,就体验通过反思而成为了把捉的一种可能的对象而言,内在、交融存在是针对体验而说的。内在不是有关存在者自身的一种着眼于它的存在的规定,而是有关体验或意识领域内部的两种存在者之间的联系的规定。这一联系被描画为实项的彼此交融,但是关于这一交融状态之所是、关于实项属性(Reellität)、关于整个领域中的存在者,这个规定恰好什么也没有道出。在这里获得规定的,只是存在者之间的存在联系,而不是存在本身。所以,胡塞尔关于纯粹意识领域所给出的这第一个存在规定——或是本源的规定或是非本源的规定——就是一个失效的规定。

b) 意识是在绝对的被给予性意义上的绝对的存在

那么我们又如何来看待这第二个特性呢:意识是绝对的存在,确切地说是在绝对的被给予性意义上的绝对存在。被反思的存在、在一个反思中作为对象的存在,是自在自足源本地既有的。与超越之物相对,体验是在绝对的意义上当下在场的,就是说,它不是间接地、通过征象而显表出来的,而是自在自足地得到把捉的。基于这一绝对的被给予性,它才被称作绝对的。

如果体验在上面所说的这个意义上被叫作绝对的,那么这一关于存在的特性描述——"绝对的"——就又还意味着对体验领域的一种着眼于它的被把捉状态的规定,而这个规定又是建基于第一个规定之上的。现在,在"绝对地既与"这个规定里,并不是在描述被把捉者与把捉着的行为的一种领域上的归属性,而是在确定一种体验作为一另外的体验之对象这一联系。

在第一个特性即"内在"那里,已经表明了在同一个领域的诸行为之间的存在干系,而现在得到表明的则是:一种属于体验领域的存在者所特有的成为对象的方式——通过这样的方式,体验领域的存在者得以是另一个这样的存在者之对象。在现在所讨论的这个规定里,作为专题的东西也还不是那自在自足的存在者,而是在反思的可能对象这个意义上的存在者。

c）意识是在"nulla re indiget ad existendum"（无需存在者也可达到存在）意义上的绝对既与的存在

第三个规定同样把意识描述为绝对的存在,但绝对是在一种新的含义上被理解的。我们可以回溯到关于体验领域的第一个规定即"意识作为内在的存在",来说明这一新的含义。一方面,所有的体验都是内在地给定的,那么另一方面,所有其他的存在就都是在意识中呈报(sich bekunden)出来的。原则上存在着这样的可能性:体验、意识流的过程连续体具有"一种自我闭合的存在关系",[1]具有一种

---

[1] 《观念Ⅰ》,第93页(第117页)。

特定的简明性(Eindeutigkeit),而无需有某种东西事实上对应于在这一体验连续体中所意指的东西;就是说在原则上存在着这样一种可能性:通过一种"对物事世界的消除",意识本身"在其独有的存在中就成了无所旁借的"[①]——我们知道,这是笛卡儿已经提出过的一个思考。

实在的存在可以以其他方式存在或者在根本上就不存在,尽管如此,意识在自身之内还是可以表现出一种闭合的存在关联。这一思考想要说的是:在如下的意义上,意识是绝对的:意识就是存在的条件,基于这个条件,实在属性在根本上才能够呈现。超越的存在总是通过一种显形(Darstellung)而被给出的,确切地讲它正好是作为意向性的对象而显表出来的。

意识,内在地、绝对地被给予的存在,是一切可能的其他存在者在其中构成自身的存在,是其他的存在者在其中才得以原本地"是"其所是的存在。绝对的东西就是这个构成性的存在。一切其他的作为实在的存在都只是在与意识的联系中,就是说相关于意识才是存在的。"这样,关于存在之谈论的通常意义就发生了颠倒。那对我们而言是第一性的存在,依其自身却成了第二性的。就是说,仅仅是在与第一性的存在的'联系'之中,它才是其所是的东西。"[②]第一性的存在是那种必须被当作条件的存在、必须当下在场的存在,唯有如此,实在之物才能够呈报自身。这个第一性的存在具有这种优先地位:它是无需实在性(Realität)的,相反,实在性倒是有赖于第一性的存在。因此,相对于所有的实在性,一切意识都是绝对的。

现在,这一关于"绝对"的规定,就是针对作为构成性的意识所

[①] 《观念Ⅰ》,第91页(第115页)。
[②] 同上,第91页(第118页)。

具有的特定的地位而言的;就是说,只要意识是在一种理性观的视野中被看待的,是在追问理性意识中的实在性之可能的证实(Ausweisung)这个意义上被看待的,绝对存在的品格就属于意识。现在,只要我们着眼于意识所可能具有的构成对象的功能而考察意识,那么"绝对的"品格就将属于意识,而在这个意义上,意识就是这样的存在:它自身不再在一个其他的存在者之中达到构成,相反它是自我构成的存在,是构成了一切可能的实在性本身的存在。据此,绝对的存在所指的就是:不依存于它者的存在,确切地讲就是在构成方式上的第一性存在,也就是必定当下在场的存在——借此被意指者在根本上才能够存在。只有当一种意指,即一种意识存在时,在最广泛意义上的被意指者在根本上才能够存在。意识就是那更早先者(Frühere),就是笛卡儿和康德意义上的先天。

所谓"绝对"的意识所表示的是:主体性先于一切客体性的优先地位。这里的第三个规定——绝对的存在——也还不是一种有关存在者之存在本身的规定,毋宁说,这个规定不过是从构成方式上的排序这个角度来把握意识领域,并在这种排序中把一种先于一切客体之物的形式上的"更为早先的存在"(Frühersein)划归给了意识领域。这一对意识的规定和把握,就同时把唯心主义和唯心主义的提问方式,准确地说是把新康德主义意义上的唯心主义带进了现象学之中。据此,这一存在规定也不是一种源本的规定。

d) 意识是纯粹的存在

与上面所说的三个规定相比,把意识当作纯粹的存在来看待的第四个存在规定,就更加不是对意向式存在者(也就是通过意向性而得到规定的存在者)的一种存在规定了。就意识不再在它的具体的个别化中被看待、不再联系到生命本质被看待而言,意识就被称作纯粹意识。意识不是 hic et nunc(此时此地的)实在的、我的意识,就其本质内容而言,意识毋宁说是一种纯粹意识。而眼下的规定所欲探讨的东西,不是一种具体的意向式关系的特定的个别状态,而是意向式的结构一般,不是体验的具体化,而是它的本质结构,不是实在的体验-存在,而是意识本身所具有的观念性本质-存在,是在种属化的一般(gatungsmässigen Allgemeinen)意义上的体验之先天(结构)[而这一先天(结构)向来就规定着一种体验的种类或一种体验的结构关联]。用另外的话说:在忽略了意识中的一切实在属性和实体化这个意义上,意识就被称为纯粹的。由于意识被规定为观念的存在,被规定为非实在的存在,意识就被称为纯粹的存在。

在"意识作为纯粹意识"这一存在特性里,这一点将看得最为清楚:它所探究的不是意向式存在者的存在特性,而是有关"意向性"之存在的规定,不是具有意向性之结构的存在者的存在规定,而是有关那种内在分层的结构本身的存在规定。

关于现象学领域的所有四个存在规定——内在的存在,在绝对的被给予性意义上的绝对的存在,在构成性的先天意义上的绝对的存在,以及纯粹的存在——在任何意义上都不是根据存在者本身而引出的规定,毋宁说,只要它们是作为对意识的存在规定而被提出的,那么它们就恰好阻隔了对存在者之存在加以追问的道路,从而同时也阻隔了对这一存在者更清晰地进行厘定。上述四个存在规定不是着眼于意向式存在者之存在本身而取得的,毋宁说,只要意向式存在者被纳入了我们的眼界,被把握为本质的意向式存在者就是作为被把捉者、被给予者,作为构成性的东西和观念化的东西而取得的。正是出于这些对意识而言最初还是陌生的视角,我们才取得了有关存在的规定。但是,如果我们仅凭上述规定缺失了关于意识之存在的规定,仅凭上述规定在刻画作为一个领域的意识时耽误了存在问题,而在根本上推导出它们在存在问题上的耽误,就未免过于仓促了。在这里,也许我们只需规定作为一个领域而存在的意识,只需规定对一种特定的观察而言意识成其为一个领域的方式,而无须规定存在者本身的存在——作为观察的一个可能的领域,此存在是可以被辨析出来的。

实际上,以上所有的这些存在规定,都是出自如下考虑而提出的:这就是把体验关联作为绝对科学的考察的用武之地开掘出来。在这里,也许我们恰好不应该提出关于存在者之存在的问题。在任何情况下,我们首先都必须审视:在对这一领域加以开显的进程中,这个存在者的意义是否得到了规定?——即便仅仅是在这样的含义上得到规定:由于其与一个领域之存在没有干系,这个意义遭到了排除。

胡塞尔最初所追问的完全不是关于意识的存在特性的问题,引导着他的实际上是这样一种思考:在根本上,意识如何能够成为一门绝对科学的可能的对象?引领着他的那个首要的东西,是有关一门绝对科学的观念。意识应该是一门绝对科学的领域这个观念,并不是简单发明出来的,毋宁说它正是笛卡儿以来的近代哲学所一直拥有的一个观念。把纯粹意识厘定为现象学的课题领域,这并不是通过以一种现象学的方式溯源至实事本身而实现的,而是通过回归于一种传统的哲学观念而实现的。因此之故,那些作为体验的存在规定而出现的所有的特性,就都不是原初的。在这里,我们不能更为详尽地探究以上的整个相连贯的提问的动因及其提问方式了,对我们来说,首先能看到这样一点就已经足够了:以上的四个针对意识而提出的存在特性,并不是源自意识本身而赢得的。

至此,我们只是完成了批判性考察的第一个阶段。作为第二项探察的内容,我们要问的是:在对纯粹意识加以廓清的道路上,我们是否还有可能达到一种对体验的真正的存在规定？而如果不是在这个地方达到这一规定，那么我们就必将在整个考察的起点上，也就是通过对示范性领域的获取和准备来达到对体验的真正的规定，而这就是说：现象学的探察应当从自然的立场出发，也就是从那种最直接的自身给出的存在者出发。值此，经由对被称为人的那种具体的存在者的存在规定，我们也就赢得了对这样的一种存在者进行存在规定的一个前瞻(Vorblick)：正是通过这一存在者，意识和理性才成为了具体化的东西。

第十二节　现象学耽误了对作为现象学研究基本领域的意向式存在者之存在的追问

如同在以上对胡塞尔进行的初次详尽而系统的研讨向我们所显露出来的那样，这里的批判性问题，就是关于那被设立为现象学课题的东西之存在的问题。为何我们要将追问存在的问题作为批判性的问题置于前景，以何种理由我们在根本上要经由这个问题而走近现象学的立场，这将在后面得到说明。现在让我们暂先提出这样一个前提性的假定：我们必得对这一存在加以探询。那么我们现在要问：在现象学本身中，是否就此进行了探询？

如果我们回想起胡塞尔对作为现象学领域的纯粹意识的规定，我们将会看到，所有的四个规定——存在作为内在的存在，存在作为绝对被给予性意义上的绝对的存在，存在作为（相对于所有超越之物的）构成性(konstituierendem)存在意义上的绝对的存在，以及存在作为相对于所有个别化状态的纯粹的存在——都不是源出于存在者本身而引出的规定，毋宁说，只有当这一意识作为纯粹意识而被置于一个特定的视角中时,上述规定才可被说成属于存在者的规定。如果就意识作为被把捉者而加以考察,就可以说它是内在的;如果就意识的被给予方式加以考察,就可以说它是绝对被给予的东西。着眼于它所具有的构成性作用(所有其他的实在属性都是源出于它才得以呈报出来),它就是在 nulla re indiget ad existendum(无需存在者也可达到存在)意义上的绝对的存在;着眼于它的本质即它的是什么来观察,它就是观念的存在,就是说在它的结构内容中不会设定(setzen)任何实在的个别化的东西。如果上述规定不是源本的存在规定,那么就积极的方面而言,我们就必须说:它只是规定了某个单纯的领域,但没有规定意识本身的存在,没有规定意向式行为本身的存在;这些规定所关涉的只是意识这个领域之存在,关涉的只是意识能够在其中得到考察的那个领域。这样的一种考察事实上是可能的,对此可用一个例子予以说明:数学家能够划定数的领域,划定作为数学观察与数学问题之对象的全部领域;他能够给出关于数学对象的一个确定的定义,而当此之际却无须提出有关数学对象之存在方式的问题。确切地说,按同样的方式,人们就有某种理由首先承认:在这里,现象学的领域通过这四个特性得到了简单的划定,但与此同时并没有必然地追问那属于这个领域的东西之存在。也许对意识的存在在根本上就不应该加以追问。无论如何,我们都不能把最终的批判性立场建立在这一最初的批判性观察的基点之上。现在还有待继续追问的是(有关意识的全部清理也还有待于着眼于此一追问而得到更为切实的探究):在关于意识的清理中,是否追问过存在?在还原的道路上,也就是在获取并彰显这个名为意识的领域之道路上,存在问题是否毕竟得到过提出?正是在那条由自然的立场所给出的东西出发再到达由还原所提供的东西的道路上,存在问题是否毕竟得到过关注?

让我们回想起现象学还原的意义及其方法上的任务：从出于在自然的立场中已然既与的实际的、实在的意识而去赢得纯粹的意识。这是通过转眼不顾那以实在的方式被执取的东西、通过从一切实在的设定本身那里的回归而实现的。在还原中，我们恰好要转眼不顾意识的实在性——这是在实际的(faktische)人所秉持的自然的立场中已然既有的一种实在性。要把实在的体验当作实在的东西加以排除，以便赢得那纯粹的、绝对的体验[εποχη(悬搁)]。还原的意义正好就是：对意向式存在者的实在性不加任何理会；意向式存在者不应被设定和被经验为实在的东西。如果说(此前的考察)在根本上也曾经从那依附于实际生存着的人的实在的意识出发的话，那么这也仅仅是为了最终转眼不顾这一实在的意识，为了远离意识的实在性自身。据此，就其方法论意义而言，还原作为一种转眼-不顾(Absehen-von)就在原则上不适合于去规定意识的存在。因而，这个意义上的还原刚好就丢失了这样的一个地基：只有在此地基之上，意向式存在者(das Intentional)的存在才能够得到追问(这个追问当然是为着这个意图：从现在所赢得的领域出发而径直地去规定这一实在性的意义)。但是这里的问题仅仅在于：对于意向式存在者的存在规定，还原自身是否能提供某种裁定呢？如果胡塞尔对这个问题的回答就是如此——还原的意思正好是：首先转眼不顾实在性，以便而后正好能够将其作为实在性加以考察，就如同它在我通过还原而赢得的纯粹意识中所呈报的那样——那么在这里人们当然必须谨慎地看待这一回答。就这一回答，我们又可以提出这个问题：这样的回答是否就能够满足关于意向式存在者之存在的追问？

还原所达成的还有些什么呢？它不仅转眼不顾实在性，而且也转眼不顾体验的各自的个别状态。还原对这一点视若无睹：行为到底是我的行为呢？还是某一其他个体的人的行为？它只是针对行为的"是什么"(Was)来进行探察。它所考察的只是这个"是什么",即行为的结构,但在此探察的过程中,行为的存在方式、行为之所是(Aktsein)自身却没有成为探察的课题。问题仅仅只是针对结构性的"内容上的是什么"(Wasgehalt),针对作为心理之物基本结构的意向式存在者之结构,针对这一结构之枢机的"内容上的是什么",针对行为的作为"是什么"的本质,针对行为的指向上的差异和行为的层次关系上的"内容上的是什么",但却没有针对行为的"存在"之本质。

在观念直观(本质还原)中,在对行为的本质内容的看取(Heraussehen)中,获得关注的仅仅是行为的内容上的结构,而体验的存在之本质并没有在观念水平上也被纳入纯粹意识的本质关联之中。在此,尽管涉及的对象是完全不同的,但我们还是能够用一个例子对此予以说明。如果我要将颜色的本质与声音的本质区分开来,那么我就应该已经看见二者的界限,而无须追问这两种对象的存在方式。当我规定 essentia(本质)时、规定颜色和声音的本质时,我恰好就转眼不顾它们的 existentia(存在),不看它们各自的个别状态,不管这个颜色是不是一个物体的颜色,不管它处在什么样的光照中。我所关注的只是那归附于每一颜色自身的东西——而无论这颜色是存在还是不存在。我转眼不顾颜色的存在并由此也刚好转眼不顾它的实存之本质。

同样,在关于纯粹意识的探察和清理(Ausformung)中,也只有"内容上的什么"获得了彰显,而没有在行为的实存(Existenz)的意义上追问行为之所是(Sein)。在先验还原中,这个问题不仅如同在本质还原中一样未获得提出,而且还刚好随着先验还原而走向了丧失。从这个"是什么"(Was)出发,我永远也经验不到有关"如何"(Daß)的意义与方式的消息——我至多只是知道:具有这一"内容上的是什么"的存在者[例如 extensio(广延)],能够秉有一种确定的去存在的方式。但是凭着这一点我还并不清楚,这一存在方式本身是什么。仅仅着眼于"内容上的是什么",这指的就是:把这个"是什么"作为被把捉者、被给予者、被构成者来看。有关还原在存在问题的提出中所具有的作用的批判性讨论,到此就达到了一个否定的结果,以致这一讨论刚好使我们能够理解:在前面的第十一节第一小节里所提出的存在规定不可能是真切的存在规定。不过,把观念直观理解为对实在的个别状态的转眼不顾,这首先是植根于这样一种信念:每一个存在者的"是什么"都是在转眼不顾存在者之实存的情况下得到规定的。但是,如果说最终还存在着这样的存在者:它的"是什么"恰好就是那有待于存在的东西且除此以外再也不是其他任何东西,那么,相对于一种这样的存在者,上述观念式的考察就将成为最为根本的错误理解。下面将会显示,这一错误的理解一直都支配着现象学,而传统的统治复又加剧了这种支配。

如果要就意向式存在者的存在方式加以追问,那么那种意向式存在者就必须原初地获得给出,也就是说,我们要根据其存在方式去经验此存在者。我们必须赢得与这一意向式存在者的源本的存在干系(Seinsverhältnis)。但是,我们与意向式存在者的源本的存在干系,不就存在于还原的出发点(Ausgangsstellung)中吗?这一出发点不是恰好吸纳了心理之物即"有关某物的意识"吗?——如其在自然的立场中、从而在理论的尚未遭到变异的经验中所显出的那样?在此,关于意向式存在者的意义,即使我们最终不能清楚地予以揭示,至少也必须让其获得经验。

现在我们提出第一个批判性的问题:在多大的程度上,意向式存在者的存在在出发点上——在关于还原的示范性基础的规定中——获得了经验和规定?如果在自然的立场中,存在即意向式存在者的实在性也一同得到了经验，那么现在就只需对有关意向式存在者的考察和至今以上述方式得到理解的还原进行一种事后的补充——如果说，人们现在不但要提出关于"内容上的是什么"的问题、关于行为结构的问题，而且还要提出关于行为的存在之本质这一问题的话。因而，存在之方式就有待在自然的立场中得到把握并同样地按照它的观念性本质得到规定。在这里，也许意向式存在者的存在方式（实在性）作为心理之物的存在方式也一同得到了经验。在自然的立场中，应该正是意向式存在者作为在后来的观念直观中又被悬置不顾的东西而首先获得了给出，因而，即使这只是为了而后马上又将其置于一边，在这里意向式存在者的现实性（Wirklichkeit）还是获得了经验，尽管它尚未得到专题的把捉。那么，哪一种存在可以归之于意向式存在者呢？——这就是那种属于实在的世内事件的存在、属于生命（Lebewesen）的存在，此世内事件和生命是客观地现成可见的，就其存在而言，它是嵌合在所有实在属性的"基础层"之中的，是嵌合在质料性的物事存在（Dingsein）之中的。据此，意向式存在者的存在、行为的存在、心理之物的存在就被确定为在所有的自然过程意义上的实在的世上事件。不特如此。

因为纯粹意识这一领域的构建是按照理性论的（verkunfttheoretischer）意图进行的，即是说，是通过清理存在者的各种不同的畛域在意识中得以自身构成的各种不同的方式而进行的，所以这些存在者各自的实在属性与客观属性就理应得到规定。实在者作为一种自身-指向的可能的对象而在意识中呈报。实在属性就必须着眼于此自身呈报者（sich Bekundende）本身而分别得到规定。据此，这一特别的、处于我们的探询之中的实在者，即生理之物（Animalien）与心理之物的实际的现实，也成了可予以规定的东西。换言之，还原与领域的构建、存在的方式，除了为着规定一种实在者的实在性而准备科学的基础以外,全然不再有任何其他的意义。作为一种实在性,意向式存在者的现实的存在也是在意识中构成的。

"心理学的意识",即关于某物的意识、意向式存在者,只要它乃是作为一门实在科学(Realwissenschaft)的心理学之对象,它也就必须作为纯粹意识的相关项而得到理解。"与经验的(心理的)体验相对峙的,是作为它的意义之条件的绝对的体验。"① 人格——"心理式的人格属性"是"经验的统一体"②;"如同每一样式与阶段的实在性仅仅是意向式'构成'的统一体一样——……",③这样,它就可以被经验为真实存在的东西并因此"在科学上可予以规定的东西"。④"所有经验的统一体(人格、动物生命的我)……都是带有一种明显的本质构形(Wesensgestaltung)的绝对的体验关联之 Indices(表征),只有与这样的构形相比照,其他的各种形态才是可想见的;所有的经验统一体都在同样的意义上是超越的,都仅仅是相对的、偶然的。"⑤"所以,把它们看作绝对意义上存在着的东西,这是荒谬的。"⑥——只有纯粹意识是"绝对源本的存在领域"⑦。而对于纯粹意识"还要提出实在性的要求",这是荒谬的。⑧

现在就可以概括地说:"……整个空间的-时间的世界,人与人性之我作为跻身其间的个别的实在者也可归入其中的这个世界,就其意义而言[是]单纯意向式的存在[在行为中自我呈报的存在],因

---

① 《观念Ⅰ》,第106页(第133页)。
② 同上,第106页(第134页)。
③ 同上。
④ 同上。
⑤ 同上,第105页(第133页)。
⑥ 同上,第106页(第134页)。
⑦ 同上,第107页(第135页)。
⑧ 同上,第108页(第136页)。

而它是这样一种存在:对于意识而言,它仅仅拥有第二性的、相对意义上的存在……它是意识在其经验中所执取的一种存在,是原则上仅仅等同于那种具有一致动因的经验多维流形而获得直观与规定的存在——然而超乎此外,它就不再是其他任何东西了。"① 到此,这一点已变得完全清楚:心理之物的存在、意向式存在者首先应被排除,以便让我们赢得意识的纯粹领域,而根据这一领域又恰好才有可能去规定被排除了的存在和实在性。按照以上这样的方式,存在问题就获得了提出,甚至获得了回答。而我们仅仅需要去做的,就是探求出一条回答此一问题的真正的科学的进路,通过这一进路我们就可尝试去规定一种实在者之实在性的意义——如果说,这个实在者就是在意识中呈报出来的。

那么,前面所提出的批判性问题又有什么用处呢?当我们着眼于被划归给纯粹意识的存在规定来讨论存在问题并甚至来确定一种耽误时,这是否只是一种仓促之举呢?现在,整个的考察还仍然受制于一个"但是"之下,实际上,这里的困难还不在于对领域本身的规定、对纯粹意识的特性描述,毋宁说,如同前面已经指出的那样,对行为的实在属性加以规定的根本困难已经就存在于出发点中。在出发点那里,作为一种自然立场的被给定状态而得到确定的东西[这种被给定的立场导致把人作为生物(Lebenswesen)、作为动物学的客体加以规定],就是这一自称为"自然的"的立场。就人的对他人和自身的经验方式而言,把他人和自身作为 ζωον(生命)、作为生物、在最广泛的意义上作为跻身于世界中的自然客体来加以经验,这竟然是一种自然的考察方式吗?在自然的经验方式中,人竟然是从动物学的角度(简短地说)来经验自身的吗?这种立场会是一种自然的立

---

① 《观念 I》,第 93 页(第 117 页)。

场吗？或者，它并不是一种自然的立场，毋宁说它只是一种"自然主义的立场"？

它是一种完完全全地非自然的经验，实际上它隐含了一种完全特定的理论式立场，对于这种立场而言，所有的存在者都先天地作为受规律所控制的事件进程而在世界的时－空秩序中得到把捉。也许，所谓自然的立场仅仅是以上的这种自然主义立场的伪装？只有当一种行为方式和经验方式必须衍生于自然的行为、衍生于自然的经验方式方可被赢得时，这样的行为方式和经验方式当然才有理由被称为立场，因为人们首先必须在一定程度上置身于这一观察事物的方式之中，才能够以这种方式去进行经验。与之相对，人的自然的经验方式就不可以被称为立场。至于在此经验方式中所显现的人的和行为的实在性特性是否是原初和原本的；在这种经验方式中我是否经验到了行为本身的特有的存在，或者行为的特有存在自身是否正好没有被削平为一而行为的存在不是仅仅在事件存在的意义上得到规定，这乃是另外一回事情。所以在自然的经验方式这里，虽然行为的实在性在某种意义上得到了探询，但行为自身所特有的存在依然未获探询。相反，通过上述那种所谓的自然立场，行为所特有的存在恰好遭到了阻隔。由于这一立场显得好像是自然的，才正好使如下先入之见获得了支持：在这一立场方式中，行为的存在似乎得到了原初和原本的给出，似乎所有的有关行为之存在的探询都必须回溯到这一立场方式。

即令"人这种自然物"、这一跻身于世界之中的 ζωον（生命）得到了经验，即令他的存在方式和实在性得到了规定，但他的行为、意向式存在者之存在并没有因此而得到探询和规定，而只有物事的现成可见状态（Vorhandensein）才获得了探询和规定——也许行为不过就是依存于这种现成存在的物事的一种"附属物"，而这一附属物是与这一存在者的存在特性之规定互不相关的,它并不构成这一存在者的存在方式。然而,只要这个存在者是通过行为而得到规定的,它的存在方式就必定是连同它的行为而同时成为可认知的。

因此,上述思考的结论就是:在把意向性廓清为现象学的课题域之际,关于意向式存在者之存在的问题依然未得到探讨。在现象学所争得的纯粹意识这一领域之内,这个问题非但没有提出,甚至还作为荒谬的东西而遭到了拒绝。在赢取现象学领域的整个进程中、在还原的整个进程中,这个问题都遭到了拒绝,而在需要运用存在规定的地方,例如在还原的出发点那里,它同样没有以源本的方式获得提出,相反,行为的存在却预先以理论的-教条的方式被规定为在自然的实在性这个意义上的存在。存在问题本身依然还没有得到探究。

第十三节 现象学耽误了对存在的意义本身和对人的存在的追问

但关于存在的问题将去向何处呢?当存在的"是什么"及其各种不同的样式获得了规定的时候,这就已经足够了吗?在认识中,这一"何所向"(Wozu)最初还不是一个首要的标准。像这样(着眼于何所向)去追问意向式存在者的存在问题,还只是一种完全一般的可能性!然而这最终也是一种必然性吗?

首先需要指出,关于现象学课题域即纯粹意识的阐发,其本身的目标正是在于赢得存在者之间的区分,在于确定存在者内部的基本区分,这就是说,在根本上回答存在问题。胡塞尔说:"范畴学说必须完全地由所有存在区分中的这一最彻底的区分——作为意识的存在与作为在意识中自我呈报的存在即'超越的'存在——出发,而如同人们所洞见到的那样,只有通过现象学还原的方法,才能充分纯粹地赢得这一区分并认识到它的价值。"① 不但存在者中的基本区分据说将随着纯粹意识本身的赢取而一同获得发现,而且还原本身的任务也不外乎就是确定并显明这一基本的存在区分。然而,现在我们却看到了一个奇怪的情况:在这里,一方面要求赢得彻底的存在区分,另一方面却又没有原本地对那些进入此一区分的存在者之存在加以追问。更有甚者,在这里进行的是一种存在探询,是关于存在者领域的区分,这就是说,这里需要预先保证的是:人们已然着眼于存在而对存在者作出了区分。如果我们进一步询问:在这里存在意味着什么,人们应从什么着眼而将绝对的存在相对于实在性加以区分,②那么,在这里我们根本就找不到关于这个问题的某种回答,甚至也找不到对这个问题本身的明确的提问。在赢取这一基本的存在区分之际,人们未曾追问被区分的存在者本身的存在样式,没有追问意识的存在样式,而更为根本地则是没有追问那引导着整个存在区分的东西——没有追问存在的意义。由此就可以看清:存在问题不是一个可有可无的问题,不是只具有一种可能性的问题,相反,在现象学本身的最为本己的意义上,它恰好是一个最为紧迫的问题——而在一种比起我们目前关于意向式存在者的讨论更加彻底的意义上,它也是一个非常紧迫的问题。

这样,我们实际上看到的是:在现象学成型的进程中,尤其在它的突破进程中,现象学研究就已然徘徊在一种根本的耽误之中,确切地说,从现象学对于那应该成为其课题的东西,即对意向式行为和一切连带此行为一同被给予的东西所作的探询和规定来看,在现象学研究中还存在着一种根本的耽误。

---

① 《观念Ⅰ》,第141页以下(第174页)。
② 在作为意识的存在与作为实在性的存在的基本区别之间"拉开了意义的真正的鸿沟"。《观念Ⅰ》,第93页(第117页)。

现在，我们就可以确定关于存在问题的这两项根本性耽误了：一方面，现象学耽误了关于这一特别的存在者之存在，即关于行为之存在的追问；另一方面，现象学还耽误了关于存在本身的意义的追问。

但是，这样的一种情况究竟是如何可能的呢：一种把"朝向实事本身"当作自身原则的研究，竟然任由其最本己的实事得不到基本的考察？难道现象学研究在事实上竟是如此地非现象学式的，以致它把它的最本己的领域排除在了现象学的追问之外？在我们结束目前进行的批评并由之过渡到积极的考察之前，我们还要坚持去揭发一切可以发现的、能指引我们根据意向式存在者之存在本身而去规定意向式存在者之存在的基点（Ansätze）。在现象学中，是不是还没有对意向式存在者自身之存在明确地加以追问呢？确切地说，现象学是不是还没有超出前面所讲的"自然主义立场"而提出这一追问呢？而一旦现象学相对于心理学划开了界限，这个问题不是必定就会马上浮现出来吗？

a）与自然主义心理学相对，关于现象学的必要的界定以及对这种心理学的克服

现在，我们已经看到了这样的一种界定的进路（Weg）：这一界定不理会我们在根本上称之为理性的或认识论的问题，然而这条进路正好导向了基本的存在规定。只要现象学本身是根据一种特定的心理学——如果人们能够这样说的话——是根据布伦塔诺的心理学而塑造成型的，那么，在现象学的最初突破之际，这样的一种使现象学与心理学之间判然可分的界定就已经成为必要的了。显然，在这一界定中必须探讨行为的存在。只要这一界定是针对纯粹的行为本身的，它就不能行进在所谓的自然主义立场的方向上，因为在这个方向上行为自身不但得不到规定，反而还要被处理成一种质料性事物的

附属品。然而,如果我们更为切当地看待这一最初的突破,那么我们将可以见出:现象学在某种意义上已克服了心理主义。

在现象学的第一个阶段,也就是在它的突破之际,现象学就恰好把自己理解为一场反对自然主义的斗争,当然也是反对以心理主义这种特别形式出现的自然主义,确切地说就是反对在逻辑学这个专门领域中的心理主义。

曾经存在过这样一种逻辑学思潮:它把思想的规律当作心理的思维过程的规律、当作心理的思维事件的规律来加以把握。同布伦塔诺一样,针对这一错误理解,胡塞尔指出:思想的规律不是思想所经历的心理过程的规律,而是被思想之物的规律;人们必须在心理的判断过程(即最广泛意义上的行为)与在这一行为中被判断的东西之间作出区分。人们在行为的实在内容即判断行为本身与行为的观念化内容即判断内容之间作出了区分。而对心理主义的原则性的拒斥,就是以这一有关实在的执行与观念的内容之区分为根据的。只要现象学的逻辑研究是沿着与心理主义或自然主义相反的方向进行的,那么就此而言,它在一开始就已获得了一种远离心理主义的错误见解的保证。然而,在关于判断现象的界定中(一方面是被判断的内容、作为观念式存在或有效性存在的实事内容,另一方面是实在的存在、判断行为),我们可以看到,虽然在这里切中了判断的实在的存在与观念的存在之间的区别,但行为这一实在者所具有的实在性却刚好依然未获得规定。判断的存在、行为之存在,也就是意向式存在者之存在依然未得到追问,以致总是还存在着在心理式自然过程的意义上去理解这一实在性的可能。观念之物的发现(或者说再发现)仿佛是运用了一种魔法所致,而在另一方面,行为和过程则被转让给了心理学。如同我们看到的那样,在核心问题未获得提出的情况下,关于纯粹领域的清理才又再次导向了若干准则(Normen)。

b) 狄尔泰的"人格主义心理学"尝试——他的作为人格之人的观念

但是，在现象学对自然主义的批判中，也是充分吸取了狄尔泰的思想倾向的，并且现象学还接续了狄尔泰所作的一个开端性工作，换言之，胡塞尔的工作以一种现象学的方式执行了狄尔泰所提出的如下任务——开创一门与自然主义心理学相对的人格主义心理学。而在人格主义心理学这里，心理之物就不应被理解为自然事件，而应被理解为精神和人格。

前面早已经指出①：狄尔泰带来了一种对于现象学的源本的理解，而他本人也正好在我们所讨论的问题的方向上对现象学产生了影响。狄尔泰的科学的研究由自身出发而走上了这样一条道路：与自然科学的心理学相对，去赢取关于人的这么一种考察方式——这种考察方式不把人看作属于考察客体的自然物，不从其他一般的事件规律出发来解释和构想人，而是把人理解为属于行进中的历史的活生生的人格，并在这一理解之下去描述和分析人。在这里，我们就可以辨识出一种新的心理学、一种人格主义心理学的倾向。我在前面已经指出，在《逻辑研究》出版之后（1900/1901），当胡塞尔尝试进一步扩展他的立场的时候，正好是在争取一种新的心理学的过程中，狄尔泰对他产生了特别的影响。但在我们的问题所能达至的视野中，同时还包含着如下意图：摆脱对行为和对心理之物的那种纯粹自然主义的对象化的看法，纯粹根据行为的存在本身而去规定行为的存在。就现象学的原本的课题而言，这就意味着：我们还需对那种在现象学的进一步发展中对现象学的出发点所作的规定（这就是着眼

---

① 参见第四节 c，第 19 页以下。

于其在自然立场中自身显现的方式而对意识之存在所作的规定)加以探究。这一源本的、为所有关于意识的进一步刻画提供了基础的经验方式,表明自己是一种理论化的经验方式,而不是一种原本意义上的自然的经验方式——而在这种自然的经验方式中,被经验者将能够根据其源本的含义显现出来。并且,在理论化方式这里,被经验者的显示方式还带有一种为理论性的自然观察而非为其他的什么提供对象的特征。至此已能看出,纯粹意识由之而得以获得厘定的那个出发点,是一个理论性的出发点。仅就其本身而言,这个出发点在一开始也许还不是一个障碍与不幸,但是,当后来根据这一理论性基础而赢得了纯粹意识,又由纯粹意识出发而提出了这一要求:行为的整个领域,首先是实践行为的领域,都必须同样地以那种理论性方式获得规定——这时,这个出发点就成了一个障碍与不幸了。诚然,在现象学进一步发展的过程中,也显示出了上面所说的那种新的倾向的影响,这一新的倾向试图超越自然主义的特有立场,而为一种人格主义的立场争取合法性。

现在有必要追问的是:在特殊的人格式经验中,人的此在是如何显现的?而那种由人格式经验出发去规定行为的存在和人的存在的尝试又是出于什么样的动机?假若这个尝试是可以成功的,而在这一尝试的进程中,意向式存在者之存在、行为之存在以及人的具体此在之存在都是可得到规定的,那么我们的批判就失去了它的理由。在此依然有必要加以探察的是:在何种程度上,这一新的(人格的)立场追问了人的此在之存在、行为之存在以及行为实行者之存在?在何种程度上这一存在获得了规定?为此,我们还需对狄尔泰的有关思想做一个简短的讨论。

狄尔泰是第一位理解了现象学意图的人。从六十年代起,他的工作就致力于清理出一门新的心理学,完全一般地讲,致力于一门关于人的科学,这门科学首先把人理解为那种作为人格、作为行动中的人格而在历史中生存着的人。他将这一关于人的观念保持于眼界并试图科学地规定这一存在者本身。抱着这一意图,他与占统治地位的心理学发生了冲突,在极端的意义上,这种心理学是自然主义的、自然科学式的心理学,在较为狭窄的意义上甚至就是感官心理学。对于狄尔泰而言,他现在所从事的这项工作恰好是生逢其时:与那种解释性的(从假说出发进行说明的)心理学相对,建立一门描述性的心理学,与构造性的心理学相对,建立一门分析性的心理学。在当时,这样的一门心理学还只是某些人所努力追求的、仅仅徒有其名的目标,但狄氏的如下两篇论文使这门心理学赢得了它的第一项成果:《描述的和分析的心理学的观念》[1]和《关于个体性研究的报告》[2]。在《逻辑研究》(1900/1901)出版之后,狄尔泰又重新投身于有关一门真正的人格心理学的问题。而在熟悉了现象学之后,他所取得的第一项成果就记录于下面这篇奇怪的未完成作品中:《关于人文科学之基础的研究》,[3]此外还记录在晚年的一篇计划宏伟的作品中:《历史性世界在人文科学中的构建》。[4] 在《观念》(第七章)中进行有关《论心灵生活的结构》这一论题的分析时,狄尔泰阐明了一个非常重要的基本论题(这是一个从胡塞尔和舍勒那里继承过来,而又经过了他自己的更为敏锐的现象学式分析的论题):相对于一个世界,人格处身于确定的同一体(Selbigkeit)之中,世界对人格产生作用,而人格对那个世界产生反作用;在存在的每一个时机,这一完整

---

[1] W.狄尔泰:"描述的和分解的心理学的观念",《柏林科学院会议报告》,1894年,第七章,《全集》,第五卷,第一部分,1924年,第139页以下。

[2] W.狄尔泰:"关于个体性研究的报告",1895/1896,《全集》,第五卷,第一部分,1924年,第241页以下。

[3] "关于人文科学之基础的研究",《柏林科学院论文集》,1905年。

[4] "历史性世界在人文科学中的构建",《柏林科学院论文集》,1910年。

的、进行反作用的人格并不以单一的意愿的方式、情绪的方式或观察的方式,而是以诸元同时合一的方式进行活动;人格的生命关联在任何境况下都是一种发展的关联。凭借古老的传统心理学的粗糙而原始的手段,人格就在这一分析和探究中得到了详尽的阐发。不过,在这一分析里,实质性的内容与其说是概念上的贯通,还不如说是在根本上为关于行为之存在的问题、为最广泛意义上的关于人之存在的问题打开了一个新的视野。

c) 胡塞尔在《逻各斯 – 论文》中对人格主义倾向的接纳

上述为人格主义心理学所做的准备工作就由胡塞尔继承了下来,并融入了现象学的进一步发展之中。这项工作的初步成果,就表达于上面已经提到的 1910 年的《逻各斯 – 论文》中:《哲学作为严格的科学》。

从众多的方面来看,这篇论文都是很重要的:首先,它是从《逻辑研究》到《观念》之间的过渡阶段;而联系到还原概念它也是重要的:本质还原与先验还原之间的联系依然还未获得阐明;进一步,它的重要性还在于现象的概念和心理之物的概念,在于"意向对象"和"意向行为"的不清晰性;但它的重要性首先却在于它的第二部分所具有的特色:因为它提出了关于历史的问题,这一提问理应被看成是不可能的并也合乎情理地引起了狄尔泰的惊讶。但是目前我们对这个问题暂时还不感兴趣,我们所感兴趣的只是这个问题:在何种程度上,这篇论文表现了一种走向人格主义心理学的倾向,以及它是否超越了最初的自然主义的起点?

关于这个问题,能够让我们得出一个最清楚结论的办法,就是去探询:在这里,现象学课题的意义即纯粹意识是如何得到规定的? 与超越之物即自然的物理事物相对,心理之物是内在的被给予者,如同胡塞尔在这里所说的,它是"自然的对待者"(Gegenwurf)。[①] 针对这一内在的心理之物,现在有必要提出这样的问题:在其中,我们探查出了什么可算为它的存在的东西呢?关于"在意识当中,我们把什么厘定为它的存在"这个问题,胡塞尔也这样加以表述:在意识当中,我们能够把捉什么、规定什么,把什么确定为客观的统一体?对他而言,存在所意味的不外乎就是真实的(wahres)存在即客观性,对一种理论的、科学的认识而言真实的东西。在这里,意识的、体验的特殊的存在并没有得到追问,所追问的只是一门有关意识的客观的科学所具有的那种与众不同的对象之存在。我必须怎样把捉体验关联,以便借此而能够对它作出普遍有效的陈述,以便在此陈述中规定意识的存在呢?回答是:如果意识现象是心理的现象,因而不是自然的现象,那么在直接的看中它就具有一种可把握的(可充分地把握的)本质。通过从对心理之物的个别描述过渡到对它的本质的观察,我得以赢得意识的一种存在、一种可客观地予以确定的东西。在着眼于意识的存在而对意识的特性描述中,第一位的东西是一种可能的科学上的客观性之意义,但却不是意识所特有的独立的存在——在一切可能的科学探索本身之前已然既有的并具有一种独立意义的存在。正是在上述视野中,我们才能够理解胡塞尔现在站在有关意识的人格化规定这一路线上所说的话:"把心理学即关于心理之物的科学仅仅当作关于'心理现象'及其与身体的连结的科学来看,这当然不是不可设想的。De facto(根据实情),心理学普遍地是由那种天生的和不可避免的客观化所引领的,此客观化的相关项就是经验的统一体:人和动物,另一方面就是心灵、人格属性、性格即人格属性的习性。因此就我们的目的而言,就没有必要去探求有关

[①] 编者注:《逻各斯》,第一卷,笔记之3,第314页以下。

这一统一体结构(Einheitsbildung)的本质分析,也没有必要去探求这样一个问题:此统一体结构如何由自身出发而决定着心理学的课题。无论如何,现在已充分清楚的是:这一统一体原则上是与自然的物事属性不同的另一个种类,就其本质而言,自然的物事是经由光暗有别的(abschattende)显象而获得给出的东西,而这一点就完全不能用于对我们所探讨的统一体进行说明。只有奠基性的基础'人的身体',而不是人本身,才是一种物事性显象的统一体,因而人格属性、人格特质等等当然也就不是物事性显象的统一体了。显然,我们将借助所有的这种物事性显象的统一体而回溯到当下各自的意识流的内在的生命统一体,也回溯到(生命统一体的)各种形态学的特质,这些特质把不同种类的内在统一体区分了开来。这样一来,所有的心理学认识,尤其是当其首先与人的个体属性、品质、习性相联系的时候,也就发现自己回溯到了意识的统一体并借此回溯到了对现象本身及其相互纠结的关系的探索。"[1]

至此我们就可以看清:作为各种体验关联所具有的统一体结构,那种我们称之为人格、人格属性的统一体结构是原则上不同于自然的物事属性的一个另外的种类,实际上,现在我们就应该把人当作非-自然而纳入我们的考察。如果要问这一人格的存在的积极意义何在,那么很明显,我们当然又需回溯到我们在纯粹意识的名号下已然熟知的内在的意识结构。在根本上,我们又被带回到了同一个基础,也就是被带到了关于行为和体验的内在的反思,然而这一行为自身并没有获得实际的规定。

接下来的1914/1915年间,胡塞尔以一种甚至更强的倾向性去从事人格主义心理学的研究,而这一研究很快就与才刚出版的《纯

---

[1] 《逻各斯》,第一卷,笔记之3,第319页以下。

粹现象学的观念……》的第一部分一起同时形成了草稿。这一最初的关于一门人格主义心理学各个部分的草稿虽然从来也没有发表，但通过胡塞尔的学生的著述中有关它的文字记载，它得以继续流传下来。自从1914年的这第一次草创以后——确切地说是从他的弗莱堡时期即1916年以后，当他做题为《自然与精神》的讲座（这是他以不同的方式而重新开讲的一门课）的时候，胡塞尔又不止一次地对人格主义心理学进行了新的探究。通过他在本学期所做的一个讲座，我们将不难看出，现在他在这个问题上的倾向性是多么地强烈——这个讲座所唯一关注的，就是一门名为"现象学的心理学"[①]的关于精神的现象学。作为胡塞尔研究工作的特征，就是他的问题还仍然完全是流变不居的，以致我们在提出批评的时候，最终还必须保持谨慎。现在我还不是充分熟悉他目前的研究立场的内容。但是我想我可以提到的是，从我的弗莱堡讲座和目前的马堡讲座中，以及从我的谈话中，胡塞尔已经了解到我的反对意见，并且在实质上正在考虑我的反对意见，而今天我就再也无须以完全尖锐的方式提出我的批评了。不过这里所关系到的并不是某种为了批评而进行的批评，而是一种开放出实事与理解的批评。至于下面这一点则几乎是不需要明言的：在胡塞尔面前，我今天依旧还是以一个学习者自居。

在今年冬季向我通告《观念》第二部手稿[②]的时候，胡塞尔曾经对我说："自从在弗莱堡开始的工作以来，我正好在自然和精神的问题上获得了这样的一种实质性的进展，以致我必须以一种全新的方式去表述有些部分的完全改变了的内容。"（1925年2月7日的通

[①] 编者注：E. 胡塞尔：《现象学的心理学》，收于：《胡塞尔全集》，第九卷，W. 比梅尔编，哈革，1962年。

[②] 编者注：E. 胡塞尔：《纯粹现象学与现象学哲学的观念》，第二部，收于：《胡塞尔全集》，第四卷，W. 比梅尔编，哈革，1962年。

信)所以在这里,我们最初在这个问题上对胡塞尔(的研究)所作的描述,在某种意义上就已经过时了。在胡氏那里,走向人格主义心理学的进路具有一种富于特征的前后关联。在《观念》的第一部里,关于纯粹意识的追问成为了一切实在性的构成基础。而观念的第二部就应该提出关于构成的考察本身:第一部分:质料性自然的构成。第二部分:生命自然的构成。第三部分:精神世界的构成,这部分有一个标题:与自然主义立场相对的人格主义立场。

而现在关键的一点就在于:体验关联不应被看作物理性事物的附属品,相反,应把体验关联本身和自我看作心灵式的(seelisches)自我-主体。

为了描摹自然主义的立场,胡塞尔通过一只猫作为世界上的现成之物最初是怎样地获得给出这个例子,而对自然主义立场进行了分析:这只猫是具体有形的质料性事物,它带有物理的、首先是视觉上的(ästhesiologischen)秉性;这就是说,这一物理性事物带有一些确定的、我们称之为刺激感受性或知觉敏感性等等之类的结构和要素。在一个有生命之物那里,那超出于单纯的物理之物的实在性剩余(Realitätsüberschuß)不是一种可以自立门户的东西,它不是与物理之物相并存的,毋宁说,这一实在性剩余是依存于物理之物本身并与之相俱而成为实在的。基于这一固有的内在关联,我们就可以说:心理之物、最广泛意义上的心灵之物尽管没有广延,没有空间性,但它却处在空间之中;我可以说"猫儿在那里跑过",以此来确定心理之物的场所。基于视觉之物(ästhesiologischen)与物理之物的内在关联,这样做是有合理的根据的且是可行的。在这个意义上,人们也可以用纯粹客观的方式去观察人。与这种观察方式相反,我们现在所关注的是一种新的立场,在某种意义上,此一立场是非常自然的,但却不是自然主义的。在这种立场中,我们所经验到的不是自然,而是

(权且这么说)自然的心理式反映、(自然的)对待者(Gegenwurf)。这样我们就不断地、毫不费力地从一个立场滑入了另一个立场,从自然主义滑入了人格主义。当我们相互共处地生活时,在思想和行动中彼此牵系时,我们就把我们自身经验为人格。这种自然的经验不是人为的经验,而人为的经验是必须通过特别的辅助手段才能获取的。实际上,这两种立场不是处于同等水平的,相反,自然主义立场是奠基于人格主义立场之上的层次。

到此,人格主义立场的优先地位以及有关人格主义的理解就在理论上得到了清楚的表述。但如若我们还要进一步究探:关于人格的规定是以怎样的方式进行的(这个人格是在人格式经验中显示出来的)?那么我们又将回溯到我们已然熟知的东西。人格主义的立场和经验被标识为 inspectio sui(内在的反思),被标识为作为意向性之我、作为 cogitationes(我思)的主体之我对它本身的内在的观察。在此,只是通过这里的表达用语,就可以让我们清楚地想到笛卡儿的思想。每一个这样的自我同时都具有作为主体性之基础层次的自然的一面。精神不是抽象的自我,而是全部的人格属性;自我、人、作为人格的主体不能消散于自然之中,因为如若这样就失去了给自然赋予意义者。①"就是说,如果我们把一切精神排除于世界之外,那就不再有一个自然。但是,如果我们将自然加以排除,亦即将'真实的'、客观的 - 主体之间的定在(Dasein)加以排除,那么最后还总是依然存在着某种剩余的东西:作为个体化精神的精神;而这里失掉的只是社会性的可能性、一种相互理解的可能性,这样的可能性构成了身体的某种主体间性的条件。"②"而在任何情况下,在精神的意识流

---

① 《观念Ⅱ》,第 297 页。
② 同上。

中都显示出了精神的统一体、精神的个体属性。"①与物体不同,精神在其本身之中秉有它的个体属性。②"精神并非显象的统一体,而是绝对的意识关联结构的统一体",③精神是内在的被给予者。"自然是一个 X,且原则上除了 X 以外不再是其他的什么,这个 X 是可以通过一般的规定加以确定的。但精神不是一个 X,而是在精神经验中的被给予者本身。"④

以上就是胡塞尔对作为世界排除后的剩余者的纯粹意识所作的思考。在这里,胡塞尔只是又重新回到了他以另外的名称而对存在所作的最初的区分。在存在论上,所有的分析都一仍其旧。而其中富有特色的地方,则是第三部分考察的结论部分:第 12 节,精神的自我及其"基础";第 13 节,人格主义立场与自然主义立场的交汇(精神、心灵、身体、物理自然之间的相互关系);第 14 节,心-物平行论和心-物相互作用;第 15 节,自然的相对性-精神的绝对性。在这里,我们可以清楚地看到:上述分析是怎样地再度回到了人格那里,它最终又是怎样以笛卡儿为指南的。在上述特征性的思考中,在对于人格主义立场与自然主义立场之间的相互作用的追问中,关于人格及其构成的规定走向了结束。而在这一过程中,胡氏所探询的就是有关心灵与身体之关系的问题,有关精神的自然与物理的自然之关系的问题,他所探询的就是这一古老的、在十九世纪经过了广泛讨论的问题:心物平行论的问题。但是,这部分考察最后作为结论而得到确定的,就是自然的相对性与精神的绝对性。

---

① 《观念 II》,第 297 页以下。
② 同上,第 298 页以下。
③ 同上,第 301 页。
④ 同上,第 302 页。

d) 在现象学基础上对人格主义心理学的原则性批判

现在,关于如下问题的回答——以人格主义立场对人格所进行的考察对行为和生命本身之存在的本己的规定有多大程度的推进?——必定又要再度表明自己是一种相对的回答。胡塞尔允准了一种人格主义的立场这一事实,并不要求我们收回和修正我们的批评。与此相反,我们将要看到,正是由于人格主义立场,有关行为的原本的存在、有关意向式存在者之存在的问题才遭到了阻隔,——就狄尔泰的情况而言,这个论题也是适用的。这样,在原则上我们又回到了我们在批评关于纯粹意识的存在规定时所立于其上的同一基础。

虽然上述的那种在现象学基础上的人格主义心理学倾向有待得到积极的把握,但作为一种引导着我们的思考,这一倾向在原则上依然还沉陷在古老的提问方式之中——当胡塞尔第一次说明他的《观念》的第二部分的研究意图(这项研究是紧接着第一部分一气呵成的)时,就已经表现出了这一点。我们必须从三个方面来批判性地辨明这一人格主义心理学的立场:第一,我们必须考虑到,胡塞尔的研究还依然处在关于实在性和客观性之构成问题的范围之内;第二,通向人格的理解方式,无非就是上面已经指明的关于体验的 inspectio sui(内在的反思),所有关于绝对的被给予性(Gegebenheit)等等这类东西的论题都是根据这一反思而形成的;第三,将体验关联的统一体当作精神和人格的预先规定,还在坚持把一种关于人的传统式定义——homo animal rationale(人是理性的生物)——当作了自己的指南。在以上三个方面的辨析中,最后一项认识应该是最为紧要的。

表明胡塞尔依然还在继续考察构成问题的标志,是人格问题在其中得以浮现出来的那种课题上的联系与次序。我们可以通过《观念Ⅰ》所讨论的那些课题而明确地看出这种联系。作为实在之物的存在者所具有的实在属性是如何呈报自身的,体验流的统一体是如何被规定为某种对象性的多维流形(mannigfaltigkeit)的,这些都已经在这里得到了说明。关于人格的问题就是根据实在之物的各个领域本身处于其中的那个等级系列而提出的。基础的层次依然是自然现实,建构于其上的是心灵,而建构于心灵之上的则是精神。由此就出现了有关精神世界之构成的问题。虽然人格主义立场所具有的那种真正的自然性在理论上得到了强调,但实际进行的考察所优先考虑的还是关于自然的研究。人格之存在本身并没有在起码的水平上进入经验。

就是在讨论对行为的反思即讨论 inspectio sui(内在的反思)之际,情况也依然一样,只不过现在的主题已经不是纯粹意识和纯粹自我,而是个别化的、个体性的意识和自我。但这一个别化从来都是以身体为前提的个别化。虽然胡塞尔明确讲过,体验关联本身是个体化的,它从来都是一种特定的自我-主体之关联,但行为的存在方式依然没有由此而获得规定。行为得到了实行;"我"是行为的一极、是自我维持的主体。然而,这还不是胡塞尔对体验流的统一体所作的最后一步的阐明。在后面以"体验流与绝对的时间意识"为题而就时间加以分析的时候,我们才会对最后的那个步骤作出更为切实的讨论。

然而,即便行为之存在和体验流的统一体在它们的存在的层次上得到了规定,关于完全具体的人之存在的问题也依然是继续有效的。那么,具体的人之存在似乎就可以由质料性基础的存在、由身体的存在、由心灵和精神的存在而组建起来吗? 人格的存在就是这些存在层次之存在样式的产物吗? 或者,难道这里不是正好显明了:通过事先的划分以及事后又加以组合的途径,我们并不能通达现象自身,在人格化倾向把人格看作一种多层次的世上物的时候,无论人们已然把关于人格的各个层次的实在性的规定推进得多么地深远,人格的存在恰好从来未曾因此而为我们所通达?因而,我们所能够把持的,就总只是一种预先给定的客观事实的存在,一种实在的客体的存在,就是说,我们最终所涉及的,就总只是在观察的对象意义上的作为客体属性的存在。

对于人的如下的切划(Aufteilung)以及在如下的关联中对于行为、对于意向式存在者的排序:物理之物、身体、心灵、精神(而这种排序就表达了一种人格主义的立场),只是又重新引进了一种曾经引领过纯粹意识之开掘的那种观察方式:把人看作 animal rationale(理性动物)的传统式定义,在这里,ratio(理性)是在理性人格的意义上被理解的。在这里,虽然具有了人格主义立场,甚至就是由于这一人格主义立场,维持了上面所指出的那种思想立场。此立场虽然不把人看作属于自然的实在性,但总还是把人看作属于世界的实在性——它作为超越者而在绝对意识之中自身构成。

虽然胡塞尔的分析完全无疑是更为优越的,但他并没有超出狄尔泰所具有的认识。与此相反,至少根据我对狄尔泰的理解,我愿意猜度,虽然狄尔泰并没有提出存在问题,也不具备提出这一问题的方法,但在他的思想中,却有着走向这个问题的活生生的趋向。由于正好在关于基本现象的范围内,狄尔泰的表达表现出了极大的不确定性,这使得我们不可能从文献上去客观地证实上述趋向的实际存在。

关于人格主义立场之可能性的考察,已把我们引向了一个正确的洞见:在所有的有关意向式存在者、心理之物,有关意识、体验、生命、人、理性、精神、人格、自我、主体的问题的背景中,都矗立着关于人的这个古老的定义:人是理性动物。但是,这一定义是不是从那种以关于人之存在的基本经验为目标的经验中汲取出来的呢?或者,这个定义是不是来源于那种把人看作一种现成的世上物,即看作 animal(生物)(这个生物内在地秉有理性,即 rationale)的经验呢?如我们将要看到的那样,这种(把人看作生物的)经验(它并不是必然地需要成为一种彻底意义上的自然主义经验)具有它的一定的、不仅仅只在关于人的那种动物学式-生理学式观察的范围之内的合理性。只要上述定义是针对行为的,那么,不管这个定义是自然主义的还是人格主义的,它的或隐蔽或明显的统治这一事实就为我们关于实在性问题的考察提供了一个指针。

e) 舍勒规定行为与行为实行者之存在方式的不成功尝试

只要舍勒依然还是以那种把人看作 animal rationale(理性动物)的传统式定义为指针,那么,在那条他为了规定意向式存在者和行为、为了规定人格和人而走的道路上,就将在根本上行之不远。尽管如此,就他突出地强调了人格存在的固有本性而言,就他自称在规定体验、行为和自我时要与胡塞尔特有的理性论的路线分道扬镳而言,在柏格森和狄尔泰的强烈影响下,他还是在传统的提问方式的范围内更为切近地迫近了我们现在所关注的问题,而这一点就正是我们现在之所以要突出地讨论他的原因。但是在舍勒那里,也有着把行为界定为与心理之物相反的非心理之物的倾向。在他那里也依然坚持着这一规定:人格是行为实行者。诚然,他同时也强调人格的统一体不是体验的产物,不是自我显示的形态的统一体(Gestalteinheit),相反,人格的存在正好从其自身的方面规定着行为的存在。进一步,舍勒还将这一点当作本质规则加以强调:人格的存在不是任何一种一般的自我属性(Ichheit),相反从来就是个体化的人格。至此,我们只是提出了舍勒所给出的几个富有特征性的规定,不过在这里,我不想对他关于人格的理论再作更深入的探讨,因为这将不会为我们的批判性问题带来某种更有新意的东西。

　　人格应该"永远不被看作一种物事或一种实体,……不被看作拥有某些能力或力量的物事或实体",例如被看作一种拥有"理性"的东西。"毋宁说,人格就是那种直接无间地与体验同时得到察知的体-验行为的统一体",而非那种处于直接的被体验者之后与之外的、仅仅被构想出来的一种物事。① 人格不是"物事性的或实在的存在……"②每一人格本身(每一有限的人格)作为人格都是一个 Individuum(个体),而不是由于体验的独有的内容或由于一个占据着空间的身体才是个体。③ "……人格的存在永远不能被消解为由某种确定的规律所统治的理性行为之主体。"④据此,人格就不是一种物事,不是一种实体,不是一种对象。而以上所述就道出了胡塞尔在《逻各斯-论文》中所已经指出的同样的意思:人格、人格属性的统一体,显示了一种在本质上与所有作为自然物性的物性不同的一种另外的机括(Konstitution)。

　　舍勒对人格所指出的,对行为更清楚地说了出来。"然而,行为从来都不可能也是一种对象;因为行为之存在的本质(这里清楚地提到了关于行为之存在的问题)就在于:行为只是在行为之实行本身中得到体验并在反思中得到呈出。"⑤——而不是在感知中得到体验和给出。就是说,行为是某种非心理的东西,是属于人格之本质的东西,而人格仅仅存在于意向式行为的实行之中,以致在本质上它不

---

① M.舍勒:《伦理学中的形式主义和质料的价值伦理学(特别地与康德的伦理学相比照)》,第二部分,第六章,"形式主义与人格",载于:《哲学与现象学研究年鉴》,第二卷(1916年),第242-464页;尤其见第243页。
② 同上,第244页。
③ 参见:同上,第243页以下。
④ 同上,第244页。
⑤ 同上,第246页。

可能是任何一种对象。① 第一性的行为之存在毋宁说就是由行为的实行构成的,而恰好由于这一点,行为之存在就是绝对地——而不是相对地——与对象的概念迥然有别的。关于这一"实行",我们既可以简捷地予以察知(erfolgen),也可以经由"反思"予以察知。此反思不是任何对象化,不是任何"感知"。反思不是别的,它就是对"反思"的觉知(Bewußtsein)与实行中的行为之间的全然未-定型的同时进行。② 反思并不涉及"内在之物"——不涉及对象,而是涉及人格之存在;反思所试图把捉的正好就是人的存在整体。

"一切心理学上的对象化",一切把行为当作某种心理之物的理解,"都等同于一种去人格化"。③ 人格在任何时候都是作为意向式行为的实行者而得到呈出的,这些行为是通过一种意义的统一体而绑结在一起的。因此,心理式的存在就与成为一个人格这回事毫不沾边。④ "它(人格)的唯一的和独有的被给予性(Gegebenheit)的样式,毋宁说就只是它的行为之实行本身(也包括人格对于其行为的反思之实行),——在人格的行为之实行中,人格也活生生地同时察知到自身。"⑤对于心理学而言,所有的作为行为的东西,都是作为对内在的事件过程之把握的超越的东西。⑥ 行为是非心理的东西,而功能是心理的东西;行为得到实行,而事实得到引发。"行为起源于植根在时间中的人格……"⑦它与心理的-物理的东西是漠不相关的。

---

① 参见:M. 舍勒:《伦理学中的形式主义和质料的价值伦理学(特别地与康德的伦理学相比照)》,第二部分,第六章,"形式主义与人格",载于:《哲学与现象学研究年鉴》,第二卷(1916 年),第 260 页以下。
② 参见:同上,第 246 页。
③ 同上,第 355 页。
④ 参见:同上。
⑤ 同上,第 260 页。
⑥ 参见:同上。
⑦ 同上,第 261 页。

到此为止，我们所听到的是：行为的存在方式与心理式的实在性不是一回事；行为的存在所特有的统一体即就其自身而言的人格不是任何物事和任何实体。但是，如果我们从正面追问：行为的存在应如何得到规定，是哪一种东西构成了人格之存在、构成了体验之存在和体验之统一体？那么我们现在唯一可以诉诸的就是前面已说过的这件事：行为得到实行，而人格是行为的实行者。但是，对于行为实行之存在方式和对于行为实行者之存在方式的问题，现在却还只能默然以对。不过，重要的一点在于：无论如何，这一关于人格的规定还试图在关于行为的规定和关于行为之存在的规定中进一步继续推进。可是，当我们从根本上探究那存在由之而得到追问的合乎存在的结构和概念方式时，我们就将看到：关于人格的规定依然还处在关于所谓"实行"和"实行者"的模糊的用语中。关于行为的更确切的规定，作为人格的行为整体与心理式存在者的关系，心理式存在者与身体属性的关系，身体属性与物理之物的关系，复又是在一般的传统视野中获得规定的，尽管在舍勒这里，在关于心灵式存在者、心理式存在者与身体属性之间关系的问题上，重又显示出了一种实质性的进步。也许，舍勒是今天在柏格森的影响之下将这个问题推进得最为深远的人。在《哲学与现象学研究年鉴》的第二卷《伦理学》中，以及在他的著作《自我认识的偶像》中，我们都可以发现（尽管是相当分散地）他的这些思想和与之相关的探析。[①]

f) 上述批判性思考的结论：对存在本身的问题和意向式存在者之存在问题的耽误植根于此在本身的沉沦

上述批判性思考表明：现象学研究也受到了一种古老传统之魅

---

① M.舍勒："自我认识的偶像"，载于《论文集》，莱比锡，1915年。

力的影响,确切地讲,正是在关系到有关现象学所独具的课题即意向性的最源初规定的时候,现象学尤其受到了这个传统的吸引。现象学以一种与其最本己的原则相背离的方式去规定它所独有的课题领域,这种规定不是依据实事本身,而是依据一种传统的成见(尽管这一成见已成了非常显而易见的东西),而按照这一成见,就恰恰应该否定现象学的朝向它所企求的专题性存在者的最初的飞跃。因此,就现象学的对其最本己的领域加以规定这一基本任务而言,现象学竟是非现象学式的!——就是说,现象学只不过自以为是现象学式的!而在一种更为原则性的意义上,现象学也是非现象学式的。不只是意向式存在者的存在(也就是一种特定的存在者的存在)依然未得到规定,而且在那种使区分据之而能够进行的先导性的着眼点也就是存在未获得意义澄清或至少未获得追问的情况下,就端出了各种存在者之间的一种源本的范畴区别(意识与实在性)。

而且这一基本的耽误还远远不只是单纯的疏忽,远远不只是对一个本该提出的问题的单纯忽略,远远不只是在追随关于人的传统式定义时所发生的偶然的忽视。毋宁说,在一种不可低估的程度上,就在对存在本身这一首要问题的耽误之中,显示出了一种传统的强力与重负。凡是在没有清楚地追问存在本身的情况下就讨论存在者之存在的地方(这不仅是在那些明显的、专门被称为本体论的研究中所存在的情况),那些柏拉图和亚里士多德已经对其基本特征加以揭示的存在规定和范畴都在发挥着作用。但是,这些关于存在的(传统式)思考的成果在一定程度上却一直都占据着统治地位,而与此同时,这些思考成果由之而能够取得的那个地基并未保持在清楚的探询性的经验之中或至少并未带进这种经验之中;当表述上的问题已不再具有最初的活力,就是说,当对于追问本身的经验和解释(上述范畴就是出自这样的经验与解释而起源的)已不再具有充分的强制力的时候,那种传统式的思考成果就会大行其道。

柏拉图在《智者篇》里所提出的这个问题:τι ποτε βολεσυε σημαινειν οποταν ον φυεγγησυε;(244a)"当你们用'存在'(这个词)的时候,你们究竟要表达什么意思呢?"简短地说,"存在"所意指的是什么? 这个问题以如此富有活力的方式被提了出来,然而自从亚里士多德以来它就陷入了哑默,确切地说,这个问题是如此地沉寂无声,以致人们竟再也意识不到它已经陷入了哑默,因为从那时以来,人们就一直在一种由希腊流传下来的规定与视野中讨论着存在。这一问题是如此地沉寂,以致当人们自以为还在不断地提出这个问题的时候,他们事先却并没有在根本上实际地达到这个问题所应有的广度,没有首先看到这一点:仅仅凭借对古老的概念的简单的应用(无论这些概念是明确意识到的最传统的概念,或者在更多的情况下是未意识到的和自明的概念),我们还并不具备而且恰恰不具备对存在的追问,换言之,在存在问题的领域之内,我们还并未真正地做出有所作为的探索。

这两项耽误:首先,在存在本身的问题上的耽误,其次,在意向式存在者之存在问题上的耽误,并不是哲学家的偶然的疏忽,毋宁说,在这一耽误中,就显明了我们的此在本身的历史——这里的历史不应被理解为全部的公共性事件,而应被理解为此在本身的历事方式(Geschehensart)。而这里就蕴涵着:正是在其本身所不能摆脱的沉沦的存在方式中,正当其抗拒着这一沉沦的存在方式之时,此在才能达到它的存在。哲学对它的任务和问题的拟划,哲学回答问题的途径和手段越是重新卷入传统之中——不是卷入随便的一种传统,而是卷入一种由于实事本身的逼迫和出自有关实事本身的探究而预先得到规定的那种传统——那么,存在论的和人类学的统治,从而存在论的和人类学的,也就是"逻辑学"的传统就将越是在哲学中轻易地和不言自明地得到坚持。在胡塞尔那里,"传统的统治"就表现在对笛卡儿的传统和源出于此一传统的理性问题之接受。更切近地看,这种"传统的统治"就表现为这样的一种反心理主义的因素:与自然主义相反对,它揭示出本质存在,揭示出理性论观念尤其是认识论观念的优先地位——揭示出实在性在非实在者之中的纯粹构成的观念——以及他的关于绝对的和严格的科学性的观念。

在舍勒那里,我们至少在某些时候可以确定,他接受了某种经过传统式解释的属于奥古斯丁-新柏拉图主义和帕斯卡的思想动机。而在这两种情况之中,古典希腊哲学的传统都发挥着隐蔽的影响。凡是在人们探究关于精神、理性、自我、生命等问题的地方,通过前面提到的关于人的定义(即理性动物),上述传统都在这样的探究中产生着支配性的作用。就胡塞尔的情形而言,他更多地是依循于上述关于人的定义的世俗性方面,而舍勒则明显地把关于人的特殊的基督教定义纳入了他的人格观念中,因此这就使得他的立场带有一定程度上的教条的倾向。在这里,我不可能去进一步探究这个定义的历史,不可能就这个定义对于哲学中的提问方式所具有的重要意义,首先是在基督教时代的神学中所具有的重要意义作出详尽的探析。我只能非常扼要地描述一下舍勒所给出的关于人格的定义与关于人的特殊的基督教定义之间的关联。

就舍勒从行为的统一体角度,也就是从行为的意向性角度去看待人格而言,他说过:人的本质就是趋赴某物的意向,或者按照他的措辞,是超越的趋向本身。——就如同帕斯卡把人称作一个寻求上帝者(Gottsucher)一样,人是一个永远的超越-趋向。关于人的唯一富有意义的观念(舍勒)完完全全地是一个神性比喻(Teomorphismus),是关于一个 X 的观念,这个 X 是上帝的有限的和活生生的形象,是祂的一个相似者,是上帝映在存在之墙上的无限影像之中的一个影像。诚然,这些说法更多地属于文学式的表达而不是科学的深思,不过它们还是表明了舍勒关于人的存在的规定。

这样的一种对于人的理解可以追溯到很早以前,例如追溯到塔田(Tatian)的 Λογοσ προσ Ελληνασ(《与希腊人的谈话》):"在这里我不是把人看作 ξωον(生命),不是从他作为一种生命而拥有的属性来看他,而是在这样一种意义上来看他:在某种程度上,人正处于走向上帝的中途。"①后来加尔文也在相同的立场上持有这一定义,他说:"His praeclarris dotibus exsilluit prima hominis conditio, ut ratio intelligentia, prudential, indicium non modo ad tarrenae vitae gubernationnem suppetrent, sed quibus transcenderent usque ad deum et aeternam felicitatem."②在这里,人的存在的规定是通过人的超越,也就是通过趋达某物的超越-倾向而得到显明的。而在慈文利(Zwingli)那里,对于人的定义也与此相似:"因此人也……sin ufsehen hat uf Gott und sin wort(仰望上帝和上帝之道),他清楚地显明,根据他的本性,他生来就更与上帝相肖似,etwas zuzugs zu jm hat, das alles on zwyfel allein daraus flüßt, daß er nach der bildnuß Gottes geschaffen ist(他更是依照上帝样式的造物,是受到上帝引领的造物——就人是按照上帝的形象而受造的而言,以上的这些就都是确定无疑的)。"③在这里,不仅强调了人作为通向上帝的中途这一规定,而且同时也强调了对《创世记》中这个句子的忠实的遵从:"Faciamus hominem ad imaginem nostram et similitudinem nostram(我们要照着我们的形象,按着我们

---

① 塔田:《与希腊人的谈话》,由 V. 格赫内博士翻译并配以导言,肯普登,1872 年,第 15 章,第 49 页。
② 加尔文:《讲演录 I》,第 15 章,第 18 节。
③ 慈文利:《论上帝之道的清晰性与确定性》(德语本 I,56)。

的样式造人)"，①而这个说法在中世纪规定了整个人类学和人类学的提问方式。之后，当康德以他的方式把人规定为理性人格时，他也接受了关于人格的古老的基督教定义，只不过他以某种方式把基督教的定义非神学化了。

以上这些还很粗略的描述，其目的只是为了使得在前面的批评中得到发现的那种耽误能够获得理解——不是作为一种可轻易获得改进的"错误"，而是作为一种历史性此在所秉有的强力得到理解（而我们自己或者命定将要成为或者蒙召要成为这种历史性此在）。不过，对刚刚提到的这个二中择一，人们却只能出自人格上的确信来予以回答，在这里，不可能存在一种科学式的判断；也许，这个二中择一本来就不是真实的。

---

① 《创世记》，第一章，第26节(译文引自中文和合本《圣经》)。

主干部分

时间现象的分析和时间概念的界定

第 一 部

对研究领域的准备性描述,借此显露时间现象

第一章 植根于存在追问的现象学

第十四节 依据对现象学原则之意义的一种彻底的理解而对存在问题所作的阐发

针对现象学的批判性思考已经表明,意向性即现象学的课题被纳入了哪一种存在境域之中;以上的思考还表明,现象学并没有做到依据一种对意向式存在者之存在的先行的、源本的解释去引出属于自己的课题域;同时,现象学也没有在根本上围绕着赢得基本的存在区分这一任务而去着手处理这样一个更为基础性的和先行的课题:提出存在本身的意义的问题。把这两点结合起来,就可以清楚地看到:在现象学最本己原则的意义上,关于存在一般的问题和关于意向式存在者之存在特征的问题,是现象学本身所必须提出的两个问题,至少现象学课题的设立本身可以在一种反现象学的意义上进行。归功于这一洞见,现象学不但没有因上述问题的驱迫而超出自身之外,而且刚好是真正地切近了自身,刚好被带回了它最本己和最纯粹的可能性。

现象学发现的伟大之处,不是在于它所实际赢得的、可加以估测与评判的成果——这些成果确实引发了今天的问题和研究工作的一种实质性的转变,而是在于:现象学是对于哲学研究之可能性的一种开揭。但是,只有当可能性依然作为可能性被看待和作为可能性被保持的时候,一种可能性才能够在其最本己的意义上正确地获得理解。而将可能性作为可能性予以保持,这指的就是:不让自己把研究和探询的一种偶然的状况固定和硬化为终极实在的东西,而是开放地保持一种切近实事本身的趋向,并摆脱一直在强加影响及隐蔽地发挥作用的传统的虚假的约束。而以上所说的也就是下面这个座右铭所包含的意思:朝向实事本身,让实事本身收回到自己本身。

按照现象学的最内在的倾向,现象学的追问把自己引向了意向式存在者之存在的问题,而首先是把自己引向了存在本身之意义的问题。所以,出自其最本己的可能性而获得了彻底深化的现象学,无非就是属于柏拉图和亚里士多德的问题在今天的再度新生:在我们的手中重演那科学式哲学的开端,重新着手去进行这一开端。

值此,是不是所有的针对传统所需要的批判性谨慎就不翼而飞了呢?存在问题是不是最终因其值得尊敬的、可一直追溯到巴门尼德的古老而就不成其为一个成见了呢?是不是仅仅因为希腊人也曾经这样追问过,我们才提出这样的问题呢?是不是必须提出存在的问题,现象学才可以获得更彻底的规定,唯有如此才存在一门现象学呢?以上所列举的所有这些理由都不能构成这个问题的根据。有鉴于此,那么是不是存在一些允许我们从存在问题本身出发而重获存在问题之根据的条件呢?在根本上,存在问题之可能性的唯一根据就是作为可能存在的此在本身,是此在的可能性所蕴涵的开觉状态(Entdecktheit)。

可以指出四个这样的条件:首先是现象学的原则本身;第二,存在问题已经以某种突出的方式出现在理解中;第三,存在者得到了经验;进一步还有第四,如果说切入存在问题的趋向属于此在的存在和它的历史性本身的话,那么对存在问题的歪曲和排斥也就植根于此在的历史之中、植根于此在本身之中。只是因为此在被决定了就是牵挂(Sorge),才会存在着一种耽误。

第一章 植根于存在追问的现象学

如果说,现象学本身就容纳了一个或多个这样的论题:在这些论题中已经包含了关于特定的领域或关于特定的概念之优先地位的断言,那么实际上,也许上述所有的这些条件就都是教条的且是与现象学的如下原则相背离的:由实事本身出发而进行研究与探询。但是我们已经听到的是:现象学首先是一个纯粹方法上的概念,它仅仅提供出一种有关研究方式的如何。当现象学被付诸实施时,这无非意味着哲学中的一种最彻底的研究的开端。而只要现象学同时是按照它的课题(意向性)而得到规定的,那么此中就包含了关于这样一点的预先决定:在存在者的多维流形中,究竟什么东西刚好才是现象学的课题。为什么现象学的课题刚好就应该是意向性,这一点并未得到持之有据的说明。我们被告知的只是这样一个事实:在现象学的突破与成型之时,意向性是现象学的基本课题。而现在,我们的批判性研究恰好已经引领着我们超出了这一课题。

在意向式存在者之存在这个问题上的耽误,其本身暴露了一种更为源本的耽误——即在存在本身这个问题上的耽误。不过,即便这个问题已经是一个确定的问题,如下这一点依然有必要加以思考:作为一个科学式的问题,它会不会还是一个预先就作出了某种教条式判断的成见?

如果在一个被追问的东西本身之中已然同时隐藏着一种特定的答案的话,或者,如果问题是对某种不可如此追问的东西的盲目的提问的话,那么这个问题就是一个先入之见。而现在,存在者是我们所熟知的而存在在某种意义上也是我们有所了解的。但是,关于存在本身的问题——如果它以完全形式化的方式获得提出的话——就是最一般和最空洞的问题,但或许也是最具体的问题,而这个最具体的问题就能够提出一个一般科学的问题。这一问题可以从所有的存在者那里赢得;此存在者没有必要一定就是意向性。它甚至同样不必一定就是一种作为一门科学之课题的存在者。实际上,只有当问题是由一个终极之问所引领的时候,或者当它是由一个破天荒之问(in den Anfang Hineinfragen)所引领的时候,我们才能赢得关于存在本身的问题;而这也就是说:只有当问题是由以下的这个彻底意义上的现象学原则所规定的时候——根据实事本身,让存在者作为存在者本身从它的存在方面为我们所见——我们才有可能赢得关于存在本身的问题。

按其含义,所谓以现象学的方式提出存在的问题,指的就是以这样一种方式提出这个问题:使这个问题成为一种探索性的、依据实事本身而得到探询的问题。而此中同时也包含了上述"哲学中最彻底的研究之开端(Inangriffnahme)"这句话所指的意思——"在哲学中",而不是在一个预先被规定的背负着特定的问题视野、学科和概念图式的理论中,借助现象学的原则这一指南,将把哲学又重新带回到它自己本身。

如果以现象学的方式所争得的存在的基本问题表明自己恰好就是希腊人的古典科学式哲学才使之变得富有生机的那个问题,我们也不能把这一历史事实看作这个问题之合理性的自动的证据。毋宁说,这一事实仅仅只能表明:在根本上,这一问题显然属于一种正处于探询之中的问题。为什么哲学刚好必须提出这一关于存在的最一般的问题呢?那必须提出这一问题的哲学究竟又是什么呢?从什么出发去理解哲学的存在呢?关于这里的话所包含的意思,我们以后将作出讨论。

a) 把传统接受为真正的重演

对传统加以接纳,并不是必然就要成为一种传统主义,并非必然就是对成见的接受。对一种传统式问题的真切的重演恰好使问题的外观上的传统式特征消失不见,并从成见面前撤身而回。

　　为了求得对现象学的理解,人们曾经一直诉诸于向传统哲学溯源和寻找联系,以便由此证实现象学是否还具有科学上的进一步的公共特性。对胡塞尔和舍勒这两个现象学的主要流派,人们恰好也曾经从这个方面去加以看待:在什么程度上,他们的现象学找到了与至今已有的哲学之间的联系;然而与此同时,却很少有人懂得去估价和理解现象学的原本的正面倾向和正面的研究工作本身。人们没有以现象学的方式去理解被揭示的课题内容,而是把被揭示的课题当作理所当然的东西。然而,毋宁说(现象学的)课题研究的新视野是不断地源出于传统上已然熟知的东西而确立起自己的合法性的并因此是经过变易而得到吸纳的。这一向传统哲学的溯源和寻找联系,就同时包含着对这样一些特定的问题关联、特定的概念的吸收:这些概念和问题关联当然就要相对地凭借现象学的方法而重新加以阐明并或多或少地得到严格的理解。然而,我们不仅需要明白,这种与传统的联系也一同带来了成见,而且我们同时还要去争取一种与传统的真切的联系;因为,那种与此相反的见解,即以为哲学可以在一定程度上建起空中楼阁的看法,无非只是一种异想天开——就像过去常常有过的那些哲学家,他们相信可以白手起家凭空创造出哲学。以上所说的这些表明,与传统的联系、向历史的回溯可以具有两种不同的含义:一方面,这可以仅仅是一种传统主义式的做法,在这里,被接受的传统本身没有经受任何批判;另一方面,这一回溯也可以如此进行:就是回复到历史上所提出的那些问题之先,并重新以一种本源的方式去习得(zugeeigenet)过去所提出的问题。由这样的一种接受历史的可能性,也就可以理解,对存在的意义这个问题的接纳,并非简单地就是对希腊人所已经提出的问题的一种外表性的重复。毋宁说,如果对于存在的提问是一个真切的问题,那么对希腊人的存在问题的接纳就必定引向如下理解:希腊人的提问是且甚至必定是一种有条件的、暂时性的提问。

b) 通过对存在本身的问题的批判性思考而对现象学的课题域、它的科学的研究方式以及今日现象学的自我理解作出修正

前面的批判性思考已然揭示出了现象学的关于存在本身的基本问题,但却并未透彻地阐明这个问题本身的根据。不过,只有在这个问题获得提出之后,问题之根据以及随之问题之条件才有可能获得阐发;因为,在人们说出并谈论一个疑问句之时,并不等于他们就是在提出一个问题。就如同闲谈中的陈词一样,也存在着仅仅挂在口头上的问题。至此,上述批判性的思考已经表明:现象学的追问恰好可以从最为自明的东西那里开始,但这就意味着:现象恰好不是一种大白于天下的东西,切入课题内容的道路并非一条现成的坦途,在这条道路上充满了持续不断的歪曲和误导的危险,而这些恰好就表明了现象学在根本上作为一种探索性的开揭工作的意义所在。

关于现象,我们已经知晓的是:在现象本身之中就蕴涵着"自我-显表为-某物",即显表为外观的可能性。从正面来讲,此外观同时所指的就是:如此这般地显表——如此这般地存在,就是说,在总是有某物自我显表为如此这般的地方,此自我显表者就处于这样的一种可能性中:自在自足地成为明显可见的并由此而获得规定。在外观据此而得到确定的地方,在外观得到理解和领会的地方,就已然存在着对一个肯定性的东西的昭示,而外观就是关乎这个东西、属于这个东西的外观。这一"外观所关乎的东西"不是某种"显象背后的东西",而是一种显耀于外观本身之中的东西;这一点恰好是外观的本质所在。

如果说现象远远不是伸手可及的,去争得现象毋宁说恰好就是一项探索的任务的话,那么现象学的概念也同样不是仅凭三招两式就可以予以最终确定的。现在,正是我们的批判性思考使这一点成了摆在我们面前的问题:现象学的课题领域是否得到了充分的规定呢?而这里所说的同时也意味着:随着对课题领域的彻底的把握,针对这个课题的科学的探索方式之意义也就得到了修正。同样地,通过批判性的思考,迄今已有的把现象学当作"对现象学之先天的分析性描述"的规定,也成为不可确信的了。也许,随着对意向性的源本的现象学式的规定以及首先随着对意向性之存在的原则性理解,"着眼于先天的分析性描述"这一方法已经发生变易。而现象学中对下述这些各不相同的研究门类的通常的划分——行为现象学、实事现象学和关系现象学——最终也发生了变化。诚然,意向性是 Intentio(意向行为)和 Intentum(意向对象)的两方面结合。就是在这两个方向上,人们区分出了对 Intentio(意向行为)、对行为的探析,对 Intentum(意向对象)的探析,以及最后对两者之间关系的探析。通过对具有意向式特性的存在者的更为清晰的把握,我们将看到上述区别的三重基础并随之而扬弃这些基础。进一步,关于存在的更为切近的规定,还将导向对先天的意义的更明确的把握;至今,先天一直都被规定为总是已然当场在此的东西,就是说,先天的存在品格一直是在一种特定的存在概念(确切地说即希腊人特有的存在概念)之基础上获得规定的。

凭借对一般存在的更为彻底的把握,先天概念就将发生改变,与此同时,我们对先天的理解方式,对观念直观的理解方式也会随之而发生变迁。正如目前为止的现象学是与它的先天相应的(人们并不是真正地理解这里的先天,他们只是联系到希腊人的存在概念而去构想这一先天),同样地,与观念直观相应的逻辑,也被构想成了关于这一特殊的存在之经验的逻辑——即关于一般之物、关于一般化之把捉的逻辑。借助对于课题域的更为确切的规定,(有关课题域的)把捉方式将会进一步得到更恰当的领会,而至今为止,此一把捉方式仅仅被等同于对简捷地得到理解的课题内容本身的描述与描述性说明。但是仅凭这样的描述,我们对关乎实事的把捉方式却依然一无所知。如果课题内容本身的存在方式得到了清楚的规定,那么,对于关乎课题内容的把捉方式,我们也必须作出某种交代。这样一来,我们就可以看清:描述具有解释(Interpretation)的特性,因为那作为描述之课题的东西,是在一种特殊样式的解释(Auslegung)中成为可会通的。

不过在目前,我们暂时只想专心致志地考虑一个课题——与现象学的原则相应,以现象学的方式彻底地探究这样一个基本问题:存在意味着什么?而现在,关于现象学研究的成果及关于这一科学本身的定义,我们就只好暂时搁置一旁了。

c) 依循时间线索展开存在问题

作为内在的批判,前面的引导性考察把我们引向了这样一个基本问题:存在意味着什么?意向式存在者之存在是什么?在对本讲座的课题加以先行指明时,我们曾经提示:在存在样式的区分中,时间具有一种明显的功用,而传统的存在领域就可被区分为时间的、超时间的和非时间的(außerzeitliches)存在。那时我们甚至还指出过:时间概念的历史,即时间之发现的历史,就是追问存在者之存在的历史。前面提示过的还有:去规定存在者之存在这一尝试的历史,有可能就是这一科学式探索所探求的基本问题之隐没与变形的历史。[1]

---

[1] 参见第二节。

第一章 植根于存在追问的现象学

如果我们现在接纳了关于存在的问题,那么在考察这个问题的进程中,我们就将撞上"时间"现象并与我们的问题所具有的含义相应而走向对时间的阐发(Explikation)。由此而来,我们的真正的探索的第一部分,就将是阐发关于存在的问题。在这里,我们还得回想起前面所提出的内容计划:

第一部分(即主干部分)的课题是:对时间现象的分析。

1)对研究领域的准备性描述,借此显露时间现象。而这一描述无非就是这样的一项工作(前面的批判性思考已经表明了这项工作的必要性):阐发关于存在的问题。

2)解释时间本身。

3)概念的解释。①

如果我们以这种方式继续前行,或许就有可能表明:我们至今所考察过的和认真探究过的东西,与我们以下的考察似乎并不是密不可分地结合在一起的,而我们在一种内在批判的意义上对现象学的仔细探究,似乎本来是可以省略不做的,因为我们曾经清楚强调过这样一点:在原则上,我们可以针对任一存在者提出存在者之存在的问题;"存在者之存在的问题"在其中能够被唤起的那个存在者,完全不必一定是特别的意向式存在者。那么,前面的一系列错综复杂的考察(也许在某种意义上还是过度的考察)的旨趣何在呢?如果我们不从现象学那里接受任何命题,而是在现象学的意义上必须对每一有可能被接受的命题本身重新加以呈示(auszuweisen)的话,那么,这一考察又将走向何方呢?

然而,以下的考察与其前提条件之间的联系并非就如此地简单。

---

① 编者注:参见第三节,第 10 页。这里指出的标题是与"部"的标题相应的。而上面提到的第三个标题则不是详尽的。

在一开始我们也不想就此谈论过多,而只是想强调:我们当然不在一种由之而进行推演的意义上把任何现象学的结论当作前提;我们在不断地发问且仅仅以现象学的方式发问,而当此之际,我们并没有首肯某种特定的论题与结论。我们在导论中所讨论的内容与我们现在当作课题的内容之间,存在着一种内在的、实事上的关联,而我们马上还将看到,我们所做的下一步研究,又将把我们带回我们依据一个特定的视角而刚讨论过的内容之中。现在我们就来处理主干部分第一部的课题:"对研究领域的准备性描述,借此显露时间现象。"确切地说,关于上述课题,我们将在一个指明了目前的考察的实事性联系的标题之下来加以探讨:"通过对此在的初步阐释厘定存在问题。"

第二章　通过对此在的初步阐释厘定存在问题

第十五节　存在问题起源于此在的无规定的前理解——存在问题与存在理解

必须提出存在问题。这里的意思是：我们不应该盲目地和随意地抛出这个问题：存在是什么？至于对这个问题的回答，我们也不应该毫无方向地和随意地加以猜测。这个问题必须获得提出，就是说，要把它作为我们的探索所需的问题阐发出来。这个问题应该着意于探索性的研究而得到探询。"提出存在问题"所指的就是：把它作为问题加以厘定，通过此一厘定，获得关于存在者之存在这一问题的更为可靠的视野(问题视野)，并由此而预先勾画出那旨在回答这个问题的探索的途径与步骤，预先勾画出那蕴涵着问题之答案和对答案之确证的东西。

存在问题所追问的是存在。存在指的是什么呢？对此的形式上的回答是：存在指的是如此如此。问题寻求着一个答案，这个答案规定着在问题中以某种方式已然既有的东西。问题是一个所谓的格义问题(Bestimmungsfrage)。我们所追问的不是：在根本上是否有着像一般存在这样的东西，毋宁说，我们所探询的是：存在问题所意指的是什么，在它的名义下，即在"存在"的名义下，我们作何理解。当我们针对存在的意义如此地发问时，存在，这有待规定者就以某种方式已然被我们理解了,而这里的"以某种方式"指的就是在一种完全无规定的前理解的意义上,而这种无规定性特征可以以现象学方式得到领会。我们("某人")不知道"存在"所指的是什么,然而在某种意义上,"存在"这一表达对每个人而言都是可理解的。至于这一理解是从什么源头进入个人的,这个来源是不是流传下来的理论和意见,它是在明白的习得(Aneignung)中被赢得的呢还是简单地被继承下来的,是否存在着对这一进入及其来源的知晓,所有这些在一开始都是无关宏旨的。存在着一种对于"存在"这一表述的理解,虽然这种理解几近于单纯字面上的理解。

我们所探询的是对于"存在"这一表述的无规定的前理解之根据。"存在"指的是什么?不管怎样,这一无方向的和模糊的前理解毕竟还是一种理解。在这一理解自身之中似乎就蕴涵着追问的可能性,正是源自此一理解,才产生了在"为尚未理解的东西寻求一种有实事基础的呈示"这个意义上的发问(Fragestllung),更确切地讲,从上述理解出发,我们立即就可以领会这一明确的发问的意义。此一发问本身似乎还是不确定的。我们一直在如此广泛地使用着这个作为无规定的含义和概念的"存在",以致我们完全不知晓我们是在无规定的含义上使用着"存在"。而当我们对"存在'是'什么"这个问题加以厘定时,情况也是如此。那属于"存在"的东西"是(存在)"什么?我们总是已经亲历于一种对"是(存在)"的理解之中,但却不能确切地说出,这个"是(存在)"原本所意味的是什么。这样我们就指明了:人们从来就已经具有对于"存在"的理解与某种关于"存在"的概念。至于事实为什么会是如此,以及如何去切当地理解这一事实,对此我们将在以后加以讨论。

第十六节 存在问题的问题结构

问题所追问的是:"存在意指什么?"存在之意义是问题当中所求问的东西(Erfraget),是在问题中将要达至的东西。这就是说,问题本身所必须去赢得的、有待于通过回答而开揭出来的那个东西,就是存在的意义。我们更仔细地探察,伴随着这一问之所求(Erfragte),那得到追问的又是什么呢? 当存在如此被追问时,这就是对那种决定了存在者之为存在者的存在者基本品格的追问。而决定了存在者之为存在者的东西,就是存在者之存在。存在的意义就包含着问之所问(Gefragt)——存在者的存在。在问之所求中包含着问之所问。如果存在者应通过它的存在获得规定,那么就必须针对存在者的存在提问。只有当存在者本身作为存在者在它的存在方面得到了追问,问之所问即存在者的存在和与之相随的对存在意义的呈示性规定才会成为可指明的。这就是说,必须依存于存在者自身而通达存在者的存在。问之所涉(Befragte)就是存在者本身。在问之所问中包含着问之所涉,在存在者之存在的意义中包含着存在者本身。这样,我们就在问题和发问的结构中首先揭取出了三个方面,完全从形式上说,这就是:1. 问之所求:存在的意义。2. 问之所问:存在者之存在。3. 问之所涉:存在者本身。

当发问从这三个实质性方面以正确的方式得到了厘定时,问题就算真正地提出来了。因此,问题就还有待于按照这三个方面更清晰地得到展示。

现在我们就从第三个方面开始。为着探询存在者的存在,必须着眼于存在者之存在而问及存在者本身。为此,问之所涉就必须自在自足地得到经验。我们在不同的、多种多样的意义上来称呼存在者或存在着的东西。在某种意义上,存在者就是所有我们所谈论的东西,我们所意指的东西,我们对之有所思有所行的东西(即使仅仅作为对一种不可通达之物的所思所行),是所有我们与之有干系的东西,是我们自己之所是与我们如何是之方式。那么,是哪一种存在者有待于自在自足地得到经验呢?究竟是在哪一种存在者那里、依循于哪一种存在者,我们才可以赢得并摹写(ablesen)下存在的可能的意义呢?而如果这一存在者是可规定的,那么,那通向这个存在者、使得这个存在者自在自足地就能够成为明白可见的经验方式和理解方式又是哪一种呢?就有关问之所涉的规定而言,存在问题的阐发就包含着两个方面:一方面,是对于那种可以源始而原本地显示出存在之意义的存在者的规定,另一方面,是为了彰显存在的意义而对于切入这一存在者的正确的通达途径的规定。

其次,这一问题还含有它的问之所问。这就是说,问之所涉——存在者——是着眼于某种东西而被问及的。在问题中,存在者本身并不是单纯直截地止于自身而得到接纳的,毋宁说,存在者是"作为"什么而得到看待的和作为什么而获得采纳的;我们是着眼于它的存在而去把握存在者的。在问题中我们所诉诸的是问之所涉;我们似乎是针对被问及的东西之存在而对其加以探询。被问及的东西是这样的存在者:人们就在这一存在者那里寻求着某种东西。在问题中就包含着这样的一种期求某种东西的探询。这一探询需要一种方向的参照,为了在存在者那里把它的存在收入眼帘,就必须取得这个方向的参照。现在,不但有关存在者本身的切当的经验方式还有待于确定,同时,那种我必须借以去把握被问及的存在者的着眼点(Hinsicht)也还有待于规定,凭此,我才能够在根本上在存在者那里窥见到像"存在"这样的东西。现在,我们就暂时根据这两个视角来规定着眼点:一方面根据寻求性的瞩目(Hinsehen)之方向,另一方面

第二章 通过对此在的初步阐释厘定存在问题

根据在存在者中被着意的东西——正是着意于这个东西,问之所涉才有必要得到追问。

最后,在问之所问中还含有问之所求本身:此即我们正在寻求其意义的存在,就是说,我们在问题中所寻求的,是存在所意指的含义,即存在应当作为什么而得到把持。在问之所求这里,我们所寻求的是存在的概念。如果说,这里的提问必须成为一个透彻的、可分别地加以处理的探索性问题的话,那么,在这样的一种提问中,问之所求的可能性及其概念化方式、它所具有的意义样式——不管是范畴或是范畴之类的东西,就必须从形式上获得规定。更确切地说,我们必须探明:完全不顾它的内容上可加以规定的属性,"存在"原本地是什么,它是否就是某种范畴或范畴之类的东西?据此,在问题中就含有这样三个方面:第一是对于首先有待于问及的东西的源本的前经验及对于经验方式的规定;第二是在问之所涉中生发出来的并与这一问之所涉息息相关的着眼点,这就是我们在问之所涉那里所意欲寻获的东西——存在;第三是问之所问自身的意义特征,它的概念属性。

这样,我们就相对容易地标识出了存在问题的形式构架。与此相对照,面对一种实质性的、旨在形成研究的指导线索的工作,对于提问方式的必要的具体厘定就将以一种艰难的方式进行。而这一对于提问方式的厘定将要完成什么样的任务呢?

从问之所涉出发,我们必须着眼于问之所问去规定源本的经验方式和通达方式,去规定观视(Hinsehen)之方式和所视见(Hinsicht)的内容本身。而关系到问之所求,我们还需要阐明的是:我们应当以一种什么样的特别方式去把捉和理解那些蕴涵着存在问题之回答的概念,这些概念具有一种什么样的概念属性?但是在这里,这一还有待于得到规定的东西,这一"切近……的通路"、"关于……的经验"、

"针对……的着眼点"、"作为……加以看待"、"作为……加以把捉和理解"究竟是什么呢？而这样的一种通达方式和经验方式本身难道不已经就是存在者吗？为了正确地提出存在者的存在之意义的问题，我们不是首先就必须去规定与界划一种存在者吗？我们越是原本地显明这一存在者：即发问者本身的发问之存在（das Sein des Fragens），那么关于存在的问题及提问方式就将越是成为明澈可见。据此，为着回答存在者之存在的问题，就要求我们着眼于其存在而对这种存在者先行加以探究：这就是我们称之为发问本身的存在者。

但是这不就是一种明显的循环吗？我们暂先把这个指责摆在这里，以后再来进行讨论。现在我们需要强调的只是：只有在某些命题是由另外的命题推导和证明出来的地方，当那本应由命题 A 和 B 推导出来的命题 C 和 D——为了证明 A 和 B，即为了证明那 C 和 D 本身应由之得到证明的命题——已经在推导中起着作用时，才存在着一种循环。但是在我们所讨论的问题这里，事情并非关系到命题和命题系列之间的彼此推导，而是关系到对于切入课题内容的那种进路的开拓——而命题正是出自这个课题内容而形成的。首先需要看到的是：在一开头、且恰好在以上的这种基础性考察的开端上，这一类形式上的指责（如上面对所谓的循环的指责）从来都是无效的，它对课题内容之理解本身完全不起任何积极作用，相反却只是妨碍我们的探索。而我们的探索之开端本身是没有什么错误理解可言的，因为在这里，我们要么提出存在者之存在的问题，要么放弃提出这个问题并让有关这个问题的回答陷入幽暗。如果放弃这一提问，那么我们就将失去这样的权利：在概念水平上对存在和作为存在者的存在者科学地陈说出一套东西。而如果这个问题是有待于提出的，那么我们至少就获得了对这个问题本身清楚地加以厘定的许可，这样，具有通道、经验等等特性的存在者本身就应从它的存在方面获得阐明，并在几近于一种循环的风险中获得阐明——但这里的循环却是一种探索的循环、进路的循环和存在的循环，这是一种"存在循环"——一种存在者的循环属性。现在，该是我们对这个循环特征作出理解的时候了，而那种对于证明中的循环的随意的和传统式的指责，就正是起因于这样的一种循环属性。在这里，我们无论如何都没有卷入一种证明的循环。

第十七节 存在问题与发问的存在者（此在）之间的关联

这一发问的、经验的和领会的存在者之存在越是原本地和纯粹地得到探究，那么存在问题就将越是有可能以彻底的方式获得回答。存在者本身越是原初地得到经验，越是在概念上恰当地得到界定，我们越是原本地赢得和领会与此一存在者本身的存在干系（Seinsverhaltnis），那么这一存在者就越是有可能纯粹地得到探究。我们越少从成见和观点（Ansicht）出发去断定这一关系（无论这些成见和观点是多么不言自明地和普遍地得到了承认），我们就必定能更加真切地赢得这样的一种存在干系，而这一存在干系越是能够出自其自身而显现自身，那么我们就越是可以将其作为现象加以把握。

当我们面对"厘定关于存在本身的问题"这一任务时，我们需要记住的是：这一发问就其本身而言已经就是一种存在者了。这一发问本身就是一种存在者，此存在者是在发问活动的进行中伴随着关于存在者之存在的问题而一道显示出来的，不管人们是不是清楚地察觉到了它。现在，我们首先就有必要更为切当地赢得这一存在者；我们越是原本地赢得这一存在者，我们就会越有保证透彻地提出关于存在本身的问题。这样，只要在问题内容即问之所求中，问之所求本身就是发问活动自身所是的东西,那么我们就具备了一种完全别具一格的追问。而在如此追问之际,发问活动中的问之所求即存在的意义还是以全无规定的方式显示出来的,除了只是作为被探求的东西以外,它再没有受到其他的规定。

如果发问要成为真切的发问,那么它就必须尽可能地切合于它的问之所求,就是说发问必须依循存在来正确地理解它所问及的东西。在这里,在这一发问是一种存在者的意义上,问之所求本身又回溯到了发问活动本身那里。但是在对存在的追问里,我们并没有提出存在者之存在的问题(这一存在者就是发问活动本身),毋宁说,当我们首先仅仅从其所是的东西方面去揭发这个作为存在者的发问活动时,我们才满足了存在问题的意义。现在,我们还不能清楚地探询这个发问活动的意义,因为我们还正在寻求根据它的"是什么"将这一发问和发问方式更切近地界定为存在者,界定为先行存在者。那种我们可以说"它发问、它关注、它认为、它联系等等"的存在者,是一种什么样的存在者呢?它就是我们本身所是的存在者;而我本身向来所是的这一存在者,我们就称之为此在(Dasein)。

厘清关于存在意义的提问方式,这指的就是:开显作为一种存在者的发问活动,即开显此在本身;因为只有这样,被探求的东西才能在它的最原本的意义上成为一种真正的被探求者。在这里,由发问的问之所求而来,发问活动本身也一同被卷入了问题之中,因为这里进行的是关于存在的发问,而发问本身则是一存在者。这一由问之所求而来的与发问的存在者的牵涉,就属于存在问题本身的最本己的意义。与此相应,如若要透彻地提出存在的问题,我们就必须运用现象学的原则。发问活动是一种与问题一道明确地被给予的存在者,但是在获得给出的同时,它恰好又是在发问的进程中首先遭到忽视的。在这里,我们恰好就是要尝试在一开始就不忽视这一存在者,且恰好着眼于有关存在本身的发问而不忽视这一存在者。

这样,对于提问的实际的厘定,就成了一种此在的现象学,而这样的厘定就恰好已经找到了问题之回答,并且找到了纯粹探询性的回答,因为,对发问的厘定牵涉到了那种自身就包含着一种明显的存在干系的存在者。在这里,此在不仅仅在实存状态上起着决定性的作用,对作为现象学家的我们而言,它同时在存在论上也是决定性的。

如果我们回头转向过去的历史,回到存在问题在巴门尼德那里第一次出现的时代,我们将看到一种固有的、在当时还如此紧张地获得了把握的相互交融(Verklammerung),以致在某种意义上,被追问的东西,以及根据其存在而得到界定的东西,就被看作了与探询性的和经验性的姿态(Haltung)相同一的东西。το γαραυτο νοειν τε και ειναι——存在就是与对存在者之存在的感知相同一的东西。于此,关于存在是什么的问题,已经明确地包含着对于被追问的东西的经验行为本身,尽管在这里,问题本身的结构还完全没有清楚地显示出来。而后,当柏拉图和亚里士多德在更高的水平上对存在问题加以探讨的时候,与关于οοσια(实体)的问题相应,同时考虑到了探询性规定的行为、考虑到了λογοσ(逻各斯);与关于存在的问题相应,同时考虑到了διαλογεσυαι(对话)即问答(辩证法、对话);而与关于ειδοσ(本相)的把捉相应,同时考虑到了ιδειν(观念)。而这种探讨的特色就在于:λογοσ(逻各斯)与ιδειν(观念),言述(Ansprechen)与观视(Hinsehen)似乎是同时地、相关联地得到讨论的,因为,为了在根本上能够有意义地对这里的问题加以探讨,关于λογοσ(逻各斯)与ιδειν(观念)的讨论就必须是同时进行的。柏拉图在对话意义上达到了逻各斯问题,这一点就简单地蕴涵在他所提出的问题本身的意义里,蕴涵在他的提问方式里,蕴涵在存在问题的意义里——

这个问题本身就要求去阐释作为一种存在者的追问行为。

被探求的课题内容本身(在这里也就是存在)要求对此在这一存在者加以显明。而现象学的这一去澄清与理解存在自身的趋向所需担当的唯一的任务,就是对这样的一种存在者加以解释:此一存在者就是追问行为本身——就是此在,就是我们自己所是的发问者本身。对于此在的解释不是起源于任何一种关乎人的专门的心理学的兴趣、不是起源于某种关于生活之意义和目的的世界观问题。那最终要走向一种关于此在的分析这一源初课题的问题,也不是某个至今未得到解决的遗留问题,例如在其他的哲学学科框架之内的一种哲学人类学的探究,毋宁说,唯有那种以现象学的方式充分地获得了理解的问题含义——问之所求、问之所问、问之所涉——才能够把我们导向关于此在的分析这一源本的课题。

对于提问方式的清理,就是对发问的存在者本身即我们自己所是的此在的一种先行的经验和解释。这里牵涉到的是这样一种存在者:我们与这一存在者具有一种明显的、无论如何都值得重视的存在干系,而我们自己就是这一存在者。这里卷入的是这样的存在者:唯当我向来就是这个存在者的时候,这个存在者才存在。如此说来,这里所关系到的,就是一种与我们最为切近的存在者。但是它也是那种直接无间地得到了给出的存在者吗?——从这个角度来看,也许它竟是与我们最为远离的东西。这样就有着这样的可能:当我们在根本上追问这一存在者时,当我们界定这一存在者的时候,我们却全无指望能够依据对此一存在者本身的一种源本的把握而对其加以阐释。这一我们自己所是的存在者而在给出方式上又与我们最为远离的存在者,就有待于以现象学的方式加以界定,有待于被纳入现象之列,这就是说,它应该如此地得到经验,以致它能够自在自足地自我显现,以便我们依据这些显现出来的现象而获取某些基本的结构——为着透彻地进行对于存在的具体的发问而获取一些足资利用的结构。我们不但有权利,而且恰好还必须首先通过对此在这一存在者的先行的开掘来对此在进行发问——我们必须以这样的方式来开始对此在的探询,这一点将出自对于这一存在者本身之存在结构的不断增长的知识而获得确证。以下将会表明:正是由发问活动这一存在者本身所要求,在追问存在之际,我们将不得不首先阐明作为存在者的发问活动,并从这一阐明出发去进行追问。这一发问的存在者本身就具备一种特定的存在意义,它正好具备我们所已经说过的那种持驻于一种确然的非理解状态(Unverstandnis)之中(现在,这种非理解状态还有待于得到规定)的意义。现在,我们最为首要的任务,就是对此在加以阐发,而此在是这样的一种存在者:这种存在者的存在方式就是发问本身。

第三章　由此在的日常状态出发
对此在进行最切近的阐释。
此在的根本枢机即为
在－世界－中－存在

在以下所进行的关于此在的阐释中,我们将碰到一系列这样的表述:蓦然一看,这些表述会显得有些奇异,而首先在措辞上也许带有繁难的特征。但是,这种表述上和阐释上的笨拙繁难却是由课题和探索方式本身所决定的。因为,以叙事的方式去报道存在者是一回事,而要去捕捉存在者之存在就是另外一回事了。对于后一项课题即捕捉存在者之存在而言,我们常常缺乏的不仅是语词,而且在根本上还缺少语法。出于还有待考察的理由,就其自然的特性来看,我们的语言所首先谈论并道出的,是作为世界的存在者,而恰好不是说话本身所是的存在者,因而就其意义而言,我们现成已有的语词和表达首先是针对那些我们在这里恰好未将其当作课题来拥有的存在者的。然而,即使当我们试图如其向我们当下显现的那样对那种存在者(语言的首要意向,就是去表达此存在者)的存在、对作为世界的存在者进行阐释的时候,在这里我们也还是很难找到对于存在者中的存在结构的一种切合的表达;因为在这里,语言的倾向首先只是适合于表达存在者而不是存在。如果说在这里我们必须使用笨拙的和看起来也许不那么优美的表达的话,那么这也不是出于我个人的癖好,也不是因为对自己术语的偏爱,相反,这只是由于现象本身的逼迫使然。那些曾经探索过这样的课题并且堪称比我们远为伟大的人们，也没能在这个领域里摆脱为寻求切合的表达所陷入的困境。人们可以把柏拉图的对话《巴门尼德篇》的存在分析部分或亚里士多德的《形而上学》(Z4)拿来与出自修昔底德(Thukidides)之手的叙事性章节进行比较。人们会看到两者之间在文体语言上的差别，而只要人们具备一定的语言感受力，就还会注意到：前者所使用的那些闻所未闻的表述，是他们那个时代的希腊人所不敢想象的。而对于我们而言，问题不仅关系到对上述那种存在者的分析——这已经就比柏拉图所承当的课题远为艰难，而且另一方面，面对一鼓作气拿下此一存在者这个目标，我们的力量就更显得单薄难为了。如果上述的那一类表述将经常地出现，那么人们还不宜对此感到怨烦。从根本上讲，优美不存在于科学中，或者至少不存在于哲学中。

第十八节　寻获此在根本枢机所具有的基本结构

以下的考察将会从原则上着重表明：现在我们还不能够给出关于此在自身的专题性分析，而只能在根本上给出几个关键的、首先显现在此在所秉得的先有(Vorhabe)中的基本结构，以便由此而来能够更为彻底地提出问题。此在的根本枢机、此在的平均化的理解还有待于得到开显，由此我们才能明白地提出存在问题。最初的阐释将只能指明很少的几个现象，但这几个现象却恰好是我们所理解的那种构成了此在基本结构的现象。这种分析的首要意图，与其说是在于对此在所特有的全部结构作出充分详尽的把握，还不如说是在于从整体上对此在的根本枢机加以开揭；而这一开揭并不需要去一一地指明包含在这一整体中的毫无遗漏的全部结构，也不需要去指明伴随着这些结构并与这些结构相切合的全部丰富的探索视野。因此,首先能够确定看的方向并将探索的课题清晰地保持于眼界,这一点已经就是非常重要的了。而这一课题也并不是什么陌生和奇异的事物,相反却是最为切近的东西,不过,也许正是因为这种切近,才诱使我们对它产生了错看。那使得这一存在者的有待于阐释的现象联系不断地遭到掩盖的东西,恰好就是与存在者的这种最为切近的熟套所天然带来的错看和错误解释。正是由于这一存在者就某一角度而言与研究者特别地切近,它才越是容易跳过我们的眼界。在一开始,自明的东西甚至还未能成为我们可能的课题。因为看的方向之赢得和误导性问题之排除依然是我们现在的最首要的要求,所以我们目前所要争取的,就是把那种最直接的现象上的基本结构关联纳入眼界。

a) 此在处于一种"当下切己的－去－存在"之中

关于我们目前所考察的那种存在者的基本界定,我们已经作出了这样的提示:此在就是我自身向来所是的存在者,我作为存在者而"参与"了它的存在;此在就是一种向来以本己的方式去存在的存在者。此界定指明了我们所"具有"的与此一存在者之间的这种独一无二的存在干系:去成为这一存在者本身,而不是去成为某种有着自然特性的存在者(我们仅仅是去把捉、在某种意义上去支配性地拥有后一种存在者)。而"向来去成为这一存在者本身"之规定,同时也是我们之所以将我们自身所是的存在者标画为此在的现象上的根由。关于(此在)这一独特而基本的品格,我们首先还只能完全从形式上加以显明,而在以下的考察的进行中,我们还有必要更为切当地看清这一品格。

把我们上面所说的那种独特的存在者称为"此在",这一命名并不表示存在者的是什么;它并不是依据其内容上的是什么来甄别这

第三章　由此在的日常状态出发对此在进行最切近的阐释……　　207

一存在者,就像将一把椅子相对于房屋区别开来一样,相反,这一标画所特别表示的是存在之方式。在这里,它是我们针对某一存在者而遴选出来的一个完全专门的关乎存在的表达,与此相对照,我们通常都是首先从存在者所具有的"内容上的是什么"来命名存在者,而却一任其特殊的存在空无规定,因为我们把存在者的存在看作是不言自明的。

与我自己所是的存在者的这样一种存在上的关系,就把这一"去－存在"(zu sein)刻画成了"向来属我的"。"去存在"这一存在方式在本质上就是向来属我的去存在,无论我是否明确地意识到了这点,无论我是否迷失了我的存在(与常人相等同)。据此,此在之存在的基本特性就将通过如下界定而方可得到充分的把握:处于当下切己的－去－存在(jeweilig-es-zu-sein)中的存在者。这一"向来"(je)、"当下切己"(jeweilig),或这一"切己的当下"(Jeweiligkeit),是构成(此在)这一存在者的所有存在品格的一种不可缺少的结构,这就是说,如果那作为此在而存在的存在者竟然并非如其意义所示的那样是当下切己地存在的,那么在根本上就不会有什么此在。只要此在存在,那么这一品格就是不可磨灭地属于此在的。不过在这一品格中就恰好蕴涵着:如果此在就是可能存在,那么,与这一属于此在的可能存在相应,此在就能够发生变易——变成常人又从常人返回。作为历史性和时间性,这一变易(Modifikation)的存在方式本身却绝非一种无休无止的转换!不仅从"常人"概念的角度看,而且从原本性(Eigentlichkeit)与非原本性概念的角度看,上述洞见都将具有重要的意义。

此在的存在结构就包含着切己的当下本身。经由此在的这一基本结构——我处于一种"向来－去－存在"之中,我们就赢得了对此在加以阐释的出发点,而所有的存在分析最终都要重新回到这一出发点;这就是说,这一基本的界定就贯串在此在的所有存在特性之中。据此,在我们以下从多个方面指点出这样的一些存在结构时,那么它们就都应该在一开始即根据这一基本特性而获得明察。

而关于上述特性的先行指明,同时向我们提供了某种关于以后的分析的确定的参照。"去成为"(zu sein)存在这个规定,给出了一个把所有的此在现象首先理解为此在的"去-存在"之方式的指南。从否定的角度看,这就是说:我们不能依据此在的"外观"、不能依据那些组成了此在的东西、不能依据那些可以因之而找到有关此在的一种特定的观察方式的局部和层面,来经验与探询此在这一存在者。这种外观即便得到了深入的阐释,它也永远不会提供出——在原则上永远不会提供出关于"去-存在"的方式这一问题的回答。也许,身体、心灵、精神从某种角度标示出了那些组成这一存在者的东西,可是,即使我们把握住了这一组合物及其各个组成部分,我们依然从一开始就未对此在这一存在者的存在方式有所确定;我们也几乎没有可能依据这一组合物而将此在的存在方式事后抽取出来,因为,仅凭这一由身体、心灵、精神等所表述的对于存在者的阐释,就已经将我错误地放在一个全然不同的、与本来的此在迥然异质的存在维度之中了。至于这一存在者是否是由心理式存在者、生理式存在者、精神式存在者所"合成"的,对于这些实在属性(Realität)我们又当如何加以界定,在这里我们还全然未加追问。在根本上,我们不接受由这一存在者的最通常的名称、由人的定义即 homo animal rationale(人是理性的动物)所勾勒出来的那种经验视域和问题视域。我们需要去加以阐释的,不是这一存在者的任何外观,相反,我们自始至终唯一需要去阐释的,只是这一存在者的去存在的方式,我们有待于去阐释的,不是那些组成这种存在者的东西之"是什么",而是这种存在者的存在之"如何"以及这一"如何"所具有的品格。

b) 此在的日常状态即是以当下切己的方式"去－存在"

此在还有待于通过它的存在方式而进一步获得理解,但我们首先又恰好不能依据某种突出而又例外的存在样态去理解此在。我们不可以通过对其目标和意图的设定去看待此在,我们既不可以把它看作"homo"(人),也不可以根据某种"人性"的观念去看待它,相反,我们必须去加以开显的,是此在在其最为切近的日常状态中所具有的存在方式,是此在在其实际的"去－存在"之"如何"中所实现的实际的此在。但这不可能是指:现在我们似乎就是在以传记的方式去讲述作为个别之人的某一特定的此在所具有的日常生活。我们并不报道任何特定的日常生活,毋宁说,我们所探求的是日常生活之日常相(Alltäglichkeit),是事实之实相(Faktizität),现在我们的课题所在,不是当下切己的此在之日常行事,而是作为此在而去成为切己的当下之际所秉有的日常相。

所谓"依据此在的日常相去把捉此在",这个课题并不是指:在此在之存在的一个原始阶段上去描述此在。日常相绝不等同于原始状态。毋宁说,日常相是此在之存在的一种特出的方式,即便在且恰好是在此在掌握了一种高度发达与分化的文化的时候,情况也是如此。另一方面,原始的此在以它自己的方式也具有例外的、非日常和非习惯的存在之可能性,就是说它自身复又拥有一种特殊样态的日常相。也许,回顾那些原始的此在样态,能够为我们看见与证实某些此在现象而经常地提供一些方便的参照——如果说,在原始的此在样态那里,由理论而导致的遮蔽的危险(这个理论所关心的就是以特征性的方式去说明此在本身,而不是说明此在之外的东西)还不是那么强大的话。而正是在这个地方,我们尤其需要一种批判的态度,因为,纯粹从历史上、地理上和世界观上看,我们由原始的此在阶段所认识到的东西,最初通常都是离我们非常遥远的东西,对我们的文化是陌生的东西。我们关于"原始的生活"所了解的东西,已经就是由一种对它的特定的解释所渗透的,而这种解释刚好不可能是以一种关于此在本身的实际的基本分析为根据的,相反,它只是借用某些心理学的关于人及人类关系的范畴而制作出来的一种解释。然而,理解原始生活的正确前提,正是对此在的基本的阐释,而不是相反。我们不能够相信,通过对有关原始此在的各种了解加以综合,就可以在某种程度上组建起这一存在者的意义。因为我们有时(尽管只是很节制地)要诉诸原始的此在而去示范性地说明某些现象,所以我们就必须就清楚地注意到以上之点。当然,这一示范说明必须依然服从批判性的考察,它除了只是示范说明以外就不再是其他什么了,就是说,我们在这里所揭发的内容与结构,都是我们从课题内容出发和通过直接面对我们自己所是的存在者本身而汲取出来的。

在下面的研究中,我们必须牢牢地记住这一存在者的基本品格:这一存在者就处于我的"向来去存在"之中。下面,我们将以一种简略的形式来表达这一基本品格:我们所探究的课题就是此在的去存在的方式——此在之存在——此在的存在之枢机。我们也可以简短地说此在的枢机,而这总是指的是此在的存在之方式。

一种生活越是充满多种变易,那么我们就越是能够原本地考察和阐释此在的日常相这一高度错综复杂的现象。当我们基于此在的日常相及其存在而分析此在时,这并不意味着:我们试图根据其日常相而推导出此在的其他存在可能性,我们在某种程度上试图实施这种意义上的发生学的考察:就好像此在的一切其他的存在可能性都能够根据此在的日常相而被推导出来。日常相无时无处不贯穿于所有的天日;每一个日子(虽然是以各不相同的方式)都是此在如何地不得不存在和此在的日常相之为如何的证据。人们容易见出,日常相就是关于时间的一个特殊的概念。

在这一先行的考察中，我们已经逐渐清楚：即使我们没有被哲学上关于主体和意识的现成的意见和理论所败坏，即使我们在某种程度上毫无包袱地达到了这些现象，但是，如果想要真正地见出我们所能够看见的东西，在这里也还是存在着十足的困难。自然的考察方式（即使它在哲学上没有以反思的方式和概念的方式受到界定）并没有真正地行进在看到此在自身这一方向上，相反，只要此在本身维持着作为一种存在样式的自然的考察方式，此在就倾向于偏离自身而生活。此在所固有的这种偏离-自身-生活甚至也决定了此在关于其自身的认识样式。为着在根本上获得一种我们据之而能够捕捉这一存在的所有特性的先行的方向，我们还需给出关于如下之点的明示：这一存在者就是我们本身所是的存在者。

如果我们转向历史上有关的学说，我们就能够说（尽管在这里，作出这个比较已经就是很危险的）：经过一番辨析，可以看到笛卡儿的 cogito sum（我思故我在）的意图恰好就在于对 cogito（我思）和 cogitare（我思者）作出界定，然而它却遗漏了 sum（我在），与此相对，在我们的考察中，我们首先却将 cogitare（我思者）及其界定悬搁一旁，转而去争取 sum（我在）及其界定。然而，上述比较无疑是冒险的，因为这一比较有可能暗示：就像笛卡儿孤立地设定自我和主体那样，在这里，我们也可以依照这种方式去看待此在。可是我们将要看到，笛卡儿的设定乃是一种荒谬的做法。

第十九节 此在的根本枢机之为在－世界－中－存在。此在的"之中－在"与现成之物的"处于其中"

以下,我们要继续不断地回到上面所指出的此在基本品格并试图对此在的根本枢机加以开揭,借此将能够表明:此在自身即是在－世界－中－存在。现在,已到了我们去明确地看清这个关于此在的首要发现的时候了。此在的这一存在枢机的诸主要结构必须获得阐发,而这样的一种阐发就将引领我们走向这样的理解:上述基本品格就贯穿在此在存在枢机的所有结构要素之中。"在－世界－中－存在"这一根本枢机是此在的一种必然的结构;但是,仅凭此一结构,此在的存在还远远没有得到充分的界定。

此在之为在－世界－中－存在,这是对此在的一个统一而源初的界定。在此在的这一根本枢机之内,我们可以辨析出三个方面的要素并进一步分别地追究它的现象上的结构成分(Bestand):第一是在一种特别的世界之意义上的在－世界－中－存在,作为存在方式上的如何的"世界"——存在论意义上的世界;此即世界之世间性(世间、世间境界,Weltlichkeit);第二是由在－世界－中－存在之"谁"以及由这一存在的方式上的如何(即这一存在者本身之存在的方式上的如何)所界定的存在者;第三是之中－在(In-sein)本身。

尽管这一根本枢机从以上三个视角成为了分析的课题,但在每一个别的分析中,这一根本枢机却都是作为其本身而整个地当场在此的。由这些视角而分别得到看取的东西,并不是这样的一些片段:通过这些可以分离的要素,整体才得以组建而成。对这些单个的结构要素的彰显是一种纯粹专题性的彰显,而这样的一种专题性彰显

第三章　由此在的日常状态出发对此在进行最切近的阐释……　　213

本身则刚好总是对那自在自足的整体结构的一种真正的把捉。为了在一开始就能够指明：上述揭发是一种专题性的揭发，而当我们着眼于第一个视角，即着眼于在－世界－中之时，就已经同时暗含着第二与第三个视角，因而，在对第一种现象即在－世界－中进行详尽的分析之前，我们就必须首先对最后提到的那种现象上的组合要素、对之中－在本身作一导向性的特征描述。

我们首先要问的是：之中－在所意味的是什么？通过"之中－在"，我们在此在的存在本身中所意指和所看到的是什么？我们首先通过增加"在－世界－中"来补全之中－在，并倾向于把这一之中－在理解为"处于某物之中"（Sein-in）。凭借这一表述，我们就标示了这样一种存在者的存在样式——这一存在者就处于一个另外的存在者"之中"，标示了一种"某物处于某物之中"的存在关系。如果我们要给出关于这一"处于其中"，确切地讲关于"某物－处在某物－之中"的直观的呈示，那么我们例如就可以说：水"处在"杯子"之中"，衣服"处在"箱子"之中"，凳子"处在"讲堂"之中"。借此，我们所指的是一种空间上的一物被包容在另一物之中，指的是两种本身在空间上具有广延的存在者的就位置和空间而言的存在关系。这样，前者（水）以及前者所处于其中的后者（杯子）就都是"处于"空间"之中"；两者都有其位置。两者都仅仅是处于空间之中，却并不秉有任何之中－在。

这里的两个从属于一种"之中－关系"（In-Verhältnis）的存在者，都具有一种同样的现成可见状态之存在样式。如果我们要将上述这种存在关系适度地予以扩展，那么我们就可以简单地进一步说：凳子在讲堂中，讲堂在大学城中，大学城在马堡，马堡在黑森州，黑森州在德国，德国在欧洲，欧洲在地球上，地球在太阳系中，太阳系在太空中，太空在宇宙中——这是一种统一的存在关系，在以上的所有这些连结中,这种关系原则上都没有什么不同。这一"之中"决定着一个存在者与另一个存在者的位置联系,而这样一来,两者都作为位置本身而处在空间之中。这样的一种处在某物"之中"只属于存在者的一种外观。在这里,与存在者的相互容纳的存在相关,上述存在者作为现形的(Vorkommenden)物事各自都具有同样的一种现成可见状态的样式,它们作为这样的一种在世界中的现形之物而成为可揭示的。

但是,作为此在的存在结构,作为我向来所是的这一存在者的存在结构,"之中-在"所意味的并不是以上所描述的那种相互容纳,不是有形的存在者所具有的空间上的包容状态即"处于其中"。它所指的不是"人的身体"这个血肉之躯在一种空间的容器(讲堂、大学城)里、在所谓的世界里的现成可见状态。如果我们坚持此在的基本品格本身所包含的这层意思——此在不是那种可以从外观上获得理解的存在者(例如就像它以某一特定的相状向他人所表露出来的那样),相反,此在只能根据它的去存在的方式而获得把握——那么,此在从一开始就不可能意指上面的那样一种处于某物之中。如同"之中"在源初的意义上完全不意味着上述的那种空间性关系一样,"之中-在"也不可能意指这样的一种空间上的相互容纳。

"之中"起源于 innan,而 innan 的意思就是居留、habitare(居住),ann 则是指:我居留于……,我与……相亲熟,我护持某物——这就是拉丁语的在 habito(居留)和 diligo(劬劳)意义上的 colo(培植)。在这里,居留也被理解为以亲熟的方式护持某物、寓于某物而存在。[①]

我们将其描述为之中-在的那一存在者,如同我已经说过的那

---

① 参见 J. 格里姆:《小文集》,第七卷,第 247 页。

样,我们也把它界定为我所是的存在者,而这里的"是"(bin)这一表达则是同"寓于(bei)……"相关联的;"我是……"所意味的正是:我居留于……,我逗留在我所亲熟的世界之上。作为之中－在和"我是……"的存在就叫作寓于……而居留,而之中－在首先所意味的根本不是空间性的东西,相反,它首先所指的是:与……相亲熟。至于"之中－在"为什么以及怎样地连带这一基本的意义又具有一种真实的地点性意义,而这种地点性意义又总是与最初提到的空间性相互容纳有着本质上的区别,我们以后将对之予以阐明。而现在已经可以确定的是:这种地点性意义(它也能够具有一种正确地加以理解的之中－在)——作为在世界中存在的我总是存在于某一个地方——与前面提到的空间性相互容纳并无任何关系,毋宁说,我在这一场地(Platz)的那种地点性的持驻－于此,就其刻画了作为在－世界－中－存在的存在而言,也是从根本上与椅子在空间中的现成可见状态相区别的。毋宁说,这一之中－在,这一我们现在不能且永远不能在一种最初级的地点性和空间性意义上去理解的之中－在,它作为寓于某物之存在是通过切己的当下(Jeweiligkeit)而得到规定的,它是一种向来我属的和向来作为特定的这一个的之中－在。

(此在的)日常相所可能具有的那种之中－在的方式是:凭借某物而操办某物,制作某物,料理和护持某物,使用某物,为着某事而运用某物,保藏某物,放弃某物,让某物消失,询问某物,谈论某物,探究某物,了解某物,观察某物,界定某物。这一之中－在的方式具有一种还有待于阐明的操持的特性,这一操持的含义是:为某事而牵挂、为某事而操心。而属于这一操持之各种变体的无所操心、放任不顾、置之度外、袖手旁观,在根本上也具有一种与操持相同一的存在样式。即使我百事不为而只是心怀隐忧地羁留在世界上,我也具备这一固有的操持性的在－世界－中－存在——我每时每刻都无不秉有这样的一种随身耽着的存在。

　　上面对之中－在的真正含义的说明，也不能保证其自身就是对它所表达的现象的一种观视（Sehen）。不过与此同时，它还是超出了一种单纯语词上的说明，它毕竟从否定的角度规定了我们的视线，它提示出了我们不宜朝什么方向着眼。而在这一点上，依据对（此在的）基本品格的刻画，我们已然知道：为了把所有出现于言说中的存在界定加以呈示，我们就应该看向我们自己向来所是的这一存在者，就我们之是这一存在者以及如何地是这一存在者而去看它。只要此在在根本上存在着，那么它就秉有之中－在这一存在方式；这一点就意味着：这一特定意义上的之中－在，就不是所谓的此在这一存在者的某种"属性"，不是此在所或者具有或者未曾具有的某种属性，不是此在所偶然赋有的、追加在此在之上的某种属性，仿佛在没有这种属性的情况下，此在也能够如同赋有这种属性的时候一样完好地存在，以致人们在一开始就可以从一种另外的角度、在某种程度上从一种与"之中－在"毫不相干的角度去把捉此在的存在。毋宁说，之中－在是此在命定的存在枢机，这一存在者的一切存在方式都植根于这一存在枢机之中。之中－在不是某种仅仅额外地附加在这样的存在者之上的东西：就好像在不具备这样的存在枢机的情况下，这一存在者也是一种此在；就好像所有的作为此在的此在所一直处于其中的那个世界在某个时候才开始加派给了这个此在，或者相反，此在这一存在者才开始加派给了世界，而后此在才可能承当一种与世界的"联系"。唯当此在在它所秉有的寓于某物之存在的基础上已然就是在－世界－中－存在，它才有可能在根本上承当这样的一种与世界的联系。

　　我们必须从一开始就把之中－在这一固有的现象以及"之中－在就规定着此在的存在本身"这一固有的实情完全地加以澄清并将

其保持于眼界,并将这一点看作(此在)与世界的一切特定的关系的先天(结构)。因此之故,我将尝试通过一条迂回之路来澄清这一先天(结构)——如果说,在我们对此在进行讨论的过程中,"之中－在"这个存在结构终将以某种方式获得明见的话。而如果说此在所具有的这样一种基本的现象竟然可以完全地被忽视的话,这也将是不可理解的。至于我们是不是以这样一种方式去经验和把捉这个基本现象——通过这样的经验和把捉,我们得以显明"之中－在"的原本的结构,并借此获得这样的可能性:以与现象相切合的方式去界定有着如此结构的存在者之存在——这就是另外的一个问题了。

第二十节 认知作为此在的"之中－在"的派生样式

从很早以来,此在与世界的关系都是首先源出于认知(Erkennen)这一存在样式而得到规定的,或者如人们所说(而这种说法与以上的措辞并不相同):"主体与客体的关系"最初首要地被理解成了"认知性关系",而在事后又增添了一种所谓的"实践性关系"。即使我们要将这一存在样式作为世界中的认知性存在这一源本的存在样式加以把捉(不过我们现在并不是就要如此行事),但在进一步的考察之前,一切都还有赖于:首先以现象学的方式去真切地明察这一认知性的存在样式。

当我们对主体与客体之间的关系加以反思时,对于通常的观察而言,那种被名之为自然的存在者在最广泛的意义上就是先行被给予的,它就是为我们所熟知的存在者,而此在(恰好因为它是在－世界－中－存在)也总是首先就发现了它并照护与操持着它。在自然这一存在者那里,我们找不到那对自然加以认知的认识本身。因此,如果认识在根本上竟是存在的话,那么这个认识就必定存在于某个另外的地方。但是,认识同样也不是现成地存在于进行认知的存在者身上,不是现成地存在于人这种东西(Menschending)身上,因而,它不像人的肤色与身量那样是可感知、可确定的。不过,认识依然还是应该存在于人这个东西这里,如果不是存在于它的"外部",那么就是存在于它的"内部";认识是"在内的","在"这个主体-物"之中",in mente(在精神中)。

人们越是清晰地确定:认识原本和首先地是内在的东西,人们就越是认为自己是在无条件地进行关于认识之本质的追问和关于主体与客体的存在干系的规定。但是现在又进一步出现了这样一个问题:那就其存在而言是内在的、处于主体之中的认识,是如何超出它的"内在领域"而达到了一个"另外的、外在的领域",它是如何达到世界的?

在理解认识问题的时候,人们从一开始就或是清楚或是模糊地假定了在两个现成的存在者之间的一种存在关系。如果人们追问:这两种存在者——主体与客体——之间的存在联系是如何可能的?那么这就表明,两种现成存在者之间的关系更加特别地运用到了有关内在之物与外在之物之间联系的界定之中。在这样提问的时候,人们自以为是与认识的实情相一致的,可是这对于认识的存在意义,对于主体与客体之间的存在关系之存在意义,却未曾作出最起码的规定,人们既未澄清主体的存在意义,也没有相对于客体的存在意义而界定出主体的存在意义。人们固然认定:内在者和"主体的内在领域"肯定原本不是空间性的,这个内在者肯定不是任何"容器"或容器之类的东西。但是,至于用内在者和"主体的内在领域"所正面地意指的东西到底是什么,那认识蕴藏于其中的内在到底是什么,对主体的存在又应该如何加以理解(如果说,主体作为内在之物首先只是寓于自身的),人们却并未有所习知。只要人们提出了这样一个问题:认识如何走出自其自身而达到……,那么,无论这里的"内在"和这一内在领域的含义如何得到界定,关于认识现象的探究方式就都会成为一种基于假象的探究方式而陷入迷误。由于进入这一问题的整个进路使然(此一进路可以是扎根在一种认识论的难题之内的),即便在人们把作为存在方式的认识归诸此在的时候,他们对这种见解就此在所道出的东西也是完全茫然不知的。而把作为存在方式的认识归诸此在,这不多不少所说的正好就是:对世界的认知是此在的一种存在方式,以至于在实存状态上,认识这一存在方式就植根于此在的根本枢机之中,即植根于"在-世界-中-存在"之中。

如果我们对上述现象上的发现重作这样的表述:认识是属于之中-在的一种存在方式,那么,依照认识论问题的一种传统的视野,人们就会倾向于这样回应:这样的一种关于认识的解释,简直就是要取消认识问题。但是,除了主体本身之外,又有什么样的权威对这一点作出判定呢:是否以及在什么意义上,应该存在一种认识问题?如果我们要追问认识本身的存在方式,那么我们在一开始就当明澈地见出:所有的认识向来就已经是在此在所具有的存在方式之基础上——我们将此存在方式标示为之中-在(也就是向来-已经-寓于-一个-世界-之中)——而实现的。那么现在,认识就不是一种附着于这样的存在者之内的行为:此存在者尚不"具备"一个世界,它仅仅是与它的世界的所有的联系。毋宁说,在此在的已经寓于世界而存在(Schon-seins-bei der Welt)的基础上,认识向来都是此在的一种存在方式。

认识论的根本缺陷正是在于:它没有着眼于那种源初的现象上的发现而把自己用"认识"所表示的东西看作此在的存在方式、看作属于此在的之中-在的存在方式,并由这一根本的见解出发,来把捉一切在(此在之存在)这个地基之上才能够生发出来的问题。

如果在一开始,"不再存在一种认识论问题"这一断言所意味的是:此在寓于它的世界而存在,那么它就不是一个什么断言,而仅仅是对一个实情(Befund)的如实叙述,而一切无成见的看(Sehen)都可以见出这一实情。而且,再也没有什么场合可以预先断定:必定存在一种认识问题。也许,最终消除那些众多的虚浮不实的问题,减少这种问题的数量而增进那种朝向实事本身的开路性的探索,这恰好就是哲学的课题研究(Sachforschung)的任务所在。不过,把认识正确地解释为之中-在的一种方式,这不仅没有否认认识论的问题,而且认识论问题正是通过这一解释才成为了可能——尤其是在这样的理解之下:认识——如同它的存在意义所要求的那样——尽管被理解为之中-在、在-世界-中-存在的一种方式,但却并不被看作在-世界-中-存在的基本样式。这样一来,就出现了这样一个真正可加以探究的问题:那总是处在一些确定的存在样式中,但首要地不是和不只是处在认识性的存在样式中的此在,是如何开显它自身已经存在于其中的世界的? 与此相关的问题则是:哪一些遮蔽样式是作为此在在它的世界中的当下切己的存在方式而在本质上遭派给此在的? 与此在在其世界中的一种特定的存在样式相应,其各自的可揭示性范围又是怎样的? 什么是此在(之中-在)本身的先天的存在条件,并从而是原初的、超出一切的、超越的-本体论的条件,亦即是关于此在的本体论-生存论存在理解本身的存在条件,同时也是通达世界的存在这种存在可能性的存在条件? 对于关乎不同种类存在者的认识而言,真理所分别表示的又是什么呢? 那总是具有某种样式与某种水平的真理之联结,有着什么样的含义、正当性和样态呢? 属于这些真理的证实方式和概念方式又是什么呢? 而根本性的问题恰好就在于:我们要对(在-世界-中-存在)这一基本结构加以明察并在本体论上以切合的方式去界定这个基本结构的真正的先天。认识问题不是通过一种暴行强施而从世界上炮制出来的,相反,当其被置于它的可能的地基之上时,它才成其为一个问题。现在,该是我们对上述(认识论)问题和虚假的提问加以分辨的时候了。

如果要让所有这些真正的现象能够得到探索并从一开始就能够获得正确的理解,那么我们首先就必须看清:就其含义而言,认识已经就是此在的之中-在的一种样式;认识不是一种这样的东西:那在一开始仿佛还不是在世界中存在的此在,正是通过认识、正是在认识中才产生了一种与世界的联系。那么,我们又应当如何去理解主体的这一最初就为脱离了世界的存在呢?例如,关于主体与客体这两种存在者之间的对立是如何可能的,这一点永远都不会成为问题。把认识理解为把捉,这只是在一种已经-寓于某物之存在的基础上才是有意义的。所谓的"认识一般"最终"亲历"于其中的那个"已经-寓于某物而存在",并不是直接经由一种认识的完成而构造起来的,毋宁说,此在——无论它是不是从来都知道这一点——作为此在已经就是寓于一个世界而存在。那自古以来总是被归诸认识行为的优先地位,同时也是与这一固有的倾向联系在一起的:人们恰好首先就是从世界的存在在一种认识行为面前的显现方式出发,去界定此在所处于其中的世界之存在的,就是说,人们正是根据在对于世界之认识面前显示出来的世界所具有的特定的客体属性而去界划世界的存在方式的。这样我们就可以看到,在以下两方面之间存在着一种内在的关联:一方面是关于此在所处于其中的世界之存在的规定方式,另一方面是那种以此在与世界的首要的认知关系为着眼点而对此在本身所作出的基本刻画。

更明确地说,现在认知表现出了——在这里我只能简短地对此加以提示——一种层级结构,一种特定的相互联结,在此联结中,认知作为此在的一种确定的存在样式而生成(sich zeitigt)。认识生成的第一级是自身指-向某物,是趋向某物的特殊的行为,但这个某物已经就是以寓于世界的之中-在为根据的。认识之生成的第二个层级,是自身羁留于此在所指向的东西。这一在此在所指向的存在者那里的羁留本身是建立在上述自身指-向的基础之上的,这就是说,朝向一个对象的自身指-向一直延续到底,而在一种存在者之中的羁留就是在这个指-向的进程之内实现的。在羁留于一种存在者这个阶段,自身指-向并非已经弃而不用,相反,自身指-向一直延续不断,它预演并规定着一切其它的行为方式。在这里,自身-指向所表示的,就是(认识的)着眼方向,是理解为什么东西,是观察的"缘何而起"。

现在,在认识生成的第二级之基础上,即在一个先行被给予的存在者那里的羁留之基础上,原本的感知、分解(Auseinanderlegen)和特定意义上的解释(认识生成的第三级)才能够实现。这样的一种感知本身又构成了认识生成的第四级,即被感知者之习得,它的含义就是保藏(Verwahrung)被感知的东西。这样,整个地看来认识的进程就是如此:认识着的自身-指向作为自身羁留和感知而以一种让被感知者得到保藏的方式趋向被感知者,以致认知在已然感知之际,也就是在知识的获得之际从而也习得了被认知者——即便当被认知者没有现实地出现在认知面前时也是如此;认知将知识作为拥有物加以保藏。只有源出于此在的"去-在"这一首要的品格,以上所述的认识进程才是可理解的。但是,如果说主体竟然是某种拥有着获得了保藏的诸表象的心理之物,而我们还必须指出这些表象如何地相互一致的话,那么上面所说的认识进程就是不可理解的。

这一对被认知者的保藏性的持留(Behalten)本身,无非就是之中-在的(也就是与被认知的存在者之存在干系的)一种新的、第五种方式；而现在，由上述的第一点所刻画的之中－在就通过认识而发生了变易。

通过认知的整个阶段系列，从源本的自身指－向直到持留，只是显示了此在面向被认知者的一种新的存在姿态的增长，显示了一种已经由科学和研究所表明的存在可能性。在这里，最终重要的还是（认识）生成的方式，确切地说，第一种生成样式就先行决定了其它的生成样式，它一直保持在其它的样式之中，并且，（在认识生成的整个过程中）它本身都一直仅仅作为之中－在而先行规定着其它的样式。

此在并不是在进行指－向和进行把捉之际才越出其自身、才越出它自己被包藏于其中的内在领域，毋宁说，如果我们把此在正确地理解成以某种方式行止于已经被揭示的世界的之中－在和自身羁留那么就其含义而言，此在已经一直就是"外在地"处在世界之中了。而那种行止于有待认知的课题之中的自身羁留，也并不就是对内在领域的离弃，就好像此在以某种方式跳出了它的领域，此在不再处在它的领域中，而只是在对象那里出现。毋宁说，即便当此在处在一种寓于对象的"外在的存在"之际，在正确得到理解的意义上，它也是"内在的"，因为，作为在－世界－中－存在，它本身就是对存在者进行认知的此在。对被认知者的感知并不是这么一回事：就好像掠取性的出走带着它所赢得的战利品又重新回到了意识的"容器"里、回到了内在性里，毋宁说，在感知本身中以及在对被感知者的拥有、保藏和持留之际，认知性的此在依然是"在外的"。在对于世界的一种存在干系的认知中，以及即便在对于世界的单纯的念想里、单纯的表象里，即使我并未原本地经验到它，我也毫发未减地寓于存在者而外在地处在了世界之中，却绝不是处在一种寓于我自己本身的内在的领域。当我单纯表象起弗莱堡大教堂的时候，这并不意味着，大教堂仅仅以内在的方式现成可见地存在于表象行为之中,相反,这一单纯的表象行为在真正的和最为切合的意义上就是寓于存在者本身之中的。即使是对某物的遗忘——在其中,与被认知者之间的存在干系显然已经消失——也不外乎是"寓于某物而存在"的一种确定的变式并只有在这一寓于某物而存在的基础上才是可能的。甚至所有的梦幻与迷误——从某种程度上说,在其中还不曾获得任何与存在者的存在联系,而只是具有一种虚假的联系——也仍然只是某种寓于某物之存在的样式。

因而,基于之中-在来看,认知的整体层级结构并非就是如此:主体似乎是凭借着把捉而才始引入、才始产生出了它与世界的存在干系,毋宁说,把捉正是奠基于让某物先行得见的基础之上。这样的一种"能够看见"只是在一种"能够照面"(Begegenenlassen)的基础上才是可能的,而这一能够照面又只是在一种"总是已经寓于某物而存在"的基础上才是可能的。只有当存在者在其存在中拥有了"让一个其他的存在者(世界)照面"这一禀赋的时候,它才拥有一种把捉某物的可能性,拥有认知的可能性。认识无非就是在-世界-中-存在的一种方式,确切地讲,它还根本不是在-世界-中-存在的一种首要的方式,而是在-世界-中-存在的一种被奠基的存在方式,它从来都只是在一种非认知行为的基础上才是可能的。

在这里,我们将其作为此在的之中-在加以标揭并进一步作出了刻画的东西,就是奥古斯丁,尤其就是帕斯卡所已经认识到的那种东西的存在论基础。他们并不把那种原本得到认知的东西称之为认知,而是称之为爱和恨。所有的认知都不过是对于那些已然通过其他更基本的行为而获得了揭示的东西的一种拥有和一种实现方式。或者毋宁说,认知恰恰只是具有如下这样一种可能性:对那些在非认知的行为中源本地获得了揭示的东西加以遮蔽(Verdeckung)。

第三章　由此在的日常状态出发对此在进行最切近的阐释⋯⋯

对于那些奥古斯丁只是在某种特定的语境中、在此在的原本的认知性存在样式的意义上将其规定为爱和恨的东西,我们后面却必须将其把握为此在的一种原初的现象——当然不是单方面地、在这一(认知性)行为的限度之内去把握它。毋宁说,只有依凭对于此在的存在样式(在根本上,认知只有在这一存在样式之内才是可能的)的一种更为精到的领受,我们才能去学着理解:如果人们不是在一开始就看到了那种特有的、认知由之而得以从根本上成为可能的存在干系,那么认识自身就将完全是不可理解的。如果人们真切地理解了这一点,那么,那种基于认识论的方法从认识本身出发去说明认识的做法就总会显得荒诞不实,而这样做同样也是荒谬的:在看不到与世界的联系的情况下,去设定那种作为此在而秉有在-世界-中-存在这一根本枢机的存在者,亦即这样去设定此在:以某种方式取消了此在的根本枢机,并把那因此而失去了自身本性的此在设定成一种主体,而这样的设定就意味着对此在之存在的一种完全的颠倒,这样的设定就成了如下难题的根源所在——去阐明由一种虚幻的方式所构想出来的存在者与那种另外的、被称作世界的存在者之间的存在联系是如何可能的。为了在一个再也不成其为地基的地基上去阐明认知,就是说为了给明显的荒谬加上一种意义,那么当然就需要诉诸一种理论和形而上学的假说。

对于一切把此在的之中-在当作存在者加以解释的尝试而言,此在的之中-在永远都会是一个谜,因为此在的之中-在先天地就不是存在者。每一种解释都把有待解释者引入了各种存在干系之中。而在进行这样的解释之际,这个先行的问题一直都必须起到一种引导的作用:这一有待解释的存在者之存在是否首先得到了真切的经验,它的存在是否得到了充分的规定? 但是,此在的之中-在还并不是非得到解释不可,而是首先必须作为其本己的存在样式而获得明见并作为这样的东西而得到体认(hinzunehmmen),这就是说,它还必须在本体论上获得界定。这一工作不可以是一种暴行强施,而是恰好相反!当然,与提出这个要求相比,实现这一要求要远为艰难,尤其是难以通过一种真正的开示性的分析来实现上述要求。

在我们过渡到这样的一种分析之前,可以用一个类比来对(此在的之中–在)现象加以说明,而只要这里关系到的是这样一种存在者:我们必须(在形式上)同样地把属于此在的存在样式即"生活"归诸于它,那么这个类比自身与实事本身相距就不会太远。

我们把主体及其内在领域拿来与蜗牛在它的蜗居之中相比较。我清楚地注意到,我们不能期望,那种用来谈论意识之内在和主体之内在的理论,可以在一个蜗牛之蜗居的含义上去理解意识。但是,只要内部和内在的含义依然是未界定的,只要人们从未经验到,这个"在之中"具有何种含义,以及主体的这一"在之中"与世界之间具有哪一种存在联系,那么,我们的类比无论如何就以一种否定的方式可以比配这里的存在联系。

人们也许会说:蜗牛有时要爬出它的蜗居而与此同时又保持着它的蜗居,它要到达某种东西那里,到达食物那里,到达它在地面上所碰到的某些物体那里。那么,由此蜗牛就达致了一种与世界的存在关系了吗?不!蜗牛向外爬出只是它的已–处在–世界–之中的一种地点上的变易。即使它处在其蜗居中,它的正确地得到理解的存在也是在外的存在。它之处在它的蜗居中,并不是如同水之处在水杯中,因为蜗牛拥有作为它的世界的蜗居的内部,它所与之毗连、它要与之接触、它要在其中取暖的内部。所有的这一切都不适用于杯中之水的存在关系,而如若这些说法竟然也适用水的存在关系的话,那么基于此我们也不得不说:水秉有此在的存在样式,以至于水也拥有一个世界。但是蜗牛并不是在一开始仅仅处在蜗居里而还没有处在世界之中,还没有处在一个所谓的相对而立的世界里,它要通过向外爬出方能达致的这样一种相向的存在。根据它的存在,只有当蜗牛已经处在一个世界中时,它才能够向外爬出。它并不是通过摸爬方始获得了一个世界,而是因为它的存在无非就意味着在一个世界里存在,它才要去摸爬。

而当人们把一种认知能力归诸于它的主体时,情况也是如此。人们把主体设立为一个存在者,它被认为具有认知这一存在可能性,借此主体就被理解为一种秉有"在一个世界之中"这种存在方式的存在者。不过,在未曾理解认知在根子上所意味的东西的情况下,人们就只能盲目地进行上述设定。

现在,我们已经把关于之中–在的问题引向了一种与认知的特定的联系,因为在对自我(主体)与世界的联系的传统哲学阐明中,此在的这一存在样式都占有一种优先地位且在上述规定之际都没有获得源初的领会,更有甚者,由于这一存在样式没有在存在上获得界定,以致今天依然还是所有的混乱的源头。只是在之中–在这一现象未得到阐明的情况下,在人们未曾对之中–在加以开掘之先就使之成为了理论的时候,所谓的唯心论与实在论这两种认识论立场连同它们的各种变形及其相互调和才有可能出笼。唯心论和实在论两者都导向了一种关于主体与客体之间的存在干系的问题,具体地讲,唯心论(而逻辑学的唯心论与心理学的唯心论又是以完全不同的方式导向上述问题的)是这样导向这一问题的:它说,是主体最先创建起了与客体的存在联系。与此相对,带着同样的荒谬,实在论说:客体通过因果性关系而决定着与主体的存在联系。与这两种在根本上属于同一方式的立场相对,还存在着在一开始就把主体与客体之间的存在干系设为前提的第三种立场,例如阿芬那留斯的立场:在主体与客体之间存在着一种所谓的"原则同格"(Principalkoordination),

人们必须在一开始就把主体和客体设定为在一种存在干系中出现的东西。① 但是在这里,这一存在干系的存在样式依然是未得到规定的,而同样未得到规定的还有:就其存在样式而言,主体和客体到底意味着什么。这样的一种立场——因为它不愿面对(主体与客体的)关系问题,而想要站在唯心论一边,但同时又因为它试图保留唯心论和实在论两者所本来不具备的那种正当性,又想要站在实在论立场一边——就其意义而言一直是以理论为导向的。在目前的考察中,我们关于认知作为之中-在的一种存在样式所曾经指出的东西,以及我们关于作为一门认知现象学之课题所曾经提示的东西,就既没有站在唯心论一边也没有站在实在论一边,它也全然不属于这两种立场之中的一种立场,毋宁说,它完全站在了这两种立场及其提问方式的取向之外。

以后的考察不但还要进一步澄清认知的真切的意义,而且首先还要获得如下的洞见:就存在方式而言,认知就奠立在此在的一种原初的结构的基础之上,而认识例如只是因此才能够是真的(才能够拥有作为分明可见的述谓的真理):因为真理并非全然是认识的一种特性,相反,它是此在本身的一种存在品格。作为对之中-在这一现象的一种预先的描画,上面所作的讨论应该就已经足够了。

第二十一节 世界的世间性

现在,我们的探索就走向了对前面已经提出的、我们将其称为"世界"的那一结构的开揭。我们要问:"世界"[世间性与预期的当前(gewahrtigende Gegenwart)-当前状态-预期状态]所意谓的是什

---

① R. 阿芬那留斯:《人的世界概念》,莱比锡,1891 年,第三版,1921 年。

么？世界一词表达出了现象上的一些什么样的构成成分（Bestände）？

a）世界的世间性就是让此在能够与之际会的那个"其间"

根据我们就此在的存在作为之中－在所说过的内容（这一之中－在并不表示某种空间性的相容），在形式上我们至少也可以照此说道：世界就是此在之存在所在的其间（Worin）。相应地，这一"其间"所指的就不是一种空间性的包容；如果世界被把捉为以上所指明的之中－在所属的其间，那么空间性的包容状态无论如何都不能构成世界的首要特性。不过，空间性或更确切地说场所性对世界的存在还是起着一种特出的、构成性的作用。在实存状态的意义上，"世界"是一种显然不等同于那存在于其中的此在本身的存在者，而是此在必须寓于其中才秉有自身之存在的存在者，是此在所趋向的存在者。如同先已表明的那样，这一趋向（某物）的存在、趋向世界的存在具有操持的特性。这一以各种不同的方式和可能性处在世界之中的对世界的操持，我们可更确切地把它规定为与世界的打交道（Umgang）。在与世界的打交道中，生成着当下切己的在－世界－中－存在，也就是生成着此在。

当我们联系到之中－在而把世界标识为其间的时候，那么，就操持性的打交道所参与其中的东西而言，现在世界就要基于之中－在这一存在方式而被看作打交道。在这样的一种与世界的打交道中，此在总是已经发现了他的世界，而这一发现并非一种理论式的把握。这一"已经寓于某物"就是操持性的牵挂（Sorge）。作为与世界的操持性的打交道，此在能够际会（begegenen）他的世界。作为此在的基本样式，操持让际会成为可能。通过这样的一种际会世界的可能，此在开显出了世界。所有的作为操持的存在样式之一并基于操持而构建起来的认知,仅仅只是在解释所开显出来的世界中,进而在操持的基础上产生的。在这里当然就显出了一种固有的联系。最初经验到的世界越是成为远离世间的(entweltlicht)(如同我们后面将要讲到的),就是说最初经验到的世界越是成了单纯的自然,那种依附于世界的(例如在物理的对象属性含义上的)单纯的自然 - 存在越是获得发现,认识行为越是沿着这一路线去进行发现,那么认知本身就将更加适宜于去作出展示与发现。而认知本身是在数学中才赢得了对存在者之发现的凯旋。事实上,在数学这里我们才看到认知成为了一种致力于发现的认知,尽管在这里(如果人们正确地加以看待的话)认知也并没有在一种彻底的和最终意义上作出发现。

操持性的在 - 世界 - 中 - 存在本身就是那种让世界得以照面的方式。我们实在还背负着太多的由理论和意见以及由一种特定的自然式见解(而这些都具有它们的权利)所导致的包袱,以致我们不能看到:非理论行为恰好就是那种不但揭示着世界,而且揭示着此在本身的东西。作为此在的存在枢机,牵挂揭示着世界。

当我们探询世界的现象结构时,也就是在探询这样的一种存在方式:通过此种方式,那名为世界的存在者得以自行地显现为际会之物(Begegnende);也就是在探询那经由操持所打开的际会空间而得以照面的存在者之存在。如果说,世界在日常的此在之中是可以显现自身的,世界基于日常的此在而已经得到了揭示且是可揭示的,那么,"世界"这一存在者的际会结构就不是作为某种见解方式的混合物(Konglomerat)(主体正是借助于它才套上了一件客体的外衣),这一际会结构并非作为质料的世界所附带的形式,毋宁说,存在者的际会结构就是世界之存在本身的际会结构。这一名为世界的存在者(现在我们就将对其加以揭示)所秉有的存在品格,我们在术语上就将其标揭为世间性(世间、世间境界,Weltlichkeit),以此来避免那种关于"世间性"之认识的蔽而不明，也就是不把世间性理解成存在者所具有的存在品格，而是将其理解为此在所具有的存在品格，而正是通过并连同作为此在的存在品格，它才成其为存在者的存在品格！

规定世界的世间性，这指的只是：对存在者的源出于其本身的际会方式从结构上加以开掘（而就此在所秉有的作为之中–在的根本枢机而言，此在就存在于这一存在者之中）——简而言之，对世界这一存在者之存在结构加以开掘。对世界之世间性的现象学解释，指的并不是对世上物(Weltding)的外观的叙事性描述，它并不去描述例如山岳、河流、房屋、楼梯、桌子等等这类东西的实在的存在，以及这些东西有着一些什么样的性状。即便我们能够去一一陈述所有的世上之物，我们也永远不可能达到对世界意义的把握。在所有的这种罗列之际，在对某一世上物的外观进行描述之际，在对众多事物间的联系分别加以描述之际，我们总是在一开始就已经把它们当作"世上物"了。在这里，重要的并不是所有的那些可以在世界上出现的东西，要紧的倒是这样的世上物和所有的这类存在者所具有的存在方式——这就是一种使之中–在能够照面的存在可能性即所谓的"其间"，要紧的是出自那种[qua(取道于)之中–在的]此在之存在而对世间性加以超越的显示，至关紧要的不是对世上事件的记叙性报道，而是对世间性的解释，此一世间性决定了一切作为世上物事而出现的东西的特有的方式。

我之所以特意如此紧迫地强调问题的本来意义，这就是因为：关于世界之存在结构的问题，关于世界的世间性问题，完全不是那么显而易见。确切地说，就原初地把捉世界之存在这个尝试而言，人们目前还不可能轻易地赢得正确的起点。毋宁说，我们将要看到，迄今关于世界之存在的哲学考察，已经就是完全地由若干十分确定的前提所引导的：这些前提既关系到世界的一种源初的把捉方式之可能性，也关系到世界所必定具有的存在的意义。我们将要尝试，置所有的这些本末倒置的前提于不顾，按照此在在日常的与世界打交道中所显现的那样，去阐明世界的世间性，以便由此而得以理解：这一直接被给予的世界，是如何地基于某些特定的动因（此动因部分地就存在于世界本身之内）而能够在世界本身的某些特定的方向中被揭示为自然，而这一揭示或解释是特别地由自然科学所作出的。

b）寰世的世间性：寰围，由世间性所构成的"寰"的原初空间特性

下面，我们就将着眼于世间性——亦即着眼于那规定了所有作为寰世物的物事特性的结构，去探察作为寰世（Umwelt）的世界。世界的世间性，即"世界"这一存在者所特有的存在，是一个专门的存在概念。相对于传统的关于外部世界之实在性的问题，有必要确定的是：我们现在所探询的乃是世界的世间性，也就是世界在日常切近的操持中所当下呈现的那种本来面目。我们探询世界，探询那个在打交道之际得以照面的世界，也就是探询寰世，更确切地说是探询寰世的世间性。通过特别地探询世间性的一种特性［寰围（Umhafte）就是据此特性而得到显明的］，我们就在世界的世间性的层次结构中确立了真正意义上的场所（Ort）与空间（Raum）的合法性。由此，我们也就指出了关于寰世的世间性分析的内容划分：一方面是一般寰世的世间性，另一方面是作为世间性构成要素的世界之寰围。

即便是此在的牵挂与操持性的打交道所首先羁留于其中的寰世间（Umweltlichkeit），即存在者的存在，也不能被理解为一种源本的空间。只要人们还是在测量学空间维度的意义上，在几何学空间的意义上去规定空间的，那么这里的"寰围"和"周遭"（Umherum）就不可首先从空间上去加以领会，而且在根本上它也不是空间性的。但

另一方面，对于空间性的不断的抵制（在确定之中－在之际，在对世界的特性描述之际，更多地是在对寰世的描述之际，我们都要被迫进行这种抵制），拒斥空间性的某一种特定含义的持续的必要性，就表明了这样一种情况：在所有的这些现象之中，像空间性这样的东西仍然在某种意义上起着作用。事实上就是如此。而正是因为如此，下面这一点就是关键性的：我们在一开始就不要错失对于这一空间性之结构的追问，就是说，我们不能从一种特殊的几何学的空间性出发，而这种几何学的空间性只是源出于世界的最原初而源本的空间才得到了揭示与裁切的。由于我们要达到的是对世界的原初意义的理解，所以我们首先就要与那种特定的测量学空间意义上的空间观念保持距离。与这种空间观念相反，毋宁说我们恰好就是要去探知测量学空间的意义，去探知那些发源于原初的空间性的测量学的空间属性的特定的变种。但我们首先和首要地必须理解的是世间性的意义。因此，以下的两方面内容就标明了我们关于世界的世间性结构之考察的内容轮廓：第一是一般寰世的空间性，万物显形的为了作（Umzu）即境遇（Bewandtnis），第二是寰围（Umhaft），即作为世间性之构成要素的"寰"（Um）这一源本的空间性。

上面的划分已经指明了我们的分析所需着眼的首要方向，就是说，即便在我们分析空间和空间性的时候，我们也必须在一开始就已然理解世间性的意义。据此，上面的内容安排同时就已经蕴涵了对传统的那种对于世界的实在性即世界的世间性之解释方式的原则性批判——如果说，人们一直都在进行着这样的解释并将其当作明确的任务加以执行。

第二十二节　以笛卡儿为例表明传统哲学跳过了世界的世间性问题

恰如我们前面所作的那样,现在,我们的探索将要如此进行:首先尝试禁止性地、防护性地限定现象的视野,也就是排除那种不能引导我们去看到本原现象的着眼方向。在目前对于世界的世间性的分析中,这一点尤其显得重要,因为,不仅是在今天,也不仅是从近代以来,而且某种意义上就是在希腊人那里,世界之存在的结构问题都总是被当成自然之存在的结构问题而被提出,以致我们所掌握的那些首先为了描述世界之存在的所有概念,就是因循那种适用于作为自然的世界的探究方式而产生出来的。而在对世界进行一种源本的分析之际(这样的分析并不把自然设定为原初的东西),就概念上而言以及更多地就表达上而言,我们都将处于一种完全的困境之中。

对作为世界的存在者之存在进行规定的极端的反例,既就方法而言也从结果而言,是由笛卡儿所表述出来的。一方面,他接受了那些关于世界之存在的各种规定——如同这些规定通过中世纪以及进而通过希腊哲学向他所示范的那样,而另一方面,通过他的那种追问世界之存在的极端的方式,就预先勾画出了所有那些后来在康德的《纯粹理性批判》和其他著作中所浮现出来的问题——就此两方面而言,凭借其对于世界之存在的分析和规定,他就处在了这一(关于世界之存在)问题的发展中的一个富有特色的位置上。

当笛卡儿一般地追问一种存在者的存在时,他就是在传统的意义上追问实体(Substanz)。当他谈论实体时,他通常是在严格的意义上谈论实体性(Substanzialität),而实体性是一种特定的存在方式,确切地讲,它是一个存在者在根本上所能够达至的特出而基本的存在样式。这样,那些具有实体性之存在样式的存在者,即最广泛意义上存在着的物事,就是诸实体。在这里,不仅从表达和概念上看,而且就课题内容而言,笛卡儿都是在追随经院派以及进而在根本上追随希腊人对存在者所做的追问。"substanzia"(实体)这一表述意味着两方面含义:一方面它指的是具有实体之存在样式的存在者本身,同时它还指与我们的如下区分相应的实体性:一方面是作为世上之物事的世界;另一方面是作为世界之存在方式的世间性。但在指出这个对应的时候,我们恰好必须强调的是:世间性的意义与实体性的结构在根本上是各不相同的。Per substantiam nihil aliud intelligere possumus, quam rem quae ita existit, ut nulla alia re indigeat ad existendum.①——我们只能把实体理解成这种东西——它"存在"于这样的一种方式之中,以致它为着去存在而无需其他的存在者。实体性指的是现成可见性(Vorhandenheit),它本身并不需要一个其他的存在者。严格地讲,一个res(存在者)的实在性,一个实体的实体性,一个存在者的存在,它们所指的就是:在无需他求意义上的现成可见状态,它无需一个造作者,或无需一个保持和带有被造性质的存在者。... substantia quae nulla plane re indigeat, unica tantum potest intelligi, nempe Deus.②——唯一地满足以上所说的那种实体性的意义的存在者,只有上帝。换句话说,"上帝"就是这样的存在者之名号:在其中,一般存在的观念就在真正的意义上得到了实现。在这里,"上帝"完全成了一个纯粹本体论的概念,而由此它也被称为ens perfectissimum(完满的存在者)。在这一关于上帝之存在的规定中,完全不包含任何宗教的特征,相反,上帝仅仅单纯地成了这样的存在者的

---

① 笛卡儿:《哲学原理》,第一卷,第51条原理,第24页以下。C. 亚当和 P. 坦列瑞版,第八卷。

② 同上。

称号：依凭这一存在者，我们得以原本地面对那种与作为现成可见状态的存在概念相符合的存在者。据此，上帝就是那种在所谓"原本"的意义上系出于存在的唯一的存在者（即唯一的实体）。而在如此论说"ens perfectissimum"（完满的存在者）的时候，作为其前提背景，当然就存在着一种完全具体的关于"ens"（存在者）和"存在"的概念，而在这一点上，与那些揭示了存在的希腊人相比，笛卡儿却未曾明确地有所意识。

Alias vero omnes, non nisi ope concursus Dei existere posse percipimus.①——根据实体性本身的意义，我们清楚地理解，所有其他的存在者都只有借助于上帝的一同存在而存在（或者说，这些存在者都要仰求上帝的一同存在）。所有非上帝的存在者，据其含义都是需要造作和需要维持的，而那些 qua（出自）上帝的存在者之现成存在则秉有上面所说的那种无需求性的特征。由此，就其现成存在而言需要受造和需要维持的存在者，就是从出于原本存在而获得理解的"ens creatum"（受造的存在者）。

严格地讲，在某种意义上人们只能把"实体"这一术语归诸于上帝。但是，只要我们把受造的存在者也称作存在，那么，在对非受造者的存在特征进行描述时，所使用的就是那用于描述受造的存在者之存在特征的同一个存在概念，这就是说，以某种方式，我们也能够把受造的存在者叫做实体。Atque ideo nomen substantiae non convenit Deo et illis univoce, ut dici solet in scholis, hoc est, nulla ejus nominis signifficatio potest distincte intelligi, quae Deo et creaturis sit communis.②（如同经院学派的人士所说，"实体"这个词并不是单义地运用

---

① 笛卡儿：《哲学原理》，第一卷，第 51 条原理，第 24 页以下。C. 亚当和 P. 坦列瑞版，第八卷。

② 同上。

第三章　由此在的日常状态出发对此在进行最切近的阐释……　237

于上帝和其他的事物;这即是说,我们不可能清楚地理解,"存在"这一名称竟然具有一种对于上帝和受造物的共同含义。)——如同经院派的人们即中世纪的人们所说,实体性意义上的存在、无需其他的存在者的、具有现成存在之样式的存在,并不是在同一种意义上运用于上帝与受造之物的。当一个概念的含义内容,即当此概念所意谓的、用它所谈论的东西所指的是同一个意思时,那么这个概念就是单义的(univok)(ομωνυμον)。例如当我说"上帝存在"和"世界存在"时,虽然我在两个句子里都说出了存在,但我在这样说时所指的却是不同的意思,那么,"存在"这个用语就不是在同一个含义上、不是单义地进行意指;因为,假如它们所指的是同一个意思的话,那么我就将或者用存在而把受造者表示成了非被造者,或者把非受造的存在上帝降格到了受造者的地位。按照笛卡儿,由于这两种存在者之间有着无限的差异,所以用于这两种存在者的"存在"这一表达,就不是在同一个含义上使用的,它不是单义的,而是类比的(实际上这就是经院学派对此所作的表述,但笛卡儿在此并没有专门指出这一点)。我只能把上帝和世界类比性地当作存在者进行谈论,就是说,只要存在的概念一般地被运用于所有可能的存在者的多种多样的类型之中,那么它在根本上就具有一种类比概念的特征。亚里士多德首先发现了属于存在意义的这一类比,与柏拉图关于存在概念的见解相比,这一发现带来了一种实质性的进步。

在我们使用"上帝的存在"与"世界的存在"之际,这里的存在概念到底是类比的还是单义的,而它又是在哪种意义上是单义的? 这个问题曾经在中世纪,特别是在中世纪后期起过很大的作用,而沿袭这条路线的整个有关上帝与世界的存在之规定的问题,也消极地影响了路德的整个神学的发展。在"上帝存在"和"世界存在"这两个陈述中,"存在"所指的意思并非如同笛卡儿就此所指出的:...nulla ejus nominis significatio potest distincte intelligi, quae Deo et creaturis sit communis.①(我们不可能清楚地理解,"存在"这一名称竟然具有一种对于上帝和受造物的共同含义。)——当人们作出这两个存在陈述时,他们不能清楚地看到:这样的陈述所指的是两个相同的东西。显然,从这里的这一表述来看,笛卡儿在根本上还远逊于中世纪的洞见,在这一方向上,中世纪的人们有着更为敏锐的探察。

现在,仍然可以被我们在某种意义上说成是实体的两种存在者,无论如何都是 substantiae creatae 即受造的实体,是在特定的意义上无求于上帝之存在的受造的实体或存在者——如果我们忽略不顾它们在其一般现成存在方面之获得产生与获得维持的与众不同的需要的话。如果我们不顾这一作为受造者的对于受造之存在的需要,那么在受造者的范围之内还是存在着一些这样的东西:在某种意义上我们可以称之为无求于他者的东西,即 substantiantia corporea(物体的实体)和 substantia cogitans creata sive mens(创造性思维或精神的实体),一方面是物体的世界,简短地说就是世界,另一方面是 mens、精神、"意识"。这两种存在者都是这样的存在者: que solo Dei concursu egent ad existendum(它们的存在都仅仅只是需要上帝之共同存在)。② 如果说它们最终都是需要存在的,那么从一个方面看则它们唯一地只是需要上帝之同时存在,从另一方面看它们就是无需其他任何存在者的,这就意味着:以某种方式,它们就是实体,或者说它们是有限的实体,而上帝则是 substantia infinita(无限的实体)。

我之所以有意在一定程度上给出笛卡儿的存在学说之推导的层次步骤,是因为据此就可以看到,他的整个的关于世界之存在的考

---

① 笛卡儿:《哲学原理》,第一卷,第51条原理,第24页以下。C. 亚当和 P. 坦列瑞版,第八卷。

② 同上,第52条原理,第25页。

察,都是依据一种预先给定的关于存在的学说背景而构造起来的。这里的问题在于:一种存在者是通过什么和以怎样的方式得到把捉的?笛卡儿说,(存在者)是通过属性(Attribute)而得到把捉的,而属性所具有的内容自身就将显明那原本的存在者。在这一上下文中,还紧跟着一个重要的评论,而人们还不能轻易地穷尽这个评论的意义,我们在一开始也不能对它加以深入的探究。

笛卡儿说:Verumtamen non potest substantia primum animadverti ex hoc solo, quod sit res existens, quia hoc solum per se nos non afficit...①(但是存在者不可能仅仅出自它的存在这个事实而获得源本的揭示,因为单凭此一事实本身还不能引起我们的感应。)——那种原本地存在的存在者,实体、上帝,不能够首先仅仅根据它之是存在着的东西这一事实而获得把捉。据此,我们恰好就不能首先着眼于其存在方式而去把捉存在者。我们不能够以这种方式去直接地通达一种存在者的存在。Quia hoc solum(因为一种存在者的存在是全然守身自持的),per se nos non affict(不能由其自身而对我们产生"刺激")。因而笛卡儿说,在我们面前并没有一条基本而源始的切入存在者之存在本身的通道。而笛卡儿在这里用"一种纯粹守身自持的存在者之存在不对我们产生刺激"所表达的意思,后来康德就简单地将其表述为"存在不是真正的谓词",就是说存在不是那种通过某一(刺激)接受和感应(Affektion)的途径而获得把捉的被给予的事实。由于我们恰好没有能力源本和孤立地去把捉存在者的存在,而总是首先把持到一种存在者的是什么,用希腊人的话说就是 ειδοσ(本相)、存在者的外观,因此在把捉原本的存在者之存在的时候,我们也就必须从属性出发,因为存在者的性质与存在就是通过属

---

① 笛卡儿:《哲学原理》,第一卷,第52条原理,第25页以下。C. 亚当和 P. 坦列瑞版,第八卷。

性呈显出来的。这一特有的命题——我们不可能在存在者中经验到自为的存在,因为它不对我们产生刺激——也许是对于我们称之为世界的那种存在者之存在的最为敏锐的界定(但笛卡儿本人并不知晓这种敏锐性,而康德在他的论题中对此也未必是彻底地了然的)。在一种完全形式化的意义上,上述命题所指的就是:世界的存在本身不对我们产生刺激。当然,这一感应的概念需要一种实事上的说明,而这一说明本身似乎又必须依赖于一种对于我们本身所是的存在者的一种先行的和充分的存在分析。确实存在着一种恰好且只有首先依据其存在而方可得到把捉的存在者——如若我们要在哲学上对此加以理解的话,那么我们还得说:这一存在者就是那必须通过上述方式而得到把捉的存在者。

按照笛卡儿所采纳的从属于希腊存在论的理解方向,简短地讲,为着把捉存在者的存在,我们就需要先行地以一种属性为参照、以一种关于存在者各自所是的东西之界定为参照。与我们在其中接纳这个问题的语境(Zusammenhang)相应,现在我们将把我们的讨论限定于两种受造的存在者中的一种,即限定于 res corporea(物体的存在者,物体)。这是因为我们首先想要了解的是:笛卡儿是如何规定世界的存在的。

我们能够根据物体的首要的属性而把捉物体的存在,所谓首要的 proprietates(属性)就是存在者作为此一存在者所总是秉有的东西、那在一切变易中保持不变的东西。Et quidem ex quolibet attributo substantia cognoscitur; sed una tamen est cujusque substantiae praecipua proprietas, quae ipsius naturam essentiamque constituit, et ad quam aliae omnes referuntur.①(实体是通过某一属性而为我们所知的;对每一实

---

① 笛卡儿:《哲学原理》,第一卷,第 53 条原理,第 25 页以下。C. 亚当和 P. 坦列瑞版,第八卷。

第三章 由此在的日常状态出发对此在进行最切近的阐释…… 241

体而言,都存在着一种首要的、构成了该实体的类别和本质的属性,而所有其余的属性都归属于这个首要的属性。)——对每一实体而言,都存在着一种突出的属性,一种突出样式的"是什么之规定"(Wasbestimmung),而此一规定就决定了存在者的种类,构成了基于上述属性本身的存在者之存在,所有其他的关于存在者的是什么之规定都必须回溯到这一突出的是什么之规定才能够得到说明——这是一种在其他的一切规定中都已经必不可少地同时包含着的关于存在者的规定。对每一实体而言,都存在着一种明显的是什么之规定、一种明显的秉性(Eigenschaft)。Nempe extensio in longum, latum et profundum, substantiae corporeae naturam constituit…①——就长、宽、高而言的广延,就构成了我们称之为"世界"这种实体的原本的存在[natura substantiae(实体的本性),也就是实体性——这一存在者的现成可见状态,此现成可见状态构成了实体的常驻的存在(Immersein)]。

世界的实在性,世界的原本的存在,是通过 extensio 即广延而构成的。Nam omne aliud quod corpori tribui potest…②(所有其他的我们可以将其划归为世上物的那些存在者),extensionem praesupponit(都是以广延为条件的),并且因此而 estque tantum modus quidam rei extensae(仅仅只是广延性的一种样式、一种方式),例如 divisio(部分),figura(形态),motus(运动)。所以,例如 figura 即世上物的形态,nonnisi in re extensa potest intelligi(就不可以被"理解"为处于广延的视界之外的东西),nec motus(因而运动),nisi in spatio extenso(就不可以被理解为处于有广延的空间以外的东西)。Sed e contra

---

① 笛卡儿:《哲学原理》,第一卷,第53条原理,第25页以下。C. 亚当和 P. 坦列瑞版,第八卷。

② 同上。

（但与此相对照），potest intelligi extensio sine figura vel motu（反过来，在形态和运动没有同时获得把捉的情况下，广延也完全能够得到把捉），换句话说，extensio 即广延是这样的一种关乎世界这一存在者的存在规定：它是在一切其他的规定之先就必须具有的规定，凭此其他的存在规定才能够成其为存在规定；简而言之，空间乃是先天的东西。

在这里，已经十分清楚地预表出了康德的提问。而关于另外的实体、关于 res cogitans（精神的实体），笛卡儿也作出了与他在《原理》的第一部分就作为 substantia corporea（物体实体）的 substantia creata（被造实体）而进行的同样的规定。

到此，广延就被等同于那原本地规定了存在，也就是规定了（物体）这一存在者之实体性的东西。那么，一方面，现在笛卡儿将怎样规定并辩护作为 res extensa（广延实体）的世界之存在？另一方面，笛卡儿由之而达到的这一关于世界的存在规定的根据是什么？那使得世界的世间性得以通达的源本的经验方式又是什么？通过回答这些问题，我们将要表明，经由笛卡儿本人，关于世界的实在性问题、关于世界的世间性问题是怎样地被挤压到了一个完全特定的方向，在这个方向上，他就能够经过修正而在概念上重新接受所有的那些来自传统的用以去规定世界之存在的范畴，这些范畴是希腊人为了规定世界的存在而创制出来的。这种对传统范畴的修正性接受的过程，一直延续到了黑格尔的《逻辑学》之中。

如果我们将这里的意思作完全极端的表示的话，那么就可以说，由上帝出发，笛卡儿赢得了其关于世界之存在的规定，在这里从而也赢得了关于自然之存在的规定；而在后来的哲学家那里，甚至即使有了康德的影响，情况也依然如此。就其范畴上的特殊的功用而言，上帝在这里就应当被理解为本体论的概念，以致在它的存在中就体现

第三章　由此在的日常状态出发对此在进行最切近的阐释…… 243

了存在的意义,而这个存在的意义就以一种推演的方式无所不在地运用于各个不同的存在领域。在笛卡儿这里,在其着眼于本原的实体、着眼于 substantia infinita, deus(无限的实体,上帝)而对 res cogitansres(精神实体)和 res extensa(广延实体)这两种实体所作的方向性规定中,存在意义的这一来龙去脉变得特别地清晰可见。虽然笛卡儿说,对于上帝的原本的基本规定正好就是 perfectio(完满者),或者说 perfectio entis(完满的实体),即本原的存在自身,但他另一方面也同时强调,我们恰好没有能力首先就其本身而去经验上帝的这一存在,故此,对我们而言,不管是无限的实体还是有限的实体,都是通过属性才成为可会通的。Quin et facilius intelligimus substantiam extensam, vel substantiam cogitantem, quam substantiam solam...①诚然,比起单纯的实体来,我们更容易认识那有广延的实体或者思维的实体、带有意识的实体……ommiso eo quod cogitet vel sit extensa,——而(在认识之际)却并不顾及其为思维的实体还是有广延的实体。在这里他又重新强调,只要实体性与实体 ratione tantum(只是在理性面前)才有着分别,只是凭着眼方式才有着不同,以至于我们不可能在实体与实体性之间实在地作出分离,那么我们就只能非常艰难地认识实体的实体性。就此而言,上述的两种实体就是通过 proprietas 即属性而被给出的。物事世界最为首要的特性就是广延,而关于世界的所有其他的规定,如 figura(形态)和 motus(运动),都是奠基在这个特性之上的。只要把这个属性当作一个范型(Modi)来理解,人们就能够看清,就同一个物体而言,在其总的数量、它的全部广延保持不变的情况下,其维度的分配方式是可以不断地变换的... unum et idem corpus, retinendo suam eandem quantitatem, ...: nunc scilicet

---

① 笛卡儿:《哲学原理》,第一卷,第63条原理,第31页以下。C. 亚当和 P. 坦列瑞版,第八卷。

magis secundum longitudinem, minusque secundum latitudinem vel profunditatem, ac paulo post e contra magis secundum latitudinem, et minus secundum longitudinem.①……在保持同一数量的情况下,一个物体可以以不同的方式被延展,它可以在长度上伸展得多些,在宽度和高度上伸展得少些,而后又在宽度上伸展得更多而在长度上伸展得更少,在作这样的维度上的和维度数上的变更时,(物体的)总的数量依然还是保持不变。在此就显明了笛卡儿所说的意思:在物体的形态发生变易之际,物体的自身同一保持不变。因为(按照古代的存在概念)那原本地存在的东西就是常存的东西,又因为extentio(广延)就是那种在一切的形态变换之中一直保持不变的东西,所以广延就是物体当中的原本的存在。

...Itemque diversos modos extensionis, ut figures omnes, et situs partium, et ipsarum motus, optime percipiemus, si tantum ut modos rerum quibus insunt spectemus...②[如果我们把这些广延的样式和与之相关的因素就简单地看作它们所依附于其上的物体之样式的话,……我们就将以类比的方式对不同样式的广延和一切与广延相关的因素(比如所有的形态、各部分的位置,以及它们的运动)作出最原本的理解。]——当我们把捉和规定了依附于物体的一切与广延有关的东西时,我们也就最原本地把捉了物体,从而也把捉了运动;显然,etquantum ad motum, si de nullo nisi locali cogitemus...——③唯有当我们将运动理解为眼目所见的位置变换时,我们才能够把捉运动。ac de vi a qua excitatur... non inquiramus.④——然而,我们并没有就

---

① 笛卡儿:《哲学原理》,第一卷,第64条原理,第31页以下。C. 亚当和P. 坦列瑞版,第八卷。
② 同上,第65条原理,第32页。
③ 同上。
④ 同上。

第三章　由此在的日常状态出发对此在进行最切近的阐释……　245

下面这一点进一步加以追问:以某种方式,引起并推动这种位置变换的力到底是什么?

笛卡儿知道,他的关于物体的规定恰好是把力(用我们今天的术语说,就是"能量")排除在外的,然而力这种现象则为后来的莱布尼茨提供了一个理由,使他能够凭借一种引进了 vis(力)的理论体系而对笛卡儿关于自然之存在的规定提出一种根本的批评。

Satis erit, si advertamus sensuum perceptiones non referri, nisi ad istam corporis humani cum mente conjunctionem, et nobis quidem ordinarie exhibere, quid ad illam externa corpora prodesse possint aut nocere;①笛卡儿说:如果我们能够看到:sofern er eine conjunctio corporis cum cum ment ist(就人是意识与身体的一种联结而言),感官的感知,即保障我们的感官有所收获的经验方式仅仅是与人相关联的,那么,这对于我们把捉自然的原本的存在而言,就已是足够的了。如果我们注意到:ordinarie(按照通常的次序),据其最本己的意义,"按照通常的次序",感官(Sinne)并没有告诉我们世界是什么,而仅仅告知我们 die externa corpora(外部的物体)、世界、外部物体对我们有着什么样的用处或危害,prodesse possint aut nocere(那么这就足够了)。他说,感官在根本上不具有一种知识的或知识传达的功能,毋宁说,在一种特别的意义上,它只是在身体的或作为一有机生命的整个人的维持方面起着作用。在这里,人们本来还不能说"有机的",因为众所周知,笛卡儿就是把人看成了一部机器,他的极端的自然概念转用到了有机的、动物式生命的身上。...non autem...nos docere, qualia in seipsis existant.②——就其自身而言,物体究竟是怎样的,对此

---

① 笛卡儿:《哲学原理》,第二卷,第 3 条原理,第 41 页以下。C. 亚当和 P. 坦列瑞版,第八卷。
② 同上,第 41 页以下。

感官没有给予我们任何指点。Ita enim sensuum praejudicia facile deponemus, et solo intellectu, ad ideas sibi a natura inditas diligenter attendente, hic utemur.①——一旦我们认识到一般感官在根本上不具有知识的功能,我们就能轻易地将它和它的成见抛开而仅仅依赖于 intellectio(理性)、依赖于纯粹理性知识。现在我们看到,这一点就已经明白地说了出来:趋向世界之真实存在的唯一可能的理解方式,就在于 intellectio(理性),在于 λογοσ(逻各斯)。

相对于 sensatio(感性),intellectio(理性)具有一种根本的优先性。Quod agendes, percipiemus naturam materiae, sive corporis in universum spectati, non consistere in eo quod sit res dura, vel ponderosa, vel colorata, vel alio aliquo modo sensus afficiens: sed tantum in eo qudo sit res extensa in longum, latum et profundum.②——如果我们注意到这一点,我们就会看到,物质的、物体的原本的本性(Natur)、原本的存在并不在于:物体是某种有着硬度、重力、颜色等等这类性质的东西,毋宁说,它的存在、它的本性唯一地在于:它在长、宽、高几个维度上是广延地存在的。当笛卡儿强调这一点的时候,他不仅是在尝试以感性知觉对世界的客观化把捉中的适应性为据而对感性知觉提出批评,并且同时也借此指明了:像 durities(硬度)、pondus(重量)、color(颜色)这些规定,它们在一定程度上可以从物体的存在推想出来(weggedacht),而这样的推想并没有使物体的存在发生任何意义上的变化。Nam, quantum ad duritiem, nihil aliud de illa sensus nobis indiciat, quam partes durorum resistere motui manuum nostrarum, cum in illas incurrunt. Si enim, quotiescunque manus nostrae versus aliquam

---

① 笛卡儿:《哲学原理》,第二卷,第 3 条原理,第 41 页以下。C. 亚当和 P. 坦列瑞版,第八卷。
② 同上,第 42 页以下。

partem moventur, corpora omnia ibi existential recederent eadem celeritate qua illae accedunt, nullam unquam duritiem sentiremus. Nec ullo modo potest intelligi, corpora quae sic recederent, idcirco naturam corporis esse amissura; nec proinde ipsa in duritieconsistit. Eademque ratione ostendi potest, et pondus, et colorem, et alias omnes ejusmodi qualitates, quae in material corporea sentiuntur, ex ea tolli posse, ipsa integra remanente: unde sequitur, a nulla ex illis ejus naturam dependere.①（因为在硬度方面，感官向我们所显示的无非就是具有硬度的物体的那些阻抗着我们手的运动的部分。但是，假如每当我们的手朝向物体的某些部分运动的时候，整个物体都以一种与我们的手的运动相同的速度抽身而退，那么我们就将永远也不会感知到任何硬度。然而这并不说明：如此地抽身而退的物体因而就失去了它的作为物体的本性；因之就可以说，物体的本性并不是由硬度所构成的。按照同样的理由，我们还可以表明：像重量、颜色以及其他的这样一些由感官所感知到的物体性质都可以从物体那里移走而物体本身依然能够保持完整——由此我们就可以推论：物体的本性并不依赖于以上所举出的任何一种性质。）重量、重力、颜色、硬度可以从物体推导出来，但在这样做时并没有使物体的原本的存在有所增加。这一点就意味着：物体的本性并不依赖于重力、颜色、重量和硬度。

为了说明这一点，笛卡儿举出了一个关于硬度的例子：他说，当一个物体例如对手的触摸产生阻抗时，我们就感知到了硬度。他说，现在我们可以假定，作为有延展的自然物，它具有这样一种运动速度，这种速度刚好是我用手向正待要触摸的物体伸过去的速度，这样一来，在有待触摸的物体与运动着的手有着相同的运动速度的情况

---

① 笛卡儿：《哲学原理》，第二卷，第 3 条原理，第 42 页以下。C. 亚当和 P. 坦列瑞版，第八卷。

下,我就永远也触摸不到物体。于是——笛卡儿说——当我假定世界以这样的速度经过时,就不存在什么矛盾,而如果这个假定并非荒谬的话,那么这就恰好表明:触摸和阻抗进而硬度并不属于物体的存在。在这里,人们可以清楚地看到,一种像触摸这样的切入世界的通达方式(它代表了一种非常初级的通达世界的方式),是如何在一开始就被笛卡儿泛泛地解释成了一种自然的过程,就是说,他根本不是将触摸的现象上的实情(Bestand)归结为关于某物的经验,而是在一开始就把触摸机械地解释成了在"名之为手的一种物切近另一种离他而去的物的运动"这个意义上的自然。他在一开始就没有把持住(触摸的)现象上的实情,或者不如说他故意隐瞒了这种现象上的实情——就其最终必须把它泛泛地解释成有待触摸的东西与进行触摸的东西之间的这种机械的运动关系而言,他其实是已经见出了这一实情的。

而莱布尼茨试图经由一条另外的途径表明:通过 extensio(广延)并仅仅从广延出发去规定物体的存在,这是不可能做到的(关于这条途径,我们这里就不想作进一步的探讨了)。在其《原理》第二部的结尾[就在这个地方,从根本上展开了关于 extensio(广延)、spatium(空间)、locus(位置)、vaccum(虚空)等等这类东西的结构],笛卡儿以如下的话来总结他的见解:Nam plane profiteor me nullam aliam rerum corporearum materiam agnoscere, quam illam omnimode divisibilem, figurabilem et mobilem, quam Geometrae quantitatem vocant, et pro objecto suarum demonstrationum assumunt...[1]我公开坦承,除了那些从所有的方面看都是可分割成部分的、具有形态的和在位置上可以变动的对象属性以外,我不承认物体还秉有其他的对象属性。这也

---

[1] 笛卡儿:《哲学原理》,第二卷,第64条原理,第78页以下。C. 亚当和 P. 坦列瑞版,第八卷。

就是几何学家、数学家称之为数量而数学家将其看作他们的证明的唯一对象(pro objecto)的那些规定……ac nihil plane in ipsa considerare, praeter istas divisiones, figures etmotus; nihilque de ipsis ut verum admittere, quod non ex communibus illis notionibus, de quarum veritate non possumus dubitare, tam evidenter deducatur, ut pro Mathematica demonstratione sit habendum.①关于世界的本性,除了那些基于extensio(广延)、figura(形态)、motus(运动)这些普遍的概念而在数学上能够得到证明的东西以外,我们就不能把其他的东西纳入我们的注意,不能将其他的东西看作是真实的。Et quia sic omnia Naturae Phaenomena possunt explicari, ut in sequentibus apparebit, nulla allia Physicae principa puto esse admittenda, nec alia etiam optanda.②因为只有通过对广延关系(Ausdehnungszusammenhaenge)的测量和规定这一途径,所有自然的现象才能得到充分的澄清,所以我相信,除了数学的原理以外,没有其他的原理是可以为物理学所采纳的。

在这里,世界的存在是通过什么途径得到规定的呢?——通过一种非常特定的认识对象的方式,即数学的认识方式。世界的存在不外乎就是对于自然的计算性、测量性把捉所通达的那种客体属性(Objektivität)。与一切古代的和中世纪的关于自然的知识相对,现在物理学就成了数学的物理学。在世界上,只有那些通过数学的手段可获得规定的东西,才是本来意义上的可加以认知的世上物,而只有这种通过数学获得认识的东西才是真实的存在。由于在笛卡儿那里,verum ens(存在的真理)就等于certum ens(存在的规定),这一得到了认识的真实的存在就成了世界的真正的存在。从对于作为自然

---

① 笛卡儿:《哲学原理》,第二卷,第64条原理,第78页以下。C. 亚当和P. 坦列瑞版,第八卷。
② 同上。

的世界的一种特定的和事实上可能的认识方式出发,世界的原本存在就这样先天地获得了规定。

世界的存在就是世界上的那种我们通过特定的认识方式(即笛卡儿在根本上将其看成是最高的、数学的认识方式)而能够去加以把捉的存在。从根本上说,在存在与真的存在进而与认识之间,存在着一种完全确定的相关性。(在此)世界并没有从它的世间性着眼而得到追问,就是说,世界没有按照它最初所显示的本来面目(世界的空间性就是由此所规定的)而得到追问,相反,在这里,作为一种特定的可认知状态的合乎存在的条件,一种特定的空间观念,或一种特定的关于广延的观念就被当成了这样的一种基础:由这个基础出发,似乎就可以先天地裁定什么能够属于自然的存在,什么又不能够属于自然的存在;一种特定的带有确定性之标准的知识观念,预先就决定了世界上什么样的东西会被当作(世界的)原本的存在。

但是,即使人们不能容忍笛卡儿的极端立场[说它极端,是指它仅仅从物体的 extensio(广延)去看待物体的存在],即使人们对物体作出了更为具体的规定[就像莱布尼茨把能(Energie)设定为物体的基本规定],世界依然还是首先被规定成了自然。

就连康德也曾经在这样的意义上把捉自然,进而在这个意义上把捉世界。现在我们似乎可以说,人们最终容易看到:在数学-物理学知识意义上的对世界之存在的理解方式,是一种片面的方式。而由于人们看到了这一片面性,这一理解方式也同样很容易遭到弃置,而笛卡儿本人以其《第二沉思》中著名的蜡的例子对这一点给出了最好的说明。

我们只需单纯着眼于一块蜡所首先呈现给我们的东西去看这块特定的蜡,而不必在数学-物理学知识的意义上去关注那在不断变换的最初被感知到的性质中保持不变的东西。当我们拿起这块蜡的时候——就如同它从 sapor(味道)、odor(气味)、color(颜色)等方面被给予的那样,当我们拿着这一特定的有颜色、有气味的、硬的、冷的、红色的蜡制物时,我们就获有了切近地被给予的存在物或世上物(Weltding),而我们切入它的通达方式是感性知觉。然而,这里的感官知觉也还是一种对于事物的理论性把捉,在这里,蜡这一存在物也是恰如它在一种观察性的知觉面前所显示的那样得到规定的。但是说到底,我们最终还可以退后一步,同意上述理解方式依然只是把蜡制物指认为自然物,即使现在蜡制物是由那些在直接的把捉方式中被给予的诸特性所表征的,即使现在它不只是由各种数量所表明的,而且还是由各种感性性质所表明的。就其作为世上物而能够在原本的意义上获得描述而言,现在它所还缺少的,是这样的一些价值谓词:好的、坏的、不美的、美的、合适的、不合适的等等,这是一些易于附加给物质性自然物的价值属性,也是一切用具对象所带有的属性。如果我们还可以走得如此之远,以致在感性性质之上还加上一些关于感性物的价值谓词的话,那么,我们由此就能够完整地规定实践性的东西,完整地规定那些在世界上直接出现的东西。这种东西是这样的一种自然物:它既秉有物质属性这一基础层次,但它同时也带有各种价值谓词。

今天,人们在现象学中也在寻求首先以这种方式去规定寰世物之存在。然而,就其进路而言,这种现象学的规定与笛氏的规定并不存在实质性的区别。在现象学这里,也把物设定成了观察和感知的客体,而正如前面以富有特征的方式所指出的,这里的感知还通过一种价值把捉而得到了补充。如同我们将要看到的那样,与笛氏在把 res corporea(物体的存在)极端地规定为 res extensares(广延的存在)时所采取的做法完全一致,现象学也跳过了那属于事物的原本的寰世性的存在。而且,这一把世上物当作带有价值的自然物的描述还是更加有害的,因为它使人们产生这样的印象:以为它实际上就是一种真正的、本源的描述。但是,一种自然之物的,即一种带有诸禀性与性质(其中有些就是价值性质、价值述谓)的自然物的全部层次与结构构成,实际上就是这样的描述的背景。在这里,物依然遭到了自然化,我们依然没有切中作为寰世的存在者,世界的世间性还完全没有进入我们的眼界,更遑论得到解释。而正是因为这一规定是从一种关于世界的特有的典型设定出发的,这种设定引领我们首先按照在一种孤立的物感知中当下在此的那个样子来设想一个物,所以世界的世间性甚至根本就没有得到具体的探询。而只要我们对这一规定世界的方式作一基本的探究,我们就当清楚地看到(首先是从笛卡儿那里看到),世界的存在总是与特定的经验方式和理解能力[即感性(Sinnlichkeit)、幻想(Phantasie)、理智(Verstand)等]相关联地获得描述的,而这些经验方式和理解能力本身又是在关于人的一种特定的规定之背景中生成的,就是说是在关于人的这一著名的人类学定义的背景中生成的:homo animal rationale(人是理性的动物)。一种特定的生物学式的、人类学式的解释,预先就决定了我们可能会具有哪些特定的关于世界的理解方式,而这一理解方式就决定了在世界之存在那里我们所能够通达的东西,就是说决定了世界之存在本身是如何被规定的。

在哲学中,这样的一种关于人所特有的能力的划分依然起着支配的作用,并预先决定了对世界之存在加以规定的可能方式。与之相对应,现在,人们依据一种以上述方式加以规定的世界(具体地说,这个世界是联系到那种对于人类学能力的特定的理解而得到规定的),在相反的方向上去描述精神和人格的特质。只要人们说,精神和人格(即构成了上述能力之存在的存在者)并非自然,那么这就意味着,现在人们是从相反的方向来进行规定(以致人们总是要在某个圆圈中打转),精神的存在将根据上述那种关于自然的规定而推演出来。基于上述的这样一种关联,例如在康德那里就出现了Antinomien(二律背反)。

自由的二律背反并非完全是从对于自由问题的分析和对于人的特殊存在的分析中产生出来的,毋宁说,二律背反之所以能被提出,主要是由于:康德发现,人的存在同时也可以整合于自然的存在之中。以笛卡儿的方式,他把自然的存在理解为自然科学所把捉的自然,并且认为,自然是由最广泛意义上的因果性所规定的。两种特定的存在者,两种在根本上基于自然存在而得到描述的存在者,就以这样的方式得到了对照——根据这一对比分析,人们就可以发现一种确定的不可能性,发现所谓的二律背反。只是由于人们对在二律背反本身中所提出的东西之存在没有作出充分的分析,才造成了二律背反得以出现的可能性。

所以,在笛卡儿那里,我们最为单纯而明澈地看到,他的整个一连串的推论前提都偏离了"世界"这一原本的现象。我们已经看到,笛卡儿是如何试图将关于物体的存在的全部规定(这就是后来人们在英国经验论中称之为与第一感性性质相对的第二感性性质,而这一区分恰好就与笛氏相关)还原为关于 res extensa(广延存在者)即 extensio(广延)的基本规定,以便借此使一种关于世界的知识成为可能——就其确定性的程度而言,这种知识与关于 res cogitans(精神存在者)的知识是没有差别的。但是人们也已看到,世界之所是,这一基于某种特定的判断而首先被把捉为自然的所是,也是不可能经由从 res extensa(广延存在者)到感性之物再到赋有价值之物的回溯这种理论上的重构而赢得的,毋宁说,这样的回溯依然保留了一种特殊的理论式的客体化并且把分析更加引向了歧途。只要对世界的原本的实在性的初步的显明正是以关于实在性本身的分析(而这种分析首先势必忽视任何特殊的理论性的客体化)这一源始的课题为指南的,那么世界就依然是远离世间的(entweltlicht)。但是,关于实在性的科学的探询之路表明:寰世的源初的照面方式一直都被人们所遗忘了,而这就有助于人们依据那种关于自然的对象属性的理论性知识去解释世界这一特殊的现象,有利于那种把世界当作自然实在性的僵化的理解。

如果人们联系到数学化的自然科学的具体情形,特别是联系到数学化的物理学的努力来看待笛卡儿的研究,那么这一研究当然具有一种起码的积极意义。但如果人们联系到关于世界之实在性的一般理论来看这一研究,那么就将显明,正是源于这种研究,才滋生了对实在性追问的一种有害的狭隘化,而直到今天我们也未能克服这种狭隘化。这种狭隘化统治着整个以前哲学的传统。如果说,在希腊人那里,世界虽然不是在数学化的极端意义上,但也是与知识的一种类自然的特征相符合而被经验为 πραγματα (实物),被经验为干系的何所系(Womit des Zutunhabens)——而干系的何所系不是在本体论上被理解的,毋宁说它被理解成了最广泛意义上的自然物——那么以某种方式,希腊哲学就构成了这种狭隘化理解的一种前奏。在追问世界的实在性之际,人们依然首先取向于作为自然的世界,这个情况同时也清楚地表明,寰世的原初的照面方式显然完全不是轻而易举就能够加以把捉的,毋宁说,这一现象还以一种典型的方式被人们忽略了。只要此在作为操持意义上的在-世界-中-存在正好是融身于他所操持的世界之中的,只要此在仿佛是被它所操持的世界所牵缠的,以致世界的世间性恰好完全未曾源自最自然和最直接的"在-世界-中-存在"而得到专题地经验,那么上面所说的那种把捉上的困难就绝非什么偶然。只有当世界在某种理论性见解的意义上得到了理解的时候,世界才能够清楚地获得经验;只有当世界的存在在理论上获得了追问时,这个在理论性看法中如此照面的世界才能成为专题性的。

只有依据此在的本质性的存在方式,我们才能对如下这一固有的事实加以阐明:世界的源本现象总是被人们忽略不顾,而关于事物的理论性感知与规定这样一种理解方式又总是顽固不化并不断得到推进与加深。只有当这一阐明获得了实现的时候,当我们理解了这一特殊的理论性把捉的存在方式及其优势地位本身的时候,才可以使上述那种持续不断的狭隘成见在关于世界的源本的分析中成为无害的。

第二十三节 对世界的世间性基本结构的正面显示

现在,我们如何来正面地规定世界的世间性呢?关于世间性结构,我们应该作出什么样的言述,以致我们能够首先转眼不顾一切理论并尤其不顾那种极端的客体化理论呢?我们将根据已经提出的计划来进行我们的考察,就是说,我们将首先追问一般世界的世间性,而后追问作为世间性的突出构成环节(Konstitivum)的寰围(Umhaft)结构。上述第一个任务,即关于寰世的世间性之分析,将合乎实事地分成三步来做:第一步显示世界的际会特征,第二步解释际会结构,即显示际会特征的现象上的奠基关系(Fundierungszusammenhang)本身,而第三步就是把世间性的基本结构规定为境遇整体(Bewandtnis-ganzheit)。

在以上的三步分析中,我们将澄清四个传统的问题:第一,世界原本的存在结构即原初的世间性为什么在哲学中一开初就被人们所跳过并从此以后一直被人们忽略不顾?第二,为什么即便人们为这一存在结构引进了一种带有价值谓词的替代现象,这一结构还总是被看作是需要说明和推导的?第三,为什么要通过在一种基础层次的现实中对这一存在结构的澄清与置基,来对这一存在结构予以阐明?第四,为什么人们把这一奠基性的现实把捉为自然的存在,甚至把它理解为数学的物理学所拥有的那种客体属性?

在完成了上述三个主要步骤之后,我们将要尝试去探明寰世特有的呈显(Präsenz)。在这个时候,我们首先就需要把牢这三个步骤所包含的内容,因为,只有当我们让自己置身于特定的、我们不断地行止于其中的自然方式的打交道之际,我们才有可能对以后的分析获得一种理解,但这并不是说,我们需要真实地投身于那种打交道状态,相反,我们只需将那种行为样式(Verhaltungsart)清晰地彰显(Hebung)出来,而它恰好就是我们日复一日不断地行止于其中的那种行为样式,根据这个理由,它至少也是我们首先能够加以领悟的行为样式。

a) 世界的际会特征之分析(指引,指引整体,熟信,"常人")

我们所探询的是:世界是如何在日常的操持中显现的。世界这一存在者是通过"对……有用"、"有助于……",或"对……有害"、"对……有意义"等等这类特性而显示出来的。世上物事本身总是经由对一个它物的指引并作为对它物的指引(Verweisung)而照面(begegenet)。将来我们还要把"指引"当作专门的术语加以使用。

那个在这样的指引(有益性、有用性等等)中仿佛一同被推入呈显的它物,就是有用之物作为有用的东西的用处所在、目的所在。这里的指引联系(Verweisungsbezüge)就是多种多样的寰世之物得以显现于其中的那种东西,例如:带有周边环境的一个公共广场,带有设备的房间。在这样的地方,那些前来际会的多种多样的物恰好不是

第三章 由此在的日常状态出发对此在进行最切近的阐释…… 257

一些偶然出现的东西,毋宁说,它们首先并唯一地是在一种特定的指引联系中呈上前来(gegenwärtig...ist)的。这一指引联系本身是一个封闭的整体。正是出自这个整体,才显出了(例如房间里的)单个的家具。房间并不是以如下这种方式与我际会的:我首先把一个东西接着一个东西连串起来,并由此组合起各个物的一种多面流形(Mänigfaltigkeit),尔后才能看见一个房间。相反,我最初所看见的就是一个封闭的指引整体(Verweisungsganzheit),正是出自这个指引整体,我才能看见个别的家具和所有显现于房间里的东西。这样的一种带有封闭的指引整体之特性的寰世,同时也是经由一种特殊的熟套(Vertrautheit)而彰显出来的。指引整体的封闭性正好就植根于熟套之中,而这一熟套所指的是:指引联系是人人所熟知的。作为对某物的使用,作为忙活于什么什么,日常的操持不断地探摸着指引联系;人们就羁留于这一联系之中。

由此就可以看清,指引正好就是操持性的打交道所羁留于其中的那个寓所(Wobei),而这一寓所并不是孤立绝缘的寰世物,更不是专题性的以理论的方式被感知到的诸对象。毋宁说,物不断地隐没到了指引整体之中,更确切地讲:在最直接的日常打交道之际,物甚至从来就没有从指引整体中脱身而出。物的这种未曾从指引整体中脱身而出,而指引整体本身首先是以熟套的方式照面的,这一现象就表明了寰世的实在性所具备的自然天成(Selbstverständlichkeit)和不缠缚(Unaufdringlichkeit)的特性。物隐没到了联系(Bezüge)之中而不突出自身,如此而能够在操持面前当场在此。然而,只有当人们采纳了源本的、现象学式的观察方向(Blickrichtung)的时候,尤其当人们将这一观察方向坚持到底的时候,就是说,当人们让世界在操持中际会的时候,他们才能够见出这些原初的际会现象:指引、指引整体、指引关联的封闭性、指引整体的熟套状态、物的不从指引联系之中脱身而出。而只要人们在一开始就把世界设定成对于观察而言的既与之物，或者甚至如同现象学通常所做的那样，按照世界在一种关于物的孤立的、所谓感性的知觉中所显现出来的那个样子来设定我们的世界，而后去追问这一孤立寡缘的、漂浮无根的（freischwebende）物感知所涉及的对象的特殊的被给予方式，那么（世界）这一现象恰好就会被跳过。在此，就表现了现象学所具有的一种特别频繁而又顽强的根本性错觉，而这一错觉的根由在于：这里所探讨的课题就是由现象学的研究方式所决定的。只要现象学的研究是理论式的，一个研究者就很容易促使自己把一种面对世界的专题性的理论行为当作研究的课题。这样一来，人们就把一种特殊的理论式的对于物的把捉设定成了一种典范的在-世界-中-存在的方式，而不是以现象学的方式直接把自己置身于日常的与物打交道的进程和与物相交通的境遇之中（而这种进程和境遇是相当不引人注目的），且以现象学的方式去描述当此之际所显现出来的东西。实际上，我们需要赢得的恰好就是行为的这一不触目状态和与之相应的世界的当场具有（Dahabens），以便由此见出世界的特有的呈显（Präsenz）。

我们以上所讨论的是指引整体之在场的优先性以及指引的先于在指引本身中显现出来的物的优先性。而正是在我们去探察属于寰世的寰世物是如何在一种强调的意义上当场出现的时候，也就是当具有"对……有用"之特性的存在者在其有用性方面失灵、变得不可使用、发生破损之际，指引整体所固有的先于物本身的优先性才会进入我们的眼界。

当某个寰世物变得不可使用的时候，它才会在我们面前昭然触目。操持、操持的自然进程由于这种不可用而走向停息。指引关联，进而指引整体遭到了一种特有的扰乱，此扰乱迫使操持停息下来。正是在工具遭到破损、成为不可用之际，其自身的缺陷使得工具原本地呈显了出来，使得它昭然触目，以致现在它在一种突出的意义上涌现到了寰世的前场。但这种在引人瞩目的寰世之物面前的停息，却并不是呆望与观察性的停留，毋宁说，停息还是具有并保持着操持的存在方式。作为操持的一种特定的样式，停息状态具有修复以及诸如此类的意义。扰乱不是作为一个事物的单纯的变化，而是作为人们所熟悉的指引整体的一种中断而出现的。世界上所有的变化，直至从一物到另一物的交替和简单的变换，首先都是通过（中断）这一际会方式（Begegnisart）而得到经验的。

如果我们要如其在日常的打交道中所显现的那样对世界现象的结构加以更真切的描摹，那么就必须看到，在与世界打交道之际，我们并非全然就是在与每个人各自的世界发生关系，毋宁说，在一种自然的与世界打交道中，我们恰好就行止于一个共同的环境整体（Umgebungsganzheit）之中。"人们"就活动在一个对"他们"而言熟悉的世界之中，而与此同时，人们却并未识得那种属于个人的个别的寰世，也不能够活动在这样的世界之中。

就一个手工工人的工场而言，即使我们对他的产品一点也不熟悉，它最初也完全不会像一个乱七八糟的单纯的杂物堆那样与我们际会，而是在直接的打交道的取向中显现为手工工具、材料、已制作的或完成了的工件、未完成的或正在加工中的东西。（在这里）我们首先所经验到的是人的世界，是人生活在其中的世界，即或它对于我们是陌生的，但我们也依然把它经验为一个世界、经验为一个封闭的指引整体。

即便当某个世上之物带着"有障碍"、"妨碍"（就是说妨碍着操持）的特征来照面时，这里的不适用也只是在世界作为确定而熟悉的指引整体的特定的呈显之基础上才是可能的。只有基于源本的熟悉这一背景，才会出现像"不适用"这样的情形，而那种源本的熟悉本身是没有被明确意识到的、没有被意指的,相反,它是通过一种非凸显的(unabgehobenen)方式得到呈显的。正好通过中断了的熟悉本身,世界的似乎隐没的和不触目的在场才变得昭然若揭。由于某种像"障碍物"、"干扰物"这样的东西出现在了熟悉的世界之中,自然天成的世界及其特有的实在性样式获得了一种加强。而这一点更为清楚地表现在这样的一种现象中:正是一种环境,尤其是最熟悉的环境缺失了某种东西的时候,这种环境的在场才会向我们迫近。由于熟悉的指引整体恰好就蕴涵着寰世的特有的在场,那么缺失——这里的缺失总是意味着在封闭的指引关联内部的一种适用状态(Hergehörigkeit)的不在场——就正好能够让不显眼的现成可见之物照面。因而,对于寰世的照面来说,某种东西在操持所及的世界之内的不在场,以及不在场作为指引的断裂、作为熟悉的扰乱就具有一种别具一格的功用。关于这一点,我们可以作出这样一种极端的表述:作为操持所及的世界,工具(所指引出)的寰世的特殊的现成可用性(Zuhandenheit)是经由不可用而构成的。不过,我们并不想停留于这样的一种兴许是悖谬的表述上,而是要理解其中的积极意义:这一特定的不在场所表明的,就是那构成了这一不在场本身之可能性基础的东西,即一种熟悉的指引关联的总是-已经-在此,这是一种由于缺失了某种东西而受到扰乱的指引关联,是一种通过上述特定的不在场而凸显出来的指引关联。

我们在一开始只是非常粗略地看到:指引、指引整体、熟悉状态这些特性,共同构成了作为寰世的世界之特定的在场,但是由此我们并未赢得关于世间性这一结构的任何源本的现象学式理解。而只有通过对上述现象上的诸特性之间的奠基关系加以阐释,就是说,通过对上述诸现象(指引整体、指引、熟悉状态)在构成寰世的特殊的际会方式的过程中所具有的不同样态和方式加以阐释,我们才能够赢得这样的一种理解。值此我们就过渡到了前面的计划所说的第二点。

b) 寰世的际会结构之分析：照面特性本身现象上的奠基关系

在目前已获得指明的内容中,有两个方面是特别明显可见的。第一,寰世之物是在指引中并源出于指引而照面的。世间性的那种切当的现象上的当前化方式(Vergegenwärtigungsart)首先让世界而不是一个孤立的物照面。这一点就表明了指引的先于物的优先性,而物则是在指引中显现出来的。切合于世间性的通达方式是操持性的打交道而不是一种漂浮无根的和孤立的物感知。以下我们还将更为透彻地指明:如果以为,我们能够循着物体形质发现实在性,又能够循着孤立的自然物发现物体形质,那么这就是一种现象上的因而是一种现象学的错觉。

然而另一方面,我们也已经表明,对于那通常恰好是不触目的世界之照面而言,不在场正好具有一种突出的构成作用,确切地讲,这里的不在场不应在一种任意的形式的意义上被理解,而应被理解为特定的在操持所及的世界内部的不在场。但这就是说:在世界的一种总是-已然-在场之基础上,不在场具有这一际会的功用。指引中断(当某物缺失时)仅当作为一种指引整体之中断时,才是其所是。但此中就蕴涵着:相互指引的寰世万物源出于一种指引整体而前来照面。值此,我们就已经勾画出了在上述诸种特性之间的一种确定的结构联系:指引是让物当前显现的东西,而指引本身又是通过指引整体才得以当前显现或昭显(appräsentiert)的。一个物的可把捉状态进而对象化状态是以世界之际会为根源的,而(物的)对象化状态却并非(世界的)际会的前提条件。仅仅是源出于一种伴随着并先于它们的"已然在此"(schon da),最近便的现成可见之物才能够当"场"出现——但这一点并不意味着:实际上总是存在着众多的现成可见之物,而人们可以从最近便的物一直持续不断地走向一个另外的物;相反只是意味着:那使得一个世上物昭显出来的东西,就是世界,而不是世上物作为实在的东西组建起了(世界的)实在性。

现在,已到了我们清楚地看出这一固有的结构关系的时候了:世界的世间境界昭显出特定的世上物,指引源出于指引整体照面而个别的物在指引中照面。有必要指出的是:在世间性的构成中,操持所及的寰世在根本上具有一种突出的功用,它正好在两个方向上让世界得以际会,一个方向上关系到最近便的可掌握之物的在场,另一个方向上关系到那总是已经现成可见之物的在场。据此,关于世间性的际会结构的分析就将分成三个方面:第一,对操持所及的寰世的一种更切近的现象学解释(直到目前,这种解释都还只是完全粗略地揭开了一个轮廓)。我们把操持所及的特定的寰世就称之为生产世界(Werkwelt);第二,对这一生产世界在最近便的寰世之照面中所具有的特殊作用的特征描述,而这里所涉及的是这样一种特定的实在性特征:正是依据这一实在性特征,我们得以说,某物是现成可用的(zuhanden);以及第三,对生产世界所具有的一种特殊的际会功用的阐发——此一际会功用使得我们能够参通如下这种总是已经当前显明的固有关联:整个世界,即公共世界与自然意义上的世界,都是源出于操持所及的寰世并在寰世之内昭显出来(sich appräsentiert)的。

根据以上的讨论提纲,我们已经可以看到,在实在之物之实在性的结构层级中,作为操持所及的特定的寰世即生产世界在根本上占据着中心的地位。

α) 对操持所及的寰世的更确切的现象学解释——生产世界

如同指引首先在操持性的打交道中照面,属于寰世的寰世物则在指引中照面。现在,我们将示例性地从最简单样式的寰世和打交道开始,即从手工产品和手工工人开始来进行我们的分析。

工具具有"为了-作"(um-zu)的存在特性;一种工具的可使用范围或广或窄。一把铁锤有着比钟表匠的一个用具更为广泛的使用范围(因为我们现在就把这个工具刚好限定在它所特有的操持方式之内)。而使用范围越是狭窄,指引就越是明确。在其使用范围之内,一个工具既可与将被生产出来的东西的特定的部分与部件联系起来,还可进一步与在生产的制作进程中的特定的阶段联系起来。作为在操持中照面的东西,人们并不是从外观上去探究工具,毋宁说,我们与工具之间的真正的关系是与它的使用性打交道;这样工具就化成了指引。而此中就蕴涵着一种本质性的实情:在某种意义上,操持转眼不看作为物体的工具(Werkzeugding),工具甚至原本就不是作为一种这样的物体而出现的,而是作为工具,即作为正在使用中的"为作……之具"而显现出来的。仅从视见(Sicht)的角度来说,只要工具是在使用中照面的,那么,正是通过转眼不看(Wegsehen)那种作为单纯的现成可见之物的工具,工具真正的实在性才得以显现出来。工具所特有的存在方式在使用中照面,而这一应用性的使用之特征就在于:(在使用之际)一切观察性的对象化都归于止息,就连指引的,也就是(工具的)可应用范围的对象化也归于止息(而操持就羁留于可应用范围之内)。所谓"羁留于可应用范围之内",也就是"在使用中拥有工具",其含义正好就是:不以对象化方式拥有指引本身。但是,作为操持所具有的特定的实现方式,这一操持性的探察(Nachgehen)即对于指引的探察就把有待制作的产品(这就是工具在其特殊的可应用范围中所指向的东西)纳入了牵挂之中。在指引所指向的东西(即有待制作的产品)的一种已然-当前-具有(Schon-gegenwärtig-haben)之基础上,与工具的打交道就化成了一种在指引中的浑然忘机。这一有待制作的产品就是我们所操持的东西本身。此产品担待着作为操持的手工产品所蕴涵的指引整体。这样,更确切地看,这一有待操持的产品就是一个生产世界(Werkwelt)。为了理解生产世界属性(Werkweltlichkeit)对寰世的"实在性"的构成作用,我们还必须把这一生产世界与寰世的世界关系(Weltbezüge)更清晰地标揭出来。

生产世界是根据产品得到规定的。据其存在方式,此产品本身有着"为……之用"的特性。鞋子是为了穿的,课桌是为了使用的,钟表是为了读取时间的。反过来,与产品本身一道,产品的可应用范围的何所为(wozu)也一同得到了揭示;诚然,仅仅基于其可应用性,产品才是其所是,而这一特定的可应用性又是那反过来预定并修正制作方式的东西,由此我们才可以作出这样的区分:闹钟、运动钟以及诸如此类。

在简单的手工工作条件下,甚至每一产品都是预先针对某一特定的未来穿戴者和使用者的。产品似乎就是为这样的穿戴者和使用者量身定做的。这些产品是按照特定的使用对象所需要的具体尺度而制作的,而不是按照平均尺寸批量制作的。就那些平均制作的产品而言,它们也并不缺乏那种指向性,只不过这是一种相当一般的指向,就是说,尽管这些产品具有一种不确定性、随意性,但它们还是指向着某些不确定的他人。在这里,头等重要的东西不是这些指向事实上可能出现的不同的变化本身,而是此变化由之得以生发出来的那种既与的存在干系,此存在干系就规定着尚处于操持中的有待制作的产品之在场状态(Anwesendsein)的品格。

连同产品的可使用范围,生产世界同时昭示出了(产品的)使用者和消费者所生活于其中的世界,进而也昭示出了这些使用者和消费者本身。按照上述联系,我的本己的寰世也就如其融身于一个公共的世界之中那样同时得到了昭显,更确切地说,这一公共的世界总是与那有待操办的产品一道而已经当下在此,在一种突出的意义上,生产世界就是源出于公共世界而照面的。本己的寰世与公共的寰世之间的界限,可以通过不同的可掌握范围(Verfügbarkeit)之样式和通过地域属性(Örtlichkeit)得到规定。一个人们在其中致力于他的操办的房间,作为一座住房的房间也可以属于某个他人;在某种程度上,我的寰世也可以由一个另外的人来支配它。但是在一开始,我们却不可以把这一区别也拉扯进我们的分析之中,毋宁说,我们现在需要看到的,是本己的寰世与公共的寰世之间的那种固有的、浑然未分的联系,而首先需要看到的则仅仅是这样一种联系:切近而本己的世界不仅是偶然地、在我的念想所及的意义上昭显出了一个更广大的和公共的世界,而且是以一种根本的方式昭显出了一个公共的世界。根据产品本身及其可应用性的意义,公共的世界也一同当下在此,尽管它并没有作为其本身而为人们所意识。

而且,生产世界在本质上还指示着一种另外的、属于生产世界之世间境界的联系。就其意义而言,一个手工工人的产品例如鞋子是应用于某种东西的。但是,以有待制作的鞋子为目标,在鞋子的制作过程中,与这个产品的操办着的打交道本身又是一种对某物的使用。不仅仅这产品本身作为制成品是应用于某物的,而且作为被制作物,它本身也包含着关于它所需用之物的消息;在产品自身中同时使用了各种材料。产品本身具有一种有赖于-某物(Angewiesenseins-auf)的存在样式,鞋子有赖于皮革、绳线、钉子,皮革来自从动物取下的兽皮,而动物则是由其他人所饲养并因此而获得的。在这里,我们必须注意到这一特有的情况:这些世上物(Weltdinge)——动物——本来是以繁殖和生长的方式而自我生产的。值此,我们最终就具有了指向这样的一种世上物事(Weltliches)的指引——在生产即操持性的打交道之际,这种物事总是出自其自身而已然当下在此。世上物不仅在产品本身中作为已然现成可见之物被纳入了使用,而且在例如锤子、钳子、钉子这样的工具中,也使用了这样一些材料:钢、铁、铁矿、矿物、木材。因此,(产品所包含的)指引也就涉及到了这样的存在者:在某种意义上,此存在者最终是不需要经过我们的操持而加以生产的并恰好因此在一种强调的意义上是可利用的,是一直已然在场的。这样,随同对一个公共的寰世的指涉一道,产品同时也指涉着一个自然的世界;但是在这里,自然是在"可利用的世界"这个意义上被理解的,自然被理解为特定的自然产品的世界。

但是,如同公共的寰世本身是通过产品本身而得到昭显的那样(如果我们忽略不看产品由之而组成的东西),它在一种确定的意义上复又让自然照面。当此之际,自然就不是被理解为自然观察的对象,如若不然,这里的观察本身就将成为一种特殊的打交道的方式。在我们的日常寰世之中,这一指引联系以及自然的这一固有的同时在场(Mitanwesenheit)通常都是对我们隐而不显的。当我们在日常的操持中指向时间、看向钟表之际,我们并不知悉:我们这时所纳入使用的东西,就是被指定的时间。通过官方的以天文学为据的时间调节,每一天都是以太阳的位置为基准的,每当我们看取钟表之际,我们都只不过是在利用世界体系(Weltsystems)的共同的现成可见状态(Mitvorhandensein)。

β) 生产世界所特有的让最切近的寰世物照面的际会功用——现成可用之物特有的实在性品格

在寰世之内,操持所及的世界总是具有一种优先的(vorzügliche)在场;操持所沉浸于其中的世界即生产世界在总体的寰世的际会中具有一种首要的功用。但是,操持所一直沉浸于其中的那个世界并未专题地得到感知,未曾专题地被想象,未曾专题地被意识,而一种原初的实在性之可能性恰好就是以此为根据的。这一特殊的操持所及的世界之在场状态,恰好就意味着作为某种被把捉者的非对象化(Ungegenständlichkeit)。在此,我们在一开始所面对的问题就是:在什么意义上世界在操持中原本地在场,以及为什么实在性就意味着非对象性?

在裁定这一重要的问题之先,为了清晰地拥有世界的际会结构,也就是看到特殊的操持所及的世界即生产世界是如何昭显出了最切近的寰世和更广泛的公共世界以及自然世界的,我们还必须进一步地确保与此有关的现象上的地基。而现在的问题就是:在寰世的整体之内,生产世界所特有的优先性是何以显示的?

现在我们先提出这样一个命题:特殊的操持世界是整体的世界由之而得以照面的世界,以致世界的世间性既非源出于首先被给出的物甚或感觉材料而构造起来的,更非源出于那种——如同人们所说——作为自在的自然的总是已经现成可见的东西而构造起来的。毋宁说,世界的世间性就是以特殊的生产世界为源头的。现在,已到了我们根据寰世这一现象来对上述命题加以明示的时候了。

当我们对生产世界的际会功用——这就是说,生产世界昭显出了一个既切近而又广远的寰世——加以探究时,我们就将看到实在性的两个方面,它们就体现了寰世所秉有的总的结构之特征:现成可用状态(Zuhandensein),更好地讲是现成可用性(Zuhandenheit)——作为切近的可驾驭物的现成可用者——以及现成可见者(Vorhandene)、总是 – 已然 – 在此者。

在一开始就必须强调的是:在这里,我们在作为整体的寰世之内所区分出来的东西:本己的寰世、公共的寰世和作为自然的世界,它们并不是一些各自分离的诸领域,毋宁说(如同我们将要看到的那样),在一种固有的呈显方式的转换(Präsenzwechsels)之基础上,它们是以寰世的方式当下显现的。

被操持者——操持的所欲所求（Worumwillen）、首先被纳入牵挂之中的东西——让一切为此之故（Darum）（即牵挂所牵系的东西），也就是让有用性、可用性、有益性这种指引关联照面，而这些指引本身又让那些持存于其中的东西与我们照面。至于我们用"纳入牵挂中"和"持存于指引中"这样的话所指的是什么意思，这就只有在后面，确切地说只有通过时间现象才能得到说明。

如果我们放弃这一颠倒的解释方向，也就是不以把捉（Erfassen）为据去说明世界的际会，而是把世界的际会理解为把捉的根据，那么我们将会清楚地看到，有所操持的呈显方才把那种我们按理论性把捉的取向而称之为"直接被给予者"的东西昭揭了出来。在此，真正的直接被给予者还不是被感知者（被感知的材料），而是在操持性打交道中的在场之物，在掌握范围和作用范围之内的现成可用者。寰世物的这样一种在场，即我们所称的"现成可用性"，是一种被奠基的呈显。它不是某种源本的东西，而是以那种被纳入牵挂中的东西之呈显为根据的。如果说，这一操持当中的切近的－现成可用之物已经就是一种被奠基的呈显，那么就我们先前所已经熟知的，而胡塞尔为着世界的原本的在场状态所要求的那种实在性的特性而言，即就所谓的物体形质而言，它就更当是一种被奠基的呈显了。

在分析感知、观照、图像感知、空意指的时候，我们已经说明了椅子这个物体的在场方式并提示了寰世物与自然物之间的区别。现在，我们还将对这个当时只是粗略地提出的区别加以阐明，且借此看到：物体形质完全不是一种本源的特性，相反，它是以内在于操持的现成可用性和直接可掌握物为根基的。只消世界依然还要通过一种纯粹的知觉、一种纯粹的感知而照面，物体形质就会是世上物的一种特有的照面模式。只要在与照面中的世界打交道之际隔绝了完整的照面之可能性，物体形质就会成为实在性的一种特有的照面模式——这是寰世的一种特殊的模式，而只有当操持、操持性的在-世界-中-存在成了一种特定的有条件的"仅仅-盯视着世界"时，只有当直接被给予的和被经验的世界以某种方式被拒之门外时，这种特定的寰世模式才会显表出来。

但现成可用性就是直接可掌握的寰世物的一种在场，以至于打交道正好就羁留在一种对有用性（Dienlichkeit）等等这类东西的指引中，而这样的指引就是对于某物的操持性的把捉、是一种使之合用的调适（Zurechtmachen）。现在，人们就可以将这一如此照面的东西维持于自己的眼界，从而在例如寻视着和环顾着器具之际去留意这个器具是否最终需要视其作为器具的用途所在而得到不同的措置。现在，在这一对于工具的寻视着的环顾（Umsicht）中，现成可用的寰世物之现成可用性就成了专题性的。但这一专题化还完全和仅仅维持在观视样式中，此观视（在环顾之中）引导着对于物的真正操持性的使用。但与此同时，（在"仅仅-注目于某物"这样的牵挂中），现成可用性的这一专题化又是通向一种可能的独立样式的操持性打交道的过渡阶段；在这种独立的打交道的样式里，人们所关注的就只是被纳入牵挂之中的现成可用之物。为了这样的情况成为可能，寰世的可用之物作为使用对象所具有的特殊的指引联系就正好必须被掩盖，以便寰世中的可用之物能够仅仅作为偶然出现的自然事物来照面。一旦在-世界-中-存在变成了一种单纯的仅仅-注目于某物，成了一种解释着的仅仅-注目于某物，这时操持就是在进行着掩盖或遮隐（Abblendung）。"之中-在"的这一变易的样式，仿佛就意味着此在的一种不再存在于它的最切近的寰世之中的尝试。只有在一种仿佛从寰世蘖生出来的与寰世的自相远离中，纯粹的自然物的所谓原本的实在性才是可参通的。有着物体形质之特性的自然物的照面方式（这是自然物所特有的一种缠缚方式）就显出了诸世上物——如果这些世上物仅仅只是得到了感知的话；这一物体形质的模式在寰世的一种特殊的去世间化中有其根基。在根本上，作为自然科学之对象的自然只是在这样的一种去世间化中得到揭示的，而寰世的实在性并不是一种被扣减了的物体形质，不是一种低等级的自然。

针对这一对被奠基意义上的物体形质（它就奠基于现成可用性之中，而现成可用性则奠基于指引联系的不照面之中，指引联系的不照面又奠基于被操持物的最切近的呈显中）的分析，可以这样反对说：人们时时刻刻都可以直接地与一个纯粹的物所具有的单纯的物体形质照面。在这里，并不需要进行一种最初的非观察的操持，就是说以上所讲的奠基联系全然不是非有不可的。这一反对的说法——由于在这里并不需要经过一个专门的奠基性的实行阶段这样的通道，物体形质就不是被奠基的现象——并不构成一种真正的反对，却有可能只是对现象实情的一种没有成见的证实，而正是基于此一实情，我们说物体形质是被奠基的。为了看清这一点，我们就有必要注意到：对于存在方式及其在存在之际的合乎存在的奠基的一种清楚与确知，并不对一种存在结构的现象上的组合（Bestand）有所决定。仅仅由"我对在一种存在样式的实现之际所具有的特定的奠基联系一无所知"出发，并不可以推出这样的结论：此奠基联系对于所涉及的那种存在样式不具有构成作用。在此，关乎存在方式的那种明白的确知并不是决定性的，毋宁说，只要我们把在－世界－中－存在规定为融身于世、规定为被世界所卷带，那么，缺乏对于（奠基）过程的明见和缺乏对于诸奠基性阶段所具有的共同作用（Mitmachen）的确知，这恰好就是所有操持性的在－世界－中－存在所具有的特征。

为何我竟然能够与一个纯粹的世上物的物体形质照面呢？——这仅仅是因为：连同这一与世上物的照面一道，世界已然当下在场；因为此一"让照面"只不过就是我的在-世界-中-存在的一种特定的方式；也因为对世上的存在者而言世界所意味的无非就是那总是已然在场者。仅仅是基于在-世界-中-存在，我恰好才能够看到一种具体有形的自然物。我能，就是说我秉有这一（在-世界-中-存在的）可能性，而这个可能性无非就是我的此在、我的自我（Ich）的根本枢机，"我能够"秉有这一枢机，以致我就存在于世界之中。如果不是源出于已然-在场的世界，我们就完全不可设想，自然物这种东西所具有的纯粹的物体形质是如何能够照面的。苟非源出于已然-在场的世界，那么，随同这个自然物的照面一道，不仅这个东西本身必须通过它的在场而显现，而且在根本上，像在场这样的东西还必须首先出现。不过，为什么在场不在此在面前出现，而是其自身就是与那处在自己的世界之中的此在同在的，对此我们只有通过时间才能理解，也就是通过这样一点才能理解：此在本身——如同我们后面将要见出的那样——就是时间。

我任何时候都能够直接地感知自然物的物体形质，就是说，我在未曾先行地一一历经那些奠基性阶段的情况下就能够获得感知，因为在-世界-中-存在的应有之义恰好就在于：持续而源本地存在于这些奠基性的阶段。我不必一一历经这些阶段，因为给感知奠基的此在无非就是这些奠基性阶段的存在样式本身，无非就是操持性的沉浸于世界之中；因为物体形质本身就奠基于寰世所给出的最切近的东西之上，这就是说，世界（或者更确切地说，世界的世间性）就奠基于那被纳入牵挂之中的东西的一种源本的呈现（Vorfindlichkeit）之上，奠基于生产世界所特有的现成可用性之上。寰世物并不通过知觉（Vernehmen）所及的一种特定而突出的物体形质而亮相，这与如下实情是大有关系的：寰世物的在场方式——现成可用性——就奠基于指引之中而指引则奠基于被操持物的源本的呈显（Präsenz）之中。这一奠基使得我们能以理解寰世的世间性所具有的如下这样一种现象上的基本征象（Grundzug）：那处于不触目状态的在场，即寰世的在场是以一种"尚－未－得到把捉而又刚好源本地得到了揭示"为根基的，是以"让其照面"（Begegnenlassen）为根基的。

由此出发，我们就将懂得一种随意的说法，也就是关于世界的"自在"存在这个说法的意义。人们乐于指出，世界不是为了一种主体的缘故才存在的，毋宁说，世界是"自在"的。然而，当人们频繁地使用"自在"这个名称时，却从来都未曾经验到"自在"的意义。人们似乎认为，使得寰世的这一自在特性能够为我们所经验的那种自明性，就等价于一种范畴上的自明性。但那在实存状态上（ontisch）清楚明白地得到了经验的东西，却恰好完全不必在存在论上（ontologisch）也是清楚明白的。在这里，以及在一切相类似的情形中，与此相反的说法也是切合的。如果在使用这一表达的时候未加进一步的说明，那么仅凭"自在"这个词人们就什么也没有道出。现在，因为寰世的特殊的在场总是在被操持物中、在特别的生产世界中居于中心，所以，一切世间性的存在者，尤其是那种出自源本的在场和出自（因其源本性的）非对象性的呈显的最直接的实在之物就"自在地"得到了把捉。"自在"就意味着：从照面的角度而言，一种指引关联的现成可用性就奠基在被操持物的呈显之中。然而，只有当我们阐明了被操持物的呈显本身并理解了它的本源性时，我们才能从结构上充分地明见"自在"的现象上的含义。与此同时，这样一点也会变得明朗起来：在什么意义上非对象化状态对实在状态具有构成作用且能够成其为实在状态。直接被给予的（nächstgegebenen）世界之非对象化状态并非一无所有，而是寰世的呈显所具有的一种积极的现象上的特征。

γ）生产世界特有的际会功用：让总是已然在此的现成可见之物照面

但是至今为止，恰好从非对象性的角度看，寰世依然未得到澄清，因为，寰世所特有的构成性特征正好是在第二个方向（现成可见之物的在场）上（生产世界就是在这个方向上得到昭显的）显现出来的。借助对生产世界的这第二种昭示功用的阐释，我们才能赢得寰世的完整的结构成分。

在一种特别的意义上，那处于寰世之内部的非对象性的东西，就是我们在最广泛的意义上称之为公共的寰世和自然的世界的东西。我们已经看到，只要产品在其自身中、在它的组合中利用了确定的存在关联，那么生产世界自身就带有指向公共的寰世和指向自然世界的指引。在公共的寰世里，自然在我们面前不断地——然而是在一种操持所及的世界之意义上——成为当前的。在道路、桥梁、基地、路标以及这类设施中，作为自然和土地的世界不断地被纳入（gestellt）操持之中。凭借一个有遮盖的月台，人们对天气的变化、对坏天气有所防范。在公共的照明中、在一个简单的街灯里，人们考虑到了黑暗、考虑到了白昼或日光之消隐这种特有的变换。如同我已经提示的那样，在公共的钟表那里，人们不断地考虑到了世界体系中一种特定的星座位置，即相对于地球的"太阳的位置"。在所有的这些情况中，都有某种得到了考量的东西当面现前，确切地说，我们是从其不利性角度去考量这种东西的——就是说它是有危险的、有妨碍的、不可用的和有阻碍的。但是，不仅在自我-防护之考量的意义上，而且同时在利用、使用之考量的意义上，我们也把"自然"当作商业和交通的途径与手段（水上交通、风力交通），当作给出了依托和位置、当作堪充房屋的地面与地基的土地纳入了使用之中。地面能够用作耕地、战场,森林用作动物的林区,而我们则把这些动物看作捕猎动物、役畜动物、骑乘动物和家养动物。所有的这些用途都不是在自然的某种客体属性的意义上被我们取得的,而总是作为在对寰世进行操持之际所呈显出来的东西而被取得的。据此,尤其在公共的寰世中,指引具有一种构成的作用,它指向那种总是已经现成可见之物(指引给出着这种现成可见之物并将其作为现成可见之物加以揭示),它指向着这样的东西:这种东西一直是可掌握的,但又不是明确地处在操持性的驾驭之中,并且,就其固有的在场而言,这种东西并不是专门属于某一单个的人、不是专门属于一个特定的此在自身的,相反每个人都以一种与他人相同的方式使用着它("每个人"都在同样的意义上以可掌握的方式拥有着它),它对"每个人"而言都是已然在此的。这一已然－在场者就是寰世之内的存在者,我们将其称为与现成可用之物相对的现成可见之物。

人们也许会说,这一现成可见之物[即寰世－自然界(Umwelt-Natur)]正好就是最实在的东西,是世界的真正的实在性,如果没有"自然"这个最实在的东西,那么地球、土地、所有属于土地的东西、由土地所制成的东西以及地上的万物就不能够存在,也许连此在本身也不能够存在。生产世界正好在自身中就带有指向这样的存在者的指引——此存在者最终使这样一点明晰可见:生产世界即操持所及的东西完全不是源本的存在者。恰好当我们依据对生产世界的分析(这种分析就着眼于生产世界的指向自然的世界的指引)而导致最终把自然的世界承认和规定为实在的基础层次时,我们看到,那在每一操持中被真正纳入牵挂之中的东西,并不是源本的世间化的呈显,而是自然的实在性。看来,这一结论似乎是不可避免的。但是,说自然的世界在分析的意义上是最为实在的究竟意味着什么呢?从字面上看,它指的只是:世界上的那种以别具一格的方式满足了实在性,也就是世间性之意义的存在者。但这不是说:根据作为客体性的自然的世界,我们就可以得出这样的结论:世间性的意义就等价于"从来就已经是现成可见的自然的世界"。由于自然乃是在属于寰世内部的寰世物中得到操持的东西和在此操持中照面的东西,所以世间性的意义就不能根据单纯的自然而被摹写下来。毋宁说,关于寰世的各种指引(在其中自然以世间性方式源本地呈显着)却还意味着相反的情况:自然的实在性只有源出于世间性才是可理解的。世上存在者相互之间实存状态上的依存关系并不就等于一种存在论上的奠基关系。

在这里,我们再次遇到了我们上面在描述"自在"和清楚明确的奠基关系时所遇到的那种同样的混乱(Verwechslung)。那出现于存在者的联系自身之内的东西以及存在者的这些联系本身,并不等同于存在上的奠基关系。现在我们暂时只能说:就其意义而言,正是这一在场状态——作为寰世的自然所具有的现成可见状态(就如同自然一直是以不突出的方式和本然的方式而得到经验那样)——是源出于并寓于操持所及的世界而首先得到揭示并当下在此的。生产世界既昭显出了那总是已经现成可见的东西,也昭显出了对当下的操持而言最为切近的现成可用之物。这样一来,现在已经清楚的是:我们关于世界的世间性的分析总是要一再地集中于被操持者的这一特出的呈显,其结果,在我们对被操持者的这一呈显所作的成功的阐明这个范围之内,我们就有可能整个地赢得关于世间性之结构的一种现象学式的理解。

c) 将世间性的根本结构规定为意蕴

正如在阐明总是已经在场的现成可见者之基础时一样,在我们阐明最切近地在场的现成可用者之基础的时候,确切地说,在我们阐明现成可用性和现成可见性这样的存在特性在被操持物之呈显中的基础之时,我们已经获得了关于世间性的际会结构的一种最初的现象学式洞察。借此,被操持物的呈显所具有的际会功用就以一种值得注意的优先性向我们显示了出来。如果说,由此就已经标揭(herausgestellt)出了(被操持物之呈显的)基本的特性,那么关于这一呈显的更进一步的解释就必须将世间性带向一种更透彻的范畴水平上的理解。而当此解释之际,那本身被规定为一种世间性因素的熟套(Vertrautheit)所具有的构成功能就将变得清楚起来。关于"熟套"这一要素,后面我们还将联系到对被操持物之呈显的更切近的规定,即特别联系到对生产世界的规定而作出更明确的显示。而现在,若要进行关于寰世的际会功用的分析,我们就还需在如下这种现象的方向上作出一种原则性的阐明:在未作更确切规定的情况下,我们在我们的分析之初就简单地引入了此一现象。我们说过:凭借"对……有益"、"对……是有用的"、"对……有帮助"等等之类特性,寰世物在指引中照面;世间性是在指引中构成的,这些指引本身则出现于指引关联、指引整体之中,而指引整体最终要回溯到生产世界的呈显。在世界的际会结构中,那有着首要作用的东西,不是物,而是指引,而如果要以"马堡学派"的用语来表达此一实情,那么就得说:不是实体,而是功能。

α)把指引现象看作实体与功能的错误解释

沿着马堡学派的这一特定的知识论路线,人们在事实上也许能够构造起关于寰世结构的解释,但这样一来也就败坏了我们对于现象的理解。虽然毫无疑问,借助实体与功能这一对概念(马堡学派的知识论赋予了这对概念特别的价值),我们确实看到了某种重要的东西,但这首先只是在对于作为数学式自然科学之客体的自然所具有的客体属性的提问中看到的。这对概念正好就是在上述背景中得到发现的,就是说,它们是按照这样的理路被发现的:在确定空间的-时间的关系之际,人们作出了这样一种特殊的规定:把世界的客体属性看作自然,并通过数学的功能关系来表达此一规定。与此相应,自然的真正的实在性就通过这一功能关系而得以构成,这就是例如一套数学物理学的微分方程所表达的那种功能关系。于此,作为有效的知识,自然的客体属性以及由此自然的存在就得以显示出来,因而,在世界的构成当中,相对于实体概念,功能概念(在最广泛意义上,数学的功能概念)就具有一种首要的优先地位。在上述思路下,(实体与功能之间的)这一区别仅仅只是依循对于自然的科学式认识这一路线而赢得的。

但是第二,鉴于我们把实体与功能限定在了实在性这一衍生性的水平上,实体-功能的对立本身就恰好还没有得到阐明。我们既没有从结构和起源上理解实体,我们也没有从现象上的起源本身着眼并根据一种源本的现象推导出功能来。功能只是连同思想本身和思想过程一道而被简单地设定成了给定的东西。

β)作为意蕴的世界所具有的际会结构之意义

现在,在我们目前的考察阶段有可能作到的范围之内,如果我们还要进一步地沿着指引关联的方向去探明寰世的世间性之结构,那么指引现象显然就还有待于得到更为确切的描述。"指引"这个名称所说的是一个形式上的概念,就是说,指引还有着另外的非形式化的意义。在前面的分析中,我们把指引看作属于世界的际会结构之要素,而现在,我们要更确切地将指引标识为"意指"(bedeuten)。通过作为意指的指引而得到界定的际会结构,我们就称之为"意蕴"(Bedeutsamkeit)。

只要我们在形式上以指引来表示意蕴,那么借此就防止了一种总是容易一再地附着于意蕴这一表达之上的误解,按照这种误解,就好像用"意蕴"这个名称所道出的是这么一回事情:那种据说其存在即是基于意蕴的寰世物不单单只是一种自然物,而是还应该具备一种意义(Bedeutung),它还应该具有其特定的地位和价值。事实上,在自然的言说中,人们通过"意指"和"意蕴"所理解到的就是上述这么一回事,而这种意义上的理解似乎又重现于这一表达的术语上的意义中。但这里存在的唯一的问题是:人们对于带有价值谓词的自然物属性(Naturdinglichkeit)的解释,是否就切合于上述的(指引)现象呢? 或者,这种解释恰好就遮蔽了上述现象? 这一问题也可以如此来问:那种人们称之为价值的东西,到底是不是一种原初的现象;或者,所谓的价值有可能只是有前提地产生于一种特殊的本体论(我们就把这种本体论标识为"自然本体论"),这种本体论假定:物首先是一种自然物,而后才拥有如像价值这样的东西(这样,通过一种特定的向自然物属性的回归,价值就从本体论角度得到了把捉)。也许,一旦人们事实上在一开始就把存在设定成了自然,那么就不可避免地要把价值当作价值加以看待。

如同我们对意蕴这个名称所作的使用那样,从否定的方面讲,它首先并不表示在价值和地位含义上的意义(Bedeutung)。那么,在一种另外的含义上,意义所表示的就恰如一个语词的意义、语词组合所能够具有的意义。而意义的这一含义以某种方式是与那种我们称之为意蕴的东西联系在一起的,并且,此含义要比意义和意蕴的上述那种所谓"价值"含义远为源本。这样的一种界定——如同我们在这里完全从形式上对单纯的语词所进行的界定那样——现在成为了必不可少的,这一点就已经表明了我们在对那个我们一直想用意蕴来加以称谓的复杂的现象选择正当的表述时所面临的一种确定的困境;而我公开地承认,这一表述并不是最好的表述,但是好几年以来,我都没有探寻到某种其他的表述,尤其没有探寻到一种这样的表述:此表述能够表达出"现象"与我们在语词意义的含义上将其标识为"意义"的东西之间的本质性联系(如果说,现象恰好就存在于与语词意义、与言说的联系之中的话)。而现在,言说与世界之间的联系也许还完全是一片晦暗。

在形式上,"指引"表明了一种依照不同的现象而各具个性的结构。信号(Zeichen)是指引的一种样式,象征、征候、痕迹、证件、证据、表达等等都是指引的各种样式。在这里,我们还无能个别性地探究这些指引现象,这不仅是因为这些现象要求范围广泛的分析,而且因为对这样的一种现象(如果我们应该从整体上面对它的话)我们还不具备进行分析的地基并且恰好还需要经由关于世界和之中-在的分析而赢得此在。

如果说,人们想去理解实在之物的实在性而不是对实在之物加以记录的话,那么就必须总是看向存在的结构而不是看向存在者彼此之间的奠基关系。如果以这样的方式来面对问题,那么我们就有理由说:此在本身、最终我们称之为人的那种存在之物,就其存在而言只是通过"有一个世界"才是可能的。诚然,如果正确地加以理解,甚至在这里也还存在着一种复杂的关联(而我们要到我们的考察结束时才能够去接触这一关联)——就是说,在这里此在实际上自我展现为一种这样的存在者:它处在它的世界之中,但同时它又基于它所处在其中的世界之上。在此,我们看到了世界的存在与此在的存在之间的一种固有的交缠(Verklammerung),不过,只有当我们已经从其基本结构着眼而对存在于这一交缠中的东西(即连带着它的世界的此在本身)作出了澄清时,这一交缠本身才会成为我们所能以理解的。

如果我们说,世间性的基本结构、我们称之为世界的存在者之存在就是缘于意蕴，那么这样说也就表明：如同我们目前对其所作的标识那样，指引和指引关联结构在根本上就是意义关联（Beteutungszusammenhänge）。接下来，我们将只是去讨论为着描述这一现象而最为必要的那些东西，并且只是在对意蕴的澄清有所助益的范围之内来进行讨论。在现象学中，我们总是一再地特别感觉到这样一个迫切的要求：有朝一日要把人们通常用"信号"这一名称去加以概括的那些复杂的现象一劳永逸地带向纯粹化的理解。但这一努力现在依然还处于开端。在《逻辑研究》第二卷里，胡塞尔就呈献出了若干这样的理解，该卷讨论信号的第一项研究即是联系到语词含义与作为信号的一般现象（如同他所说的那样）之间的划界而进行的。此外，人们还看到，像信号和象征这样的现象所具有的普遍范围，使我们有理由将其用作关于存在者全体、关于整个世界之解释的指南。当莱布尼茨以信号现象为指南而尝试通过他所谓的 Characteristicauniversalis（普遍的特征描述）来建立一门有关存在者整体的系统学说的时候，这并非什么任意轻率之举。新近，追随先行的兰普雷希特，斯宾格勒又以一般历史哲学和形而上学为目标而探究了象征的观念，但他并没有对在此探究中获得标识的那些现象类别给出一个原本的科学的阐明。最后，卡西尔在其著作《象征形式的哲学》①里则寻求把同属一个基本方向之内的语言、知识、宗教、神话这些不同的生活领域解释为精神的表达现象。同时，他还试图把康德所作出的理性的批判扩展为文化的批判。在这里，那种最广泛意义上的表达现象、象征现象也被用作了指南，以便由之从根本上去解释精神的和存在者的所有现象。当他这样做的时候，像"形态"（完形，Gestalt）、"信号"、"象征"这样一些形式指南的普遍运用就轻易地掩饰

---

① 恩斯特·卡西尔：《象征形式的哲学》，柏林，1923 年。

了由此所达到的那种解释的源初性和非源初性(的区别)。那种对美学现象而言可能是一种切合的进路(Ansatz)的东西,在对其他现象进行说明和解释的时候却可能导致一种相反的结果。在这里就显明了一种固有的、在根本上规定着人文科学之发展的实情:面对上述那种在根本上属于强行的尝试,比起自然科学领域的对象来,人文科学所关涉的客体即精神的东西就很难具备抵御的能力,而在自然科学那里,只要人们一开始用错误的方式去从事探究,自然界马上就会对此予以报复。由于我们与精神领域之间的那种特有的无利害干系,这些对象和现象就更加易于容忍一种错误的解释,因为错误的解释使自己形成为精神的产品。这是一种可理解、可运用的精神产品,这样它就能以取代那有待获得理解的课题内容的位置,以至于关于精神之物的某一科学能够长时期地独占一种与精神之物的假定的关系。与这一特有的无利害干系相关联,对象世界仿佛就可以轻易地凭借任意的方法并通过随便什么人去加以理解和规定,以致在这些对象领域中,通行着对于某种恰当的概念方式的一种不正常的无思无求(而要是缺少这样的概念方式,那么例如自然科学就根本不可能获得进展)。可以眼见的是,恰好就是上述那种把一个普遍的、可由之作成一切的现象当作指导线索的解释意图(因为所有的东西最终都要当作信号来加以解释),在人文科学的发展中造成了巨大的危险。

γ) 意蕴、标记、指引、关联现象之间的相关性

现在,如果我们试图通过对意蕴现象的解释而给出关于世间性基本结构的初步阐明,那么就有必要记住,只有从关于基本现象的一种充分的解释出发,才能够赢得关于意蕴现象的完整的理解,现在,只有在这种基本现象这里,也就是在作为此在根本枢机的在-世界-中-存在这里,我们才能够以一种专题的探索为目标而挖掘出

那种充分的解释。唯有那种对在-世界-中-存在这一基本结构的不断推进的阐述，才会成就一种关于意蕴的理解。而在目前分析的阶段，我们则需尝试这样来做：与其通过探究其自身的结构去把握意蕴现象，还不如通过对一些亲缘性现象的划界来把握之。而指引、信号、联系等等这些亲缘性现象都要回溯到的它们现象上的缘起（Genesis）之根（Wurzel）即意蕴。

有关意蕴、信号、指引、联系诸现象之间的关联，可以通过下面的命题首先从形式上得到显明——不过，唯当这些命题是源出于对现象本身的阐明并且是由此获得理解的，而不是作为单纯的套式（Formeln）而说出的，那么这些命题才会道出某种东西。据此我们就可以说：每一指引都是一种联系，但并非每一联系都是一种指引。每一信号，更恰当地说，每一"指示"（Zeigung）在实存状态上都是指引，但并非每一指引都是一种信号。这个话里同时还包含着：每一信号都是一种联系，但并非每一联系都是一种信号。更进一步：每一信号都有所意指（bedeutet），此话所指的是：信号具有意蕴的存在方式。但意义永远不是信号。联系是上面所提到的诸现象的在形式上最为一般的特征。信号、指引、意义都是联系；但恰好因为联系现象是形式上最为一般的东西，所以它就不是这些现象的源头——出自那个源头，我们才能够理解这些现象各自的结构之间的层次关系。

我们将通过对信号和指示做出简短的特性描述，来对意蕴的含义加以阐明。为着这个目的，我们已经选取了一个例子，而在我们对一种现象，即对位置和方向现象的讨论中，在经过某种变形的情况下，我们又将再次遇到这个例子。

信号以寰世的方式与我们照面；信号是一种寰世物。最近，汽车配有一种可旋转的、红色的箭头；在街道交叉处，箭头所处的不同位置提示了汽车所欲驶向的道路方向。它所起的作用就是协调其他车辆做到及时地让-出-道路。箭头是一种信号并通过它的位置而指示方向。箭头的位置是由车辆驾驶员所操控的并由此成为一种不断地处在行驶中的现成可用之物、被使用的寰世物。而在此之前,当驾驶员把手伸向汽车所要开向的那一侧方向的时候,他的手本身就起着与箭头相同的作用。

就像任何一个寰世物那样,箭头就通过它的指引特性而照面,它就以其特殊的寰世化的"为了-之用"、以其特定的事用(Dienlichkeit)(为着"指示"之用)而当场显示出来。这一"用作指示"的指引结构,这一有着现成可用性之样式的特定的事用(作为信号的在场之结构、作为使用对象即指示者),这一"为了-用作-指示"的结构,并不是指示(Zeigen)本身。作为现成可用性和在场之样式,这一有关"为了-之用"的指引,不应当与指示等同起来,毋宁说,实存状态上的指示是奠基于指引结构之中的。对"为了-用作-指示"这个事用的专门的指引,构成了箭头的可能的寰世化的现成可用状态。指引不是指示本身,而指示却正是指引所指向的东西,在此一指引中,箭头就作为信号和指示而照面。就如同一把锤子用作锤打一样,信号用作指示,但是关于锤子这种寰世物之结构所具有的事用的指引,则使得锤子不是用作信号。在对锤子的使用中,操持就融身于这一"为了-之用"、"为了锤打"之中,正如信号的使用就融身于相应的事用,即融身于用作-指示(damit-zeigen)之中。

但是,在信号使用中,人们所关心的正好就是指示,确切地讲就是信号状态(Signalsein)、道路方向的被指示状态(Gezeigtsein)。信号提示着道路方向。严格地说,对信号的感知、把一个我们所遇到的东西认-作-信号(zum-Zeichen-nehmen),这并不是一种认定(Feststellen)(如同在箭头的例子里并不是对方向的认定),毋宁说,在信号感知中——只要信号以寰世的方式与我照面——我依据信号的指示而明确了我的当下应采取的行处应作(Verhalten)。我依据信号而明确了我要走上且不得不走上自己的路的方式。信号最初并不传述什么知识,而是提供出一种参照(Anweisung)。作为寰世的信号物(Zeichendinge),箭头出现在一种寰世的指引联系里,它昭显出了寰世,使寰世当面现前——在上面的例子里也就是昭显出了最切近时机(Moment)的位置状况。信号还同时呈显出了那在寰世中将成为现成可见的东西,即车辆将要经过的道路与位置(Ört),一个规定并修正着我自己的和每一其他人的在世界上之存在(只要它是在位置上有所定位的)的时空态势(Konstelation)。这样,为了操持性的打交道(在这里即是为了一种较狭窄意义上的行路),箭头就昭显出了寰世。

随着信号的使用、箭头的运用,以及随着相应的从理解信号的那一方而来的信号识认,一种对于寰世的特别的昭显就被明确地纳入了牵挂之中。这一有关寰世之照面的明确的操持不是以知识为目的,而是以那种最初非专题的认知性的在-世界-中-存在为目的。唯因世界非突出地在指引中照面,所以那营造(stiftet)信号的东西就是操持性的在-世界-中-存在,而不是一种孤立绝缘的认知倾向。由于世界是在场的,它被揭示为此在的"其间"(Worin),而世间性具有这种可理解的指引结构,所以寰世的信号物就是现成可见的和现成可用的。作为寰世的现成可见之物,信号总是被营造着,不过现在我们需要去加以看清的,正好就是"信号营造"(Zeicenstiftung)的正确意义。就是说,现在我们可以区分出以下两方面的含义:首先是单纯的认-作-信号,第二是一种信号物的制作。

据此南风就可以是雨的信号。更确切地讲,南风乃是一种预兆(Vorzeichen)且首先和原本地就是预兆,此预兆向日常的操持发出讯息。预兆在一种指向天气(土地耕种、收获或一种军事性活动)的操持进程中得以照面并在根本上经由日常的操持而得到发现。无论南风、雨,还是它们的同时出现以及世上的作为自然过程的现成可见状态,所有的这些存在者都没有在制作(Herstellung)的意义上得到营造,毋宁说,所有的这些存在者恰好就是那些出自自身的向来已然存在的现成可见之物;也许,南风之成为信号就是在一种将其"认作-信号"中得到营建的。这一认之为信号的营建(Stiftung)是在一种对于天气的关切中实现的,而这种关切本身则植根于某种人们所操办的东西(Besorgtheit),植根于日常的事务,植根于农民本身的日常劳作;更确切地讲,这一信号识认是在一切气象学的加工之先的对南风的一种源初的揭示。信号识认就奠基于人们所操办的东西之中。如果人们要说,南风"自在地"、"客观地"并不是任何信号,它只是"主观地"被理解成了信号,那么人们就会错失这一认作-信号的意义。在这样讲的时候,人们忽视了:因为这一表面上单纯的见解只具有这样一种唯一的意义——去开揭客观的东西,即开揭寰世,开揭工具的现成可用性之品格,开揭工具的本性,让寰世直接地照面,使其得以为我们所通达——所以这一信号识认(把南风当作信号)就不是一种主观的见解。伴随着把信号当作主观的见解这种解释,人们就失去了认作-信号的原本的意义,此意义正好就体现在:在一种确定的方向上更原本地昭显出世界、更透彻地开揭出世界,不在任何一种主观的意义上去理解世界。而上述这种关于信号的随意的解释复又来源于对于对象属性的一种隐蔽的自然化理解。一直以来,人们都抱有这样的成见:在一开始自然总是客观地存在着,而那种跨出了这一客观状态的东西则是由主体带入自然之中的,在我们所讨论的现象这里,情况也依然如此。

信号营造的第二种样式,就是信号物的明确的制作。在此,不只是一个已有的现成可见之物被当作了信号,而且那应将成为信号的东西和作为信号而纳入使用的东西本身也被制作了出来。这样的一些信号就是箭头、旗帜、为船航指示天气的风暴信号球、信号臂、路标等等。在信号营造的第一种样式中,信号在某种意义上是现成可遇的,更确切地讲:信号就植根于信号与信号所指示的东西的一种特定的已然－同时－现成可用状态。信号和信号所指示者一开始就出现在一种存在联系中。但在被制作的信号物那里,情况通常却不是这样。就其自身而言,风暴指示球、这个球形物本身与风暴完全没有什么相干。因为信号是寰世物而它的指示是一种被营造起来的指示,且这一营造明确地期求着对于某物的指示,所以,一种我们已经知道的特殊的存在方式即现成可用性就属于一种信号而成为有用(即是说"它真正地有所指示")这一可能性的条件。信号本身、信号物必须各自具有一种优先的现成可用性、熟悉性和可会通性。信号之跃然触目这个事实就根植于此。信号必须是触目的,这一点就透露出了信号之有用性的样式。在此人们可以想起著名的"手巾上的纽结",它的触目性正是植根于日常的现成可用之物和被使用物的不触目性。作为一种我们在使用中不断地碰到的东西,手巾的这一不触目性给纽结赋予了作为信号而起作用的特性。在此,信号是一种纯粹的标志,而不是例如像南风那样的预兆;这一标志的指示将要通过每一新的营造(在这里,从某种意义上讲就是制作)而重新得到规定。人们利用这一标志而能够达到的指示范围的广度,是与这一信号的可理解性的窄度相对应的。不仅信号通常唯一地只是对"营造者"才是可理解的,而且甚至对这一营造者而言,信号的指示及其有待于指示的东西经常也成为不可会通的,但这一点并没有使信号丧失它的信号特性,相反,它恰好在一种令人不安的意义上作为信号来照面,但却是作为一种对于某物的再也未得到领会的信号而照面。

信号关系并不是那种构成了一种信号的有用性的特殊的指引,

毋宁说,有用性本身是通过指示而得到规定的。在关于存在者的理论性思索之中,同时典型地也在关于生活的原始而基本的解释中,基于关系本身的形式上的特征,信号和指示具有一种特别的意义——虽然在这里,恰好在解释这一关于信号的原始的思想时我们还必须保持谨慎。

在所有的偶像、巫术等等之类东西那里,与信号的原始的关系之特征正是在于:对原始人而言,信号与被指示者是相互合一的;信号本身可以代表被指示者,不仅是在一种代替的意义上,而且是在这样的意义上:信号器具本身就构成了被指示者。信号的存在与被指示者的存在之间的这一奇特的重合并不是在于(如同人们所曾经解释的那样):信号物已经经历了一种确定的"客观化",以至于信号被看作一种物且因此被放置在了与被标识之物相同一的存在领域,毋宁说,这一"重合"在根本上并不是先已存在的孤立之物的相互重合,而是信号物与其所标识之物的一种尚-未-离散(Noch-nicht-freiwerden);严格地说,信号物与其所标识之物的这种尚-未-离散的基础就在于:这样的一种与信号的打交道和这样的一种投身于信号之中的本原的生活还一直都是完全地沉浸在被指示物之中的,以至于信号器具本身在某种意义上还不能够独立地分离出来。此重合并不取决于信号物与被指示者的一种先期阶段的客观化,相反,这种重合正是取决于这样一种实情:信号物与被指示者还不是客观化的,操持还整个地亲历于指示器具里并将被指示者卷入了信号之中,因为信号是最为切近的东西、当前呈现的东西(Gegenwart)。而从现象上看,这里所说的就是:信号器具在根本上还没有得到揭示,世界上的现成可用之物还根本不曾具备器具的品格。

由此,信号就能够以纯粹的方式而最大可能地实现它的功用,这就是说,它获得了现成可用之物的特性和触目的机缘(Moment),信号源出于那已然既与的现成可见之物而被制作了出来。但是,信号的这一实物化(如果人们可以这样说的话)却与某种唯物论或唯物论者的见解没有任何关系,就好像指示以及信号的意义是与"物质"相联结的,毋宁说,在这里"物质"恰好不具有物质性的功用,而是具有特别的"精神"的功用,即保证普遍的持续的可会通性。由原始思想中的被扩展了的信号使用出发,人们还不可以就此而推论说,这种思想在某种意义上还未曾真正地把握"精神的东西"、"有意义的东西",与此相反,只消信号和被指示者一旦出现,它就是(原始的思想把握了"精神的东西"、"有意义的东西"这回事的)最基本的证据。不过,在哲学性的解释中,人们在某种程度上却不可以止步于物本身,不可以追随古老的哲学传统,认定自然或者树木或者石头等等东西本来就是先已出现的东西。实情并非如此:木头和石头首先存在,而后它们才带有了一种信号特性。

这样,就寰世是可把握的而言,一切的信号识认(Zeichennehmen)、信号使用、信号营造就都只是寰世内部的特殊的操持的一种特定的形态。在这里,我不能进一步探究有关诸如预兆、返兆(Rückzeichen)、征象(Anzeichen)、标记和记号(Kennzeichen)这些信号现象的详尽的分类,就此我至多只能说:这些信号现象依然保持着(信号)营建的方式上的区别,与此同时,这些信号现象使得一种高级的呈显所具有的对于信号状态的构成性品格变得昭然若揭。

δ) 理解性、操持性的在-世界-中-存在开显出了作为意蕴的世界

前面已经说过:因为世界是在场的,就是说,因为世界得到了开显且在某种意义上面向处于其中的此在而照面,所以在根本上才存在像信号物这样的东西,信号物才会成为现成可用的。只要此在是在-世界-中-存在,那么,"能够与它的世界际会"就属于此在之

存在的应有之义。作为一种源本的操持样式，这一"能够与世界际会"的存在方式是自我理解着的存在方式。而这一引领着一切操持的理解所具有的相关物，就是牵挂所羁留于其上的东西，并且总是在理解中（即便是在一种非常不确定的熟悉中）自我显现的东西。这一源本的自我识认（Sichauskennen）在本质上就属于之中－在，此自我识认并不等同于一种外部的盯视（Dreingabe），相反自我识认就构成了之中－在的存在意义。但此中就包含了：理解源本地完全不意味着一种认知和知晓的方式，除非人们已经把认知本身看成了在－世界－中－存在这一存在的枢机。但即便就是如此，我们也必须说：理解的意义不是一种"拥有关于某物的知识"所能涵盖的，而是意味着一种趋赴某物的存在（确切地说，就是趋赴此在之存在的存在）。作为在理解它的世界之际的自身理解，之中－在开显着对它的世界之理解，或者换一种表述：只是因为理解是此在与世界和与自身的源本的存在干系，像一种独立的理解和对于理解的一种独立的发展与习得这样的东西才能够如同在历史的认识和诠释中所发生的那样存在。现在，我们就必须联系到作为理解性、操持性的在－世界－中－存在这一此在的根本枢机去解释迄今我们所给出的关于世界之结构的特性描述。

世间境界是一种特有的在理解性的操持面前的在场和际会。理解性的消融于世揭示着世界，也就是揭示着指引关联唯一所是的东西、揭示着它的意指（Bedeuten）。这样，被理解者即意义（Bedeutung）就与理解性的操持相际会。

指引和指引关联源本就是意义。按照前面所说，意义是世界的存在结构。世界的指引整体是意义关联和意蕴的整体。如果说，我们把意蕴规定为可理解之物的整体之结构，那么这种规定是不可以与下面的看法相联结的——例如人们说：在这里，世界和世间性只是重又被理解为对象化状态,这时我们所把握的不是世界之存在本身,而是通过世界的一种对象化状态所显出的那个世界(虽然它现在并不是一种在观察性的探寻与观视面前的对象化状态,而是在一种操持性的理解面前的对象化状态);在这里,意蕴所指的也只是某种样式的被把捉状态。后面我们还将回到这一可能的反对意见上来。

意蕴首先是在场的方式——世界上所有的存在者都基于这种在场而得到揭示。作为不断被指向的东西、作为通过洞见和理解而得到规定的东西,操持已然亲历于源本的意义关联之中,操持就在一种解释性的环顾中维持着这个意义关联的开显。现在,只要此在进一步合乎本质地是由此一实情所规定的:它说话,它自我述说,它是言说者,作为讲说者的开显者,它让某物为人所见,它揭示着某物,那么,由此就可以理解"存在像语词这样的东西"、"具有意义"这回事。而以上所说并不是指:首先出现话音,而后又马上给这一话音配上意义;与此相反,在这里,源本的东西是在世界中的存在,也就是那具有意义关联的操持性的理解和存在。这样,声音(Verlautbarung)、话音(Laute)和有话音的交流方始出自此在本身而增生出诸种意义。不是话音获得意义,而是相反,意义在话音中被表达出来。

在关于"语言起源"的各种理论中,我们可以以典型的方式首先区分两种不同的观点,其一是认为:语言是由单纯的情绪话音而起源的,惧怕、担忧、惊奇的情绪话音是语言之源头的源本的表达样式。另一极端的理论则是:语言的源头在于模仿话音,就是说在于对世界上所出现的事物的话音式的描摹,在于讲说(Sprechen)。首先,就其自身来讲,从话音出发而去理解语言的起源,这样做是荒谬的,同样,那种把话音群族中的一族看作源头的尝试也是荒谬的;只要每一言说和讲说都是关于某物的自我述说(Sichaussprechen),那么在一切言说的统一体中就既存在着情绪话音又存在着模仿话音,这就是说,情绪话音和模仿话音两者都只有通过此一实情才会被我们所理解:那种特殊的、同时由其身体属性得到规定的此在,是以话音的方式而让自身成为可理解的。在此,唯一重要的一点就在于:我们需要看到话音与意义之间的这种层次关系——意义只有由意蕴出发才能得到理解,而意蕴又只有从在-世界-中-存在出发才能得到理解。

要是人们真正地见出了此点,那么就可以说,人们在根本上取得了意义理论的一个意义重大的方法论上的洞察,就是说,人们就将有能力把各种流行的意义分析的进路(Ansätzen)(如同它们的一部分还依然在现象学中流行着的那样)搁置起来,以至于不再从一种话音出发去提出这样的问题:一个语词如何能具有意义,一个语词如何能表示某种东西?这一问题是人为地构造起来的,是整个地远离言说和语言的现象实情之根的。另一方面,我们还能够看清的是:语言的意义以及在根本上意义关联、结构、概念属性——一门原本的逻辑学所必须加以讨论的这一整个问题系列,都只有出自对于那源始地秉有意义的此在本身的基本而真实的分析,方能获得理解。

为了使意蕴本身先行成为可理解的,就必须追溯到在-世界-中-存在这一原初的现象,我们将这一现象标识为理解和理解性的操持。只是因为在-世界-中-存在作为理解性和操持性的融会(Aufgehen)而昭显出了世界,这一在-世界-中-存在才能够去明确地经营(besorgen)对世界的昭显,并且实际上通过寰世物(此寰世物就是专门为了世界的昭显之目的而被制作的),也就是通过信号而经营着这种昭显。信号物的意义之源就在于此在本身;它们并不是我们所偶然碰到的东西。某个东西之成为信号,这一点就植根于寰世的世间性。因此,一个最初全然不是信号的寰世物,它作为寰世物随时都可以变成信号(例如一把锤子或一把石斧)。它们可以在这种意义上成为信号：例如，一把现成可见的石斧将一个寰世显示为曾经存在的寰世，——在此，这个石斧就是一个作为返兆（Rückzeichen）的信号。

寰世物所可能具有的作为历史学发现与规定的史料（Quelle）的功用，就是以这样的一种植根于寰世之中的信号状态为基础的。我们并不能自明地和简单地就能看清像一种历史史料这种奇特的物所具有的特殊的存在结构。在上述例子中，石斧已经被揭示为现成可见的东西，而在此之前，在它被发现之前，对一个农人而言它就可能只是被看成一块石头，这块石头挡住了他的车轮和脚步的去路，而犁头在石头上碰得满是缺口。但农人依然不理解这块石头，这并非因为这个东西没有以具体有形的方式当下在此，并非因为农人不曾拥有某种意义上作为现成可见之物的这个史料，而恰好是因为，他还只是从其现成可见性着眼来昭显这个物体，就像石斧通过他所特有的操持对他所展现的那样。凭借他的作为耕作的农人的在-世界-中-存在，他无能去揭示这块石头原来所曾是和现在依然还是的那些方面。对于他石头只是一个单纯的物，不是一个在理论意义上的物，而是一个在他的寰世里一再地作为妨碍的、无用的东西而照面的物。对于他这块石头不仅是不可理解的，而且这一理解通道还因此而被他自己所阻断了，也许甚至最终被埋没了——因为他实在地（positiv）把它看作对他而言所是的那种东西：他只是把它看作障碍物，并还要将它放在一块最近的岩石上劈碎。

照此方式，例如一本经过书写的羊皮卷就可以仅仅只是作为人们保存在某个地方的现成可见之物。但它的信号特征和史料特征却是一个远为复杂的方面。在这里的上下文中，我只能对这个属于一门历史学科的解释学问题加以简短的提示。如同斧子一样，书卷本身首先是来自某个早先时代的一件残余物，它就在那个时代被人书写。但与此同时，通过在羊皮卷上所书写下来的那些东西，它还可以被追溯到一个更早的时代。现在，这一（被书写的）指引（Verweisung）成了一种完全特殊的进行传述的指引。只要这里的传述是基于一种被记载的言说、基于被书写的东西，那么它自身就具有它的可理解性的方式，或者说，对它的通达是以它自有的理解为前提的。现在，这一被记载的言说本身又可以是来自对于被叙述的东西之传述的记叙和报告，或者说，被传述的东西还可以出自更原始的见证而获得给出。按照成为见证的各种不同的方式，传述的见证特征本身也发生着变易；根据那现在存在着的东西（而证据就一直因之而存在，且由之而来才要求我们去见证史料），"成为某物之证据"向来就发生着变易。如同对作为曾经有过的世界上的寰世物的石斧所作的理解一样，我们能否理解一种这样的史料，这在根本上将取决于一种与之完全相同的尺度（Dimension），就是说，（史料的）可理解性的根由在于：在什么程度上理解乃是理解，就是说，在什么程度上理解构成了与作为史料而照面的东西以及在史料里得到见证的东西的存在干系。史料的存在可能性之根据首先不是在于存在着羊皮纸这种东西以及人们能够书写这回事情，而是在于：曾经存在过像被传述者和被证实者这样的东西。就这个物作为史料被看待这回事而言，起决定性作用的是与那被证实的曾经存在之物（Gewesenen）的理解性的存在干系。所有凭借这一史料而在某种诠释中或者另外的科学研究中所揭发出来的东西，都是由这一基本的理解所制约的。这一基本的理解决定着：例如，在史料中得到证实的那些多种多样的情况该当如何以及是否可以从数量和形式上得到估价；而面对在史料中得到证实的东西，这样说又是否具有某种意义：这个史料中存在大量不重要的东西而只有少量有意义的东西；或者，与在史料中得到证实的实情本身的意义相应，虽然只存在少量有意义的东西，但这些较少的部分却首先并唯一地规定着所有的那些不重要的部分的不重要之处何在,以至于人们不可以像一个植物学家在他的桌子上鉴别出不太适宜的和适宜的植物那样,对这样的史料加以划分。

只有基于理解着和在理解中揭示着的存在者之背景,这些投射于一个史料中的关系所具有的结构才可以在概念上严格地获得开揭。在这里我不能进一步探究这些结构;这些结构只是在于表明:一切信号状态,一切史料、证据以及等等此类东西的存在都是植根于此:存在着像世界这样的东西,而这个世界的际会方式和存在方式就是意蕴;进入被意指者的通道以及对意指的逐一洞悉就是一种关于寰世的理解(Umweltverstehen),而这总是同时意味着一种对于在世界上的"之中-在"的理解,此种理解就奠基于对此在的理解本身之中。

鉴于联系现象及其与指引、信号和意蕴的存在关系,有必要指出:作为形式上的结构成分,此联系在任何时候都是可以依循于指引、信号而得到理解的,确切地说,这里的联系是经由忽略的途径而得到理解的,而这里的忽略就不仅只是对于这一联系现象的具体情况及其物事属性(Sachhaltigkeit)的忽略,而且,此忽略同时还是对联系方式本身的指示和指引,而这为的是让我们仅只看到那种空洞的"作-之用"。对纯粹联系本身的把捉是存在者之对象化的一种最高的,但同时也是最空洞的方式,就是说它不是一种源本的对于指引和信号识认(Zeichennahme)的知根知底的当面直观,毋宁说,它只是以单纯观看的方式而把一种联系的整体纳入了眼界。

关于意蕴,我们还必须以概括的方式指出:作为操持性的理解,在-世界-中-存在让我们与那种通过自我-意指(Sich-bedeuten)而自我-呈明的东西(Sich-deutends)照面。只要这个自我呈明的意指在理解性的操持中得到了揭示,那么它就构成了意蕴并即是世界的在场状态。世界的在场就是作为意蕴的世界之世间境界。意义关联——现在我们视之为各种指引——不是关于世界的主观的观点（Ansicht），仿佛这里的世界在一开始还是某种另外的东西（例如一种原本而直接的世界），而后，经由与世界的打交道，这个世界才具备了某些含义；毋宁说，操持本身就是世界这个存在者的存在，此存在者仅仅就是以这种方式存在而此外就不再具备它的存在。

如果世界的世间性被规定成了指引整体，那么我们不可误以为这一规定所指的是这么一回事：就好像寰世物即"实体"化解成了有规则的功能关系。毋宁说，把指引规定为意指就表明了指引的昭显意义（Appräsentationssinn），而仅当其植根于那属于生产世界的被操持者之呈显（Besorgheitspräsenz）时，此昭显意义才是其所是。如同前面强调指出的那样，所有进一步的理解都要回溯到原本意义上的"被操持者之呈显"这一现象，回溯到对于在某种特别的意义上作为操持的在-世界-中-存在的分析，而操持具有纯粹让某物-当前-显现的存在方式——这是一种值得注重的存在方式，而只有当我们看到：此一当前显现和昭显无非就是时间本身，我们才能理解这一存在方式。

第二十四节　外部世界实在性问题的内在结构

目前我们所面临的课题是：瞻顾到一般存在的问题，在关于此在之解释这一问题框架中去看待意蕴的结构——而我们就试图把此一结构作为世间性的原本的枢机加以廓清。为了达到这一目的，我们就有必要通过一种综合的考察而摆脱那种颠倒的视野，也就是说，扭转那种关于外部世界实在性的特定的理论之取向（或者说，扭转那种关于实在性的本体论之取向),借此把意蕴意义上的世界这一问题开揭出来。由于带有一种关于一般存在问题的解释(也就是关于此在的解释),那种关于意蕴的先行的阐明以及关于世界的实在性的准备性解释要领先于上述那种关于世界的知识论或本体论。因此,从根本上讲,以上所说的问题系统即知识论(主体－客体)或本体论(自然)就还没有触及关于此在之存在的解释。为了这一目标,同时也为了结束关于意蕴的先行的分析,我们将要就以下的五个方面进行探察:a)外部世界的实在存在超拔于关于此一存在的证据和信念之上。b)实在之物的实在性(世界的世间性)不是依据它的对象化状态和被把捉状态而获得规定的。c)实在性不能通过"自－在"(An-sich)得到解释的,相反,自在这一特性本身恰好还需要解释。d)实在性不是根据被感知者的物体形质而原本地获得理解的。e)实在性不是根据作为驱动与追求之对象的阻力现象而获得充分阐明的。

我之所以把对阻力现象的讨论列在最后的地方,是因为这一对于实在性的解释最接近我所主张的那种解释而最近又通过舍勒得到了深化。我们在见解上的这种接近有可能是出自共同的根源,出自一种预感(对此,也许人们再也不能说出更多的东西了)——此预感也是同属这个思潮的狄尔泰所曾经拥有的。

a) 外部世界的实在存在超拔于一切关于其存在的证据和信念之上

世界(这个世界就展现为意蕴)的世间性这一最初的问题,在根本上不应是这样的一个问题:像一个外部世界这样的东西到底是不是实在地存在的? 这样的一种提问就隐含着这一见解:世界的实在性必须和能够得到证明,或者至少像狄尔泰所指出的那样①,我们关于外部世界实在性的信念应当获得合理的说明。以上两种见解都是荒谬的。要想证明世界的现成可见存在(Vorhandensein),这是对问题本身的一种错误理解;因为一个这样的问题只有在这样的一种存在的基础上才是有意义的——这种存在具有在-世界-中存在这一存在枢机。而要把那种构成了关于世界的一切追问、关于世界的现成可见存在的一切证明和一切证实之根基的东西从属于一种存在证明之下,这乃是荒谬的。按照它的最本来的意义,世界恰好就是使所有的追问成为可能的、已然现成可见的东西。只有在对此一问题的提出者之存在方式的一种持续的误解之基础上,关于外部世界之存在的问题才能维持下去;因为说到底,那构成了上述存在方式,确切地说构成了那种提问的存在之前提条件的,就是这样一个事实:像世界这样的东西从来就是已经得到揭示的,是能够作为存在者而照面的,是能够作为存在者而自身显现的。

外部世界的实在性问题部分地是基于对康德哲学的一种表面的理解,或者更正确地说,是依据笛卡儿所作出的沉思而得到规定的。这是近代知识论在不断或多或少明确地讨论着的一个问题,但在讨论之际又总是伴随着这样一种确信:无人怀疑外部世界的实在性。这里总是假定了:这一实在性即世界的世间性在根本上就当是人们有可能予以证明的东西,或者更确切地说,假如我们处于理想的状态,我们最终能够对其予以证明。然而,世界的实在存在不仅是不需要证明的,而且它也不是那种由于缺乏严格的证明因而就必定只有加以相信的东西——因为面对严格的证明,人们就只得放弃知识而

---

① W. 狄尔泰:"为解答关于外部世界实在性的信念及其合理性根据问题所作的演讲",《全集》,第一卷,第 90 页以下。

满足于一种信念。这里的对"世界"的实在性的信念这个说法,本来就假定了它是可证明的。在根本上,这一看法又落入了前面所说的试图追求某种证明的观点。但是对此有必要注意的是:诉诸一种对于实在性的信念,这并不就等于一种现象上的发现。而狄尔泰的论文也行进在这一提问方向之中。仅就狄尔泰这样地提出问题而言——而这恰好表明,狄尔泰还没有理解原本的问题——他的这篇论文就不是很有分量的;毋宁说,这篇论文的重要性倒是在于其与另外的一种现象的联系,这就是他在文中所讨论的阻力问题——关于这个问题,我们以后还需要更详尽地加以讨论。

但是,一旦全然不顾有关这一理论的所有的讨论,我们就会清楚地看到:在我们与世界的关系中,并不存在那种为关乎世界的信念现象提供基础的东西。至今为止我还未能发现这一信念现象,毋宁说,在所有的信念之先世界一直都存在"于此",这一点从来就是一个固有的事实。正如世界并不是通过一种知识而得到保证的一样,它也从来就不是作为一种被相信的东西而获得经验的。世界的存在正好就包含着:它的现成可见状态不需要什么来自主体的保证。而如果说上述问题毕竟已经提了出来,那么毋宁说现在所需要的就是:此在应当经验到他自身的最为基本的存在枢机,此即在-世界-中-存在本身。在尚未遭到任何一种认识论的败坏的情况下,这种关于此在自身的经验就抽除了一切对世界的实在存在之追问的根基。世界的实在存在与一切试图证明它的活动正相对立,而一切关于世界的所谓信念也只是一种由理论驱使的错误的理解。以上所说并不是在一个难题面前的求舒适的逃逸,毋宁说,这里所讨论的要点是:那种据说人们从它的面前逃走的难题,在根本上是否构成了一个问题?唯当我存在之际,我才"知悉"世界的实在存在。在此,那表达出了一种源本的发现的,并不是"cogito sum"(我思故我在),而是"sum cogito(我在故我思)"。而这里的"sum"(我在)则不是像在笛卡儿和所有的后来者那里一样被理解成了一种本体论上无分别的思想者(Denkding)的现成可见存在,相反,这里的"sum"(我在)被理解成了对我的存在的根本枢机的一种陈述:我-存在-于-一个-世界中且因此我能够在根本上去思想它。但是实际上,人们是以与此相反的方式去接受笛卡儿的命题的,而此种接受也有它的正当性,因为笛卡儿对这个命题本身也是愿意如此理解的——就是说,在根本上,人们恰好不去追问这里的"sum"(我在),相反,人们相信,作为 qua(源自)绝对的起点的绝对的内在之物,意识就是已然既与的东西,而正是出自意识,才出现了一切关于"内在"和"外在"的谜团。

世界的实在性不是在如下的意义上成其为一个问题:它是不是真正现成地存在?但是,关于世界的实在性的追问却可以成为这样一个问题:世间性该当如何得到理解?不过,即使我们指出(就像我们经常听到的那样):以上关于世界的现成可见存在的第一个问题自然而明显地是自相矛盾的,在现象学的意义上,这种说法也并不是充分的。我们还不如说,依据对之中-在现象和世界现象的积极的见识(Sicht),上述问题的荒谬似乎就必定可以令我们迎头撞入现象之中。换言之,人们必须看到此在的在-世界-中-存在这一根本枢机,才能够作出这样一个断言:上述说法是不合情理的,就是说它是与我们所谈论的那种东西所具有的根本枢机相抵触的。根据对之中-在现象的积极的观视,世界的现成可见状态的"自明性"必将在一个此在中成为明澈可见的——实存状态上的、生存状态上的自明性是连带此在的存在而同时既与的,但在本体论上,此自明性却又是隐秘难解的。

b) 实在之物的实在性(世界的世间性)不是依据它的对象化状态和被把捉状态而获得规定的

第二个问题,即实在之物的实在性、世界的世间性的问题,不可能是指对于如下之点的探询:世界原本是如何安设(anstellt)的,由此它才得以存在?如果说,这样的一个问题在科学上将会是有用的话,那么它的前提首先就应该是:当人们想要阐明存在者如何造成了它的存在这回事时,他们应该已经理解了"存在"所意味的是什么。但是,这样的一种预先就有待于赢得的对存在的理解,已经就可以使我们不再去如此提问了;因为在这一问题中,存在是作为问题自身所指涉的存在者而得到把捉的,这个问题尝试通过存在者去阐明存在。当人们已经清楚地看到这样的做法有多么荒谬时:期待存在具有一种计谋,凭借这个计谋它才得以是其所是,当如此被理解的存在问题回指向存在者之时,那么这也绝不包含这样的看法:人们不能够对"自-在-存在"作出任何的构想,而从来只能对存在者有所构想(假如说,存在者就是被把捉者,就是处在意识之中的对象之物)。这样人们就达到了这个著名的命题:存在者从来都只是相对于一种意识而存在的。这是一个在"内在性命题"的名号下广为人知的命题,是一个所有的知识论以反对它或赞成它的方式所讨论着的命题。人们依循这一命题而直接展开出了知识论问题,但与此同时却并没有追问:"内在性"到底能够具有什么样的意思?其中取得了一种什么样的来自现象本身的发现(如果说这个说法毕竟道出了某种东西的话)?在根本上,"存在者从来都是相对于一种意识而存在的"这个命题所指的是什么意思呢?

这个命题在根本上所指的东西、由这个命题所看到的东西并不是这么一回事:存在者要依赖于意识的存在,而这一作为超越者的存

第三章　由此在的日常状态出发对此在进行最切近的阐释……

在者原来同时又是一种内在者；毋宁说，这里的现象上的发现乃是：世界照面。借此，我们就从现象本身那里获得了对际会结构、对照面行为进行解释的提示，而照面行为越是无成见地得到了掌握，那么照面中的存在者之存在就越是可原本地获得规定。

存在者的存在并不是由照面行为所构成的，毋宁说，存在者的照面是一种现象上的地基，是使得存在者的存在成为一种可把捉物的唯一的依凭。唯有关于存在者之照面的解释才能够——如果这一点在根本上还是能够的话——把握存在者的存在。关于作为存在者的存在者，人们必定会说：它"自在"地和不依赖于对它本身的一种把捉而存在，正是因为如此，存在者的存在就只有在照面中现身，并只有出自现象上的开示以及对于际会结构的解释而获得说明且成为可理解的。然而，要是说明是对存在者之解释和揭示的一种衍生和退化的样式，那么在上述情况中说明就是不适用的。如果我们说到对自然的说明（Naturerklärung），那么所有的说明都具有这样一种突出的特性：它进入了不可理解的东西之中。人们可以断然地说：说明是对不可理解的东西的解释，但这并不意味着，不可理解的东西通过这一解释就得到了理解，相反，它在根本上依然还是不可理解的。由于自然在原则上是不可理解的，所以自然就是在原则上可说明的和有待于说明的；自然是绝对的不可理解者，而因为自然就是去世间化的世界（当我们在物理学中对存在者加以揭示的时候，我们就是在存在者的这一极端的意义上去把捉自然的），它才成其为不可理解者。而上面所说就与以下之点联系了起来：在这一把世界当作自然的说明方式和揭示方式中，世界就只是基于在其中所呈显出来的存在者而得到了探讨和提问。只有当存在者是由运动规律所规定的时候——而运动规律相对于一切可能的观察方式和角度都总是保持为不变换、不变动的同一，关于自然的考察就是在它的支配之下而建立起来的——存在者始可进入（我们的考察范围）。在此有必要注意的是：尽管物理学和数学中的一切命题和一切证明作为命题、作为关于某物的谈论都是可理解的，但是，这些命题和证明谈论所及的那种东西本身却是不可理解者。不可理解者同时所指的是：它是一种完全不具有此在品格的存在者，而此在则是原则上可理解的存在者；只要理解本身是属于作为在-世界-中-存在的此在的存在，那么当世界以其意蕴特性与此在际会时，世界在此在面前就成了可理解的。

c) 实在性不能通过"自-在"得到解释，而自在这一特性本身恰好还需要解释

如果我们把"自在"这个规定作为世间性的特性纳入眼界，那么这里就可以简短地回忆一下前面就此所曾经说过的："自在"不是一种原初的特性；它本身还有它的现象上的起源，它还需要一种解释，虽然人们一般认为它是不需要解释的。为什么现在人们倾向于用"自在"去描述世界的实在性的特征，以及为什么人们在没有对其本身加以阐明的情况下，就满足于对这一特征的单纯的设定，这里的缘由是与如下的事实相联系的：人们似乎是以一种防卫反应的方式而将"自在"引入研究领域的，其作用就在于抵制那种把世界之存在看作被把捉状态的解释，抵制那种把现实之物的现实性看作是由科学的客观知识所揭示出来的对象属性的规定。然而，与上述解释与规定相对的断言——存在者是"自在的"，依然具有与之相类同的见地。人们把这样一点引为依据：一切"自然的"认知和科学的认知之目标都在于规定自在的存在者之存在，但是人们重又满足于自己所引为依据的这个事实，而没有去追问它所真正意味的是什么。

如果世界的存在似乎只是作为被把捉状态而成为可规定的，那

么就只存在一种前景：在一种愈来愈甚的对主体的忽视中去阐明"自在"，可是，如果缺乏了之中－在这一根本枢机，这样做又何以可能呢？因为世界的存在是经由照面而得到把捉的，所以关于自在的存在者自身的理解就恰好只有在一种关于此在的彻底的解释中开放出来。这一存在者之存在越是源初和原本地以此种方式得到解释，那么认知和存在者作为可能的可认知者就会愈加彻底地成为可解释的东西。由于客体是不依赖于主体的，客体的存在就只是需要通过恰当地获得理解的主体性而得到阐释，但客体却不可能由主体的存在所构成。

d）实在性不是根据被感知者的物体形质而原本地获得理解的

实在性同样也是不可能依据物体形质而原本地得到理解。虽然我们必须承认，只要我持驻于单纯观视的感知这种特定的通向存在者的通达方式，那么在这个范围之内，物体形质就是一种真实的现象上的特性，但是，恰好就在这一通达世间性的理解方式中，尤其是当我把感知当作了一种简单的物体感知时，世界所秉有的充分的世间性、它所秉有的充分的意蕴就不再如同它向操持所照面的那样为我们所通达了。毋宁说，在纯粹的物体感知中，世界是在一种阙失的意蕴中显现出来的。在此，我是依据古老的术语来使用"阙失的"即 deficiens 这个表述的。当其在感知中照面时，意蕴是阙失性的，它丧失了那种它作为世界而原本地具有和必定具有的东西；当我们仅仅把世界当作一种物体性的多维体（Dingmannigfaltigkeit）而单纯地加以盯视时，我们就阻断了世界的原初本性与我们之间的通路。

传统的物性（Dinglichkeit）范畴（出于一种特定的理由，人们同时也将其规定为存在的范畴）：物性、实体、偶性（Akzidenz）、属性、因果性等,它们的现象上的起源就正是在于这一阙失的意蕴。这些范畴已经就是出自这样的一种通达方式(先行具有的呈现及其基本的规定性)而得以形成的:这种通达方式就属于一种典型的去世间化的过程。为什么恰好是这些范畴首先得到了揭示呢?——这个问题与如下问题正好是等价的(事实上我们已经提出了这个问题而只是对它还悬而未答):在对此在所存在于其中的世界进行澄清之际,为什么自然的当场存在(Dasein)恰好就跳过了寰世? 在对世界之存在的范畴式描述中,为什么总是一直都把像"物性"这样的经过了构造的范畴当成了某种基本的规定加以运用?

亚里士多德的范畴:ουσια(实体)、ποιον(性质)、ποσον(数量)、που(地方)、ποτε(时间)、προζτι(关系)(υποκεμενον - συμβεβηκοτα——那必然总是与现成可见的东西联系在一起的东西——某物作为某物的先天可能性),用传统的术语说就是:实体、性质、数量、场地、时间、关系,这些范畴全是在对物的单纯把捉和对此一把捉加以言说的特定方式即理论式陈述这一特有的维度中获得的。而这些范畴在亚里士多德那里已经全然成了存在的范畴;在亚氏那里,它们同时也是对一般对象范畴加以规定的基础,就是说它是这样的一种规定的基础:所有的东西——只要它最终是某种东西,无论它是在世界上存在的东西或是被思想的东西,都无不带有这种规定。依据上述,物性就不能算是寰世所具有的一种源本的特性。

e) 实在性不是根据作为驱动与追求之对象的阻力现象而获得充分阐明的

但是实在性也不是由阻力现象出发就能够得到充分阐明的。当希腊人着眼于压力和碰撞而将 σωματα 即有形物体设定为原本的

ουσια(实体)时,他们就已经明显地看清了这一现象。① 在最近的时期,首先是狄尔泰联系到以上所指出的提问方式而指出了阻力现象,确切地说是作为推力的一种相关项的阻力。一切来自主体的和活动在主体中的推力都是与一种阻力相关的。也许,狄尔泰的确没有达到对现象的确切的把握,但是他很早就已看到了最为紧要的一点:实在性不仅在认知和知识中得到了经验,而且(如他所说)也在整个"活生生的主体"中,在这一"思想着、意愿着、感觉着的生命"中得到了经验。他意欲加以打通的是经验着世界的整个主体,而不是单纯地意指着世界和理论式地思维着世界的苍白的思想者。不过,正如由"思想着、意愿着、感觉着的生命"这一表述可以见出的那样,他是在传统的人类学的心理学这一框架中去尝试他的整个工作的。而他恰好没有看到的是:一旦采纳了这一古老的心理学,他就必将远离那原本的现象;而这一古老的心理学并不能通过他的新的分析的心理学加以克服,相反它只是又重新得到了肯定并因此而妨碍了对于那有所预感的东西的一种真实的把握。

最近,舍勒提出了一种相似的关于实在之物之存在的理论,然而他是以一种本质上更为清楚的关于心灵之结构的理论作为基础的,也就是以现象学的行为分析为基础的。他自己把他的关于世界之当场存在(Dasein)(他在现成可见状态的意义上使用"当场存在")的理论称为一门"能动的当场存在理论",该理论所要表明的是:世界的现成可见状态原本地是与意志相关联的,因而也就是与冲动、追求相关联的。

舍勒注意到:"……知识本身是一种存在关系;一种存在者的'如此这般存在'可以同时处在 mente(精神)之内和 mentem(精神)

---

① 参见柏拉图:《智者篇》,246a,以及亚里士多德:《形而上学》,Λ1–6。

之外,但当场存在却从来都处在 mentem(精神)之外;进一步,拥有作为当下存在者的当场存在,这并不是基于智性的作用(无论其为直观的作用还是思想的作用),而仅仅是基于只在追求的行为和注意力的动力性因素中才始可源本地得到体验的存在者的阻力,七年以来,我一直把这一点当作我的知识论的首要基础在加以讲授。"① 各种对象的存在只是在它们与驱动和意愿的关系中,而不是在某种知识中直接无间地被给予出来的。②

在这里,舍勒需要特别地把他开始阐述这个理论的时间标示出来。对此我想强调的是:我自己也同样是长达七年以来就在讲授这个理论,但如同我已经讲过的那样,这里的相互一致是来自狄尔泰的推动和现象学的提问方式这一共同的根源。我想明白地强调,首先在其注意到了物性在世界的实在性的层次结构(Aufbau)中所起的作用的意义上,舍勒的理论揭示出了一种本质性的现象,因为他正好在一种本质性的意义上探察了上述与生物学有关的现象并且是在所有对此一现象及其结构的研究中推进得最为深远的。因此,我们可以期许,他的人类学应该成为对此类现象的研究的一种本质性的进步。

尽管如此,我们还是必须说:阻力现象并不是原初的现象,毋宁说,阻力本身倒是唯有依据意蕴才能够得到理解,而世界与此在的原本的相关性(在此,如果人们毕竟可以谈到某一不属于我所说的那种相关性的话)并不是驱力与阻力的——或者如舍勒所说——意愿与阻力的相关性,而是牵挂与意蕴的相关性。这个相关性是生活的

---

① M. 舍勒:《知识的形式与教育》。于 1925 年所作的演讲,第 47 页注 24。编者注:引自 M. 舍勒,《后期著作集》,M. S. 弗恒斯编。伯恩和慕尼黑,1976 年,第 112 页,注 1 和注 2。

② 参见:同上,注 25。

基本结构,我也将此结构称为实相(Faktizität)。唯当我具有一种穿越的意愿之际,就是说,当我想要越过某物之际——而这又意味着:某物已经源本地在牵挂和操持面前呈显了(基于这种呈显,最终才能够具有一种阻抗者的呈显),这时某物所具有的阻抗性才能够作为阻力而照面,作为某种我所未曾穿越的东西而照面。无论阻力多么地巨大,它也无能给出那对象化的东西。如果说,阻力是存在者的原本的存在,那么,在两种相互间存在着最大阻力的存在者的存在关系中,也就是在一种存在者相对于另一种存在者的高度的反作用力的情况中,像一个世界这样的东西就将呈显出来;然而,在两个存在者的阻抗关系中,这种情况并不是能够轻易出现的,就是说,作用力和反作用力、冲力和反冲力永远也不能够使得像世间性意义上的世界这样的东西出现,相反,阻力本来就是一种以世界为其条件的现象特征。

进一步,阻力现象之所以是不充分的,这是因为——如同狄尔泰所指出的那样——它在根本上是以行为的相关项为指针的。所以,舍勒也就被迫重新诉诸于 in mente und extra mentem(内在精神与外在精神)的区分,以此作为对拥有行为的主体的一种古老的设定的基础。而在现象学内部的另一支队伍那里,也完全独立地推进到了这样一种洞识:实在性永远也不能根据关于某物的单纯的知识而获得理解,一门知识论不能首先把判断和判断之类的东西当作指南。所有这些都是值得注重的,而舍勒正好是非常强烈地用以下的话强调了上述的最后一点:今天还有四分之三的知识论坚持错误的观点,这种观点认为,知识的对象、存在者在根本上由之出发才能获得把捉的那个源本的要素,就是判断。

恰如物性一样,阻力的根据也是在于这样一回事情:世间性已然存在。阻力与物性是一种特定的孤绝寡缘的(isoliert)照面现象——

这里的孤绝寡缘是针对单纯的追逐(Stereben)所具有的一种特定的通达方式而言的。那么,在舍勒那里,对作为阻力的世界这一存在者的把捉就是与他的生物学的取向紧密相关的,也就是是与如下问题紧密相关的:对于原始的生命形态而言,一般世界是如何被给予的?在我看来,依据一种从原始生命到单细胞生物这样的类比方法进行研究,在原则上就是错误的。也许,只有当我们对我们所通达的世界所具有的对象属性,也就是对我们与世界的存在干系作出了把握时,我们才能够依凭特定的经过了变易的考察方式也对动物的世间性作出规定。在对动物的世间性进行分析的时候,我们总是被迫依据类比来说话,在这个意义上,舍氏的那种相反的研究方向就是完全不对路的。对我们而言,寰世不可能是一个最单纯的世界。

如果我们已经明白,对实在之物的实在性加以阐明的根据就在于我们看到了此在本身的根本枢机,那么我们也就具备了试图在实在主义与唯心主义之间做出抉择所需的基本要求。在对这两种立场进行说明时,关键的东西并不完全在于对它们加以清理或者找到这样那样的解答,而是在于看清:两者都只是在某种耽误的基础上才能够产生出来,就是说,在未曾根据此在本身的基本构成(Grundbestehende)而对"主体"和"客体"这些基本概念加以阐明的情况下,它们就把这些概念当作了前提。只要唯心主义认识到了这样一点:只有在存在、实在之物呈显和照面之时,存在、实在性、现实性才能够得到澄清,那么就此而言,所有严肃的唯心主义就都具有它的某种合理性。而另一方面,只要所有的实在主义都试图由此在的世界之现成可见状态去把握此在的自然的意识,那么它也同样具有它的正当性;但是,当实在主义试图借助实在之物本身去说明这一实在性时,就是说,当它相信,借助一种偶然性的过程就能够阐明实在性,那么它立即就滑向了谬误。因此,纯粹从科学方法的角度看,实在主义是比所有的唯心主义更为低等的一个阶段,尽管唯心主义还有可能上升到唯我主义。

值此,我就想暂时结束对于世界的意蕴结构所做的分析。我还要强调,我们将在一个本质上更高的阶段上再次面对这一考察,这就是说,当我们已经澄清了在－世界－中－存在之存在的时候,澄清了"让某物照面"所具有的存在方式,澄清了理解本身的存在方式的时候,我们还将再次进入对世界的意蕴结构的探察。在这一基础上,我们就将能够澄清:为什么世界之际会必定要被把捉为在场和当前?

第二十五节　世界的空间性

我们的课题是探察此在的根本枢机即在－世界－中－存在。着眼于世界的结构要素(在此我们把世界理解为日常此在的世界),我们已首先从三个方向将"在－世界－中－存在"这一统一的现象收入眼界。我们也首先对世间性的一般结构即意蕴作出了廓清。

在进行上述探察之际,我们并不是从 extensio(广延)出发,即不是从那种可以经由极端的知识论取向予以获取的关于实在性的规定出发。然而,如果存在着首先依据广延和空间性并着眼于自然知识的确定的客观性而切当地规定世界的可能性,那么这一可能性就表明:在某种意义上,空间性就属于世界,空间性是世界的一种构成因素。当然,以上所说并不是指:世界的存在可以根据空间性而得到规定(如同笛卡儿想要做的那样),而世界的所有其他可能的实在性特性都是以空间性为基础的。毋宁说,在这里刚好出现了这样的问题:是否与上面所讲正好相反,空间性要根据世间性而得到解释?是否寰世的特殊的空间性、空间本身的样式与结构以及对空间的揭示即空间的可能的际会方式(例如纯粹几何学的空间),都只有根据世界的世间性方能成为可理解的？实际情形恰好就是如此。

作为世界的一种根本枢机，空间和空间性只能服从于现象学分析的任务而根据世界本身加以解释，这就是说，空间性要依循日常此在的世界而从现象上获得崭露，只有依循作为寰世的世界，空间性才能成为明白可见的。世界乃是一个寰世，这一点是以空间这一特定的世间性为根由的。只有当空间的世间性和原本的空间性获得了明见，就是说当寰世空间(Umweltraum)及其与此在的结构关联得到了理解，人们才有能力避免走上这样一条道路（为了规定精神和精神的存在，甚至连康德也总是首先要选取这条道路）：即总是将精神负面地与空间相对，将 res cogitans（思维的存在）负面地与 res extensa（广延的存在）相对起来进行规定，总是把精神把捉为非-空间。与此相反，关于世间性及其空间特性的源本的分析将引领我们看清：此在本身就具有空间性。而要想抗拒这一点并根据某种形而上学的前提而认为精神、人格、人的原本的存在是某种灵动无形的东西(Fluidum)，它并不是处在空间之中且与空间理当没有任何相干（因为人们首先是在物体属性的意义上来把捉空间并因而不断地处于一种对精神的物质化的恐惧之中），这是完全不具备任何根据的。

我们将把空间的世间性(Weltlichkeit)所具有的现象上的结构标识为作为寰世的世界所具备的寰围(Umhafte)。因此，关于世间性的分析，我们前面就作出了这样的安排：第一步将要探讨世间性，第二步则要讨论那对最切近的世界具有构成作用的世间性之寰围。[①]

关于寰围的阐释可以分成三个步骤：第一是对寰围自身的现象上的结构加以凸显；第二是把世界和空间性所具有的源本的特性看作寰围和寰世物，即看作世界所具有的源本的际会特性，进而看作之

[①] 参见第二十一节，第228页；a)，第228页以下；特别是b)，第232页以下。

中-在的此在所具有的源本的际会特性而加以阐释；第三把世界的一种特殊的空间化即关于纯粹空间的揭示和开掘阐释为世界的去世间化。

为了分析能够继续向前展开，我以下将只是简略地讨论一下上面所提到的最后两点。而我主要看重的是对于寰围这一结构的清理。我们将通过以下三方面的现象去规定世界的寰围结构（即一种特殊的寰世空间）：去远(Entfernung)、场域(Gegend)、定向(Orientation)[伸达(Ausrichtung)、伸达状态(Ausgerichtetheit)]。

a) 去远、场域、定向彰显出了寰围本身的现象结构

以上所说的头两种现象，即去远和场域，都要回溯到定向才能得到阐明。如果说，空间性首先是从属于世间性的，那么，要是我们现在从现象上指出，我们在分析寰围的世间性时，就已经运用了（尽管是不明确地运用了）空间性的特性，这不会令人惊奇。此外，在世界的那些与它的世间性有关的特性之中，我们还引入了现成可用状态，我们将其规定为在操持中最直接的可掌握之物的在场。而这里关于"最直接"的规定包含了切近(Nähe)现象。

进一步，关于信号和指示的分析已经表明，一种独立样式的，也就是作为专门课题的操持，能够对寰世在某一特定的时机所具有的可寻摸的位置形势予以揭示、开释，以及先行呈显。车辆上的箭头标明了车辆所要朝其上行驶的某一方向上的道路。这样，寰围现象就蕴涵着切近与方向（趋赴……之路）这种明显可见的特性。

远是以近为来由的，或者如我们后面将要更真切地把握的那样，切近只是去远的一种样式。近和远所描述的就是那属于操持所及的世界的世上物（如其在操持中所照面的那样）所具有的特性，依凭近和远，去远现象也就已经向我们呈达了出来。为了在这里马上看清

此点,就需要指明:我们用"去远"(Entfernung)所指的并不是两个点之间的距离(Absand)——即使我们在此不是把点仅仅看作纯粹的点,而是看作世上物(例如椅子与窗户的远离)。毋宁说,"去远"所指的就是椅子或窗户相对于我的、当下切己的切近或者远离。只有基于这一原本的去远——就是说,在椅子以世界的方式当下在此时,它才与我相远离,才在根本上相对于我而具有一种可能的近与远——只是因为这样的一种去远,才有着椅子与窗户相远离这样的可能,而我们才能够把这两者的指引关联称为去远,虽然去远的这种用法已经是次一级的了。现在,上面所说到的两个点之间的关系已经不再可以被称之为去远了;因为这两个几何学意义上的点并不是相互去远,而是彼此有一种距离。距离与去远并不是相互重合(Zusammenfallen)的,毋宁说,在存在论上,距离是以去远为根基的并只有当去远存在的时候才能够得到揭示与规定。

前面所指出的一种特定的寰世物能够活动于其中的位置形势——例如一部车辆的"取-道"(Weg-nehmen-zu)——就包含着原初的"去向"(Wohin),也就是朝向一个地方,更确切地说朝向一个场位(Platz)而"去",而地方或场位就意味着一种特定的场域。场域无非就是"一种去向之去处(Wo)"。场域在本质上是以"向……而去"、以指向(Richtung)为来由的。这样的一些现象——近、远、指向,就给出了寰围所具有的一些首要的基本结构,而只要我们把握了这些现象本身所具有的统一性,那么我们就可以说:依持于世界的寰围就是操持所寓于其中的场域化的近与远。在日常的操持中我所寓于其中的处所,是通过近与远而得到规定的,确切地说,是通过场域性的、有所定向的和有所伸达的近与远而得到规定的。但是,"场域-近与远"这两种结构要素就蕴涵着"以操持性的此在本身为定准"。近与远以及场域都有着这种固有的回溯到操持性的打交道的意义根源。只有凭借这一经由寰世物而看到的意义根源,凭借对近与远以及对那种经由场域特性而获得规定的东西之定向,我们才能赢得寰围之"寰"(Um)的完整的结构。

在自然的言说中,我们已然懂得"寰"有着"围-绕-我们"的意思。作为寰世的"围-绕-我们"不是多种事相的一种随意的混杂一处,毋宁说,通过近与远的归整,现实之物就作为随时可用于某事的东西而串联了起来,更确切地说:寰世物全都得到了定位(plaziet)。只要某物具有一个场域性的,也就是以此在为定准的场位,确切地说,当其具有了与之相连带的现成可见的场位或者具有了它的在操持中得到指派的现成可用的场位时,那么这种东西就是近的与远的。操持与之打交道的一切世上物总是在一种双重的意义上具有它的场位,一方面,就它的作为现成可见之物的世上存在的样式而言,它具有一种现成给定的场位。在我们对天空自然地加以经验和观视之际,太阳就具有它的特定的场位。而另一方面,直接可用的寰世物也总是具有它的被指派的场位。操持具有给一个物指派一种场位的可能性,但这一点完全不是明显可见的。

那么"场位"原本所指的是什么意思呢?"场位"就是操持中的现成可用之物或现成可见之物的去属之所(Wo der Hingehörigkeit)。这一去属是一种场域,而将这一去属看作定位(Plazierung)的规定则是出自操持以及在操持中原本在场的东西而得到预先决定的。依据我在日常的操持中所先行拥有的东西,依据我的此在本身如何作为世界之中的存在而获得规定的方式,寰世诸物的定位直至一个房间的布置都得到了调适。而寰世诸物的定位、对于寰世物的在场域之中的去属之规定,重又是以与操持相关的原本的呈显为根由的。由此出发,与那些在操持中可用的、应该直接就是现成可用的东西相适宜的"去那里"和"来这里"以及与那些不可直接使用的挡住去路的东西、应当被"清除"(geräumt)的东西相适宜的"去那里"和"来这里"方能得到规定。这一固有的"清除"是对于世界之寰围的一种特定的维持。世上物的归诸一个处所(Wo)、归诸一个有所定向的处所的去属(Hingehörigkeit),是连带世界的意蕴而同时既与的。出自有待操持的东西之呈显,操持向来就原本地揭示着世上物的诸场位,揭示着在直接可用之物意义上的世上物的诸场位;因为只有现成可用之物的场位才是可指派的[在某种意义上就类同于信号的营建(stiften)一样],而另一方面,现成可见之物的场位就仅仅只是现成已有的——出自对切近的世界和置身于其中的东西的某种取向,这些场位乃是现成地遭逢的场位。

人们可以把近消极地规定为"相距-不-远","相距-不-远"是本着一种日常的操持所能够具有的视野而道出的,"不-远"(nicht-weit)即是在每一现在中的立马可掌握者这个意义上的"马上"(gleich),在每一个现在里都可以立即和不断地(没有时间的流失)加以昭显的东西——这就是世上的东西(das Weltliche)即邻近之物(das Nahe)以一种合乎指引的方式所秉有的总是与其他东西同时出现的现成可用状态。

今天,对于一部收音机的拥有者来说,一场在伦敦的音乐会就是邻近的。通过无线电广播,今天的此在实现了一种对此在而言其意义不可低估的"周-遭"的昭显,一种特有的不断扩展着的世界之拉近(Näherung)。更确切地看,近不外乎就是一种特出的远离,这也就是在特定的时间状态里可掌握的东西。在所有的我们或多或少自愿和被迫地一同造成的提高速度的方式中,都有着对远离的征服。就其存在结构而言,对远离的这一特有的征服乃是(我请求不带任何价值判断来理解此点!)一种求近的疯狂,这种疯狂在此在本身之中就有它的存在根据。这一求近的疯狂无非就是时间流失的减消;但时间流失的减消就是时间在自身面前的逃逸,这是一种像时间这样的东西才能够拥有的存在方式;在自身面前逃逸并不是逃向某个其他的地方,毋宁说,这种逃逸就属于时间的诸可能性本身的一种可能性,此可能性就是当前(Gegenwart)。在逃离自身之际,时间依然保持其为时间。

b) 此在本身源本的空间性:去远、场域、定向是此在作为"在–世界–中–存在"的存在规定

寰世的近与远自身总是以源本的去远为根由的,而去远是世界本身的一种特性。正因为就其意义而言世界就是去远的,才存在作为远的一种样式的近这种东西。这就是说,就其存在意义而言,作为一种在–世界–中–存在,作为寓于世界的以当前化为其能事的存在,此在本身就是远去的(entfernendes),同时也就是临近的(näherndes)存在。在这里我在某种程度上以一种及物的、主动态的意义使用"远去"这个表达。这样,去–远(Ent-fernen)所指的就是对远的消弭,即作为带上前来或自身靠上的临近(Näherung),也就是以这种方式带上前来:在带上前来的同时,使得自身靠上在任何时候都能够方便地成为通常可掌握的。上述措辞显得是对自然语言用法的一种暴力强制,但是在这里,这样的用语却又是现象本身所要求的。

此在本身是去–远的:通过使现成可见之物当前化而实现对远的不断的克服。伴随作为在–世界–中–存在的此在,去–远本身成了原初既与。世界本身是作为远去的或者临近的东西而得到揭示的。去远以及例如阻力是一种解释学的概念,就是说它们所表达的是那种就其意义而言属于此在之结构的可理解的东西,是我本身作为当场存在者(Daseindes)、作为有着此在特性的存在者而持驻于

其中的东西。据此，使用去－远就表达了我本身所能够是且一直就是的那种存在方式。

所有的寰世之物，只有当其作为世上物而在根本上有所去远的时候，它们才会具有一种远离（Entfernung）。如果寰世物所特有的寰世间遭到了减销，如果施加于物的去世间化使之仅仅减退成了两个几何学的点，那么它们最终就将丧失远离的特性，它们就将仅仅具有一种距离（Abstand）。而距离本身是一种 quantum（数量）、一种多少。距离并不是去远所具有的本源的意义，它只是一种特定的数量多少，它唯一地依据那存在于距离中的东西而得到规定，就是说，两个单位之间的距离即特定的数量多少，是出自一系列的点而获得规定的，而这里的这些点本身是相互远隔的（abstehen）；距离是一种亏缺性的去远。正是通过我们前面经常提到的去世间化这种过程（在这里我们不可能更确切地去探究此过程的结构，因为这种探究需要运用时间现象），我们才能理解距离是这样的一种特有的变形：它是寰世间的远－离的一种变形，是此在的生存论上的远－离和范畴上的远－离的一种变形。

作为世上物所具有的特性，近与远同时还具有一种与场域合一不二的规定，就是说，它们还具有依持于一个场域的规定。此场域就是一种去属、去行、去随、去望等等这类东西的"向何处去"之去处。这一"向……而去"是一切作为在－世界－中－存在的操持都具有的一种伸达之所向（Ausgerichtetheit）。这意味着，只要之中－在总是远－去的，作为在－世界－中－存在的一种基本规定，一切的去－远就都有其伸达之所向。在这里，定向可以以不同的方式变换地得到确定。而定向之确定本身重又可以通过不同的手段而成为可能，例如纯粹通过寰世当中的信号或者通过单纯数学上的预测性的计算。但是，上述的这样一些确定方式的可能性之条件，则是以意蕴为基础的关于场域的规定。

天空的诸场域是通过太阳的上升与下降而源本地得到揭示的；在此，太阳不是被理解成一个天文学上的物体，而是被理解为一个寰世之中的现成可见之物、在日常的操持当中不断得到利用的东西，就是说被理解为在日与夜的循环中提供光与热的东西。太阳的这一存在方式、这一可利用性本身随着它的位置而变易着。在早上它还是清冷而薄明的。太阳在天空的各个不同的场位，特别是日出、日午、日落这些突出的场位，乃是一些不断地现成可见的、特定的场域。作为寰世之物，这些场域使一种定向成为了可能，由此而来，出自与天空相联系的东、南、西、北，所有的属于寰世的场域重又得到了规定。一切在寰世之中的经行，一片原野的每一个位置以及诸如此类的东西，都是以世界场域为基准而得到定向的。需要注意的是，长期以来，在对世界场域的源本的揭示中，世界场域都没有成为地理学上的概念，就如同这样一个事实所表明的那样：不但在从前，而且就在今天，教堂和墓地还都是按完全确定的方位来定向的。现在我们正加以探询的这些场域——例如东方、西方，与地理学的体系全然没有什么相干，而是同日出与日落、同生与死，因而同此在本身相联系的。如果我们回忆起恺撒的《高卢战记》(De bello gallico)，（那么我们就会知道）那里的军事营地是按照一种完全确定的方位而设置的。根据这些定向（它们首先完全不是以地理学的方式测量出来的，也不是通过另外的理论手段而确定下来的一些规定和场域），寰世中的一切个别的场域才得以串联起来。寰世间的去属之去处、我所行止于其中的这一寰围之整体，总是因随那预先存在于牵挂中的东西而以这样或那样的方式自行绽露着。如此串联起来的这些空间之物，作为一座房屋的空间或一座城市的空间整体，作为寰世空间的整体，并不是一种装满了各种东西的三维空间的多面体。只因开显中的在－世界－中－存在本身就是有所定向的，世界所具有的某一场域本身才能够得到揭示。这是一个基本的命题，而与之相对应的反方向的表述则提供了一种探入此在原本特性的本质性洞见：由于场域只能出自一种有所定向的此在而得到揭示，所以此在本身在根子上就已经是在－世界－中－存在。

这样我们看到，场域的串联以及由此近与远的确定总是一再地由照面之物的意蕴本身所规定的。最切近的世界、在这个世界中照面的物不是在一种几何的－数学的点系统这个意义上获得定位的，而是在寰世的指引关联中——在桌子上、在门旁、在桌子后面、在街上、在角落周围、在桥边——在这些完全特定的定向中获得定位的，这种定向以纯粹寰世的方式而带有意蕴的特性，它就是日常的操持所淹留的处所。在寰围这一结构（此结构经由近、远、场域和定向而辐集于操持，且是以一切出自意蕴的东西为根据的）中，还完全未曾出现任何一种匀质空间的结构。

测量学的、几何的纯空间是匀质的空间，因为它打破了寰围所固有的结构，而这仅仅是为了获得一种可以对匀质空间进行揭示的可能性并借此而能够着眼于自然的运动过程（作为纯粹的地点运动、作为时间中的单纯位置变化）而对自然加以计算，而当此之际，所有的计算本身都仅仅只是昭显的一种特定的样式。

关于去－远或切近在此在中所具有的基本功用，我只想指出如下之点（而在我们讨论时间的时候，还要对这一点作出更详尽的探察）：在此在本身之中就具有一种固有的趋赴于近的定向——按其意义，这种近就具有一种与当前本身的存在关联；而当前就是时间本身的一种可能性。

场域及其在场位中的具体化总是以一种寰世的方式并依据那些已然现成可见的场域而得到规定的，而这些场域自身重又依据有待

第三章　由此在的日常状态出发对此在进行最切近的阐释……

操持的东西之呈显而获得规定。关于去远的规定是顺应日常解释的意义而进行的。它不是对距离的测量，而是关于远离的一种估摸（Schätzung），而此一估摸又还不是与一种固定的尺度相关的，而是与一种日常熟知的远离、与那种总是从属于此在之存在理解的远离相关的。从一种计量单位，例如从"米"这一角度来看，此一估摸是非常地不充分的，然而，作为日常的解释它也具有它的本己的规定性与原初的权利。

因此我们说：到达某个地方只需一次小的散步或只有一箭之遥。而这一类的量度（Maße）并不是退回到数量的确定，毋宁说，虽然一次小的散步对每个人而言都是各不相同的，但又是在相互共存（Mitaneindersein）的群体当中充分熟悉的东西。即使我们运用一种例如通过时间量度的测定而得到规定的远离之尺度——当我们说，到那里需要一个半小时或一个小时——那么这一尺度本身也只是重又得到了一种全然不同的估摸。即使是一条人们每天来回走过的道路，或许人们还都熟知走过它所需要的客观的时间量度，它也可以每天都是长短不同的。而这一点只是下述实情的反映：我本人总是亲身走过那段与我相远离的远距，我走过的是一段我与某个东西相距或远或近的道路，而这个东西正好就是我所挂放在我的操虑之中的，这个东西不是一种任意的空间点，而是某种意义上我在我的此在中预先就已然寓于其间的东西。这一去-远就属于我的当下切己的寓于某物的存在。这里所讲的并不是一种区间关系，似乎我就像跨过一种被设定的量尺（此量尺就沿着有待丈量的区间推移过去）那样跨过了这个区间，毋宁说，我自身就是那在任何时候都在克服着它的远-距的东西。

一种这样的远离之长度，就取决于我如何拥有时间，更确切地说，取决于我如何以当下切己的方式成为时间。一条"客观上"极长的道路可以比一条"客观上"很短的道路（如同人们所说，这条路对某个人而言显得无限地漫长）反而更短。这样的一种长度上的各不相同就植根于操持本身，植根于人们各自的牵挂所牵系的东西。根据我之如何成为时间的方式，我本身所是的时间就分别生成了各不相同的时间长度。

客观的世界距离并不与得到经验的，更不与获得解释的远离相一致。当人们以一种"客观的世界自然"及其表面上绝对可规定的距离为基准时，当然就倾向于把上面所说的"远离解释"和"远离估摸"称作"主观的"。但这里需要注意的是，我们以之来规定一切与我们相距的远离的这一"主观性"，恰好就构成了在－世界－中－存在的原本的生机(Lebendigkeit)。着眼于此在本身来看，也许此主观性却是在根本上存在着的"最客观者"，因为它就从属于此在的存在方式本身且与"主观的"恣意妄为没有任何相干。

确切地看，那各自分别获得确定的寰世间的远离并不是与距离相互一致的，而这一点具有重要的意义。这就意味着："最切近者"恰好不是那些与我之间只存在最小距离的东西，相反，"最切近者"却是那些在某一通常的活动范围和视野范围中离我远去的东西。由于此在作为在－世界－中－存在而远－去着，它就总是行止于一种在某个回旋空间(Spielraum)里与之相远－离的"寰世"之中。对于那距离上最邻近的东西，我却总是听而不闻、视而不见。看和听是远距离感官，因为作为去－远着的此在就优先地依持于它们。对于一个戴眼镜的人来说，尽管就客观的距离来说眼镜是与之最近的，但与他坐于其上的桌子相比，眼镜却总是与他相去更远的东西，这就是说，距离上的"最邻近者"完全不是日常生活中的直接无间的照面者。另一方面，人们还不能把触觉及其扩大了的功能引为与上述实情相对的反例，而这恰好是因为抓握和触摸的突出功能主要地并不是在于拉近。这一点将在一种极为基本的打交道行为即行走那里成为明显可见的。

当人们行走于街道之上,他们的每一步都触摸到了地面,但人们恰好并不亲历被触摸的东西,也不亲历由这样的触摸所拉近的东西。我所行走于其上的地面完全不是"最切近者",相反,一位大概在二十步开外向我走来的熟人,倒是与我最为切近的。所以,现在变得清楚的是:作为临近着的和远－去着的之中－在,它总是出自与操持相关的呈显、出自寓于某物的源本的存在之呈显而得到规定的,而只要这一寓于某物的存在与时间有着最为紧密的关联,那么由此所决定,时间本身在某种意义上就是一种去远之解释(Entfernungsauslegung),而这种去远之解释首先总是与距离的计算各不相同的。距离的计算从来都是去远解释和之中－在的一种变式。至于远离和远离状态就像属于此在的根本枢机之中－在那样也属于此在,这将由以下之点而获得明见:我本身永远也不能穿越一种我不断地亲历于其间的远距。尽管我可以穿越门与椅子之间的距离,但我却永远也不能穿越在面朝门的那个空场上我所处于其中的远距。作为"趋赴某物的存在",我永远也不能穿越我自身所是的那种远距。而当我尝试这样去做的时候,就会显出这样一种固有的本性:我自己就附身带有一种远距;我附身带有着远距,因为我就是远距本身。而这一点还关系到一种更广泛的、自然也是一种复杂的构成系列,以致我永远也不能跳过我的影子,因为随着跳跃,影子也一同跳到了我的前面。在这一我不断地处于其中的寰世性的源本的空间境界里,我永远也不能够随处周游,毋宁说,它就是属于我的在－世界－中－存在本身的空间境界,而我则不断地附身携带着这个空间境界,并且,仿佛就出自"客观的世界空间",我把这个空间境界切划到了我所在之处的每一个场位。

指示的可能性是以定向这一枢机为根据的。指示让一个"那里"能够被我们看到和经验。这一"那里"开揭出了指示和指示者的各自的"这里"。而信号以寰世的方式照面,以寰世的方式得到理解和得到使用,这指的就是:在－世界－中－存在、在这种存在方式之中的操持性的打交道自身是有所定向的。因为此在之存在作为之中－在是有所定向的,所以才会存在右边与左边,更确切地说,只要有所定向的此在是亲身具体的,这一具体有形者就必定是有所定向的。把捉和观视的定向串连起了"一直朝前"与"向－右－和－向－左"。此在被定向为有形的东西,作为有形的东西,它自身向来就是它的右边与左边,而这也就是身体为什么有其左右部分的缘故。这就是说,有形之物乃是不可或缺地由定向所一同构成的,这一点即是有形之物的存在本身的固有之义。在根本上,并不存在什么像"手"这样的东西,毋宁说,每只手或者每只手套都是右边的或左边的,因为按其意义,使用中的手套是依照下面这个目的而得到设计的:它要协同形成躯体的活动。如果我们忽略那种完全特定的生物性运动,那么一切躯体活动就永远都是一种"我运动"而不是"它自身活动"。因此,像手套这样一种东西本身就是朝向右边与左边定向的,但是例如像铁锤这样的物品就没有这样的定向,我把它握在手中,但它并未在原本的意义上一同造成我的自身活动,而是由我使动来造成它的运动。据此,也就不存在什么右边的与左边的铁锤。

定向性是在－世界－中－存在本身的一种结构要素,而不是那有着对右边与左边之感觉的主体所具有的一种特性。只有根据此在的在－世界－中－存在这一根本枢机,我们才能够理解,为什么操持能够不断地自身定向,就是说能够总是在它的定向中以这样那样的方式行处应作,并出自操持性的羁留的寓居之所而得到规定。一个只带有"对右边与左边的感觉"的孤绝寡缘的主体永远也不能在它的世界中恰当地确定它自己的位置,相反,只有当此在被看作是它原本所是的,即被看作向来在它的世界中已然存在着的存在者时,上述那种(确定位置的)现象才可以得到阐明。尽管在没有右边与左边的情况下,对一个"那里"的拥有和确定就是不可能的,但是如果没有世界,就是说没有一种此在据之而进行定向的寰世物的总是-已然-在场,如果此在不是一种之中-在,即不是当下切己的已然-寓于某物-存在,对一个"那里"的拥有和确定也是不可能的——因为唯有如此,此在才能够依据一个场域而自身指向某一特定的方向。

就此而言,当康德说我仅仅通过区分我的两边的单纯的感觉来进行定向时[1],那么他就陷入了谬误。仅仅凭借进行区分的主观的依据(如果人们可以这样称左边与右边的话),尚不足以把握定向的整个现象。由于定向就是在-世界-中-存在的一种结构,因而在拥有一种定向之际,即一种总是特定的在-世界-中-存在中活动之际,"世界"总是在一开始就已经一同涵泳于其中了。一个带有对右边和左边的"单纯感觉"的主体乃是一种(人为的)构造,它并未切中我自身所是的此在之存在。而从康德就此所举的例子以及他对定向现象进行阐明的方式看,以上所说也会变得清楚可见。

假设我走进了一个我所熟悉然而黑暗的房间,而当我不在它里面的时候,这个房间被如此倒腾了一番,以致所有放在右边的东西现在都放在了左边(其中所有的东西都左右打了一个掉)。这样,只要我还没有触摸到一种特定的、"在记忆里我拥有其位置"(康德这样顺便地说到它)的对象,那么有关右边和左边的感觉对我所进行的定向就完全不会有什么帮助。但"在记忆里拥有"所包含的意思并

---

[1] I.康德:《何谓在思想中定向?》(1786 年),《著作集(学术版)》,第八卷,第 135 页。

不是指：我必须依据和凭借在我的世界中的已然－存在来进行定向。这就是说，对于我的正确的定位而言，我之触摸到一种"在记忆里我拥有其位置"的对象与我的关于右边和左边的感觉就具有一种完全同等的构成作用。一种关于孤绝寡缘的主体的不充分的此在概念，诱使康德对关于右与左之定向的可能性条件做出了不恰当的解释。相反，从康德的分析中我们看到，他必定是不明确地将那属于定向的现象纳入了使用，将"在记忆里我拥有其位置"的被触摸到的对象纳入了使用。但这只是对如下的存在论实情的一种心理学上的解释：此在本身向来就已经总是处在它的世界之中，借此它才能够在根本上进行定向；只是对一种如此进行定向的此在而言，才在根本上存在着右与左以及获取与解释定向的可能性。

康德既没有看到定向的原本的奠基关系（Fundierungszusammenhang），也没有看到有关定向的正确的现象实情。自然地，从一开始，除了表明一切的定向都包含了一种"主体的原则"（他用它所指的是关于右与左的感觉）之外，他就没有着意于对定向现象本身作出恰如其分的解释。由于我们在这里排除了康德意义上的主体概念（而这个概念可以上溯到笛卡儿），并根据此在的完整的存在枢机来看取定向现象，因而把右边和左边称为"主体的原则"，就是操之过急的和不恰当的。如果我们要在目前的局面中把右边和左边叫作"主体的原则"，那么人们就必须把"对此在而言世界总是已经在场"这个根本枢机（Grundverfassung）叫作"主体的原则"。可是，把世界的在场规定为"主体的原则"，这当然是不可行的。但这样的一种规定正好表明，在对那种构成了此在的结构［这自然就是主体概念 de facto（事实上）所一直表示的那种东西的结构］的东西的解释中，传统的主体概念实际上是如何地乏善可陈。我们如何取得定向的方式、我们进行定向的可能性条件已经表明，定向就属于此在本身。

就我们在时间和时间分析中所需要的而言,以上关于去远、场域和定向的规定应该就已经是足够的了。

c) 寰世与寰世空间的空间化——例如莱布尼茨以数学方法规定的空间与广延

在以下的讨论中,我们将只是借助一些基本的概念——寰世与寰世空间的一种空间化(Verräumlichung)就是以这些基本概念为基准的——即借助空间和广延的概念(就像它们为数学的规定奠立了基础那样)而大略地勾勒出一个简短的线索。在此,我们将不依靠笛卡儿的有关定义,而是依靠由莱布尼茨所作出的本质上进一步发展了的定义。

莱氏说道:Spatium est ordo coexislendi seu ordo existendi inter ea quae sunt simul.①空间是共同在场状态的位置排序,是有关同时存在的东西之现成可见状态的位置排序。通过这一规定就已经表明,在这里,在 coexistendi(共同在场状态)之中和在 inter eaquae sunt simul(同时存在的东西)之中,时间对于空间是如何具有构成作用的。他据此而对 extendio(广延)作出了规定:Extensio est spatii magnitudo(广延是空间的幅度)。②广延是空间的大小,广延是空间的数量。莱布尼茨还给出了一个富有特征的补充:Male Extensionem vulgo ipsi extenso confundunt, et instar substantiae consderant.③——把单纯的广延与广延之物本身草率地搅和在一起并将广延看作实体,这样做将带来有害的结果。在这里,他所指的当然就是笛卡儿。Si spatii mag-

---

① G. W. 莱布尼茨:《数学论文集》。初等数学。普遍原理。第七卷:《数学文集》,C. I. 格尔哈德编。1863 年,哈勒版重印本,第 18 页。

② 同上。

③ 同上。

nitudo aequabiliter continue minuatur, abit in punctum cujus magnitudo nulla est.①——当空间大小即 extensio（广延）均匀地、持续地减少时，它将在一个 quantum（数量）为零的点上消失，这个点本身就不再具有什么广延。Quantitas seu Magnitudo（数量的规定，我们后面讨论时间测量的时候将要用到它）est, quod in rebus sola compraesentia（seu perceptione simultanea）cognosci potest.②——数量或大小是那种在事物中仅仅通过某种东西的一种共同呈现、通过对两个对象（即现成可把捉的大小幅度与尺度本身）的一种 perceptione simultanea（同时性感知）就能够被知晓的东西。这样，对数量把握和一切的测量而言，尺度的同时呈现就具有一种构成的作用，而对于质量把握 nec opus est compraesentia,——就不需要（尺度的）一道呈现，毋宁说，一切质量上的东西 singulatim observatur③,——凭其自身就可以单独地得到考察。

　　这样我就给出了对匀质的世界空间的基本结构的一些规定（如同这种匀质空间被看作自然的基础那样），因为它比那些需要联系到今天的物理学和数学才能给出的规定更为单纯，但是在这里我们依然需要看到，这些规定的单纯性并不就意味着它们范畴上的清晰性。对于那些更为透彻地精通数学概念的研究者，我要指出属于奥斯卡·贝克尔的现象学研究的一种探索④。诚然，在他的探索中，关于特殊的数学上的自然空间起源于寰世空间的本质性问题还没有得到展开，尽管对作者而言这个问题是作为背景而起作用的。虽然贝

---

① G. W. 莱布尼茨:《数学论文集》。初等数学。普遍原理。第七卷:《数学文集》，C. I. 格尔哈德编。1863 年, 哈勒版重印本, 第 18 页。
② 同上。
③ 同上, 第 19 页。
④ O. 贝克尔:"关于几何学的现象学基础及其物理学应用的演讲"。载于:《哲学与现象学研究年鉴》, 第六卷 (1923 年), 第 385 页以下。

氏是直接由空间问题入手进行研究的,就像他在数学中,确切地讲在现代几何学中所作的那样,但对几何学中的若干个别阶段本身,他还是详尽地作出了透彻的审视。在一开始,只存在一种关于几何形状的纯形态学的描述,其中还完全不存在什么测量,这是如同在植物学中也要用到的一种形态描述(例如对若干片叶子的各种不同形态所进行的描述)。那种完全确定的形态学的概念就在这一工作中得到了确立,这些概念具有其自身所特有的精确性且不能被数学化。第二个阶段就是 Analysis situs(形状分析)阶段,这是对形状的分析(几何学),而第三个阶段是真正的测量学阶段,严格地讲,只有这个阶段才适合于几何学这一名称。

至此,我们的以世界的世间性为鹄的的世界分析就将告一段落。对于合乎实情的理解而言,上面所给出的世界的世间性之分析的层次结构(Aufbau)之所以重要,是因为借此将能够表明:空间性只能以时间性为根据才能得到解释——尤其当我们要去理解匀质空间之结构(这种空间就被看作是自然科学的基础)的时候,就更需要以时间性为根据了。

第二十六节　在-世界-中-存在之"谁"

现在,在第二个方向上,我们将尝试把握作为在-世界-中-存在的此在这一基本现象。我们说:现在,那有着在-世界-中-存在这一存在方式的存在者应该更切当地得到规定。但是通过以上的表述,我们在某种意义上就遗落了对此在现象的严格的洞察。如果我们记起:我们称之为此在的存在者正好在它的"去-存在"中具有它的"是什么"之规定,那么这里的意思就会变得清楚起来。这并不是某种特定的、仿佛在它之上还拥有其存在样式的"是什么",毋宁说,此在之所是的东西，恰好就是它的存在。这一点表明：我们不应该将某种使整个提问的方向都要发生颠倒的东西拿来填塞到"有着此在这种存在样式的存在者"这个表述当中去，就是说，当我们说且是不正当地说"有着此在这种存在样式的存在者"时，我们不应该认为，这一存在者就是如同一种现成可见的世上物那样的东西，此世上物的"是什么"首先纯粹由其自身就是可说明的，而基于它的"内容上的是什么"（Wasgehalt），它也如同一个物，如同椅子、桌子等等之类的东西那样具有一种特定的存在样式。因为"有着此在之品格的存在者"这一表述总是把我们导向某种像一个物体的实在属性这样的东西，所以这个表述在根本上就是不恰当的。

需要进一步记起的是：我们称之为此在的这一存在者，也就是我们上面借助一种纯粹的存在表达而更恰当地予以表示的存在者，总是我自己本身向来所是的存在者。此在这一存在就包含着一种"我"所秉有的当下切己状态，而"我"就是这一存在。当就这一存在者、就此在进行追问时，那么至少有待于问的就是：这一存在者是谁？而不是：这一存在者是什么？现在，已经到了对这一存在者作出规定的时候了。借助这一表达，我们至少在术语上首先就摆脱了这样的危险：把此在理解成像一个物、像一种现成之物这样的东西。至此，"我"这个表达的含义——如同我们首先以通常的方式直接对它所进行的理解那样——依然还是无规定的。我们越是让"我"这个表达保持开放，不把它与"主体"以及诸如此类的东西直接联系起来，那么这个术语就将越是保持为无所背负，进而我们就越是拥有一种根据现象本身而对它加以更严格把握的可能性。关于我们本身向来所是的这一存在者之谁这个问题的答案，就是此在。

a）此在作为共在；作为共同此在的他人之存在（对同感论的批判）

到目前为止，在对此在即在－世界－中－存在的根本枢机的分析里，此在（这是在特定的之中－在意义上的此在）所寓于其中的世界一直是我们的专题。但在对世界进行分析的时候，我们也并没有将所有的有所显示的现象掘发出来。在解释手工工人的寰世的时候，显示出了公共的世界这一现象。在得到操持的产品当中以及在得到应用的材料和在被使用的手工工具中，他人也共同在此，而产品就是为他人生产的，工具本身则是由他人所制作出来的。他人就在操持所及的世界里照面；这种照面是一种共同－在－此，而不是一种现成可见状态。至此为止，我们还没有着眼于他人的存在方式而将其纳入进一步的探察，更没有对他人的际会方式进行过探察。

此外，我们还谈到了与向来属己的世界相对的公共的寰世，谈到了公共的在－世界－中－存在与本己的在－世界－中－存在之间的流变不居的界线。我们说，寰世不仅是我的寰世，而且也是他人的寰世。在这里，尽管我们没有清晰地将其掘发出来，但他人现象还是又一次显示了出来——关于这些他人，我们说：他们与我们照面。我们不仅没有在所讨论到的现象联系中忽视在寰世里共同在此的"他人"现象，而且还有意地仅仅针对照面中的寰世之物来进行我们的世界分析。这是对世界分析的一种强有力的约束，但是如同后面将要表明的那样，此约束正是由课题本身所要求的。

至今我们还没有把他人及其存在纳入考察，但需要注意的是，我们同样也没有以这种方式来设定我们的分析的起点——比如我们说：一开始我只是孤独地处在世界上，或者一开始并没有世界，只有"我"是已然既与的。既然我们拒斥了这样的一种研究进路并且也揭示出了在－世界－中－存在，我们就不能去谈什么"我"的一种孤立化，从而也不能去谈什么"我孤独地处在一个世界中"。即使是上面提到的那个对源本的此在现象之发现的表述"我存在于一个世界中"，在本质上也已经比"一开始存在着一个没有世界的孤独的主体"这个表述更为恰当。然而，对于探索起点的这样一种表述："那最初既与的东西就是一个带有我的'在－世界－中－存在'的'我'"，也依然是一种不恰当的表述。因而，当我们前面讨论在－世界－中－存在的时候，我们总是要把操持说成是最切近的日常操持着的沉浸于世界之中，而他人也在世界中与我共同在此。而对于那种与一个"客体"或"非－我"相对峙的"主体"和"我"，我们则未曾加以议论。在方法上，我们是有意地让作为此在的"谁"悬置于一种无规定性之中，同时也是有意地维持着在世界中一同照面的他人的不凸显状态，因为从日常此在的现象上的基本实情出发，就要求我们如此行事。

而现在，对于此在的存在而言，"谁"的这一无规定性与寰世中的他人的不凸显又意味着什么呢？它所意味的无非是：此在作为在－世界－中－存在同时就是相互共存（Miteinandersein）——更确切地说："共在（共处，Mitsein）"。"此在作为在－世界－中－存在就是与他人的共存"，这个现象学的表述具有生存论－本体论的意义，而且这个表述也并不就是要确定这一事实：实际上我并不是孤独地出现于世的，因为还有与我同类的其他存在者现成地存在着。如果上面的表述所指的就是：我事实上不是孤独地出现的，那么我就把我的此在说成了一种寰世中的现成可见之物，而存在就将不是一种源出于此在本身、以此在的存在方式为本的切合于此在的规定，毋宁说，共在将成为这样的一种东西：只是由于他人刚好是现成可见的，此在才会拥有共在这种东西；仅仅是因为事实上出现了他人，此在才

第三章 由此在的日常状态出发对此在进行最切近的阐释……

会成为共在。

共在所表示的是属于此在自身的一种与在-世界-中-存在同等原初的存在品格,而这一品格就是他人的此在在向来属己的此在面前的共同展开状态(Miterschlossenheit)的可能性的形式上的条件。这样,即使当他人的存在实际上还没有得到谈论之时、当他人的存在还没有作为现成可见者而成为可感知的东西之时,这一共在的品格也仍然规定着此在。并且,此在的孤独存在也是一种在世界之中的共在。孤独存在只是意味着共在的一种阙失——他人阙失了——而借此正好表明了共在的积极的特性。他人阙失了,这指的是:作为共在的此在所秉有的存在枢机没有达致它的实际的充实。他人的阙失——这种只有当我的存在本身就是一种共在时才会出现的他人的阙失,是我的此在本身的一种存在变式并作为这样的东西而是我的存在的一种积极的方式;只有作为共在,此在才能够是孤独的。而另一方面,此在的孤独存在也不能通过人的第二个同类甚或十个另外的同类的比邻而居而得到消除;只要相互共存不是以各个同类的主体物的一种共同现成存在为基础的,那么,即使有这些同类或更多的同类存在着,此在也可以是孤独的。正因为此在在一开始并不只是一种无世界的主体和一种"内在之物",而世界只是追加给它的,所以此在就不是由于事实上出现了他人才成为共在的。

这一属于日常状态的与他人的共存,正好就是融身于操持所及的世界之中即之中-在所秉有的特征。在人们所操持的世界里,在人们所羁留于其中的世界里,他人也一同在此,即便他们没有作为现成的人而有血有肉地得到感知,他们也是一同在此的。而当他人仅仅作为物前来照面时,也许他们却恰好并未在此,尽管如此,他们的在寰世里的共同在此也是一种完全直接的、不触目的、自然天成的在此,就如同世上物所具有的那种在场的特征一样。

我所使用的工具,是从某人那里购买的,这本书是由某人赠送的,这把伞是某人所遗失的。房屋里的餐桌不是一个放在支架上的圆形板子,而是一个置于某一特定场位的家具,它本身有着特定的座位,特定的他人每天都来到这些座位上;而空缺的座位正好向我昭示出了在他人之阙失这个意义上的共同此在。

进一步,在日常的操持中所操办的东西,也可以在牵挂中呈显为某种他人将会使用的东西,使他人激动的东西,使他人过活得更好的东西,在与他人的任何一种干系中存在的东西——而在通常情况下人们对此都是没有明确的知晓的。在我们与之打交道的所有东西中,以及恰好在世上物本身中,他人也共同在此,确切地说,这是人们在日常的每一天都与之俱在的他人。即使在融身于世界之际,此在也不否认它能够作为共在、作为那种我与他人的共处和他人与我的共同此在而得到把握。这一相互共存不是众多的他人之出现的一种总量上的结果,不是多种多样的此在(Daseinsmannigfaltigkeit)的次生现象,不是某种只有达到了某一特定数目时才会事后显出能事的东西,相反,因为此在作为在-世界-中-存在由其自身而来就是共在,才会存在像一种"相互共存"这样的东西。并且,这一在寰世物中照面的他人的存在,不是一种属于寰世物的现成可用之物和现成可见之物,而是共同此在。而此就已显明:即使在世间化的照面中,进入照面的此在也没有成为一种物事,而是保持着它的此在特性并还要经由世界而得以照面。与前面所说的相对,这里就显出了一种不一致之处。在这里,我们有了这样一种东西的世间化的照面:这种东西的存在样式既不可以被看作现成可用状态也不可以被看作现成可见状态。这一点表明:比起前面的分析所揭示出的东西来,世间性这个结构有着更为丰富的内容。世间性之结构就蕴涵着:它不但昭显出了寰世物,而且世界也能够昭示此在,既能够昭示他人的此在也能够昭示向来属己的此在。

　　他人可以经由寰世照面。伴随着一片我沿着它行走的耕作粗糙的田地，它的主人或租用者得到昭示，伴随着一只抛锚的帆船，某个把它用作航行的人得到昭示。但是这一照面在这里还具有一种另外的昭示的结构。这些他人不是在寰世的指引关联里出现，而是在他们与之发生关系的东西里照面，在他们的打交道的"何所用"（耕地、船）中照面（这里的打交道是作为凭借耕地、船等而进行的打交道）。他们作为其本身而通过他们的在－世界－中－存在照面，不是作为现成出现的东西照面，而是作为耕种田地或用帆船航行的人照面，就是说，他们在他们的在－世界－中－存在当中在此，而只要他们对我而言是以这种方式在此的，他们就与我一同在此——这里的"我"也就是秉有"在－世界－中－存在"这样一种存在的我本身。他人与我在同一个世界里共同在此。

　　我们前面所揭示出的指引关联总是昭显出寰世上的东西，但现在，寰世自身作为一个特定的寰世同时也能够昭示一种与之相俱的存在——此在。在这样的昭示之际，并不要求他人在某种意义上"亲身地"处于近旁；而即便当他人亲身照面时——或者如同我们在这里能够以最切合的方式所说的——以具体有形的方式照面时，这一他人的存在也不是如同人们在哲学中以概念方式所理解的那种"主体"的或者"人格"的存在，毋宁说，我是在田地上、在工作之时、在上班往返途中或在无所事事的闲逛中所走过的街道上而与他人相会——我总是在一种与他人的之中－在相应的操持或无所操持里与他人相会。他人的共同此在（Mitdasein）是出自他的世界或出自我们的共同的寰世而得到昭示的。亲身的相会与他人的缺席（Fortsein）之间的区别本身是在寰世间的相互际会、在经由寰世而得到昭显的相互共存这一基础上的而生发出来的。这一共同（Miteinander）是一的畛域之内,不可理解者与远方首先才会成为可能。

我们拒绝有关同感的这样一个伪问题:一个原本孤立的主体如何通达一个另外的主体?但这绝不就等于说,共同此在及其可理解性就不需要从现象上加以澄清,只不过共同此在的问题必须被理解成一种关于此在本身的问题。这一实存状态-生存状态上的原初现象,在存在论上却并不是不言自明的,它并没有取消有关同感的存在论问题。

b) 常人:作为日常状态中的相互共存之"谁"

现在,我们还需着眼于以下之点来对此在的结构加以开掘:经由世界而得到规定的那种相互共存和一种由此所产生出来的共同理解是如何在此在之中自身构成的。尚需追问的是:在这样的一种相互共存中,那首先理解着自身的到底是谁?如何把这样的一种理解本身解释为从出于此在之存在枢机的相互共存?在这个基础上,才能够进一步追问:不是问理解在根本上如何能够实现,而是问那种总是已经与此在一道俱生的相互的理解是如何能够基于此在的存在可能性而遭到阻隔与误导的,以致正是出于总是存在着的相互理解之缘由而达不到一种真正的理解,以致相互理解意义上的理解总是在此在本身所特有的一种平均化的存在方式中受到压制。

这样,对之中-在的新的特性——共在(尤其是就其作为从出于世界的存在这种存在方式而言)——所进行的开揭,就逼出了我们由之出发的这个问题:日常状态中的此在是谁?人们不应该沉陷于这一迷梦:当我们说,此在向来就是我的——它就是我自己本身所是的存在,就仿佛已经给出了对于日常状态的此在之谁这个问题的一种回答。正因为是这个"谁"在追问着他的存在之谁,这个"谁"就经由那向来处于其存在方式中的此在之存在而一同规定着这个谁是什么。这一现象学的解释是通过日常状态的存在方式、通过操持性的共同投身于世来看取此在的。此在作为共在就是这一相互共存。据此,关于相互共存的存在之谁的问题就从相互共存那里取得了它的回答。日常状态之谁就是"常人"(Man)。

如下之点已经得到了指明:在日常操持的首先而通常的情况下,当下切己的此在总是它所致力于追求的那种东西。众人本身就是众人所从事的事情。对于此在的日常解释依照向来得到操持的东西而获取解释和命名的视野。常人是鞋匠、裁缝、教师、银行家。在此,此在是那种他人也能够成为和实际上所成为的东西。他人在寰世之中与我们一同在此,他人的共同此在被纳入了考虑,这不仅是因为被操办的东西对他人而言具有有用和有益的性质,而且也因为他人所操办的是那些同样的东西。在看待他人的两种视角里,与他人的共处都是处在一种与他人的关系之中的——就是说,着眼于他人以及着眼于他人所从事的东西,自己的操持或多或少都是有成效的或有用处的;而联系到那些操办着同样东西的他人,自己的操办则或多或少就成了优异的、落后的,成了受赏识的或以这类方式被看待的东西。在对人们以赞成和反对他人的方式而一同操办着的东西所进行的操持中,他人并非简单地只是现成可见的,毋宁说,操持作为操持也不断地生发于一种对自己与他人的差等萦系于心的挂虑之中,即使这只是为了将这个差等加以扯平——情况可能是:自己的与他人相比仿佛处于落后的此在正欲追赶上他人,情况也可能是:领先于他人的此在正意图将他人压制下去。这种在操持的日常样式中统治着与他人的共处的固有的存在结构,我们就称之为差等(Abständigkeit)现象——即此在对于差距(Abstand)的牵缠(Sorge)——不管此差距在多大程度上是明确被意识到的。实际上,正是在日常的操持对此现象无所意识的时候,这样的一种与他人共处的存在方式也许恰好才会更为露骨和更为原本地表现出来。例如存在着这样的人：他们纯粹只是出于荣誉心而去做他们所从事的事情，而与他们所从事的事情没有任何切身的干系。当然，以上的所有这些规定都不具有任何道德上的评价或诸如此类的含义，而似乎只是在一种粗略的意义上描述了日常状态中的此在所具有的行事特征。

以这种方式，作为共在的此在，本己的操持就将他人放进了它的牵挂之中，更恰当地表达：作为共在的此在是倚持于他人的共同此在和此在以这种或那种方式所操持着的世界而生成的。恰好在最为本己的日常竞逐之中，此在作为与他人的共处并不就是其自己本身，相反，他人倒是替本己的此在生活的人。在此，他人不必就是确定的他人。每个他人都可以代表这个他人。这个他人当下为谁，这恰好是无关紧要的，唯一重要的只是本己的此在本身所从属于其中的他人。这些世人本身也一同属于其中的固有的"他人"，以及世人在相互共存中所成为的他人，似乎就构成了那不断地当下在场的"主体"，它就是那从事着每一日常操持的主体。

现在，只要此在在对其世界的操持中就是共在，并作为这一与他人的共处而融身于世界之中，那么与此同时，每个人就都把这一共同的寰世作为公共的寰世放入了自己的牵挂之中，人们利用着这一寰世、考量着这一寰世，人们以这种与那种方式在其中活动着。在这里，我们以一种每个他人都同我一样的存在方式而与他人互动着，在这里，一切特定意义上的事业和职业的区别都消失了。相互共存完全将本己的此在化成了他人的存在方式；此在让自己被他人卷带而去，但这时他人与自己的区别却更加隐而不现。在此在的存在可能性的范围之内，每一个人都完全地成了他人。值此，日常生活的固有的"主体"——常人（Man）——才拥有了它的充分的统治。公共的相互共存完全是源自这一常人而生发出来的。世人喜欢什么和享受什么，我们就喜欢什么和享受什么，世人对文学怎样阅读和判断，我们就怎样阅读和判断，世人怎样听音乐，我们就怎样听音乐，世人怎样议论某事，我们就怎样谈论某事。

这一并非某个特定之人的常人，这一属于"所有人"但又不是全体人之总和的常人，就轨范着日常此在的存在方式。常人本身有着自己的去存在的方式；我们已经用差距现象对其中的一种方式作出了描述。但共在的这一缘于与他人的差等而去存在的趋向又是以此为根据的：共同相处本身和操持具有平均化(Durchschnittlichkeit)的特性。这一平均化是对常人的一种生存论的规定；它是一种在根本上与常人息息相关的规定。因此之故，常人实际上就止步于那些属于自己的东西、那些他认为有效的东西的平均状态之内。对于此在之解释、对于世界之评价的这种日常的被磨平了的平均状态以及这样的一些来自习俗与时尚的平均状态，就监管着一切涌上前来的例外。一切例外都成为短命的并无声无息地被压制了下去。所有原发的东西都在一夜之间被磨平为每个人都能够理解的东西且再也不会有人对其茫然不解。常人的这一本质性的平均化重又奠基于常人的一种原初的存在方式之中，这种存在方式就通过常人的融身于世表现了出来，在我们可以称之为对共同相处的平抑(Einebnung)(对所有差等的平抑)中表现了出来。

在差距、平均化和平抑这些现象之间，存在着一种生存论的关联。作为那种以其存在方式而形成了日常的相互共存的东西，常人就构成了我们在原本的意义上称之为公众性(Öffentlichkeit)的东西。这就意味着：世界总是已经源本地作为共同的世界而得到了给出。而这里的情形又并非如此：一方面首先有了个别的主体，也就是有了总是具有其本己的世界的主体，而后才产生这样一个课题：基于某种约定而将每个人的各自不同的寰世拢集到一起，并以此为着眼点去酌定人们怎样拥有一个共同的世界。当哲学家们追问交互主体的世界是如何构成的之时,他们就是以这样的方式来设想事情的。我们说:那首先被给予的东西,就是属于常人的共同的世界,也就是此在所沉浸于其中的世界(而当此之际,此在却又并没有达致它自身),是此在在不必达致它自己的情况下也能够不断融身于其中的世界。

我们已经听到:此在首先不是按本己的方式生活。本己的世界和本己的此在首先和通常恰好是最为遥远的,而那最为邻近的东西正好就是人们共同处于其中的世界;只有从出于这一世界,人们才能够或多或少真切地顺应自己的世界。这一共同的世界,这一首先出现的,且为所有生成中的此在所首需顺应的世界,作为公共的世界就驾驭着对于世界和此在的解释。这个公共的世界预先(向人们)提出了它的主张和要求,它正好驻留于一切事情之中,不过这并不是基于与世界和此在的一种原初的存在干系,不是因为它对世界和此在具有一种特别的和真切的知识,相反,这恰好是基于一种议论着一切的不专精"于事",基于一种对所有的水平高低与货色真假的茫然无察。公众无处不在,而又总是已然从所有的地方脱身溜走。正是由于它无处不在并规定着对此在的解释,它就已然(为人们)作出了所有的选择和决定。只消此在是在常人中生成的、是从常人出发而成为其自身,那么公众就从此在那里夺走了他的选择、他的判断的形成和他的价值评价,它取消了属于此在的己任。常人取走了此在的"去存在"并把一切责任揽向自身,这样此在作为公众和常人就越是不必为任何事负责,因为需要负责的人实在未曾当场出现;而这是由于:常人正好就是既属于所有人又并非任何某人的那个人,对于常人的存在,我们总是可以说:它从来就不是任何的某人。那些在我们的此在之中通常所发生的事情,实际上都是出自那种我们只能说"不是任何的某个人"的存在。

这样,在公众那里就显示出了常人的更进一步的具有构成作用的存在方式,这就是说:常人卸除了每个人的本己的此在。只要就轻(Leichtnehmen)与轻省(Leichtmachen)的倾向存在于此在本身之中,那么,这一出自作为共在的此在而形成的对存在的卸除(Seinsentlastung)就将迁就(entgegenkommen)于此在。就在公众以其对存在的卸除迁就于此在之际,公众得以维持其顽强的统治;每个人都是他人但没有一个人是其自身。常人——作为关于"谁是日常的此在"这个问题的答案——就是无人(Nimand),在公共的相互共存中,所有的此在都出自其自身而已经把自己交付给了这个作为无人的常人。

但现在有待于以现象学方式看到的是:我们已经从各个方面大略地加以揭示的这个"无人",实际上并非就是无其人。常人是此在本身作为在世界中的共在所具有的一种无可反驳的、可予以彰显的现象。人们不可以说:因为不存在对常人加以表达的范畴,或者因为人们认为,只有例如像椅子那样的东西是存在的,所以常人原本就是无其人。毋宁说,存在概念本身倒是必须以这一无可反驳的现象为据加以调适。常人并不是无其人,但也并非就是那种我所能看见、把捉与衡量的世界上的物事;这一常人越是公开,它就越是无可把捉,它就越不是无其人。常人不可能是无其人,因为它恰好就构成了日常状态中的向来属己的此在所是的那个"谁"。

这一必须被看作在某种意义上"最实在的主体"的常人,这个必须被看作对此在而言是存在着的常人,它所具有的现象上的结构清楚地显明:此在所是的那个本来的存在者、此在所是的那个"谁",不是任何物也不是什么世界上的东西,毋宁说,它本身只是(此在的)一种去存在的方式。如果我们从现象上去探究这里的实情,那么我们所碰到的就不是一个存在者,而是碰到此在(就此在是以这一特定的方式存在着的而言)。而由此重又表明:我们用"此在"这一存在表达来标识我们自身所是的存在者,这样做是完全正当的。从现象上看,常人所包含的这一实情不允许我们对一种似乎就是此在的存在者发问。甚至那种向一个"自我"、向一个隔断了所有物性的"自我极"的回归,也仍然是对一种教条的和(在坏的意义上的)朴素的此在解释的一种让步,此解释把一种主体之物设为此在的基础而由此就必定依然将此在看作"自我之物"和"人格之物"。但是另一方面,"自我"和"自身"也不是一种次生现象(Epiphänomen),就是说不是此在的一种特定的存在局面所导致的某种结果性的积淀(Niederschlag)。"自我"、"自身"无非就是这样的一种存在本身之"谁":这一存在作为常人而具有"自我"这种存在可能性本身。至于此在能够通常和首先不是作为其自身而存在,而是融混于常人之中,这个现象上的发现同时也向我们表明:此在的存在还有待于在它的可能的去成为它自身的存在方式中加以寻求。

即使我们对这个谁仅仅进行一种追问,这种追问也已然与自然语言所具有的趋势相符而轻易地就会隐含一种有关现成可见之物的问题含义,似乎在某种意义上此在就是在这一存在者里面生发出来的。(有鉴于此)现在我们就更加紧迫地需要复归于现象学式的研究了——在语词之前,在表述之前,永远总是现象第一,而后才是概念!现在,在关于常人的现象发现之基础上,我们必须保持以此在的原本性、以此在所能够成为的自身为定准的取向,以此,尽管此在事实上没有摆脱相互共存,相反这一相互共存作为共在依然在此在中起着构成作用,然而此在还是成为了它自身。

现在,借助这样一种固有的存在方式——此存在方式把常人的日常状态描画为操持性的共同融身于世界之中,此在的一种日常的自我解释的方式也就预先得到了规定。由于此在首先是在世界中与其自身际会的,而公众本身则是根据共同操持所及的世界来规定此在的目标和观点的,因而所有的那些此在首先为其自身而形成的概念与表达也许就也要着眼于此在所融身于其中的世界而加以赢获。这一在语言史中可以完全予以指明的实情,却并不意味着(如像人们所设想的那样):语言首先只是指向质料性的事物的,而所谓"原始的"语言在某种意义上就几乎还没有超越对质料性的物体形质的理解。这种看法完全是对言说和自我解说的一种错误的解释。如同我们还有待于看到的那样,语言和言说本身就属于作为在－世界－中－存在和相互共存的此在,我们还将看到,在这个基础上,那些确定的、此在出自自身而形成的关于此在的自我阐发、那些确定的概念是如何必然地得到预先规定的,但人们却又不能够说,这些概念就是原始的。如果我们记起了"常人方式的相互共存"和"融身于世界之中"这样的现象结构,那么面对这一实情我们就再也不会有什么迷惑了:只要此在是明确地意指着自身和道说着自身的,那么它就运用了本身固有的意义和意义解释。

威廉·洪堡第一次指出,当某些语言要说"我"的时候,它是通过"(在)这里"这个词来把捉这一有待表达的"我"即此在本身的,以致"我"所意味的正好就是"(在)这里";而"你"——他人——就是"(在)此",而"他"——那并不明确而直接地在场的人——所意味的则是"(在)那里"。如果人们对上述意思从语法上加以陈述,那么就可以说:人称代词——我、你、他——是通过地点副词而得到表达的。但是,也许这个命题已经就是颠倒实情的。那么,"这里"、"此"、"那里"这些表达的原初意义到底何在呢?其中的副词意义是源本的呢?还是其中的代词意义是源本的?关于这个问题,人们已经进行了长期的争论。但是,一旦人们见出:这些地点副词的意义是通过此在本身而与"我"相关联的,那么这个争论最终就会失去它的基础。这些地点副词自身就具有我们此前称之为对此在本身的指向这样的东西。"这里"、"此"、"那里"不是作为世上物本身之特性的那种实在的关于地点的规定性,而是关于此在的规定。换句话说,"这里"、"此"、"那里"作为"我"、"你"、"他"完全不是地点副词,它们也不是在一种凸显的(zugespitzten)意义上对"我"、"你"和"他"的表达,就好像一些以特别的方式存在着的事物就借助这些表达而在某种意义上得到了意指,毋宁说,它们是一些此在副词并作为此在副词而同时也是代词。这里的情形表明,在如此这般的现象面前,语法简直就是无能为力的。语法范畴并不是针对这样的一些现象而得到裁制的,不是在根本上着眼于这些现象而赢得的,毋宁说,它们是着眼于一种特定的陈述形式,着眼于理论性命题而获得成型的。一切语法范畴都是出自一种特定的语言理论、出自作为命题的逻各斯(Logos)的理论,也就是出自"逻辑学"而生成的。因此,如果人们试图依据这些语法范畴来澄清上面所讨论的一些语法现象,那么在一开始就会陷入困境。(关于上述现象的)适当的探讨途径应该是:人们要退回到这些语法范畴和形式的后面,并尝试根据现象本身而去规定(这些语法范畴和形式的)意义。上述洪堡所曾指出的那种现象(尽管他还没有理解到此一现象所具有的最终的本体论结论)所由之而产生的源头就在于:当此在(我们曾经将一种原初的空间性归属于它)谈论自己本身的时候,它首先依循它所处身其中的地方而进行着谈论。在日常的自我道说中,此在是依循空间性而进行谈论的,而这里的空间性就当被看作前面所指出的那种属于之中-在的有所去远的定向。人们必须看到,恰如"我"、"你"和"他"的意义一样,"这里"、"此"和"那里"的意义也是非常困难而又复杂的。只有当人们通过之中-在来规定此在本身,直至人们看到:相互共存的平均化方式,同时也就是那规定着在-世界-中-存在的方式是如何以其固有的方式依据空间性而自我道说着——只有在这时，才能够将原本的现象成功地加以显示。如果认为，上述的那种表达方式是一种落后语言的标志，它们所指向的还是空间和Matrix（基质）而不是精神性的"我"，那么这种看法在根本上就是错误的。难道"这里"、"此"和"那里"比起"我"来是更非精神性的和更少奥秘性的吗？只要人们不是因为把空间性（Räumlichkeit）与自然科学的那种特出的空间（Raum）看齐而阻断了他们对此在的理解，那么上述表达方式实际上难道不是对此在本身的一种更切合的表达吗？

第四章　对之中－在的更为原初的阐释：此在的存在即为牵挂

第二十七节　"之中－在"与牵挂——纲要

到目前为止的考察中,我们探询了作为世间性(意蕴)的世界之结构以及在－世界－中－存在之"谁",而在此考察中,我们将其规定为此在的根本枢机的在－世界－中－存在一直都是我们所讨论的主题。关于世界与常人的专门的解释一直都只是对在－世界－中－存在这一结构整体的一种特定的开掘。而最后得到表明的是:常人本身当中的此在只是表现了在－世界－中－存在的一种特定存在方式;此在之"谁"向来都是去存在的一种方式,无论这种方式是原本的或非原本的。这样,对于(此在)这一存在者之谁的追问就追溯到了一种存在样式,即追溯到了在－世界－中－存在这一存在样式。而这就意味着:此在的存在最终必须根据之中－在本身而得到规定,而只有对于这一基本现象,即对于之中－在的正确的解释,才提供了一种为其余的同等原初的此在结构奠基的保障。故而在分析的开始我们就先行提出了关于这一存在枢机的临时性的特性描述,借此我们在那里以相当粗略的方式相对于一种单纯空间上的相互并列而对这一"之中"(In)的意义进行了初步的阐明。现在,我们就可以更明确地说:此在的存在不是属于世界一类的存在样式,它既不是某物的现成可见状态也不是某物的现成可用状态,它同样也不是一种"主

第四章　对之中－在的更为原初的阐释：此在的存在即为牵挂　349

体"的存在——而这个主体的存在就很有可能总是一再未经明言地在形式上被看作现成可见状态。如果我们可以坚持一种以世界与主体为定准的导向的话，那么人们就更有可能说：此在的存在恰好就是主体与世界"之间"的存在。这一"之间"（Zwischen）——它当然不是由于一个主体与一个世界碰到一起而后才出现的——就是此在本身，但它又还不是一种主体所具有的属性！因此严格地讲，同样出于这一理由，此在就不可以被看作"之间"，因为关于一种主体与世界"之间"的谈论总是已经以此为前提：两种存在者是已然既与的，且在它们之间存在着一种应有的关系。之中－在不是实在的存在者的"之间"，而是此在的存在本身，连同属于此在之存在的向来还有一个世界，而此在的存在是当下切己的我的存在且首先和通常地就是常人。因此——至少当人们想要在概念上严格地说话的时候——把人类此在称之为与作为大宇宙相对的一个小宇宙，这从来就是错误的，因为此在的存在样式在本质上就是与宇宙的任何一种存在样式迥然有别的。

关于世界的分析和关于常人的分析总是一再地催逼出之中－在这一现象。现在我们就必须服从这一遣派，就是说我们必须通过尝试而加以探明：之中－在这一特定的现象还可以在多大的范围内更切近地得到揭示与规定。通过对之中－在作出一种更原初的解释，我们将尝试推进到此在的存在结构，由此出发，我们自己就可以在根本上引出并从术语上确立对此在的存在枢机的规定。我们把此在的这一存在结构就称为牵挂（Sorge）。

随着对之中－在本身的解释，我们就达到了对作为整体的在－世界－中－存在这个基本现象之分析的第三个阶段。通过对之中－在的分析，那些我们在前面的分析中已经必不可少地得到了利用的现象，现在也就可以获得阐明，例如操持，我们曾一再就它的源本的昭显功用进行过讨论,我们也曾将其规定为理解,进一步还有认知,我们曾将其描述为理解本身之成型的一种特定的方式。据此,关于此在的基本特性的研究就将分成四个方面。我们以下要予以显明的是:第一是开觉(开觉状态,Entdecktheit)现象,第二是作为此在基本动向(Grundbewegtheit)的沉沦(Verfallen),第三是惶然失所(Unheimlichkeit)之结构(远离家园——远离熟悉之物),以及第四就是牵挂(Sorge)。

这样,解释的进程就经由现象上的诸结构而引向了这样一种现象:在这个现象那里我们就可以发现此在的存在,尽管不是清晰地和在充分的意义上发现。上面所提到的那些现象都是自身相关的,并且,在我们预先指出的一种次序中,它们之间还同时显现出了一种确定的奠基关系。

第二十八节　开觉现象

a) 此在在它的世界中所具有的开觉状态之结构:现身情态

以上对于作为共在的此在所作的分析(这种分析就着眼于作为常人的此在所具有的存在方式)表明:在操持所及的世界以及恰好在公共的世界里,此在本身——常人本身——也一同得到了揭示。世界的意蕴不仅总是通过让某物在操持中照面而开显为此在的存在的有所定向的"其间"(Worin),而且此在本身就是相关于它的"之中在"(Insein)本身而当场在此的,此在自身就是自足地在此的。此在本身就寓于它所操持的东西之中而一同当下存在,并且在某种意义上是得到了揭示的。

这两种现象——世界的展开状态本身以及在-世-中-存在

第四章 对之中-在的更为原初的阐释：此在的存在即为牵挂

也一同得到揭示这一实情——就规定了那个我们称之为开觉状态的统一的现象。① 我们首先应该明白的是：在这里，（开觉状态）这个表述完全不是且永远也不是在讨论关于世界的一种特别的专题性知识或者关于此在自身的一种特定的知识，毋宁说它只是关涉到此在本身的存在结构，而前面所说的那种知识则是被奠基的知识且是由于以下条件才成为可能的：世界作为已开显的世界能够在一种"此"中际会。"此"就是那个我们称之为此在的存在本身。在此在一同被揭示之际，此在本身还并没有明确地、专题地得到拥有或知晓，实际上，这一开觉状态的结构应该首先被理解为一种存在结构、被理解为一种存在的方式。只有作为"这里"和"那里"，带有其代词含义"我"和"你"的此在副词才能够使作为此在的本己的之中-在和作为共同此在的他人变得清晰起来。唯当存在着像"此"这样的东西（这个"此"是我们的趋于相互共存的存在），唯当在根本上存在着一种境遇整体（Bewandnisganzheit）的可能性，"这里"和"那里"才是可能的。一种在世界上所出现的东西，一种质料的事物本身永远也不是一种"此"，而是在这样的一种"此"中际会。因此，我们就把我们也将其叫做"人"的这一存在者称之为一种就是它的"此"本身的存在者。借此，我们才达到了对"此在"这个术语之意义的一种严格的表述。

与现象相切合，在我们所使用的术语中，"此在"所指的并不完全就是"这"和"那"的出现，毋宁说，它所指的就是成为这个"此"本身。这个"'此'-特性"就奠基于一种存在者的存在方式，此存在者具有世界的开觉状态以及进而在-世界-中-存在本身的开觉状态

---

① 编者注：在这里，术语"开觉状态"和"展开状态"的意义还未像在后来的《存在与时间》中那样得到明确的限定。在这个地方，我们需要注意的毋宁是相反的倾向："开觉状态"被认为是属于此在的生存状态，而"展开状态"则是世界的存在规定。参见编者后记。

的结构。此在的存在作为在－世界－中－存在，作为在远去中临近着的(beibringend)东西，就是此本身。此在这种存在者从根子上就秉有它的此，由之世界在根本上才能够得到揭示。此在并不是在一种僵死的属性的意义上从根子上秉有它的此，相反，此在是作为有待于去存在的东西，即有待于去成为它的此的东西而秉有它的此——这一点恰好就是此在的原本的存在意义所在。按照我们关于常人所说过的话，这个此首先总是与他人的共同－在此，也就是公共的有所定向的此，每一此在都不断地处在这样的一种公共的有所定向的此中，即使此在仿佛完全地退隐到了其自身时也是如此。

关于世界的特殊的开觉状态(我们已经将它与之中－在相区别而称之为展开状态)，我们已暂先通过意蕴和世间性的分析而将其充分地规定为这样的一种展开状态：由于具有此在性质的存在者开显着或开显了一个世界，这种展开状态才得获得给出。之中－在的共同－开觉状态本身，就是说我首先以一种世间化的方式趋向我的此在本身，即在操持性的融合于世界之际我也以自身－世界的方式同时拥有着我自身，这并不是世界的展开状态的某种后果，而是与世界的展开状态同等原初的。现在，对于此在与其世界的共同的开觉状态之结构，还需要我们作出更为详尽的规定。

我们说过，操持就融身于意蕴之中；这是一种以操持的方式寓居于世界之内，寓居于这个有益的、有用的等等之类的世界上。只要世界通过这一意蕴的特性而以这种方式际会，那么它就在操持面前照面，就是说仿佛它不断地将自己投放给了一种倚赖于世界的存在，这种存在具有牵挂的意义，具有为了某种东西而生存在牵挂之中的意义。这一规定着此在的存在方式的操持性的倚赖于世界，现在就被世界本身不断地以这种或那种方式所牵动(angegangen)。世界牵动着操持，就是说，作为在操持中获得揭示的世界，它不是向一种单纯的对某个现成之物的观看和盯视照面,而是首先且不断地——在对世界的观看之际也是如此——向一种操持性的在-世界-中-存在照面,就是说,在-世界-中-存在仿佛是由世界的危险处境与无危险处境所不断地唤起(aufgerufen)的。在一切的与世界打交道中,此在作为之中-在而以某种方式受到牵动与唤起(现身情态的方式),并且,只有当此在处于无惊无扰的忙活中时,当其处于一种安稳的不受威胁的使用之际,当其对操虑所及的日常事务浑然不觉之际,它才会受到牵动与唤起。

浑然不觉(Indifferenz)的特征有:打交道的无惊无扰,日常行为的安定平稳,行事中的无所谓在任何时候都可被(并且也将被)不安与害怕所替代,或者后者重又被无忧无虑和自我放任直至飞扬的暴怒所替代。只是因为操持性的在-世界-中-存在从根子上就是凭借危险处境和不危险处境,简短地说,凭借作为意蕴的世界而成为有所寄托的,处于被牵动状态的浑然不觉现象及其偏转在根本上才是可能的。只是因为此在本身就其自身而言就是牵挂,世界的危险性、世界的意蕴才能够得到经验。这并不是说,牵挂性的此在"以主体的方式"如此地理解世界——这是对事态的一种完全的颠倒,而是说,牵挂性的之中-在揭示着世界的意蕴。

在这样的一种高扬或者相反的一种低抑状态中,总是一再显示出作为此在之枢机的如下这同一种现象:此在总是以这种或那种方式而在所有的与世界的打交道中自现(sich befindet)。此在以这种方式或那种方式、在这一或那一情调(Stimmung)中自现。当我们说此在自现时,我们用这个"自"(sich)首先完全不是清楚地意指那种成型的和专题的被意识到的自我本身,相反,在日常的混迹于常人之际,这个"自"恰好能够成为并也实际上成为了那个不确定的众人本身。只是由于此在从根子上就总是自现于它的一切的存在方式之中,由于此在本身依其自身就是已揭示的,由世界所牵动的在-世界-中-存在这一同时开觉(Mitentdecktheit)才是可能的。我们把此在的源本的同时开觉所具有的这一基本形态就称为现身情态(Befindlichkeit)。

一块石头永远也不自现,而仅仅是现成可见的;与此相反,一个完全原始的单细胞生物就已经成为自现的了,这种现身情态可以是最大可能的和最幽暗的沉闷,但是就存在结构而言,它还是在根本上与如像一个物事(Ding)、一件事情(Sache)的单纯的现成可见状态这样的东西划开了界限。

在在-世界-中-存在之际的自-我-现身,简单地说:现身情态,也一同属于在-世界-中-存在本身。我们选择这个表述,为的是从一开始就避免把自现(Sichbefinden)看作任何一种对自己本身的反思。关于这一现象,我们还将在分析牵挂本身的时候学习着更深入地加以洞察。此在"具有"它的世界,就是说具有一个开显了的世界,而此在自我开现。这是两个现象学式的陈述,它们所意指的是一个且同一个整体的事相,这就是在-世界-中-存在这个基本结构,即开觉状态。现身情态所表达的是一种现身(Befinden)方式:此在在它的存在中作为存在者向来就是它的此,以及此在如何是这一个此。在这里,人们必须完全地放弃这样一种企图:把现身情态解释成对内在体验的一种发现或者在根本上解释成对内在的东西的某种把握。毋宁说,现身情态就是此在之存在的一种基本样式,就是此在的之中-在。现身情态所蕴涵的开觉状态之特性所涉及的是在-世界-中-存在本身,确切地说,所涉及的是那种以人们所羁留于其上的地方为根据的、按照日常方式总是作为自现的在-世界-中-存在,以致在我们的一切所作所为之中,在我们的一切羁留之所,我们——如同我们所说——是带有某种情绪的。这一有情绪状态本身

第四章　对之中-在的更为原初的阐释：此在的存在即为牵挂　355

无需成为被意识到的，且可表现为一种完全的漠不相关——此在的无所谓、无聊、空虚与乏味——这是一些在此在的最为仓皇无措的时刻(flüchtigsten Moment)总是对融身于世界之中起着构成作用的特性。

在关于此在结构的阐明中至今还晦暗不明的情调(Stimmung)与有情调(Gestimmtsein)现象，乃是现身情态的一种指征(Exponent)。只有在至今所揭发出来的这一此在结构的基础上，所有的名之为"情调"与"有情调"的这些本质性现象才能在根本上得到阐明。而人们另外称之为"情绪"(Gefühle)和"感受"(Affekte)并作为体验的一种特殊的类别加以处理的那种东西，就其基本的存在结构而言迄今依然是不清楚的，因为人们还没有提出这样的任务：展露此在的根本枢机，在这里特别是展露此在的开觉状态，以便把上面如此称述的那些现象归并到此在的根本枢机和开觉状态之中。在某个确定的界限之内，人们当然总是能够对情绪和感受这样一些现象作出描述，但在这样做的时候，用康德的话说，人们总是把一种"大众化的概念"提供给我们——特别是如果我们另外还要提出这样一个要求：在开始对这些现象进行分别的描述之前，这些现象的现象结构就必须获得规定，这时我们就更只能得到一些流行的概念了。即便是一门最为广泛的心理学也永远无能揭开这些现象的原本的结构，因为所有的心理学在原则上就进达不了此在本身之结构这一维度，因为这样的心理学在根本上就不可能提出和理解这一问题。在不考虑此在分析的情况下，一般地讲，对于情绪和感受现象的忽略是与如下之点相联系的：一般人类学首先是偏向于认识和意志的，简短地说，是偏向于理性的。这样，情绪就是那种陪伴着认识和意志的东西——就像冰雹陪伴着雷电一样。在康德那里还提出了这样的见解：情绪是某种阻碍或妨害理性的东西，因而它应当被看作感性的东西，属于

人的 μη ον(情态)的东西。由此,人们在一开始就错失了对(现身情态)这一现象对于存在本身的结构所具有的意义的理解。在对这一结构进行更详尽的分析之际,我们就应当避免借用某种感受或情绪图表去对现身情态加以分类,毋宁说,现身情态只应当在与此在本身的基本行止之联系中获得理解。

通过把情绪和感受现象归并到现身情态的结构中去,这对现身情态这一结构的认知上的特性却也并没有道出什么,但这向我们提示出:实际上,这样的一种感受以及情绪的样式事实上具有一种揭示此在之存在的可能性。但与此同时,根据我们正要加以理解的与此在之存在的一种固有的关联,作为同样的一种现象,现身情态也有着对此在本身和世界加以遮蔽的倾向与可能性,以致与开觉状态相统一,它也生成着遮蔽的可能性,生成着障蔽(Täuschung)。障蔽并不是通过错误推论产生的,而总是通过一种原本的不-理解,也就是通过一种遮蔽而产生的,而这种遮蔽又必须根据此在的存在方式方能成为可理解的。

相对于开觉状态和展开状态而言,现身情态乃是先有的东西,它是一种与展开状态相并存的同等原初的特性,并与展开状态一同构成着我们称之为开觉状态的现象。开觉状态不是一种禀性,而是如像此在的一切结构一样属于此在之存在本身的一种方式,并因而是作为牵挂的此在重又不断地将其放入牵挂之中的方式;就是说,此在不断地操持着它的此、它的开觉状态。

现在,现身情态本身就是此在的一种去存在的真切的方式,是此在作为已然揭示者去拥有自身的方式,是此在本身由之而成为它的此的方式。在这里,这个此绝没有被理解为客体,被理解为把执的可能的课题,毋宁说,作为自现的之中-在所意指的正是:这个此并不是专题性的,但正好因此却成为了原本被揭示的东西,这样,这个开觉状态所构成的东西，无非就是去存在的方式。作为一种存在者的枢机（此存在者的本质就是去成为这一存在者），这里的开觉状态就只可被理解为此在本身的一种存在的方式和存在的可能性。下面的说法还仅仅只是对一种一般性本体论命题的运用（此命题对此在的所有存在特性都是适用的）：开觉状态永远都不是什么禀性，毋宁说，所有的禀性都是此在的去存在的可能性，是此在本身之存在的方式。

具有构成作用的开觉状态属于在-世界-中-存在，这就是说，作为操持的此在合乎本质地就是趋赴开显的世界的现身性的存在。世界之展现总已经就是自现。人们必须从现象上深刻思考现身情态与世界的展开状态之间的这一原初的相互共属：此在最初并不是倚持于自己本身而自现的，以便由此出发而后去探寻出一个世界，相反现身情态本身即是之中-在的一种特性，也就是在一个世界中的总是-已然-存在的一种特性。关于之中-在这一结构在开觉状态之中的最直接的现象上的体现，我们必须如同通常所作的那样在日常状态的相互共存中去加以寻求。

b）开觉状态之形诸存在：理解

作为一种存在的方式，开觉状态总是同时随着对于世界本身的操持而一道得到操持。此在就是它的此并让世界在这个此中照面。凭借展开状态和现身情态，此在具有了这样的可能性：以这样或那样的方式而去成为它的此，也就是成为它的开觉状态。我们把我们称之为开觉状态的那种存在可能性之形诸存在（Seinsvollzug）的过程就标识为理解（Verstehen）。在这里，出自存在本身的存在结构，我们赢得了关于理解的原本的定义。我们在前面已经提示，理解不可以且首先不可以被看作认识，即便在人们把认识当成此在的一种存在方式的时候，也不可以将理解看作认识。

　　理解是那有着之中－在之品格的存在者的一种存在方式。理解是已展开的（erschlossener）可操持状态（Besorgbarkeit）的寓于某物的存在，确切地说是那种总是一道揭示着自己本身的现身性的寓于某物的存在。作为现身性的展放（Erschließen）和世界的已展开状态（Erschlossenhaben），理解是一种展放着的自现。如同开觉状态属于整个此在枢机的存在之结构（因为它也一同适用于世界、之中－在和每一去存在的方式），同样地，开觉状态的形诸存在即理解也总是延伸到了整个可理解的畛域，也就是延伸到了世界、共同此在和本己的此在。在这里情形可以是这样：理解的实现分别专题性地特别涉及例如世界，涉及他人的共同此在和本己的此在，但是在这里，那属于开觉状态之范围的，即属于此在本身的整个可理解范围的现象，也总是一同得到了理解。上面所说的是一个关于理解的先天的命题，如果没有这个命题，人们在规定理解现象时就将不断地走向迷途。如果人们认为，存在着一种关于单纯的世界或关于陌生的此在的分别的理解，这就是一种缘于对真正的此在结构茫然无知而产生的迷误。出自理解的结构——它就奠基于此在本身的结构并把理解规定为开觉状态之形诸存在的过程——才产生了所有的解释学问题的决定性的着眼点。唯有出自对于此在本身的解释——而理解就属于此在的存在方式，一门这样的解释学才得以可能。通过那凭借开觉状态而得到彰显的可理解性的畛域（即世界的、之中－在的和他人的共同此在的可理解性），才出现了不可理解者（Unverständliches）之存在这样的可能性。所有的"非－此"和在"此"（Da）中得到理解的东西都只是"此"的一种变式，而只有由可理解性出发，才存在一条通向原则上不可理解者、通向自然的通道。只是因为历史存在，因为此在本身就是源本的历史性的存在，像自然这样的东西才能够得到理解，因此也才会存在自然科学。

此在的和共同此在的可理解性以及不理解本身总是依赖于对世界的理解而发生着变易，反之亦然。此在的和相互共处的各自的开觉状态修正着对世界的理解，就是说，作为整体的理解，它从来都是在此在的开觉状态之存在这个意义上的理解。那种人们按照肤浅的观察而称之为所谓理解的循环的东西，就是以此为根据的。如果人们不能见出，每一理解本身都包含着关于世界、关于此在和关于共在的理解，那么就会在理解中仅仅看到一种循环。因此，如果我们听到这样的说法——在从事历史学科中特定的理解课题时，某些东西要遗憾地依赖于历史学家的个人立场；人们必须容忍此一事实，但理想的状态则是摆脱掉这一主观性——那么这就既不是一种偶然也不是一种单纯的不快之事。上述见解是荒谬的。因为理想的状态恰好是：理解着的此在就同时蕴涵在对他本身的理解之中，但这一点并不会导致我们为之而悲叹，而是在这里看到一种任务并将此在本身带进理解的当下切己的存在方式中，借此此在就能够作为理解而获得一种通向有待于理解的实事的通道。

按照我们在语言中经常见到的对于理解的各种实际的运用，我们在这里所使用的"理解"这一术语的源本意义将会变得清楚起来。当我对一个另外的人说"您理解了我"时，我的意思是："依凭我也依凭您自己，您知道您处于何地。"这个意义上的理解就给出了真正原初的含义，这就是说，理解有所就是依凭的关于处身之境的揭示，即关于境遇（Bewandtnis）的揭示，此揭示是理解依凭寰世、依凭我自己的此在以及依凭他人的存在而秉有的。境遇的揭示——人们在他们的之中-在里就成为了这一揭示——就叫作已然-理解。已然-理解所说的不外乎就是成为这一当下切己的境遇。它所关系到的仅仅只是原本的理解的一种变式——如果说，这一理解只是要成为探求性的、接纳知识的理解,而这种理解自身又包藏着被理解的东西的特定的存在变式的话。

在其个别化的实际的实现阶段中,理解似乎可以不重视自身的理解,但只有当一种已然被揭示的事相领域获得了专门而详尽的规定时,才有可能如此。在一种解释性的规定的意义上,详细的规定是在一种先行既与的视域中实现的。但是,当事关一种决定性的理解之实现,即事关才刚有待揭示的事情自身时,那么此在就不能够忽视自己本身和他的理解。源自理解的各种各样的可能性——而这些可能性一直就是此在的存在可能性(在这里我们自然不可能对这些可能性加以考察),也涌现出了各种阶段与形态的理论式理解,涌现出了各种可能的"理解之科学"的特定形态。但是我们一直都要牢记的是:理解永远都不是某种还需要通过许许多多的知识与证明才能够获取的东西,恰好相反,所有的认识、认识中的证明以及证据的来源即史料等等之类的东西,恰好从来都是以理解为其前提条件的。

通过这个固有的事实——我们必须在原本的理解与非原本的理解之间进行区分,就已经表明,作为开觉状态之形诸存在的过程,理解本身要经历一些特定的变式,这些变式是此在本身所已然秉有的。在此在本身中就有着这样的可能性:它活动于一种这样的理解中,此"理解"仅仅看起来像是理解但却并不是理解。这一固有的虚假理解(Scheinverstehen)在很大的程度上就统治着此在。① 由于理解作为此在的存在结构要承受这一虚假的可能性,② 所有的理解才有必要加以习得(Aneignung)、巩固(Verfestigung)与维护(Verwahrung)。这就是说:理解和理知(Verstandnis)可以丧失,而获得理解的东西又

---

① 参见第 26 节,b),第 338 页。
② 参见第 9 节,a),第 107 页。

可以被阻隔,成为不可会通的;理知会成为非理知。但这却并不是在说:在这里根本上就再也不存在任何东西了;因为,只要开觉进而理知总是属于此在的,那么这样说就是荒谬的。与其说这里是空无所有,还不如说这里存在着的是更为基本的东西,这种东西就是虚假理解、一种看似-如此,就好像这一非理知本身仍然是一种真实的理知一样。在此在本身之中就包含着把自己带入迷误的可能性。

c) 理解在解释中的成型

理解的成型是在解释(Auslegung)中得以完成的。我们看到:开觉状态之形诸存在就构成了理解;而解释是开觉状态之形诸存在的实现方式。解释是所有认知的基本形态。

按照前面的阐述,以上所说就意味着:解释本身并未在原本的意义上有所开显(erschließt),因为理解或此在本身所经管的就是这种原本的开显。而解释所操办的,从来都只是被开显者的彰显,这种彰显就构成了理解的一种内在的可能性的成型过程。解释的最为切近的日常样式具有昭示(Appräsentation)的作用形态,确切地说这是一种关于意蕴的昭示,也就是对向来可通达的指引关联所作出的一种凸显。

对于小孩子对某个东西是什么的发问,人们可以通过指出这个东西用于什么来予以回答,在此人们是根据用其所做的事情来规定所面对的东西。上述规定和解释同时就牵涉到了之中-在、牵涉到了与相关之物的打交道,而通过这样的一种解释,上述相关之物现在才作为呈显者和可理解者而真切地进入了寰世——即使这只是一种暂时的进入,因为,只有当人们本身进入了其与寰世物一同具有的境遇时,这个物才真切地得到了理解。解释昭显出了一个物的何所为(Wozu),借此它就凸显出了关乎"为了-作"(Um-zu)的指引。解释将照面中的世上物的有待被看"作什么"(als Was),即有待被理解"作什么"带向彰显。作为理解之成型,所有解释的源本的形态就是以其"作为什么"为据的关于某物的称述(Ansprechen)、把某物看作某物的称述,这就是说,将那在源本的和引导性的称述中得到昭示的东西再通过讲说加以昭显。在这里,解释的这种作用形态即"把某物看作某物的称述"并非必须通过一种命题的语言形式来获得表达,毋宁说,命题的语法形式从来都只是对源初而原本的命题,即对把某物看作某物的称述的表达形式之一。通过对某物的"何所为"(Wozu)和"为何之故"(Worumwillen)加以彰显,不可理解状态得到了去除,意蕴的意义仿佛成为了清晰可见的,此意义形成了语词。作为如此得到彰显的意义,现在它自身获得了语词,而这样一来就有了这一可能性:将得到彰显的语词意义与得到意谓的实事区分开来——这是一种就其结构而言更为复杂而就其不同的解释可能性而言更为变化多端的过程,而关于这样的过程的表述就应当属于逻辑学的事务。

对我们而言,上面所说的话里包含着某种本质性的东西:唯当有了称述,语词表达——语言——才能够存在,而唯当有了解释,这样的一种把某物看作某物的称述才是可能的,又唯当有了理解,解释才能够存在,而唯当此在具有了开觉状态这一存在结构,就是说当此在本身被决定即为在-世界-中-存在时,才会存在理解。经由称述、解释、理解、开觉、之中-在、此在等这些单个现象之间的这一奠基关系,语言也就同时得到了厘定,或者说先行规定出了这样一个场景:语言的本质首先就能够由这个场景出发而获得明见与规定。语言无非就是此在本身的一种特出的存在可能性,鉴于这一可能性,此在就还有待于被纳入迄今已得到阐释的结构之中。

d) 言说与语言

下面我们首先要考察的是日常状态的言说。语言是此在的存在可能性,作为这一可能性,语言使开觉状态中的此在经由解释并因而经由意蕴成为公开可见的。至此,至少在我们着眼于之中－在和共在而理解此在的枢机的之际,我们已然对此在有所廓清。目前所考察过的这些结构都是语言本身的必要的本质性结构,但这些还不充分。

语言作成公开。并不是语言首先生成了像开觉状态这样的东西,毋宁说,作为以之中－在这一根本枢机为根据的东西,开觉状态及其形诸存在——理解以及理解性的解释——是某种东西能够成为公开可见这回事的可能性条件。由于开觉状态是这样的一种公开之可能性条件,开觉状态就作为存在条件而一同进入了语言的本质规定中。如果语言是此在的一种存在可能性,那么语言的基本结构就能够源出于此在的枢机而成为明白可见的,进一步,此在的先天结构就必将为语言学奠定基础。

作为关乎之中－在和共在的自我言表(Sichaussprechen),说话(Sprechen)是朝向世界的存在——言说(Rede)。它首先和通常作为对于世界的讲说性的(sprechendds)操持而言表出来(äußert sich)。这里所指的无非就是:言说是关于某物的言说,由此,言说中所涉及的东西就成了公开可见的。那处于言说中的东西的这一"成为公开",在此并不需要原本地和专题地获得认知。同样,这一关于……的言说首先也不是为一种研究性的认识所服务的,毋宁说,通过言说的使公开具有对操持所及的世界加以解释性昭显的意义,并且在一开始它就完全不是迎合于认识、研究、理论命题和命题关系而得到塑造的。因此,试图通过逻辑学的理论命题或者这之类的东西来开始语言的分析,这是彻底错误的。但是,为了理解这一点,那为认识和解释奠定基础的存在意义就必须先行已经成为了明白可见的。

作为在-世界-中-存在,言说首先是关于某物的言说;每一言说都有着它的言之所涉(Woüber)。言说所涉及的便是那在言说中得到称述的东西,因而,这个得到称述的东西自身一开始就总是已经当下在此的(ist da),它具有世界的品格或之中-在的品格。只要在关于某物的言说中道出了某种东西,言之所涉就会成为公开可见的。作为第二个结构环节,言之所道(das Gesagte)本身还必须与言之所涉区分开来。当我就一个物,例如就一把椅子进行讲述时,那么,作为世间性的现成之物,这一个物自身就是言之所涉。而当我说,"它是有垫子的",那么椅子之有垫子这回事就是言之所道本身;言之所道并不与椅子相重合。言说所涉及的东西在言之所道中得到讲述;在一切关于某物的讲述(Besprechen)中,被称述者(das Angesprochene)也一同得到了讲述。

所有对于某个东西的有所道出的言说——而这个东西首先整个地就处于操持性的打交道与共同相处之中——作为此在的存在方式合乎本质地就是共在,这就是说,就其意义而言,每一言说都是向(zu)他人和同(mit)他人的言说。在言说之际是否实际地具有对一个特定的他人的一种特定的讲说,这对于言说的本质结构而言是无关宏旨的。作为此在的一种 qua(取道于)共在的存在方式,言说在本质上就是共享(Mitteilung),以至于在言说中,言说所涉及的东西就通过言说所道出的东西、通过言之所道本身而与他人共同得到分享(geteilt)。据此,共享所指的就是使这样一回事情成为可能:去习得(anzueignen)那言说所涉及的东西本身,这就是说,去进入与言说所谈到的东西的一种打交道的关系和存在的关系。在作为共享的言说中,实现了一种对世界的拥有——而人们总是已经以共同相处的

第四章 对之中－在的更为原初的阐释：此在的存在即为牵挂

方式存在于这个世界之中。共享的理解是对公开可见者的参与(Teilnahme)。所有的跟从理解(Nachverstehen)和共同理解(Mitverstehen)作为共在都是一种参与。共享必须依据作为与他人共处的此在之结构而得到领会。共享并不是一种把知识和经验从一个主体的内心向他人的内心所进行的传送，毋宁说，它是在世界中的相互共处的一种"走向公开"(Offenbarwerden)——确切地讲，只有基于在彼此讲说中而成为公开可见的被揭示的世界本身，相互共处才得以走向公开。关于某物的彼此讲说并不是主体之间的一种你来我往的经验交换，毋宁说，在说话之际，相互共处就卷入了所讲述的实事本身，并且，正是出自这一实事，正是通过在世界中的向来已有的共在，自我理解才得以生长起来。

我们已经知道：开显的(offenbare)世界是展开状态的一种样式并属于此在的开觉状态。按其本质，开觉状态本身是通过现身情态而获得规定的。这就意味着：在一切言说中——只要言说是此在的一种可能性——此在本身及其现身情态都总是一同得到了揭示。这即是说，与他人一同就某物进行谈论，这作为言说(Sprechen)总是一种自我言表(Sichaussprechen)。人们自身和当下切己的在－世界－中－存在在言说中一同进入公开，即使仅仅是以这样一种方式进入公开：现身情态通过言说的语调、语调变更或速度而得到"传达"(kundegegeben)。这样，我们就发现了按其本质属于语言本身的四个结构环节：第一是进入谈论的言之所涉，第二是经过了言述的何所道，第三是共享，以及第四传达。

这四个环节并非简单地只是人们时不时地从各种不同的方面能够在语言中发现的特性的一种偶然的杂烩，相反，它们是这样的一些结构：就语言是此在本身的一种存在可能性而言，这些结构本身就成了既与的结构。

在传达这里，需要看清的是，共享具有共同谈论（Miteinanderrede）某物的意义，以至于在一种真正得到理解的意义上，共同言说者首先和源本地都卷入了同一件事情，而那些宣示者比那些听闻者则在一种更为源本的意义上卷入了事情之中。但是，我们不能这样去看待共同谈论：就好像这种谈论就构成了双方各自的内在经验的相互交换的关系，而这种经验现在以某种方式通过声音成为了可察知的。

这四种结构环节整个地属于语言的本质本身，在本质上一切言说都是由这些环节所规定的；在这里，虽然个别的环节可以退居幕后，但它却永远也不会阙失。

迄今，人们关于"语言的本质"所尝试做过的各种各样的定义有：把语言定义为"象征"、定义为"认知的表达"、定义为"经验的传达"、定义为"共享"或本己的生命的"构形"，所有的这些规定从来都只是触及了语言本身的某一个现象上的特性并且只是单方面地将其看作一种本质规定的基础。只要（语言的）整体结构未曾在一开始就获得开放——这个整体结构在存在上为语言本身奠定了根基，它使得语言作为此在的存在可能性而成为可理解的——那么，当人们将已经成了众所周知的各种关于语言的定义收集起来并以某种方式统一地加以结合的时候，这样做自然也就不会取得多大的成果。一门科学的逻辑学的意义，就在于清理言说的这一先天的此在结构，清理解释的可能性与方式，清理在解释中生长起来的各个阶段与形态的概念方式。这样的一种科学的逻辑学不外乎就是一门关于言说的现象学，也就是关于 λογοσ（逻各斯）的现象学。而其他的那些在"逻辑学"这个名目之下流行开来的各种理论，就是关于思维、认识、意义学说的心理学，关于概念型态的心理学，关于科学论或者甚至本体论的分析的一种杂乱无章的混合。唯有根据（科学的）"逻辑学"

这一理念的视野,逻辑学的历史以及由此哲学研究本身所经历的过程形态才会成为可理解的。

修辞学是正确理解的逻辑学的第一个部分。根据对于语言的以获得彰显的此在结构为基准的这一现象上的定向,希腊人所曾给出的人的奇特的定义就会为我们所理解:ζωον λογον εχον,——一种能说话的生物。值得注意的是,希腊人并没有关于语言的词甚至也没有关于语言的概念。在对结构本身没有一种确切洞察的情形下,只是出自对作为此在的一种特异的存在方式的言说的某种源本的经验,他们在一开始就把语言看作言说,而言说是直接地与 ζωον 即"能够"联结在一起的。

现在,言说具有了在相互共处中对于某物进行宣说(Durchsprechen)这样一种突出的作用,而这样的一种对于某物的宣说又可轻易地演变为一种辩论,也就是演变为一种理论上的争辩,对于希腊人而言,言说和 λογοσ(逻各斯)正好就承担起了理论性讨论(Bereden)的作用。这样,λογοσ(逻各斯)获得了对被讨论的东西的由何而来(Woher)与为何之故(Warum)加以显明的意义。那么,作为 λογοσ(逻各斯)的 λεγομενον(言述),对一个存在者的根据所作的显明,即言之所道、在言说中所显明的那个东西,就是根据(Grund)、就是在领悟着的理解中被知会的东西,就是合乎理性的东西(das Vernünftige);只是经由这一派生的途径,λογοσ(逻各斯)才获得了理性的意义,就如同 ratio(理性)——这个中世纪替代 λογοσ(逻各斯)的术语——具有了言说、理性和根据的含义。关于……的言说就是:指出根据,说明理由,就其由何而来与为何之故而让存在者为人所见。

如此我们就拥有了言说现象,它在如下这种意义上成为了语言的基础:只是因为有了言说,才有了语言,而不是相反。而现在,这一实情还需要在对以下四点的考察中获得进一步的澄清:第一,言说与聆听,第二,言说与缄默,第三,言说与闲谈,第四,言说与语言。

α) 言说与聆听

从世界的展开状态和此在的开觉状态(二者本身都属于此在的现身情态)这两个方向上看,开觉状态之形诸存在就是作为展开状态之形诸存在的理解;理解的实现方式是解释,确切地说是作为在理解中得到揭示的东西的一种成型、习得和保持的解释。现在,这一解释的合乎意蕴的可表达状态(Ausdrücklichkeit)就是言说;在此,可表达状态是在对意蕴的昭显和(属于意蕴关联的)对之中 – 在的昭显的意义上得到领会的。只要言说仅仅是在开觉状态的基础上得到领会的,那么言说就当是理解的一种存在方式并因而就是在 – 世界 – 中存在的一种存在方式。

我们以特有的方式在一种双重的意义上使用"理解",一方面是在理解通达某物的意义上,在重要的启示性的开显与昭揭的意义上来使用理解。在突出的意义上,这一生产性意义上的理解是来自这样的一些人的:他们起到了特别的启示的作用,是他们首先第一次理解了某物。但是,我们也在知悉(Vernehmen)的意义上,也就是在聆听(Hören)和有所听闻(Gehörthaben)的意义上使用"理解"。当我们还没有正确地听闻时,我们也说"我还未正确理解"。作为开显的第一种意义上的理解在解释中传达了出来,而对解释的习得本身就是作为对被揭示的东西之参与的一种共同理解。在这一共同理解的范围之内,理解同时也被看作倾 – 听(Hören-auf)。这一聆听人们与之同在的他人的能力,以及聆听自己本身的能力——在言说之际,人们就成了这个自己本身,而这里的言说并不等于作为形诸于外的讲说的一种发声——就是以原初的相互共处这一存在结构为根据的。

在此,我们需要记住的是这一本质性的东西:就其存在而言,有声的讲说和话音的聆听是以言说和听闻为根据的,言说和听闻的存在方式就是在-世界-中-存在与共在。只是由于有着言说的可能性,有声的讲说才能够存在,与此相同,只是由于相互共处在相互倾听的意义上原初地具有共在的特性,才会存在对话音的听闻。共在也不是跻身于其他人之间的现成存在,毋宁说,作为在-世界-中存在,共在同时所意味的是:"听顺"(hörig)他人,听从或不听从他人。共在具有从属[Zu(ge)hörigkeit]于他人的结构,而基于这一源本的从属性,才会存在着像(社会)隔离、群体形成、社会的成型以及诸如此类的东西。更确切地说,共在由之而得以构成的这个相互-倾听,就是在相互共处中的一种跟从(Folgengeben),是操持的共同实现。而那些消极的实现方式,不-跟从、不-听、违抗等等之类,则只是从属性本身的阙失的样式。在这样的一种构成了之中-在的能听(Hörenkönnen)的基础上,才存在着像谛听(Horchen)这样的东西。

从现象上看,谛听是比单纯的音声感觉和声响感知更为原初的。谛听也是一种理解性的聆听,这就是说,人们"源本和首先"所听见的恰好不是声响(Geräusche)和声响的混合,而是听见辚辚的车声,听见"电器"的声响,听见摩托车,听见行军队伍,听见北风。而为了听到像一种"纯粹声响"这样的东西,就得需要一种非常专业的和复杂的设备。我们首先听见的恰好是摩托车和汽车这样的东西,尽管这一点听起来基本上还是有些令人意外,但这就是下述实情的现象学上的证据:在我们的在世界之中的存在里,我们首先恰好一直是羁留于世界本身的,而不是首先驻留于"知觉"并进而在某种戏法的基础上最终驻留于物事的。我们并不需要在一开始就对一种麇集和混杂的感觉进行加工和塑型,毋宁说,我们刚好从一开始就寓居于得到了理解的实事本身之中;知觉和被知觉的东西最初是处在自然的经验范围之外的。

在聆听言说之际,我们首先听到的还是所道出的内容,甚至在我们不理解言说的时候,当说话不很清楚或者所说的干脆就是陌生语言的时候,在这里我们首先听到的也是未理解的言辞,但全然不是单纯的声响资料。我们首先听到的是所道出的内容而不是道说过程,首先听到的不是言说过程本身而是言说所关涉的东西。虽然我们能够同时也听出言说内容的被道说的方式——措辞方式,但我们却只能在对言说所关涉的东西的一种先行的共同理解之中来听出特定的措辞;因为只有如此,我才具有去把握关于某物的道说过程所采用的方式的可能性。同样,作为应答的对谈(Gegenrede)也是首先出自对道出的东西、对言说所关涉的东西之理解,出自言说的当下的意义而产生的。如同共在属于在-世界-中-存在一样,聆听也属于言说。在现象上,聆听与言说两者都是原初地与理解一起同时既与的。聆听是理解性的相互共处的基本方式。只有当某人能够言(reden)和听时,他才能够说话(sprechen)。至于为这一聆听服务而在根本上存在着像耳垂和耳鼓这样的感官,这就纯粹只是一种偶然。只有在那存在着作为存在可能性的言说和能听(Hörenkönnen)之处,才存在着谛听的可能性。那不能在真正的意义上聆听的人,就如同我们针对一个人所说的那样:"他听不进去"(我们这样说时,意思并不是指他是聋的),这个人正是由于这一原因仍然可能有能力去聆听,因为,那种听而不闻的单纯-谛听(Nur-horchen)是聆听和理解的一种特定的阙失性变种。

β)言说与缄默

如同聆听对言说起着构成作用那样,缄默(das Schweigen)对言说也起着构成作用。只有那种其存在是通过它之"能够说话"这回事而得到规定的存在者,才能够缄默。而从现象上看,这就包含了:作为言说的一种存在方式,缄默是对他人的一种特定的关于某物的自我道说。谁在相互共处中缄默,谁就能够更原本地进行开示和"提供启发",也就是说,比那些滔滔不绝的人更能够在原本的存在意义上言说。仅仅凭借能说会道,丝毫也不能促成言说所关涉的东西更迅速和更深入地进入公开。相反,能说会道不仅不能够揭示什么,而且恰好在进行着遮蔽并把一切带入不可理解的境地,带入空话连篇的聒噪(Geschwätz)。但是在这里,缄默所意味的并非就是简单的哑默。而哑巴却还有着言说和表达的趋向——假如他能够的话,他就会说话。一个哑巴还未曾以一种简易的方式证明:他能够缄默;与此相对照,当其愿意的时候,缄默的人却正好能够说话。正如哑巴一样,一个寡言少语的人也不需要证明他处于缄默之中且能够缄默,毋宁说,人们恰好是在说话中且只是在说话中才以真正的方式缄默着。如果人们永远也不说出什么,那么人们也就不能够缄默。因为在缄默当中就蕴藏着开显的可能性,而缄默作为言说的实现方式形成着理解,此在的开觉状态就借助理解而生发出来,所以相互共处中的缄默就能够把此在唤入和收回到他的最本己的存在,而如果说处于日常的存在状态中的此在就是任由得到言谈的世界和关于世界的言谈卷带而去的话,那么缄默就恰好能够起到上述作用。因为言谈首先总是一种归属于公众之间的彼此言谈的那样一种公开——归属于共享的公开,所以此在的对其自身和对其源本而真切的现身情态的呼唤最终就必得具有缄默的言说方式与解释方式。为了能够缄默,人们同时就不得不说出什么,这就是说,恰当开觉状态是世界的一种真实而丰富的展开状态时,一种此在的现身情态才正好与之相符,而此一现身情态具有隐晦(Verschweigenheit)这种开觉状态的样式。此隐晦是现身情态的一种样式,它既不是全然的隐蔽也不是仅仅只有隐蔽,而是在关于存在的一切言说和讨论之前,在操持性的打交道中和在与他人的相互共处中,恰好将存在带入了彰显之境。真正的能听就发源于这样的一种隐晦,而真正的相互共处就在此一能听中自我构成。这样,言说就通过作为此在之存在方式的聆听和缄默这两种现象而成为明白可见的。

γ) 言说与闲谈

现在我们就来考察与言说同时存在的第三种现象:闲谈(Gerede)。在此在的开觉状态之生成中,言说具有一种特出的功用:它进行解释,就是说,它把处于共享之中的意蕴所具有的指引联系带向彰显。在这样的共享中,言说道出了如此得到彰显的意义和意义联系。在被道出的过程中,在被道出的言辞里,那通过解释而得到彰显的意义对相互共处而言就成为了可役用的东西。言辞是在公众中被道出的。被道出的言说将解释保藏于自身之中。当我们说"言辞具有它的意义"时,我们所指的就是这个意思。言辞意义和作为语言的言辞整体是在相互共处中得到共享的关于世界和此在(之中 - 在)的解释。解释之付诸音声(Verlautbarung)就是开觉状态的一种世界化(Verweltlichung)。

在真切地得到了实现和聆听的情况下,共享生成着一种以得到谈论的东西为依据的理解着的共在。只要共享是一种经由语辞的道说过程,被道出的东西在他人面前就成了"形诸言辞"的,也就是在世界上可加以役用的东西。与得到言表的东西一道,在公众之中就产生出了这样一种理解,在此理解中,被谈论的东西并不是非作为现成可见者和现成可用者而得到昭显不可。换言之,即使人们并没有与言说所关涉的东西源本地同在,被讲述出来的言说也能够得到理解。这就意味着,在聆听和跟随 - 理解(Nach-verstehen)中,那与言说所关涉的东西的理解性的存在联系(Seinsbezug)可以一直保持为不确定的、随意所之的,甚至可以是空洞的,直至可以是对源本的理解者所曾经意会的东西的一种单纯形式上的意指。这样,那获得讲述的事情就随着理解中的存在联系之悬空（Ausbleiben）而失落。然而，当获得了言说的事情遭到失落之际，被意指的东西本身——词语、句子、格言——依然保持为在世界上可役用的东西，由此，关于事情的一种确定的理解形态和解释形态也保持为在世界上可役用的东西。当正确的理解悬空之际，虽然言说丧失了根柢，但还是保留着一种可理解形态，并且，只要一种这样的成了漂浮无根的言说依然还总是言说，它就能够在缺乏源本理解的情况下重复而持续地得到谈论。现在，言说之聆听再也不是对那种寓于被谈论的事情之中的相互共处之存在的参与，因为实事本身现在再也得不到源本的揭示，毋宁说，现在聆听就成了以那种等于道说过程本身的被道出之物为据的共在。现在，聆听成了对单纯的言谈过程的听闻，理解成了一种以单纯的听说为凭准的理解。这样，得到听闻的东西和以某种方式获得理解的东西就能够得到继续讲说，而这一继续讲说和重复讲说又造成了源本被讲述的东西的一种增长着的无根状态。只要一种特定的在言说中获得表达的意见所遭到的固化已达至无根状态，那么在反复的言谈中言说就会经历一种无根状态的增长。在这样的一种由继续言谈所造成的无根无本中所形成的言说，就是闲谈。借助这一表述，我所指称的是一种完全确定的现象，但是这里面并不包含任何贬抑性的评价。

　　闲谈本身是被放到此在及其存在一起来看待的。如同聆听和缄默一样，闲谈是一种与作为此在存在方式的言说同时出现的构成性现象。闲谈不只是局限于在讲话中的有声的传讲，今天还产生着更多的来自写作的闲谈。在这里，跟随－言说就不是一种基于听说的言谈，而是一种依据阅读物的听闻和言谈。在缺乏实事之知的情况下，阅读以其特有的方式进行着，但这是以这样的方式进行：一个这样的读者——科学中也应该有这样的读者——在从未亲眼见过实事的情形下就获得了用一种很高的技巧去探讨实事的可能性。在这里，关于某物的道说之过程本身在某种程度上就获得了权威的特征，有什么东西总算获得了宣说，以及人们说出了某种确定的东西，这就足够人们用以把定被道出的东西，足够人们基于这一宣说的过程而准备进一步跟随被道出的东西而进行言谈了。人们只是以一种不具体的空洞的方式去谈论在闲谈中所谈及的东西，因此关于这种东西的言说就是迷失方向的。所以，当那些必须对实事加以探究的人仅仅根据关于实事的闲谈来进行他们的探究时，他们就把各种各样的看法、观点和见解收罗到同一个平台上，就是说，他们根据从阅览和听闻所拾取到的东西来对实事加以继续言说，与此同时却对原本的事质是否存在于其他的或自己的看法中这一差别茫然无察。这时人们所关切的，并不是要得到切合于实事的发现，而是要得到有助于言谈的发现。作为一种关于此在之解释的实际过程，那种正好基于其无根基状态而占据着统治地位的闲谈，就把它的强化的统治施加给了这种发现。闲谈的无根状态并没有阻断揭示进入公众的通路，而恰好是有利于打开这个通路；因为闲谈就是在没有先行的对事质之领会的情况下对某物进行解释的可能性。那无论什么人都可以捡拾起来的闲谈正好使我们摆脱了一种原本的理解之职责。人们可以共同谈论并在闲谈中表现得一丝不苟。这一与所有人有缘但又不专属任何人的漂浮无根的解释就统治着人们的日常生活，而此在就在这样的一种当下具体的解释中生长起来并越来越深地沉陷于其中。这一作为闲谈而普遍流行并获得加强的关于世界和此在的解释，我们就称之为此在的日常已解释状态。

每一此在都行止于一种这样的已解释状态中，这个已解释状态通常都是与一个特定时期的同时代人的已解释状态相重合的并与之同时发生着变化。这个已解释状态包含了人们在公众性的相互共处中关于世界和此在所道出的东西。而常人所道出的东西就包揽了对所有的解释的导向并进而包揽了理解的生成，这就是说，常人所道出的东西原来就是那驾驭着此在的各种不同的存在可能性的东西。

解释所指的是：以谈论的方式把某物揭示为某物。某物由之而得到把捉的这一"作为-什么"，乃是解释的决定性的东西。而解释的源本性就在于：这一"作为-什么"如何得到揭取和拥有。例如，今天的人们说——并且每个人都听到且早已听到：伦勃朗（Rembrandt）得到了世人的重视。常人说道着这件事情。借此就预先规定了（人们）打交道的方式和看的方式，以致就是由于这个缘故，人们才受到了一种来自伦勃朗的激奋，但这时人们却并未体悟到自己为什么会受到激奋——这时，也许人们恰好就是在这样一种洞察的背景下受到激奋的：当此之际，人们什么也没有发现，但常人就是要说道这个事情，并且对常人而言，伦勃朗因此才成为了如此这般的人物。公众的已解释状态的磨平了的闲谈挤压成了一种对于任何人都漠然无别的理解过程和通达过程。因为常人的存在方式就植根于此在本身之中，所以闲谈就成了无可根除的东西，常人在此在中优先地行使着它的统治。

δ）言说与语言

已解释状态还以这样的方式经历着一种继续不断的硬化：被共享的言说总是得到了言表，而已解释状态的言表状态（语言不外乎就是这种言表状态）具有它的生长与衰落。语言本身具有此在的存在方式。在这个世界上，根本不存在那种表现为自由飘浮的本质的语言，而各个不同的所谓个别的人生都分有了这一本质。一切语言——如同此在本身一样——就其存在而言都是历史性的。一种语言表面上平顺的自由飘浮的存在状态（此在总是首先行止于这种存在状态之中），只是语言的一种不属于某个特定的、当下切己的此在的状态，也就是语言在常人中所具有的最近便的存在方式。出自这一存在方式，对语言的一种源初的习得，或者一种原发而本己的语言之中的存在才成为可能。这一语言中的存在能够在确定的意义上发源于对语词的多面相（Wortmannigfaltigkeit）的一种掌握，但它也能够发源于对实事的一种原发的理解。因为语言作为此在的存在方式完全具有此在的存在结构，所以才存在着像一门"死的"语言这样的东西。作为言表状态，一门语言不再生长，但尽管如此它还是能够作为言说和已解释状态而是有生命的。一门语言的"死亡"并不排除属于此门语言的言说和开觉状态的"生命"，恰如已故的此在以历史的方式还在一种特别的意义上能够成为有生命的一样——也许比起此在本身从前真正生存过的那段时间来还要更为本真地成为有生命的。一门语言所蕴涵的开觉状态能够超越语言的死亡而自我维持或者更新。在例如对罗马人的此在的一种真切的历史学的理解中，拉丁语是有生命的，虽然拉丁语是"死了的"。这一语言作为教会语言被人们使用，表明它不再是活生生的。教会语言是一种"死的"语言，这一点并非偶然；拉丁语之所以是教会语言，并不是因为在这样的用途中它有利于教条、命题、定义和准则获得一种国际性的理解，而是因为这一语言作为"死的"语言不再经历意义变换，因为它是一种与对特定的命题和观点的固定化相适合的表达样式。与此相对，在任何一门"活的"语言中，（语言的）意义上下文都是随着当下个别的历史性此在的已解释状态而一同变易的。当这样的一种句子得到翻译的时候，它就会依据当下个别的历史性的理解方式而得到译解；这样一来，句子的明白单义的平面化立即就会消失不见。

　　只有当一种语言出自理解，也就是出自一种对于此在的开觉状态的关切而增生着新的意义关联并借此增生着——尽管不是必然的——词语和用法的时候，它才具有它的原本的存在。作为被言表出来的语言,它按照此在的当下的解释水平而发生着变易,但这种变易并非总是必然地要通过成型的语词而大白于世。这样,在一门此在本身连同它的历史就处在其中的占统治地位的语言的畛域之内,每一时代才有着它自己的语言及其特殊的理解之可能性。这一点清楚地表现于特定的语词和用语所具有的统治地位上。例如在战前,我们这个地方倾向于使用"体验"和"经验"解释此在。所有的人(直至在哲学内部)都在谈论着"体验"和"经验"。这个词今天已失去了它的优先地位,人们甚至羞于竟还去使用它。今天我们取而代之所说的是"对生存的追问"和"决断"。生存必须成为"可追问的",这个话已经属于当今的时尚了。在今天一切都成了"决断",但是这一点却依然悬而未决:如此议论着的人们是否"已经决断"或"将要去决断"呢?——正如以下之点从前就是可疑的一样:那些谈论"经验"的人是否事实上还具有去体验某种东西的可能性呢,或者毋宁说是否他们的体验事物的可能性已经山穷水尽,而正是因此才要开始他们的关于体验的闲谈呢?关键词和关键用语是闲谈的表征,而这就是作为常人的此在的一种存在样式。

但是,即使是那些经由相对原发的途径而得以获取的意义并由之而成型的语词,当其被言表之际,也是俯身迁就于闲谈的。语词一经道出,它就归属于每一个人,但与此同时下面这一点却得不到保证:在他人也跟随着照样讲说的时候,原发的理解也能够随之而再度实现。尽管如此,一种真切的共同言说的可能性依然是存在的,而这首先表现在:那连带着某种言辞而同时既有的开觉状态,能够通过特定的语句而自我修正和进一步构形。如此,被道出的言说首先就能够有助于人们第一次去领会那些人们先前已经总是有过非明确经验的存在可能性。通过语词,此在的开觉状态,特别是此在的现身情态就能够变得如此地澄明可见,以致由此而开放出此在的某种新的存在可能性。这样,言说、首先是诗歌甚至就让此在的新的存在可能性走向了开放。而这一点就从正面证明了:言说是此在本身之生成的方式。

第二十九节 沉沦作为此在的一种基本动向

a) 闲谈

闲谈作为言说,它的本性就具有揭示的倾向;在这个意义上,日常的已解释状态就是以闲谈为生的。这一闲谈的各种形态是完全地互不相同的,但它们却总是一种特殊的在-世界-中-存在的形态。就是说,此在在闲谈中迎合着常人,常人接管了那些人们认为是本真的、此在在其中进行着他们的决断的事务。如果我们要对常人的状态作一种展示,那么,在今天的世界上,这一点就是特别容易做到的。①

今天,人们在大会上裁决着(entscheidt)形而上学,甚或还裁决着更为高级的东西。对于一切将要作成的东西,今天的人们首先都要召集一个会议。人们会聚在一起并不断地会聚在一起,所有人都彼此期待着他人说出些什么东西,而即使他人并没有讲出什么来,这也是无关紧要的,因为人们现在毕竟已经说出了自己的看法。也许所有的发言者对于实际的情况都知之甚少,但人们还是觉得,通过"不理解"的积累,最终仍然可以透露出一种理解。所以今天就有这样的一批人,他们从一个会议赶赴另一个会议,且当此之际还以为真正地发生了什么事情,以为他们已经做成了什么事情;而另一方面,

---

① 参见第二十六节,b),第338页。

人们在根本上承受着工作的重压,要在闲谈中为他们本己的,然而并没有得到理解的无助状态寻求一条出路。我们不可以把关于以上现象的特征描述解释为一种道德上的说教或这一类的东西,这类解释在这里没有任何位置。在这里,我们所关心的仅仅是对那种在此在的结构中具有某种构成性作用的现象或可能性作出提示。在今天,我们并不是特别优先地熟悉这一现象。就其本质性结构而言,古代诡辩术无非就是这样的一种现象,尽管也许它在某些环节上还要更为精明。那种人们臆想中的与会-状态是特别充满危险的,因为(在大会中)人们 bona fide ist(具有善良的信念),就是说,因为人们以为一切都在走向良好的秩序,而人们则有义务在大会中到场。这一贯穿于此在的相互共处之中的固有的闲谈具有一种揭示的功能,但现在却处于奇特的遮蔽样式中。

　　由于言说本身就进行着遮蔽,它是以一种不充分的方式进行着解释,所以,这种遮蔽就无需一种明确的说谎的意图——例如在言说中有意识地把某物冒充为某物。毋宁说,那种无根基的和重复不断的成说定论就足以把言说的实质意义,也就是把作为开觉状态之成型的解释转变成一种遮蔽。由于内在地放松了在原发的理解中去探询事质,闲谈从根子上就其本身而言就是遮蔽的。作为一种共享的行为,闲谈面对那些已公开的或有待公开的事情摆出一种观点、一种看法。世界之开显的阙失性样式就是世界之障蔽(Verstellen),而与现身情态之遮蔽相对应的样式就是颠倒(Verkehrung)。在先行地具有特定的情志方式、特定的感触方式的基础上,这样的一种现身情态就能以发展起来:它将此在颠倒成一种陌生的东西,寓于自身的存在状态被连根拔断,以至人们再也不是他们原本所是的东西了。障蔽和颠倒是一种沉沦样式的解释,进而是一种沉沦样式的此在开觉状态。

　　与其说闲谈进行着揭示,还不如说它更多地起着一种遮蔽的作用。而当其阻碍着揭示,当其由于对一种"已经－完成－揭示"的认定(Vermeintlichkeit)而阻碍着揭示时,闲谈尤其起着遮蔽的作用。只要此在首先持驻于常人之中,而常人在闲谈中具有了它的已解释状态,那么在此在的趋于常人的存在倾向中,正好就显出了趋于遮蔽的倾向。由于这一遮蔽逆一切清楚明确的意图而自行其是,在遮蔽中以及在走向遮蔽的倾向中,就显明了此在所具有的一种与此在本身同时既与的存在结构。在此在出自自己本身而生成的遮蔽中,显示出了我们称之为此在的与其自身的偏离(Abdrängung)这种固有的存在样式——一种与它的原本而源初的现身情态和展开状态的偏离。此在在它的作为日常状态的存在中远离其自身而自我偏离,这一存在样式就当被称作沉沦(Verfallen)。

"沉沦"这个用语所表达的是一种此在之发生的存在倾向,它也不应该被看作一种(道德)评价,好像此术语所标志的就是此在的一种暂时性出现的不好的品行,这样的品行应当受到指责而在人类文化的进步时代还有可能得到消除。恰如开觉状态、共在和之中－在一样,沉沦指的是一种对此在具有构成作用的存在结构,确切地说,沉沦就是属于之中－在的一种特殊现象,在这种现象之中此在首先不断地拥有它的存在。如果我们再度以世界与此在的"之间"为凭准来看待这个现象,那么就可以说,存在的这样一种在常人和闲谈中的驻留就陷入了一种连根拔断的飘荡状态。但这一除根正好就是那种构成了此在的顽强有力的日常状态的东西,正好就是一种沉沦(在沉沦中此在本身走向自我丧失)的方式。

b) 好奇

除根的第二种方式表现在此在的另外一种存在样式中——表现在好奇(Neugier)中。

第四章 对之中－在的更为原初的阐释：此在的存在即为牵挂

前面已经讲过，作为开觉状态之成型，解释是源本的认知。开觉状态对之中－在具有构成作用。只要操持昭显出了它的已经展开的寰世（生产世界）所蕴涵的指引，那么所有的操持本身就都是揭示和解释。操持拥有它的定向和引导。那种其牵挂已经缠缚（festgemacht）于一种所欲所求（Worumwillen）的操持，那种作为操持而行止于一种因此（Darum）和为此（Dafür）之中的操持，是由环顾（Umsicht）所引领的。那种以被操持者之呈显（Besorgtheitspräsenz）为指引的环顾把实现的通道、施行的手段、正确的机会和恰当的时间提供给所有的开张（Zufassen）、供给（Beistellen）和操办（Verrichten）。环顾的顾视是操持性的揭示、操持性的看的已然成型的可能性。在此，看既不是局限于凭借眼睛的看，从根本上讲它也不是与感性的感知相牵扯的，毋宁说，在这里看是在更为宽泛的操持性和牵挂性的昭显意义上被使用的。

奥古斯丁早就注意到了看的相对于其他感知方式的这一显见的优越性，但是他也未能最终地阐明这一现象。在其《忏悔录》①讨论der concupiscentia oculorum（眼睛的渴望）、讨论所谓眼欲的地方，他这样说道：Ad oculos enim videre proprie pertinet，——看原本属于眼睛。Utimur autem hoc verbo etiam in ceteris sensibus cum eos ad cognoscendum intendimus.——但当我们就其认知上的功效去看待其他感官时，我们也对其他感官使用'看'这个词。Neque enim dicimus：audi quid rutilet；aut, palpa quamfulgeat：videri enim dikuntur haec omnia.——那么我们不说：听这个如何闪光，或者闻这个如何发亮，或者尝这个如何照明，或者触摸这个如何发光；相反我们在所有这些情况里都说：看，我们说所有这些都被看到了。Dicimus autem non

---

① 奥古斯丁：《忏悔录》，第十卷，第35章。

solum, vide quid luceat, quod soli oculi sentire possunt,——我们还不仅仅是说:看,这个只用眼睛就能感知的东西如何照明,sed etiam, vide quid sonnet; vide quid oleat, vide quid sapiat, vide quam durum sit. ——而且我们也说:看,这个如何发声;看,这个如何生香;看,这个如何发出味道;看,这个多么坚硬。Ideoque generalis experiential sensuum concupicentia sicut dictum est oculorum vocatur, quia videndi officium in quo primatum oculi tenent, etiam ceteri sensus sibi de similitudine usurpant, cum aliquid cognitionis explorant. ——这样,感官的经验从根本上讲就被称为"眼欲",因为依据某种相似性,其他感官也拥有看的功效,当事关一种认知时,就其功用而言眼睛就具有一种优先的地位。只要事情关系到一种 cognitio(认知)、关系到对某物的一种理解,其他的感官在一定程度上就拥有了知觉的这样一种进行方式。在这里就可看清,在诸种知觉中,看具有一种优先地位,因此看的感官并不是唯一地囿于凭借眼睛的知觉之内的,毋宁说,如同在希腊人那里也一直认为的那样,看就等同于一种对某物的理解。尽管奥古斯丁在这个地方就 concupiscentia oculorum(看的欲望)提出了本质性的洞见,但是他并没有着手对这一看的优先地位以及这一优先地位本身在此在那里所具有的存在含义加以原本的澄清。

在古代哲学中,我们也发现了与以上所述相似的看法。在一篇被当作本体论而列入亚里士多德著作集的第一节的文章里,是以这样的句子开头的:παντεσ ανθρωποι τον ειδεναι ορεγονται φυσει.①——求得见识是人生的本性所在。亚里士多德把这句话放在了他的《形而上学》的开头,在那里这一说法原本是颠倒的。无论如何,他以这个句子开始了他的引导性的考察,此考察负有对理论行

---

① 亚里士多德:《形而上学》,A1,980a21。

为的起源(就像那时的希腊人所看到的那种起源一样)加以阐明的任务。对于亚氏而言,好奇直接就成了一种源本的行为,仅从希腊的意义上看,理论的行为、θεωρειν(理论思考)就是源自好奇而得以发动的。这当然是一个单方面的,但却是源出于希腊的考察方式而得出的解释。对我们来说,重要的只是:ειδεναι(见识)(我们不可以用知识来翻译这个词)对人的φυσισ(本性)具有构成作用。

日常状态中的操持性的打交道可以归于宁息(Ruhe),无论这是一种作为中断的歇息还是一种对于需要操办的东西的完成。这一归-于-宁息和歇息是操持的一种样式,因为在宁息中,牵挂并没有消失,只是在歇息之际,世界不再在操持性的行为面前得到昭显。世界不再在环顾中照面,而是在歇息着的逗留于某物(Verweilen bei)中照面。在此逗留中,环顾之看成为自由的,就是说不再受到专门的指引联系的束缚,而这些指引联系就决定着生产世界的照面。作为操持的变式,这一摆脱了环顾而成为自由的看依然还是牵挂,但现在的牵挂却安步于一种对于世界的自由自在的单纯的看和感知中。

但看是一种对远方(Ferne)的感知。自由自在的看之牵挂是对于远方的一种操切;它指的是从那近处的被操虑的日常生产世界的超脱和跳开。作为一种自由无拘的观看、一种对远方的感知,歇息之逗留变得不-再-滞留于邻近之物,而这一不-再-滞留于邻近之物是一种要去揭示和接近那尚未经验的东西或还未曾进入日常经验的东西的期切,是一种要"远离"那不断的和直接的现成可用之物的期切。

在歇息中,好奇之牵挂成为自由的。而这就等于说:这种牵挂总是已经当场在此,它只是仿佛受到束缚,它只是在观看和感知中探究着照面的世界。这一自由自在的看的第一个特征性结构,对于世界外观所进行的单纯探究的特征性结构,就是不滞留(Unverweilen)。

不滞留指的是：不持驻于某种确定的专题性的被执取物（Ergriffen-em）；相反更倾向于从一个东西向另一个东西的特有的跳开，而这一点就是好奇的构成要素。

歇息中的逗留不是一种对现成可见者的盯视。当某一特定的事务中断之际，烦忙竞逐也并没有止息，以至于现在我仿佛依然缚着于操办中的事务。毋宁说，歇息也就是一种与切近者和熟稔者的远离。但是好奇这一感知所昭显出来的那些新异的东西，也并没有成为专题性的对象。人们可以依据操持中的昭显结构来阐明这回事情。对寰世的昭显是出自牵挂所源本地羁留于其中的东西而实现的，是出自那种某物为它之故而获得接纳的东西而实现的。那么，把世界纳入近邻是如何在好奇的不滞留的感知中实现的呢？

作为一种由照面中的世界所拖带而去的但为求得单纯的感知的牵挂，好奇之操持不再萦系于一种受束缚的和专题性的呈显，不再萦系于一种明确的世面上的所欲所求（Worumwillen）（我们现在正有待于纯粹而简明地看清这种所欲所求），不再萦系于特定的世上事物与事件。毋宁说，好奇之所以昭显某种东西，这仅仅是为了看到那种东西，就是说为的是能够离脱这一被看见的东西而不断重新地继续走向下一个东西。好奇之所欲并不是一种特定的呈显，而是呈显的不断变换之可能性，就是说好奇的不驻留在根本上所期求的是一种不－必－卷入（Nicht-zudreiffen-müssen），所期求的是在世界上的单纯的消磨状态（Unterhaltensein）。在这里，事情就牵涉到了一种在－世界－中－存在，与这种存在相应的是某种特征性的现身情态，也就是一种特定的不安和激奋，确切地说，这种不安和激奋的特征在于：就其意义而言它是不受日常的此在的紧张和需求所烦扰的，它是远离危险的且按其意义是不担当责任的。这一样式的现身情态是随着由好奇所营造的当下切己的呈显而一同得到昭显的，简言之：着意于看的不滞留的操持只是为了看到而成就着散漫(Zerstrung)。不滞留和散漫就属于以上所描述的好奇的存在结构。散漫销蚀了一种积极的操持性的打交道之唯一性与恒久性和这种打交道的与世界之间的联系,因为,作为有待看到的东西,通过好奇所营造的呈显在本质上是不断地变换的,而好奇本身所期切的正好就是这一变换。

不滞留和散漫,这两项特征就在此在中形成了一种固有的不羁留状态(Aufenthaltslosigkeit)。但是,那种为着不断地朝向新奇的世界和其他陌生的此在接近的操切(例如某人不断地寻求认识新的人们),现在就处在这样的倾向中:为了不断地推出新的东西而自身敞开为这样一种可能性——在此可能性中,此在经由日常的熟悉之物而迷失于不熟悉之物中。这一对此在本身有构成作用的散漫性的不羁留本身就包藏着对于此在的某种方式的除根(Entwurzelung),在这种存在方式中,此在遍及四面八方但又无处存在。这样一来,此在就倾向于离脱自己本身。在这样的一种好奇中,此在营建着一种从它自身面前的逃逸(Flucht)。

这样,正如在闲谈中一样,在好奇现象中也清楚地显现出了沉沦的存在方式。好奇和闲谈是在-世界-中-存在里起构成作用的存在方式。那在闲谈中决定着公共的已解释状态的常人,同时也支配和预先规定了好奇的各种方式。这里的意思是,人们所必然看到的和人们所必然读到的东西,反过来说,好奇所揭示的东西,都充斥于闲谈之中。这两种现象并不是相互分立地存在的,相反,一种除根的倾向也拽上了另一种除根的倾向。这一到处都在而又无处存在的好奇是与那一无所是然而又是一切的闲谈相匹配的。

c) 模棱两可

作为在世界上的日常的相互共处,此在由其自身而来就受范于闲谈与好奇。此在作为操持而同时营造着对它的开觉状态的遮蔽。例如在解释中,它依从常人的已有的解释而去看自己本身,从而总是同时营求着从它自身的逃离。如果这里的意思是说,此在同时营求着它的沉沦本身,那么就需要看到,这样的一种对沉沦的同时营求并没有从一开始就直接地成为昭然可见的,就好像在此在中有着一种明确的走向沉沦的意图。与此相对,因为在某一特定的范围内好奇的此在认知着一切而闲谈的此在议论着一切,这样就形成了一种看法,以为这样一种常人境界的存在似乎就是原本的和真切的存在。对于公众和常人而言,人们所说的东西和人们所看的方式内在固有的普遍有效性,就是此在的存在之可靠性所具有的最优先的保证。这就意味着,日常的相互共处之自我解释也接受了这一臆想之见。伴随着这一臆想之见,一种模棱两可(Zweideutigkeit)就出现在了此在之中——这是属于沉沦的第三种现象,它具有一种以特有的方式来增强在闲谈和好奇中已然既有的沉沦这样的作用。

这一模棱两可是一种双面的东西。首先它涉及世界,这就是在相互共处中得以照面和生发(geschieht)的世界。从这个角度看,就像沉沦之加剧是来自模棱两可一样,此加剧具有一种压抑常人中的此在之作用。其次,模棱两可不仅涉及世界,而且还涉及共在本身,涉及自己的存在和他人的存在。从这一交互存在(Zueinandersein)的角度来看,这时的沉沦之加剧就是对此在的真正扎根于自身的一种先行阻断,这就是说,模棱两可不让此在在相互共处中结成一种源始的存在干系(Seinsverhältnis)。

只要在日常的相互共处中经由世界而照面的东西就是那种对每个人而言都是可会通的东西,而每个人也都能够对一切东西加以言说,在这个意义上,人们就再也不可能断定,谁是而谁又不是原本地依据真正的理解而生活。语言上的表达才能和关于一切存在之物的某种轻车熟路的平均化理解，可以在公众中如此地生长起来，以致那常人所信步于其中的已解释状态轻松地就做到了使一切东西落入每个人的掌握之中。那种在公众的已解释状态的氛围中如此地运作的东西，就成为了模棱两可的。看起来就好像人们已然见出并谈论着事情的真相，但是在根本上又并非如此；看起来情况并非那么一回事，然而也许就是如此。

但是，模棱两可不仅涉及对可运用的东西和可用于享受的东西加以掌握和处理的方式，而且还扩展到了远为广泛的范围。不仅每个人都知道并谈论着那存在和发生的东西——如同我们所说，那些经过了的事情，而且每个人还都已经知道去议论那些正要发生的事情、那尚未存在但势必真正地成就的事情。每个人总是预先就预见到了其他的人也预见到和察觉到了的东西。这一对万事风声的敏感（也就是由听说而来的敏感），就是模棱两可以之而范制此在的最为牢笼人的方式。因为，假如预见到的和觉察到的东西有一天事实上实现了，那么模棱两可就恰好已然为之而操虑过了，以致对实现之事的兴趣反而衰退了下去；因为，只要这一兴趣作为一种无拘无束的"但只（与众人）一同预知"的可能性而存在，它就会只是在好奇和闲谈的意义上维持下去。闲谈所关心的仅仅是"能与众人一同预知"这回事，而这样做又并不是非要去尽责尽力不可；这就是说，当人们打听万事风声的时候，闲谈所关心的就仅仅是能够"一同跻身与闻"，而一旦预知之事开动施行的时候，闲谈就拒绝追随。实际上，世事之施行就要求此在被迫地回归于自己本身。在公众看来，这样的一种（回归自身的）过程是无聊的；除此之外，当面见预知之事的一种施行时，闲谈总是随时抱有这样一种确信：人们自己也能够做成这件事情，因为人们已经一同预见过这件事了。闲谈甚至最终还会对此感到愤怒：它所预料的事情和在闲谈中不断被要求的东西竟然实际上发生了；因为这样一来闲谈就失去了对此事继续加以预见的机会。

只要模棱两可把对于某物的觉察和预先－谈论冒充为真正发生的事件而把事情之施行和对于它的理解视为无关紧要的，那么，那由好奇和闲谈所决定的公众的已解释状态所具有的模棱两可就将范制在－世界－中－存在。凭借这一模棱两可，公众的已解释状态确认着它的一贯的优越。当此之际，已解释状态越是将它所寻求的东西，也就是今天尚非现成，但明天也许将要实现的东西暗中带给好奇，那么这种确认就会越发强烈。

然而，如果那置身于缄默无言的施行中的此在的时间乃是一种不同的时间（在公众看来，它是一种本质上比那过得更快的闲谈的时间更为缓慢的时间），那么就可以说，闲谈长时间以来就在追逐一种另外的东西，也就是当时所发生的某种最新的东西，而从这一最新之物的角度看，那先前长时间被预知的东西现在就来临得太迟了。这样，闲谈和好奇所担心的就是：对公众而言，当闲谈的遮蔽性的压抑变得不起作用的时候，或者遮蔽明显被清除的时候，那原本的和真正的已成就新事 eo ipso（因此）就成了过时的东西并由此通常才会开放出它的积极的可能性，才会贯通流行下去。这样的事就发生在对于过去的真正的开掘的过程中，也就是说，这样的事就作为历史（Geschichte）而发生着。真正的历史学无非就是反对此在的那种走向遮蔽的存在动向的斗争，这一遮蔽是经由此在自己的公众化的既定解释方式而形成的。

其次，如果我们首先根据最切近的寰世来进行说明，根据这一最初的日常世界中那能够与我们同在者来进行说明（这就是说，鉴于人们从他人那里已经听到的东西、鉴于人们对他人所作的谈论、鉴于他人所由之而来的东西，他人就是那与我们同在者），那么就可以看到,好奇和闲谈甚至还以其模棱两可统治着相互共处本身。闲谈首先通过共同操持的事情及其世界而使自己跻身于源本的相互共处之中。其中就包含着:每个人首先和首要地都在窥探着他人,以便看到他人是如何行事的,他人将作出什么回应。常人之间的相互共处完全不是某种平均一律的、漠然无别的相互并存,而更多地是一种紧张的彼此-窥探,一种隐蔽的相互-探听。相互共处的这一存在方式可以直至蔓延成一种最为贴近的关系——这样一来,例如,一种友谊可以不再和不首先通过一种有决断的且进而彼此赋予自由的在世界上的相互扶持而存在,而是通过不断地和先行地去窥探他人将倾向于如何去对待人们所说的友谊、通过不断地检验他人是否成为了朋友而存在的。只要这样的一种相互共处在两个方面都起着作用,它就能够导向最为深刻的交谈和争论,而因此人们就以为自己有了一个朋友。这样,闲谈和好奇在一开始就抽掉了共同相处的特出的可能性由之而得以生根发芽的地基。这种相互并存是在一种相互眷顾之面具下的一种隐蔽的相互对立,它只是通过激昂的言辞而获取了华贵和所谓的真诚。

依据在闲谈和好奇中所显示出来的作为此在的日常开觉状态之存在方式的模棱两可,下面一点应当已经成为明显可见的:此在如何在其走向常人的存在倾向里脱离自身,更有甚者,此在还出自其自身而在日常的操持里激发着和加强着这一倾向。走向世界的存在以及走向他人的存在和走向自身的存在经由不断地充塞于这些结构之间的常人而被阻隔了。

植根于常人的此在仿佛就运行在一个旋涡之中,此旋涡把此在卷入了常人之中,由此不断地把此在从实事和自己本身那里撕扯开来,并作为旋涡把此在拉进持续的反复无常之中。这样,在混迹于常人之际,就表现出了此在的在一种可能的源始的之中-在和共在面前的一种持续不断的逃逸。

d) 沉沦所固有的动向特征

　　作为此在的存在方式，上面所展示出来的沉沦现象所具有的结构同时还显出了一种固有的动向(Bewegtheit)，而现在我们就能够较容易地揭露这一动向的特性。

　　操持永远也不表现为一种漠然无别的在-世界-中-存在，不会表现为与物事的一种纯粹的发生(Vorkommen)相类同的东西，毋宁说，作为相互共处，之中-在就融身于操持所及的世界之内。只要常人是此在本身之生成的一种存在方式，那么它就借助闲谈，也就是借助公众的解释方式和模棱两可而培植起了一种自身迷失的可能性、仅仅在常人之中去寻求自身的可能性。此在本身培植着这一可能性，这就是说，作为自身迷失之可能性，这一存在可能性本身预先就规定着此在。需要看到的是，这种固有的沉沦的存在方式不是由于世界的一种境况与偶然而维持的；毋宁说，只要此在本身具备沉沦的可能性，那么，沉沦中的此在之存在本身就是富于诱惑的。只要此在培植了这样一种臆想：随着其在常人和闲谈之中的消散无迹，最本己的存在可能性的全部宝库都向此在保藏了起来，那么，此在本身就加固着它的富于诱惑的沉沦状态。这就意味着：富于诱惑的沉沦是安定的。如此就生成着这样的一种不断增长的无需无求：无需还要把植根于常人中的此在追逼到一个问题面前，或完全无需对植根于常人的此在加以改变。但沉沦状态的这种安定并不是沉沦状态之运动的静止，而是沉沦状态的一种悄然滋生的强化。在这样的一种已获得安定的明确无疑的存在之中，此在陷入了远离自身的异化，以至于除了那种以常人为本的可能性以外，此在本身就再也不能开启出其他的存在可能性。

沉沦之动向的这些现象上的特性——诱惑、安定、异化——都清楚地表明:那在本质上遭派给世界的此在,陷入了它自己的操持之中。这一沉沦的倾向可以将此在驱迫得如此之远,以致此在因此而阻断了它的回归于其自身的可能性,这就是说,它甚至在根本上再也不会理解这样的一种回归自身的可能性。

对所有的这些现象而言,重要的是:人们应当总是把它们看作日常此在的特有的和基本的存在方式。而对以上所说加以任何的一种道德上的运用或诸如此类的解释,这些都不是我的意图所在。我的意图只是并只能是:把这些现象作为此在结构加以揭示,以便由之出发——这就是我们的考察的整个旨趣——以一种不把某种关于人的理论奉为圭臬的方式去看待此在,而直接根据最为切近的日常状态去看待此在之存在的基本规定,并从这一基本规定回到此在的基本结构本身。而所有提到过的这些现象——此点对于常人恰好是特征性的——都绝不是有意识的和故意为之的,相反,在此在的活动之实现中所具有的那种自然天成(Selbstverständnis),恰好就是常人的存在方式所一同蕴涵的。这种自然天成以及这种不-自觉-状态和非-故意-状态所意味的正是:常人没有发现此在在常人中所似乎做成的那种存在运动,这是因为构建起常人的那种开觉状态就正是一种遮蔽。

e) 以沉沦状态为视野来考察此在的基本结构

现在,人们就能够以一种现象学的方式对沉沦的结构如此地加以澄清,以致人们从这一结构出发就可看清此在本身的基本结构。下面我们将要做一个简短的尝试,以图至少获得一个那些我们在沉沦现象中已对其做过勾画的结构的轮廓。

操持本身既包含着最广泛意义上的周到行事,也同时包含着仅仅观看性的逗留，而不管是在无牵挂的安静里还是在操心的不安中，它都同时包含着这两个方面。此在在常人中的削平与消散是此在的一种分崩（Zerfall），而公众和常人的日常状态则掩盖了这种分崩。作为此在的从其原本状态的脱落（Abfallen），这一分崩在以上所述的沉沦中自我生成着。这里的原本状态必须从字面上被理解为依持于自身而拥有自己本身（bei-sich-selbst-sich-zu-eigen-haben）。只要此在是具有在－世界－中－存在之特性的存在者而此在向来是我的此在，此脱落就是一种对此在本身具有构成作用的沉陷（Fallen）。只有在一种滑向这种沉陷的趣向（Hang）之基础上，这样的一种作为存在倾向的沉陷才是先天地可能的。对沉沦的分析在现象上还要回到这一趣向，而此趣向构成了此在的一种基本结构，我们将此结构称为倒运（Verhängnis）。在这里我们不是在一种事实的意义上使用"倒运"这个表达，而是在如同"照面"和"认识"的含义上使用它，以至于在这里"倒运"就不是指一种特定的状况，而是指一种生存论上的（existenzial）结构。倒运无非就是此在从其自身面前的逃逸，在那由此在所揭示的世界之中从其自身面前逃逸。就其存在而言，一种趣向还不是某种源本的东西，它本身还要回溯到一种可能的驱迫（Drang）。只有在存在着一种由驱迫所规定的存在者的地方，才存在着趣向。而趣向与驱迫本身又都还有待于在我们称之为牵挂的现象中得到更基本的规定。

在此需要看到的是，对这一此在结构的解释与任何关于人类本性腐败的学说或某种原罪理论都完全无关。这里提出的东西是一种纯粹的结构考察，这种考察先于一切上述这种形态的考察而存在。必须在我们的考察与神学的考察之间明确地划开界限。而将以上所述的这些结构又重新以一种神学人类学的方式加以发挥，这一点将是可能的，甚至是必然的，至于如何加以发挥，这则是我所无法判断的,因为我对这样的一种东西完全没有理解,虽然我对神学本身有所熟悉,但由此出发再到一种理解还有一段很长的路途。因为这一分析总是一再遭到误解,我要强调指出,在这里,我并没有提出任何一种隐晦的神学,此分析在原则上就与神学无关。这些结构能够同样有效地规定一种人的存在方式或康德意义上人的观念,也许人们会像路德那样假定,人类"充满了罪恶",或者它已经处在荣耀的地位。沉沦、分崩以及所有的这些结构首先与道德和习俗或诸如此类的东西没有任何关系。

第三十节　惶然失所的结构

a) 逃逸和惧怕现象

在对此在的这一基本结构进行分析之前,我们还有必要对目前所已经达到的现象,也就是对此在在其自身面前的逃逸(Flucht)更清楚地加以阐明。在这里,我们将从此在在其逃逸中所由之而逃开的那个东西出发,以便通过这一逃逸同时指明此在的一种基本现身情态,此现身情态 qua(经由)牵挂而对此在的存在具有构成作用并恰好因此而最为彻底地受到了遮蔽。

需要追问的是:何谓此在从其自身面前逃逸?此在的逃逸所要逃开的那个东西是什么?我们可以从形式上说:此在是从一种有威胁状态逃开。这一有威胁状态和威胁之物如何得到经验呢?有威胁之物首先不是通过一种从它面前的逃逸而得以给出的,而是通过逃逸本身所奠基于其上的东西,亦即通过惧怕(Furcht)而获得给出的。一切逃跑都奠基于惧怕之上。不过,并非一切在某物面前的退避(Zurückweichen)必定就已经是一种逃跑且因而是一种害怕

(Sichfürchten)。

在我们简单地用逃逸来加以翻译的古代 ψυγη 概念和中世纪 fuga 概念中,通常都贯穿着两种含义。逃逸有时所指的就是在某物面前的避退,这个意思应该完全不是指一种严格意义上的逃跑;但这个意思也能够直接地表示逃逸。在某物面前的逃跑根源于一种在某物面前的害怕,据此,逃逸所逃离的那种东西就应该依循惧怕所害怕的那种东西而成为可见的。逃跑的存在样式必须依据惧怕的存在样式而得到阐明,或者说依据那本身还要以惧怕为根据的存在结构而得到阐明。因而,为了以现象学的方式把握此在的在其自身面前的逃逸这一现象,现在首先就有必要对惧怕现象加以阐明。

在此应该记住的是:惧怕现象是趋向世界之存在的一种方式;惧怕总是一种与世界或与共同此在有关联的惧怕。在惧怕现象得到探究的范围之内,惧怕在事实上总是如此地得到把握,而惧怕的所有形形色色的变形都是基于这样的一种在某个世上物面前的害怕而获得规定的。而我们已经说过:此在在沉沦中的逃逸就是此在的在其自身面前的逃离,这样,它就不是在世界面前和在一种确定的世上物面前的逃逸。如果这里的情形就是一种此在在其自身面前的逃离,那么,只要惧怕总是一种在本质上与世上物相关的存在样式,那为这一逃逸之根源的惧怕严格地讲就不是原本的惧怕。换句话说,我们将可以见出:关于惧怕现象的传统式分析在根本上是不充分的,惧怕是一种派生的现象,它本身还根源于那种我们称之为惶恐(Angst)的现象。

惶恐不是惧怕的一种样式,而是相反,一切惧怕都奠基于惶恐之上。为着减轻现象学把握工作的难度起见,我们的考察将从惧怕出发并由此回到惶恐现象。在此我们将探察五个方面的问题:第一,作为在某物面前的害怕(Sich-fürchten vor)的惧怕,第二,惧怕的各种变形,第三,在缘于一个他人和为着一个他人而害怕意义上的惧怕,第四,惶恐(Angst),以及第五惶然失所(Unheimlichkeit)。

α) 从惧怕的四种本质环节考察,惧怕作为在某物面前的害怕

亚里士多德在《修辞学》中对忧痛即 παθη 进行分析时,曾经首次探讨了这一现象①。亚里士多德所给出的分析(尤其是他对情绪的分析),就规定了斯多葛学派的有关理解并进而规定了奥古斯丁的和中世纪的理解。由此出发,经过文艺复兴时期对斯多葛学派情绪学说的重新理解这一迂回,这一有关情绪之分析的整个思想系列就一同进入了近代哲学并在那里几乎停滞了下来。例如康德就几乎完全地行进在这一古代的定义之内。在此我们当然不可能深入探究这些历史上的联系,而这特别是因为后来的思想并没有提供出比亚里士多德更新的东西,其中唯一能够引起我们注意的只是:斯多葛学派曾经对惧怕的形形色色的变形作出过分类。

与关于悔恨、忏悔、对上帝的爱和上帝之爱(这些都是惧怕之基础)的理论相关联,惧怕问题在神学上具有一种特别的重要性。在这个方向上,我要指出洪臣格尔(Hunzinger)的有关研究。② 他曾经给出了这一概念发展的一个简要的概观,尽管其对奥古斯丁的理解在根本上还需要修正。而与情绪的一般理论相联系,托马斯·阿奎那则曾经对惧怕做过广泛的探讨。③

在这里,我不可能对亚里士多德《修辞学》中的分析作出更详尽的解释,这一工作只有在对于此在本身的主要结构的实际了解之基础上才是可能的,而只有当人们首先面对现象之时,人们方能看到亚

---

① 参见亚里士多德:《修辞学》,B5,1382a20 – 1383b11。
② A. W. 洪臣格尔:"从奥古斯丁到路德的天主教学说中的惧怕问题",1906 年,《路德研究》,第二卷,第一部分。
③ 托马斯·阿奎那:《神学大全》II^1,第 41 – 44 个问题。

里士多德所曾经看见的东西。亚里士多德对于惧怕的基本理解的特征在于：他是着眼于修辞学的课题去考察惧怕的。对于演说家而言，为了其计划和建议得以实施或促成对此有利的讨论，他们还能够唤起群众（群众集会）的天性和激情。这样，为了使群众顺从，为了战争拨款获得通过，他就可以把听众驱入惧怕。他以国家的毁灭为威胁来把他们带入惧怕。这一如此被唤醒的惧怕促使他们积极地去进行商讨，让他的建议更容易获得赞同和接受。亚里士多德分析了这一作为言说的构成性环节的对某物的害怕。

以下的分析是以至今所清理出来的此在的存在结构为指针的，但这些分析与亚里士多德的定义也保持着一种持续的关联。关于害怕现象我们作出这样的区分：第一是害怕之何所怕（Wovor），第二是面对所怕之物的那种存在方式。（对此我们没有任何适当的表达，在原本的意义上人们倒应该将其说成"可怕之物"或"令人惧怕者"——如果人们是从一种完全形式上的结构意义而不是从某种价值上的贬低来看"可怕之物"的话。）第三是惧怕的何所缘（Worum）。害怕不仅是在某物面前的害怕，而且同时还总是缘于某人的惧怕。第四点还需探究的就是面对那种使惧怕成为惧怕者即惧怕的何所缘的存在方式。

对于第一个结构环节即惧怕之何所怕，我们可以说的是：惧怕所怕的东西具有世间化的照面特性；它具有意蕴的存在特性。那以其意蕴的特性而在惧怕面前照面的东西是某种有害的东西，如同亚里士多德所说，是一种 κακον（坏东西），是 malum（邪恶），确切地说，这一有害之物总是某种确定的东西。如果我们这里已经具有了（关于有害之物的）概念，那么我们就将说，（它是）某种历史性的东西、某种确定的东西，它闯入了操持性的打交道所熟悉的世界里。而现在关键是要看到：这一有害的东西是如何照面的，就是说它是如何作

第四章 对之中-在的更为原初的阐释:此在的存在即为牵挂

为尚未现成可见但才刚发生的东西而照面的。当此之际,这一尚未呈现但正在发生的东西(一种奇特的呈显)在本质上还不断地处于临近(Nähe)之中,更确切地说:它是一种作为自身临近的尚未现成可见的东西。如同亚里士多德所正确地说过的,那种尚处于很远的远方的东西,是不会真正地为人所惧怕的,或者说,对处于远方的东西的惧怕可以通过表明所怕的东西之到来尚需时日而得到消除,而只要它还完全处于远处,它就有可能根本就不到来。那尚未现成可见的到来之事的奇特的临近就构成了这一有害之物的际会结构。作为确定的但尚未呈现的有害之物,它由其自身而迫近成为现成可见者。那具有这样的一种际会结构的东西,我们就称之为威慑者(bedrohlich)。这一威慑者就包含了"尚未呈现但到来着"、"有害的"、"尚未现成可见但临近着"这样一些结构环节。这样,惧怕所怕的东西就具有威慑者的特征;它是一种 malum futurum(将来的邪恶)或者一种 κακον μελλον(将来的坏东西),但这种东西不是在一种实际发生的事件这个意义上的东西(而对这种东西我们则可以客观地确定它的将会到来这回事),毋宁说它是一种这样的 futurum(未来之物):在其即将来临(Herankommen-werden)之际,它恰好也是可以不出现的。

借此,害怕的第二个环节,即面对威慑者的存在方式也已经变得明显可见了。面对威慑者的存在方式就是一种被照面的世界所袭临(Angegangenwerden)的存在方式。并不是我们首先就具有一种关于即将到来的有害者的意识,然后似乎再在这一意识之上添加了一份畏惧,毋宁说惧怕恰好是这样的一种存在方式:唯有通过这一方式,威慑者才能得到展开并能够在来自世界的操持性的被袭临状态中照面。如同亚里士多德所正确地说过的那样[不是字面上如此,但 de facto(实际上如此)]:惧怕不是在让威慑者得以看见这个意义上的

φαντασια(想象),毋宁说惧怕是 εκ φαντασιασ(来自想象的),它是由一种"让看见"而来的对 κακον μελλον(将来的坏东西)、对涌上前来的有害者的惧怕。然而在亚里士多德那里,如同在后来的经院学派那里一样,有关这一想象与原本的害怕之间的真正的奠基关系依然未得到规定并且在根本上还是易受误解的。

但是由前面的阐述我们知道,关于某种即将到来之物的表象总是先行奠基在一种操持性的和牵挂性的"被某物袭临"和"让某物与我们照面"之上的。在确定的意义上,在一开始我并不知悉那种具有其充分而本来的存在的威慑者,相反,只有经由出于惧怕而通向威慑者这一源本的通道,我看到且才能以其本来面目看到威胁之物,才能具有源自惧怕的威慑者本身。由此出发,也才生成了一种通过专题性的考察来把捉这一威慑者本身的可能性。如果我仅仅是在一种对象性的在我面前"正在成为存在"(Seinwerdenden)的意义上去观察和思想一种威慑者,那么我永远也不会凭此而通达惧怕本身。

只要惧怕之所怕的那种威胁之物总是一种确定的世上物,这一威慑者就总是牵涉到一种特定的操持、一种确定的寓于某物的存在和在-世界-中-存在。威慑者向一种操持席卷而来,此操持凭借其所掌握的仅有的手段并不能达到对威慑者的克服。这就是说,与我们所欲达到的第三个环节有关,惧怕中的怕之所缘就是在-世界-中-存在本身。

当下切己的操持,或者说,一种这样的操持之企划总是受着威慑者的威逼。这样,(惧怕的)最后一个环节,即面对"惧怕的何所缘"的那种存在方式也就由此而得到了规定。伴随着操持所带有的那种来自威慑者(它在害怕中得到昭显)的被威逼状态,自我处身(Sichbefinden)陷入了一团慌乱(Verwirrung),就是说,有所定向的操持遭到了扰乱。那种受威逼的无能应对状态(Nichtgewachsen-sein)具有一种无头无脑的奔来忙去的特有的不安,由此而来,在熟悉的寰世的指引关联中所具有的稳定的定向联系就遭到了破坏。以上就是慌乱的意义,此慌乱或多或少是与害怕(自然向来是在各种不同的程度上)同时获得给出的。

β)惧怕的各种变形

由害怕的这些环节出发,现在我们就可以进行第二项分析:弄清惧怕的各种变形。随着在某物面前的害怕的构成性环节的变化,产生了惧怕的特定的变形状态。目前已经清楚的是:临近着的涌上前来这个环节导源于威慑者。在这里,那属于威慑者之照面结构的临近(Nähe),乃是尚未在场者的,确切地说乃是"尚未"(Noch nicht)的锐如锥刺的照面方式,但这里的实情是:此一尚未能够楔入任一瞬间。只要一种这样的威慑者所带有的"虽然尚未,但任一瞬间"突然进入操持者的当前,那么惧怕就会变成惊慌(Erschrecken)。

现在,在威慑者当中,我们可以分解出威胁之物(Drohenden)的最直接的临近(Näherung)(此临近对一切形式的害怕都具有构成作用),但除了威胁之物的这一最直接的临近之外,现在还有临近本身之照面的方式[在此就是突发性(Plötzlich)]也可以得到分解。例如一枚榴弹突然飘进或钻进附近的地面里,而由此对于一种最直接的临近即对于爆炸的突然的预知——此预知可以在任何瞬间出现——就能够得到分解。值此,威慑者本身——至少在这一例子里是如此——也是一种日常的熟道之物。惊慌缘之而惊慌者可以是(且通常也是)某种我们完全已知的东西。

如果与此相反,威慑者具有完全不熟道的特性——不仅是对于完全未预期之物的不熟道,此外也是对于已知之物的不熟道——那么惧怕就会变成恐惧(Grauen)。而当一种威慑者以充满恐惧的特性照面并同时具有惊慌的照面方式时,也就是具有特别的突然性时,惧怕就会变成惊恐(Entsetzen)。

相反地,作为有威胁的照面者,世上物也可以是不足称道的,与此相应,害怕的其他的构成性环节也会发生变易。操持性的在－世界－中－存在的方式可以具有不安稳的特性,一种操持可以拿不准它自己的事情,在根本上与它自己的事情不相熟套。在这一情形下,一种具有疑惧状态(Bedenklichsein)之固有特性的惧怕——即我们称之为惶然不安(Ängstlichkeit)的惧怕——就能够在一种不足称道的威慑者之照面中出现。在此我们不可能对这些广泛的现象再进一步加以探究。胆怯、羞怯、拘束、诧疑以及诸如此类的这些更进一步的变形就都属于这个系列之内的现象。——现在我们能够确定的只是:只有根据对于害怕的基本分析,这样的一些现象本身才能获得理解,当然,我们也并不是仅只从这种分析出发,毋宁说,我们首先还要由一切形式的害怕都植根于其中的那种东西出发,即由惶恐出发,这些现象才能够得到理解。

γ) 在缘何而怕意义上的惧怕

缘于和为了一个他人的惧怕可以作为害怕的第三个环节而得到分解。惧怕的这一何所缘首先就是我们与之同在的他人,换言之,那首先与他人相关并只是间接地也与世上物相关的有所缘的惧怕,是与他人的共在的一种方式,尤其就他人的受威胁状态而言,惧怕乃是共在的一种方式;我为着他人而怕,也就是由于世界上的那些威胁他的东西而怕。缘于一个他者的惧怕是或者可以是一种取道于世界的与他人共在的真切的方式。

但是,作为与他人的共在,这一为着一个他人的惧怕并不是一种彼此互相惧怕,只是由于在其自身无所戒惧之时我也能够为着他人而怕,为着他人之怕就定然不会是我与他人之间的彼此惧怕了;确实,由于他人没有看到危险本身,由于他人对危险视而不见或者临危不惧,这时也许我就恰好理应为之惧怕。为着一个他人而怕也不是指:似乎我取走了他的惧怕,由于他完全无需不可避免地处于惧怕中,这样我就可以替他惧怕。在这里,被威胁者、在缘于他人的惧怕中我为之而怕的东西,就是与他人的共在:他的共同此在,以及与此同时我自己的与他相连带的共在。但是,在我的为着他人的惧怕中,我自己的与他人相连带的共在,并不是我直接地为之而怕的东西,这就是说,在这一缘于和为着他人的惧怕里,我自身并不害怕。

这样,为着一个他者的惧怕就显示为共在所秉有的一种明显的现象,而这一点现在也变得清楚可见:取道于世界的相互共处对于这一现象具有构成性作用。确切地说,这种构成关系就是如此:恰当其不处在他人的存在方式之中的时候,在替他人而怕意义上的相互共处者就是与他人相连带的。这就是说,要么我并不是在本真的自身害怕的意义上与他人共同惧怕;要么当我处于缘于他人的惧怕中时,他人并不是必然地就要自身害怕。这一缘于某人的惧怕在某种意义上是一种替他人先行担当起惧怕,但这一缘于某人的惧怕却无需必然地成为一种自身害怕。对于最后提到的这些相关于相互共处的结构而敞开的关联,在这里我就不能进一步加以探讨了。

b) 惶恐与惶然失所

现在我们将要关于惧怕的分析的第四个现象:惶恐。在惧怕的上述所有的那些变形之外,存在着一种自身害怕,而这种害怕在根本上就不可以再被称为惧怕了。惧怕所怕的东西可以保持为不确定的,就是说它不再是这一或那一世界上的现成可见之物,与此相应,在这里也就不会再以一种确定的方式涉及作为寓于某种存在的之中－在了。在这里,由于并不存在一种慌乱的可能性,就不会产生什么真正的慌乱,除非它是由此而出现:操持的一种确定的定向完全遭到了扰乱,这就是说,环顾性的、已得到开显的之中－在所具有的确定的、实际的寰世之可能性遭到了扰乱。威胁者虽不是任何确定的世上物,然而它又并没有丧失其特有的临近;这一不确定的威胁者现在是且能够是全然临近的,以至于令人局促不安。它是如此地临近但又并未作为这种与那种东西而呈现,它还不是一种值得惧怕的东西,不是那种必定关涉到寰世之意蕴的令人惧怕者。在至为亲熟的寰世当中——在这个时候通常都无需那种常常一齐出现的黑暗或孤单现象———个人恰好就能够被惶恐所"侵袭"。于是我们说:一个人感到惶然失所(unheimlich)。在最为亲熟的寰世里,人们不再感到自在轻安,这并不是说,一种特定范围的先前所认识和熟悉的世界已经失去了方向,并不是说,在其正好处于其中的这一周围环境里,人们仿佛已变得无家可归了。实际上,这里的情况却全然是另外一回事:在惶恐中,在世界－中－存在对一个人而言完全而纯粹地成了"无家可归"的。

在某物面前的惶恐也有其特殊的惶恐之何所恐。而更确切地讲,我们这里的问题是:我们应当把惶恐之所恐规定为何物呢?

当惶恐消失了之后,我们说道:"原来实际上一无所有",而这一说法与实情完全相符。在这里本来就是一无所有;惶恐之所恐者就是"无有"(Nichts),就是说它不是任何一种出现于世界上的东西、不是某种确定的东西、不是什么世上之物。然而,只要惶恐之所恐的东西能够在一种无休无止的纠缠中令人窒息地显现,那么它(之可怕)就要远甚于一种引起惧怕的威慑者,因为惶恐之所恐者就是世界的世间性(Weltlichkeit)本身。惶恐之所恐的无规定性,也就是作为非世上物的这一无有(Nichts),在现象上是完全确定的。那种当然不会像一个世上物那样自身给出的东西,就是世界的世间性本身。这一作为威胁者的无有是完全临近的,以至于这一威胁者(世界的世

第四章 对之中－在的更为原初的阐释：此在的存在即为牵挂 403

间性或世界本身）以某种方式总是弥漫于一个人的四周并令其屏息难安，但与此同时这威胁者又不是一种这样的东西：人们可以就之说道：它就在这里。

对这一奇异的、完全原初的现象而言，如同对所有的这类现象一样，还存在着种种幻象、惶恐幻象，例如可以只是生理地引发的幻象。然而这一在生理上得到引发的可能性仅仅是由此才能够成立：因为这一具有其确定的肉身属性的存在者基于它的存在状态而在根本上就是能够自行惶恐的，而不是因为某一生理上的事件竟能够产生像惶恐这样的东西。正是因为这个缘故，我们才谈得上去引发一种总是可能的和在某种程度上潜伏着的惶恐。

只要惶恐之所恐者就是"并非确定的世上物"意义上的这一无有，那么这一无有就正好加强着它的迫近，也就是加强着（无有的）能事（Seinkönen）之可能性和"对此－无－能－抗御"的可能性。在威胁者面前的那种绝对的无助状态——因为这个威胁者是不确定的、是无有——不提供任何可以克服威胁者的把柄；在这个地方，人们陷入了空茫无措。由于惶恐之所恐并不是世界上的任何可确定之物，这就同时导致了那构成惶恐的东西，即惶恐缘之而生起的东西也是不可确定之物。

（在惶恐中）被威胁的不是这一或那一具体的操持，而是在－世界－中－存在本身。但在－世界－中－存在就包含着（为了理解关于惶恐的整个分析，现在就要求端出这个我们至今已有过透彻讨论的东西）世界的世间性。惶恐之所恐是一种非世上之物：这就是对此在、对之中－在起构成作用的其间（Worin）。惶恐之所惶恐的东西，就是在－世界－中－存在的"其间"，而人们在惶恐里缘之而惶恐的东西，也是这同一个在－世界－中－存在本身，确切地说就是在－世界－中－存在的那种源本的昭然若揭的"无家可归"（Unzuhause)。因此,在惶恐中,惶恐的何所恐和惶恐的何所缘不仅是在世界上无可确定的,而且它们还是叠合为一的,更准确地讲,在惶恐里,甚至还没有出现这两者之间的一种分界;(惶恐的)何所恐和何所缘就是此在。在-世界-中-存在本身在惶恐中自身展放,准确地说它不是作为一种确定的事实,而是作为一种实相(Faktizität)自身展放。惶恐无非就是那陷入惶然失所的现身情态。

惶恐的何所恐和何所缘二者都是此在本身,更确切地讲,就是"我存在"这一实情——这就是说,我在一种空寂的(nackt)"在-世界-中-存在"意义上存在。这一空寂的事体(Tatsächlichkeit)并不是如同一个物那样的现成状态之事体,而是对自我现身具有构成作用的存在方式。在这种极端的意义上,在此在之实相的意义上,可以说此在是"现成的"。此在并不仅仅作为在此在之存在这回事之根据与基础意义上的现成可见者而自现,毋宁说,这个根据乃是一个生存论上的(exitenzialer)根据,也就是一个展开了的根据——确切地讲是一个深渊(Abgrund)。这一点就是惶恐之无有所具有的生存论上的积极含义。作为出自生存的 Konsititutivum(构成之物),实相不是由现成之物凑合而成的,而人不是作为现成的灵魂和现成的身体相结合的生存,就是说,正确理解的生存不是各种分离之物的组合,而是在本体论上规定着这一存在者的原初的存在方式。此在即是如此存在的:它就是这一特有的实际之维、它就是它的实相本身。此在在根本上"存在"与"并非不存在",这一点不仅仅是此在所具有的一种单纯的秉性(Eigenschaft),而且还能够由此在本身凭借一种源始的经验加以体验,此经验无非就是惶恐这一现身情态。此在的实相意味着:就其存在的一种方式而言,此在就是"它存在"这回事之存在,更确切地讲:此在就是它的"(在)此(Da)"和"(之)中(In)"本身。

第四章 对之中-在的更为原初的阐释:此在的存在即为牵挂

在惶恐里,世间性本身连同我的在它之中的存在呈显了出来,但当此之际并没有任何一种确定的已给出之物得到彰显。在前面分析笛卡儿的主体概念的时候,我曾经提到:笛卡儿说过,我们原本不具有任何对于存在本身的感受。然而,如果我们愿意使用这一表达方式的话,这一有关存在本身的感受是存在的。而惶恐不外乎就是对在-世界-中-存在意义上的存在的绝对的经验。这一经验能够(但却并非必须)——如同所有的存在可能性都从属于一个"能够"(kann)一样——在一种特出的意义上出现于死亡中、更确切地说出现于亡故中。这样我们就可以说起一种死亡惶恐,它是完全可以与死亡恐惧区分开来的;因为它不是在死亡面前的惧怕,而是作为一种空寂的在-世界-中-存在、作为一种纯粹的此在现身情态的惶恐。因此就存在着这样的可能性:恰好在出-离-世界的契机里——当此之际,世界对一个人而言不再有什么意味,一切他人也不再有什么意味——世界与我们在世界中的存在才得以绝对地显现。

经由上述对惶恐的分析——该分析显明了一种人们从本性上不能简单地加以强制的现象,而关于这种现象的分析与任何一种忧伤之情毫无干系——我们得以阐明:惶恐现象就是此在的在其自身面前的逃逸的一种合乎存在的基础。惶恐现象不是我的一种发明,相反,人们一直都对它(即使不是在概念水平上)有所洞察。在这里,我只是尝试给出关于这种现象的一些概念,而在科学中,有时也在神学中,人们则一直倾向于将其作为朦胧不清的东西加以研究。

奥古斯丁没有以一种专题的方式去看待惶恐现象,但是事实上,在其汇集的各种问题的"de diversis quaestionibus octoginta tribus"("论八十个领域的多种问题")的框架内,他在一篇简短的研究即"de metu"("论惶恐")中对这个现象进行过粗略的考察。[1] 此后,在

---

[1] 奥古斯丁:Opera Omnia(全集)(Migne P. L. XL, Bd. Ⅵ, p.22sqq.) qu.33,34,35。

传统的关于 contritio(忏悔)和 poenitentia(悔悟)之解释的语境中,路德在其创世纪注释里讨论了惶恐问题。① 在近代——首先与原罪的问题相联系——克尔凯戈尔在他的专文《惶恐概念》里专题地讨论了惶恐现象。②

关于惶恐作为不明确的东西如何正好受害怕现象所遮蔽的各种各样的变形,我在这里不可能详尽地加以探究。我们将在从开觉状态再到沉沦的不断的后退中来探讨这些变形。从沉沦而至惶恐,现在我们就达到了存在的最后的基础,这个基础为究极的惶恐(Angst überhaupt),也就是为在-世界-中-存在提供了源始的枢机——这个最后的基础就是牵挂现象。

c) 以此在的根本枢机即牵挂为先导对沉沦和惶恐(惶然失所)进行原初的解释

当把沉沦的动向解释为此在在其自己本身面前的逃逸时,基于作为此在基本现身情态的惶恐现象,这一解释就引向了此在本身,确切地说引向了此在的纯粹的存在本身,在这样的此在那里,存在一定总是在一种昭然若揭的在-世界-中-存在的意义上得到领会的。从前对于惶恐的考察还有着这样的根本缺陷:人们还未能原本地见出此在的概念水平上的、存在论上的结构,因而惶恐——在克尔凯戈尔那里也是如此——成为了一个心理学的问题。但是,惶恐就是在这一存在本身面前的惶恐,以至于这一面对存在的惶恐也就是一种缘于(um)这一存在的惶恐。而此中的原委在于:此在是一种在其存在里、在它的在-世界-中-存在里与它的存在本身相牵系的存在

---

① M. 路德:《创世纪注释》,第三章,《著作集》(增订版),exegetica opera latina,第一卷,177 sqq.

② S. 克尔凯戈尔:《惶恐概念》,1844 年。《全集》(迪德里希),第五卷。

者。而这里所说的就是我们曾经将其标揭为惶恐的何所恐与惶恐的何所缘之间的同一体(Selbigkeit)所蕴涵的意义。

关于这一同一性,我们不能以这样的方式来加以理解:在惶恐中何所恐与何所缘的实质性结构环节达到了一种融合,毋宁说,惶恐的实质恰好只是在于:它的何所恐与何所缘总是此在的存在本身。在惶恐的现身情态里,此在以某种方式出现了两度。然而以上关于此一现象的表述正好是最为糟糕的,这种表述只能具有这样的意义:首先准备性地指出此一固有的实情:此在是一种在其存在中与它的存在相牵系的存在者。但是这一点真正就是此在本身的现象上的存在相状吗?这看起来不是正好就是与沉沦、与此在在其自身面前的逃逸相背反的吗?在沉沦中,已经清楚可见的是:此在的日常状态从此在自身那里游离而去。因此我们恰好就不可以说,在此在的日常状态里此在仿佛就是依持于自身的。但是以上所说依然还是一种盲目的和非现象学式的讨论。

在沉沦里,就是说在从自身面前的逃逸里,此在恰好对它自身而言是不断地当场在此的。在此在的从其自身面前的逃逸里,此在仿佛跟在了此在的背后出现,以至于在沉沦里此在以不明确的方式不断地看见自身——即使是以一种不-愿-看见的尴尬的方式看见。但此在在它的存在里所逃向之处,它所逃向的那种常人的存在,这本身依然也只不过还是此在本身的在一种确定的归家-状态(Zuhause-sein)意义上的存在方式。在从惶然失所面前的逃离中,那生死攸关的事情恰好就是作为在-世界-中-存在的此在之成型,借此此在能够原本地依循世界而自身规定。恰好在常人中,此在才成为它的在上述的那种惶然失所意义上的开觉状态。在这里,我们所正在讨论的存在构成(Seinsbestand)不仅没有使沉沦受到(理解上的)妨碍,相反沉沦本身恰好是出自这一存在构成才成为可理解的。

第三十一节　牵挂作为此在的存在

a）对牵挂的分环结构的规定

现在,对于那种作为"之中－在"而与存在本身相牵连的存在者所具有的存在结构,我们如何更切近地加以把握呢？在术语上,我们把这一结构就规定为牵挂(Sorge),并且,我们将其称作此在本身所秉有的一种源始的结构。但是我想要突出地强调的是:此结构并没有揭发出此在之存在的终极的关联,它似乎是次终极的现象,凭借它我们就将能够推进至此在的原本的存在结构。牵挂是用于表达此在之究竟存在的术语。它有着这样的形式结构:在其在－世界－中－存在之际与这一存在本身相牵系的存在者。

正是鉴于针对此在之存在所做分析这个事实,就可以表明"存在"全然不是一个简单的,更不是一个最简单的概念。这样的看法是传统的一个(也许还是最为有害的一个)错误,此错误的根源在于:在对存在的规定中,人们是由作为世界这一存在者出发的,并将世界的存在或世间性做了形式化的理解——人们转眼不顾任何特定的世上之物,以便由此达到一种形式上的概念。

关于牵挂之结构的规定就已经指明:作为一种以原本的方式来领会存在的现象,牵挂所显明的是一种多重的结构。如果此在的存在根本上是通过牵挂所规定的,那么在至今为止关于此在的分析里,这一现象就必定已然进入了我们的眼界。就我们已经将操持作为在－世界－中－存在的一种原本的存在样式进行了讨论而言,事实上从最初起我们也就从一定的视角探究了牵挂现象。只要牵挂是那种在本质上通过在－世界－中－存在而得到规定的存在者之存在品格,更恰当地说:从此在的结构来看,只要牵挂就是作为操持的之中－在,那么操持本身就只是牵挂的一种存在方式。因而,在世界中存在的牵挂就是操持。而对于我们前面在规定牵挂的形式结构时所使用的这一表达:"与存在相牵系"——现在还有待更确切地加以规定。

"此在与它的本己的存在相牵系"这回事首先是以此为前提的:此在本身就秉有一种像趋向某物的朝外存在(Aussein)这样的本性。此在趋向它本己的存在、趋向它的存在本身而朝外存在,为的是以此"去成为"它的存在。作为这样的一种"萦系某物的存在",牵挂就是这一趋向存在的朝外存在,而牵挂所趋向的存在就是这一朝外存在本身。这里的实情应该如此加以理解:此在仿佛就是以此种方式而先行于它自身。如果此在的存在就是与牵挂相关涉的东西,那么此在就总是已经先行于其自身而秉有了它本己的存在,即使不是在一种对这个存在的专题的意识之意义上秉有的。从形式上,我们可以这样来把握此在的萦系于它的存在的牵挂的最内的结构:此在本身的先行于－自身－存在。但是,我们必须联系到迄今所已经指出的结构,来理解此在的这一先行于－自身－存在。这一先行存在不是某一心理学式的过程或主体的一种属性,而是这样的一种存在者的机括(Moment):就其意义而言,它是处在世界之中的,这就是说,就其原初的存在品格而言,只要此存在者在根本上是存在的,它就总是已经寓于某物之中了,也就是寓于世界之中了。如此,我们就在形式化的意义上赢得了牵挂的整个结构:此在作为总是已经寓于某物的存在而同时先行于－自身－存在。这一形式上的结构可以应用于此在的一切行为。牵挂的个别的结构环节有着若干不同的样态,例如牵挂可以表现出驱迫(Drang)或趣向(Hang)这样的存在样态。我们还必须更进一步地考量这两种现象,以便由此而去理解:出自此在之存在即牵挂这一源始的结构,此在现象特有的整体首先是如何联结起来的。此在的整体不应由各式各样的存在方式及其随后的拼合相联结而成,而应相反地以这样的方式来赢得:现在,我们要凭借牵挂而找到这么一种现象,由此现象出发,各种各样的存在方式就将能够被视为存在方式,即被视为牵挂而得到理解。

牵挂有着这一形式上的特性:在已经－寓于某物－存在－之际－先行于－自身－存在。这一先行存在包含着这样一种结构:牵挂总是一种萦系于某物的存在,确切地说这一结构乃是如此:在操持中、在一切行处应作中、在一切对某一特定之物的创制和生产中,此在都在同时维持着它的此在。这一先行于－自身－存在恰好意味着:牵挂或牵挂中的此在将它的本己的存在作为生存的实相先行抛射了出去。那趋向本己的存在之朝外存在(此在就是与它的这一本己的存在相牵系的)总是已经在一种寓于某物的存在中得以实现,它就是出自这种总是已经在世界中的寓于某物的存在(Immer-schon-in－der-Welt-sein-bei)而得以实现。(因此这一之中－在对此在的一切存在方式——包括对原本的存在方式——就都是起构成作用的!)在"趋向我尚未具有的某物而－朝外－存在,但同时又在一种已然－寓于某物中朝外存在[eo ipso(因而)这就是趋向某物的朝外存在]"这一结构中,就显露出了"我尚－未－具有(Noch－nicht－haben)我所朝外而趋向的东西"这一现象。现在,我们就将"当我朝外而趋向某种东西之际我尚－未－具有这种东西"这一现象称作欠缺(Darben)或亏缺(Darbung)。这一欠缺并非简单地是一种绝对的、单纯对象性的尚未－具有,毋宁说它总是一种我所朝外而趋向之物的尚未－具有,而正是通过这种"尚未具有",方才构成了亏缺(Darbung)、缺乏(Entbehren)与期求(Bedürfen)。在今后进一步的解释中,牵挂这一基本结构还将把我们带向这样的一种存在枢机:那时我们将学着把这一存在枢机理解为时间。但现在我们首先必须做的,就是彰显出若干属于牵挂本身的结构,确切地说,就是要联系到在我们迄今关于此在的分析中所已经习知到的东西而彰显出这些结构。

b) 驱迫与趣向现象

在先行于-自身-存在和已经-寓于某物-存在这两个结构环节里,存在着一种谜一般的特性,这就是牵挂所具有的特性,并且如同我们将要看到的那样,这无非就是时间的特性,亦即"先"(Vor)、"先行"(Vorweg)这一固有的特性。现在,这一"先"特性,即此在总是先行于自身和总是已经寓于某物(它所显示的是一种双重的现象),就规定着那种我们已经有所知解的具体的存在方式。现在,在我们从这一先行的特性出发来理解这些存在方式中的一种,即理解"解释"这种存在方式之前,我们想要弄清的是两种与牵挂紧密相关的现象——驱迫(Drang)与趣向(Hang)。

驱迫与趣向的可能性之条件,首先就是牵挂所具有的上述那种"在-已经-寓于某物-存在-之际-先行于-自身-存在"之结构;而不是与此相反,牵挂反倒要由这两种现象组合起来。驱迫具有"趋-赴"(Hin-zu)某物的特性,确切地说,这一"趋-赴-某物"显示了一种源出于"趋-赴"本身的逼迫的动因(Nötigungsmoment)。驱迫是一种由其自身而来就带有驱力的"趋-赴"某物。着眼于牵挂来看,在驱迫中既显出了逼迫的特性也显出了趣向某物的朝外存在。为了拥有牵挂的这两种结构机括,牵挂调节着自身。牵挂作为驱迫进行着压制。在这里,压制涉及了在牵挂中同时既与的其他结构环节。这些结构环节并没有消失和终止,毋宁说,它们只是作为被压制的东西在驱迫中显现出来——而只要此在是由开觉状态所规定的,那么被压制就总是意味着被遮蔽。只要驱迫担当起了此在的源本的存在方式,那么驱迫就压制着已经－寓于某物－存在以及这里的那种"某物",与此同时还压制着那明确的先行于－自身－存在。在驱迫中,牵挂就只还关切着一种"不顾一切地趋－赴(某物)";驱迫本身障遮了人们的目光,它造成了盲目。人们倾向于说:"爱造成盲目。"在这一说法中,人们把爱看成了驱迫,人们用一种与之完全不同的现象来替代了它;与此相反,爱恰好造成了明见。驱迫是牵挂的一种存在方式,这就是那种尚未成为自由的牵挂所具有的存在方式,但这不是说牵挂就是一种驱迫。它尚未成为自由,这指的是:在驱迫中,牵挂的完整结构还没有达到一种原本的存在;因为,在茫然不顾其他一切的情况下,驱迫只是对于"趋－赴(某物)"的牵挂,而趋赴只是不顾一切代价地前行。这一盲目的仅仅"趋－赴某物而不顾其他一切"是牵挂的一种变形。

而趣向又是与驱迫相区别的。它同样也是牵挂的一种变形。趣向是以牵挂为根据的,不过这里的根据却是牵挂本身所具有的另外的一种结构环节,即恰好是驱迫所压制住的那种环节——这就是"已经－寓于某物－存在"这一结构。如同在驱迫中存在着受到驱动的"仅仅趋赴(某物)而不顾任何代价"这种特殊的排他特征,同样,在趣向中也存在着一种这样的"仅仅",即"仅仅－总是－已经－寓于某物－存在"。趣向是在寓于某物－存在之际趋于此在的与其自身相疏离(Wegbleiben)的朝外存在。在这里,我们必须防备把趣向和驱迫这两种结构混同为一;趣向中的"仅仅－总是－已经－寓于某物－存在"虽然也是一种"趋－赴－某物",但这是一种不由驱力所决定的"趋－赴",毋宁说,它是一种通过其所寓于其中的东西而让自己被牵动(Sich-ziehen-lassen)的趋赴。恰如驱迫从一定视角看在压制的意义上障蔽了牵挂的存在,趣向也一样障蔽了牵挂的存在。因为，牵挂，即"能够－让自己－仅仅－被某物－所牵动"这一牵挂夺去了牵挂所具有的那种原初而本真的先行于－自身－存在之可能性。

驱迫是尚未成为自由的牵挂，与此相对，趣向则是由于其存在所寓于其中的东西而已经受到束缚的牵挂。正如驱迫一样，趣向经由牵挂而对一切此在都具有构成作用。趣向本身是无可根除的，同样，驱迫也是不可能被抛弃的，不过，趣向和驱迫的某种特定的可能性却能够通过牵挂的本真的可能性而得到修正和引导，就是说，与驱迫中的尚未成为自由的牵挂相对，与出自驱迫的束缚相对，存在着在这种意义上的对束缚的开解：不是驱迫简单地在根本上被消除，而是驱迫及其实现方式在本真的牵挂自身中获得实现。当我们对其达到了一种明白的见地之际，我们就应当总是这样去理解趣向和驱迫这两种结构：从一开始它们就是以牵挂为根据的，而不是相反：牵挂是一种由趣向和驱迫所组合而成的现象。

c) 牵挂与开觉状态

此在作为在－世界－中－存在赋有一种开觉状态。开觉状态这一环节之形诸存在就构成了理解。开觉状态就意味着此在所具有的这样一种存在规定：按照这个规定，此在就总是寓于某物的，以至于这个当下的存在（Dabeisein）本身成为昭然可见的。开觉状态这一现象也源本地显现于牵挂之中。牵挂具有一种开觉状态之禀性。

"趋－向－某物"、"已经－寓于某物－存在"和"先行"等等环节都是一些具有开觉状态之禀性的现象；这些现象之所以是可见的，并不是因为它们本身成了一种看的主题，毋宁说，在这些现象自身之中就含有一种视见（Sicht）。只要我能够观看，那么由此在的这一固有的本性出发，我们就获得了能够去理解一种古老的关于此在的思考和解释的根据——这种思考和解释表明：人类此在赋有一种 lumen naturale（自然之光）。就此在之所是而言，此在出自其自身、出自它的本性就具有一种光亮（Licht）；就其本身而言此在就是由一种光亮所规定的。这就意味着，当我们解释说：一个单纯的物体、一块石头自身没有任何光亮，这指的就是：这石头所是的东西以及它面对它的环境的方式（如果一般地讲，人们还能够谈论一块石头的环境的话）是没有光亮的。而如果说黑暗是光亮的负面的话，那么我们甚至还不能够说，石头是黑暗的。因为只是在能有光亮的地方，方能存在黑暗。一种单纯的物体所具有的存在方式还处在光亮和黑暗之外或之前。与此相对照，关于人类此在秉有 lumen naturale（自然之光）的观念则意味着：此在在其自身之内就是有光照的；此在寓于某物而存在；它秉有并观视着它所寓于其中的某物，且当此之际而同时成为了寓于某物的存在（Wobei-sein）本身。借助开觉状态这一现象，我们似乎不外乎就赢得了这样的一种概念、范畴与存在结构，也就是赢得了这样的一种现象：在运用自然之光而对此在所进行的古老的解释中，就已经公开地洞见到这一现象了。

牵挂具有开觉状态这一禀性，这就是说，理解总是有所视见的理解，在理解这里，我们需要看到的是：如同我们在以前所规定的那样，理解能够同时赢得一种关于牵挂本身的新的意义。在我们说"他理解与人打交道"、"他懂得谈话"这样的意义上，我们也使用了在日常谈论中的理解。在此，理解所指的意思就恰如"能够"，而"能够"则意味着：在其自身就具有趋向某物的可能性；更确切地讲，只要在这里涉及的是此在，那么"能够"无非就是趋向某物的可能性本身。作为牵挂、作为"在 – 已经 – 寓于某物 – 存在 – 之际 – 先行于 – 自身 – 存在"的此在不仅具有趋向某物的可能性（它合乎时机地把持着而重又放弃掉这样的可能性，为的是在没有此可能性的情况下也能够生存),而且,只要此在生存着,此在本身无非就是成为可能(Möglichsein)。就其存在而言,这一我本身向来所是的此在是由此而得到规定的——对这种存在,我们可以这样说道:我是,这就是说,我能。只要作为此在的存在者是通过"我能"而得到规定的,它就可以获致并维持在时机、手段等等之类意义上的诸可能性。一切操持和一切由牵挂所规定的存在者,都是先天地以"我能"的存在方式为根据的,确切地说,作为此在之存在的一种构成枢机,这一"我能"总是一种理解着的"我能"。在操持中,我能够做这件事和另外的事,这就是说我既能做这件事也能做另外的事,进一步,我或者能做这件事或者能做另外的事。在此需要看到,"或此-或彼"、"既-又"、"这-一个-和-另--一个以及-另--一个"显示了一种特定的层次结构:"和"、一个"和"另一个"以及"另一个并不是源本的东西,而在纯粹理论式计数之"和"这一意义上的"和"就更加不是源本的东西了。例如当我说"我爱父亲和母亲"时,这里的"和"在任何意义上都不具有合计的含义——就像我说"椅子和黑板"时所具有的含义那样,毋宁说这里的"和"是一种特殊的"和"——在这个例子中就是爱的和。这样,"和"首先就具有一种以牵挂、以"我能"为取向的完全源本的意义。更正确地讲,源本的东西并不是"和",而是"或此-或彼",并且只是因为存在着一种"或此-或彼",才会存在操持所表现出来的那种"既-又"和那种"和"。遗憾的是,在这里我不能够更进一步地探讨这样的一些相关关系的结构。此在就其自身而言就是可能性。现在尚需指明的是:此在本身以何种方式而是它的本己的可能性以及它的诸可能性。

d) 牵挂与理解和解释中的"先"特征(先有、先见、先执)

理解首先不是一种认识现象,而是一种趋向某物、趋向世界与自身的源本的存在方式。现在,这一趋向某物的存在通过"我能"而方始进一步得到了充分的规定。"我能"必然相关联地对应于某物的可理解状态,与此相反,作为可理解者的可操持者就是一种能够在牵挂和操持中得到求索的东西。只要理解是此在的一种存在方式,前面意义上的理解[在前面,它唯一地被看作了一种趋向-存在(Sein-zu)的方式]就具有牵挂的禀性。而这是由于:理解以及理解的实现方式即解释是由此在的这一存在方式即牵挂所规定的。作为"在-已经-寓于某物-存在-之际-先行于-自身-存在",牵挂现象蕴涵着"先"之禀性。作为理解的一种存在样式,进而作为牵挂的一种存在样式,解释恰好是由这一"先"特性所规定的。

作为把某物看作某物的谈论,所有的解释都是在一种已经-寓于某物-存在之际所进行的解释,也就是立足于言谈所关乎的东西所进行的解释。言谈所关乎的东西总是预先已经在某种意义上得到了揭示,总是通过一种源本的先理解而被预先看成了如此这般的东西;言谈所关乎的东西必然存在于一种通常是先行的可理解状态中。作为此在的存在方式,也就是作为牵挂,进而作为先行存在,解释从来就秉持着它的"先有"(Vorhabe),凭借此一先有,解释在任何进一步的步骤之前——而这一点正是作为这些步骤的基础——就已然理解了解释所关乎的东西。只要解释是一种把某物看作某物的言述,那么,这一先有也就是对言之所涉所具有的先行规定就总是合乎存在地同时具有一种特定的见地(Hinsicht),而那在解释中将得到谈论的东西——那有待于谈论者——就被纳入了这一见地之内。在所有的讲说中,在所有的解释里,那种被纳入先有之中的东西都以确定的方式而收入了我们的眼界。而我们的目光在那被纳入先有之中的东西那里所瞄向的地方,在观察这些东西之际我们的目光所着眼之处(这些东西就凭借这样的着眼点进入了我们的眼界),我们就将其称作先见(Vorsicht)。以上的这两个构成性环节就规定了：在解释中，被解释的主题是如何在一切谈论之前而预先被把定为这种和那种东西的，以及是如何在这种和那种视界中被把定的。先有和先－见预先就规定了哪一些可能的意义关联纳入到主题领域之中（将要和能够被纳入其中）。它们预表出了那在解释性的言说中以及特别地在科学的言说中能够成型为概念的那些意义关联。这意味着，那与某一特定的解释、与某一特定的主题相应的概念方式(Begrifflichkeit)就因此而得到了预先规定。这一可视为解释之结构的预先规定，就是先执(Vorgriff)。唯有当我们已经明白：解释是此在的一种存在方式，是"在－已经－寓于某物－存在－之际－先行于－自身－存在"的一种方式，我们才始可从它的上述基本结构出发去理解解释。

一切解释（包括科学的解释）在本质上都包含有这三个结构环节——先有、先－见、先执，确切地说，这里的原因在于：解释是理解的存在方式，理解则具有牵挂的存在样式，而牵挂本身则是一种"在－已经－寓于某物－存在－之际－先行于－自身－存在"。据此，解释就是以此在的结构为根柢的。所有的解释学、所有关于解释的各种可能性的阐释都必须回溯到这一基本结构并由此回溯到此在之存在的构成枢机。不仅是所有的解释学，所有的"关于解释之理论"意义上的解释学，而且一切具体的历史性解释——如果它宣称要与实情相符合的话——都需要不断对此加以反省：那些它从来作为解释而带入先有、先－见和先执之中的东西，是明确地合乎目的的呢还是仅仅偶然地拣拾起来的？这一作为先有、先－见和先执而与一切解释同时给出的现象，就是解释所具有的一种著名的、众所周知的，但同样也是令人棘手的自然天成的东西（但是人们相信，自己总是能够忽略这种自然而然的东西），所有的解释所能够达到的科学性的方式与程度在根本上就是出自这种东西而得到决定的；说到底，解释所具有的科学性的方式和程度并不是依据此点而得到决定的：为了对一种解释作出证实，我们是否占有以及占有了多少的事实材料？

所有的言说都作为自我言表的言说而道说着自身，就是说，此在本身作为"在－已经－寓于某物－存在－之际－先行于－自身－存在"而道说着自身。所有关于某物之道说的言说都总是已经源自上述先理解而道说着，而这种先理解就先行规定着言说所关涉的东西、言说所关注的方面以及意义得以呈显的可能的方式。但是由此并不可以就下结论说：此在总是在其看到实事到底是如何之先就道说着，以致似乎所有的解释在一开始全是主观的。与此相反，此在之道说是以如下之点为根据的：处于自身道说中的此在总是已经源自一种已然既与的已解释状态而道说着且必然是源自这个已解释状态而道说着，以致对于此在本身而言，世界和它自身就总是必然已经以一定的方式而得到了揭示。只是因为此在本身已经得到了揭示，所以才能够存在一种来自闲谈的遮蔽和来自那不再是源本的"趋向某物的存在"的遮蔽，与此同时，也才会存在一种再揭示和继续揭示。再揭示的必然性是以此在本身为根据的，确切地说是以此在之沉沦这一存在方式为根据的。

如果在历史研究中，正好有一些天才的历史学家对以前已经有过解释的东西达到了原本的理解，那么这样的理解也并不是出自他们的某种逸兴神思，就好像人们现在所要做的事情就是必须重新转换他们以前所具有的观点与看法，毋宁说，这样的理解简直就是使以前某种方式已经得到揭示的，但又重新陷入湮没的东西完全走向了毁灭。所以，如果把这样的观念带进历史研究中来——这种观点认为，历史研究在某一环节上可以是已完成的，以至于现在人们可以一劳永逸地知道它在历史中是一个怎样的状况——那么这将是荒谬的。这一关于客观性的观念在本质上是历史所排斥的。而由此可以清楚的是,研究和科学本身所表现的只是此在所具有的存在可能性因而也必然地要以此在的存在模式为根由,具体地说,这里的根由就在于:研究和科学本身也必然或多或少地要置身于沉沦之中,要陷身于研究的活动中,或者,在没有任何器械和诸如此类东西的时候,它就将陷身于清谈之中。如果说,所有的研究和科学都具有这一沉沦的可能性且必然就是这一可能性,那么"哲学必定总是带有一点诡辩术成分"这回事就是不言自明的,因而,作为此在的实现形式,哲学势必在其自身之中就带有一种走向诡辩术的危险。

这样,在我们称之为"解释"的现象这里,我们已经清楚地看到:牵挂的结构,尤其是"先"的特性是如何一直延伸到此在本身的那些存在样式所包含的个别的实现形式之中的。凭借牵挂现象,我们已经开揭出了这样的一种基本结构:由这个结构出发,我们就将能够看清迄今已得到解释的那些现象。现在,牵挂的"先"-结构,尤其是理解的"先"-结构已经成了明显可见的,然而,只有在我们回答了这样一个问题之后——在前面所指出的"先行于-自身-存在"和"已经-寓于某物-存在"中,"存在"原本地意味着什么?——这一先结构才能够获得一种明白的澄清。

e) Cura(牵挂女神)寓言作为有关此在的一种原初的自我解释的证据

"此在的存在结构就是牵挂",这个命题是一种现象学式的,而不是一个例如像"生活就是牵挂和操劳"这样的前科学式的自我解释。在第一个句子里更多地涉及的是一种基本结构,而后面所提到的命题只是复述了这一基本结构所表现出来的某一直接而日常的状态。不过,只要我们的主题就是此在,那么第一个命题就能够且必须同时作为关于人的规定而得到理解。而我也不是臆想出了这样的一种植根于牵挂现象的此在解释,这种解释也不是根据一种特定的哲学立场而产生出来的——在我这里,根本上就没有什么哲学——,毋宁说,这种解释就是直接源出于对于实事本身的分析而显露出来的。这个解释并没有把任何东西兜售给这些课题领域(这里的课题领域就是此在),相反,一切解释都是源出于这些(或者这个)课题领域本身而汲取出来的。此在本身是自我解释着、自我道说着的存在者。早在七年之前,当我联系到诱惑现象而研究这一结构的时候,为了进入奥古斯丁的人类学的本体论基础,我就曾经探究过牵挂现象。当然,奥古斯丁的以及一般地古代基督教的人类学还没有清楚地认识到牵挂现象,更不用说直接把它当作术语使用了,尽管在塞内卡(Seneca)那里,如同众所周知的在新约圣经中那样,cura(牵挂)就已经具有一定地位了。但是后来,我在一篇古代的寓言里发现了关于此在的一种自我解释,在这一解释里此在就把自身看作牵挂。这样的解释有着这一基本的长处:它是出自关于此在本身的一种源始而天真的眼光而得以形成的,因此它对于所有的解释——亚里士多德就已经知道了这一点——都具有一种特别积极的作用。这一古老的寓言题为"Cura(牵挂女神)",是编排在希吉努斯(*Hygin*)寓言集中的第 220 个寓言。我可以简短地把这个寓言向你们转述如下:

> Cura cum fluvium transiret, videt cretosum lutum
> sustulitque cogitabunda atque coepit fingere.
> dum deliberat quid iam fecisset, Jovis intervenit.
> rogat eum Cura ut det illi spritum, et facile impetrat.
> cui cum vellet Cura momen ex sese ipsa imponere,
> Jovis prohibuit suumque nomen ei dandum esse dictitat.

第四章 对之中-在的更为原初的阐释：此在的存在即为牵挂

dum Cura et Jovis disceptant, Tellus surrexit simul
suumque nomen esse volt cui corpus praebuerit suum.
sumpserunt Saturnum iudicem, is sic aecus iudicat:
"tu Jovis quia spiritum dedisti, in morte spiritum,
tuque Tellus, quia dedisti corpus, corpus recipito,
Cura enim quia prima finxit, teneat quamdiu vixerit.
sed quae nunc de nomine eius vobis controversia est,
homo vocetur, quia videtur esse factus ex humo."

该寓言翻译过来的意思如下："从前，当'牵挂女神'渡过一条河流的时候，她看见了一片黏土的土壤，她若有所思地从土壤里取出一块黏土，并动手把它塑造成型。正当她面对自己所塑成的东西独自思量之际，朱比特向她走来了。'牵挂女神'就请求朱比特将灵气赋予这块被塑成型的陶土。朱比特高兴地允诺了她的请求。但是当'牵挂女神'想要给她的塑造物取一个名字时，朱比特却不答应，并要求必须将自己的名字赋予这个塑造物。正当'牵挂女神'和朱比特围绕名字的问题争论不休，这时地神（Tellus）也冒了出来，并要求这个塑造物以她的名字来命名，因为正是她为这个塑造物贡献出了自己的身体的一部分。争论各方只好把农神请来充当仲裁。而农神就给他们作出了下面的显得公正的裁决：'你，朱比特，因为贡献了灵气，你就将在它死亡之时接受它的灵气，你，地神，因为赋予了它身躯，你就将接受它的躯体。但是，因为'牵挂女神'首先塑造了这个生命，所以只要它活着，'牵挂女神'就应该占有它。不过，由于关于它的名字还存在着争论，所以它就应该叫做'homo'（人），因为它是从 humus（泥土）（Erde）造出的。"

在这一质朴的存在解释中，我们看到了令人惊奇的见地：这里的眼光是指向存在的，在此眼光之中，除了身体和灵气以外，像"牵挂"

这样的东西还被看成了这样的现象：只要这一存在者活着，它就被判定是属于牵挂所有的，就是说，牵挂被看成了此在，被看成了在我们目前的考察中所拥有的作为"在-世界-中-存在"的此在。关于这一点，康拉德·布尔达赫（Kanrad Burdach）曾经做过详尽的探讨，而我也已经通过他熟悉了这个寓言。① 布尔达赫指出，歌德从赫尔德那里接受了 Hygin 的寓言并在他的《浮士德》的第二部分里进行了加工。然后，就像他一直非常可靠而博学地做到的那样，布尔达赫还给出了有关这个概念的历史的一系列材料。而在有关其他问题的探讨中，他指出：新约里面用来表示"牵挂"（Sorge）[Vulgata（拉丁文圣约）中的 sollicitudo（不安，操虑）]的词 $\mu\varepsilon\rho\iota\mu\nu\alpha$（忧心，不安）[或者，也许像它原先被称作的那样：$\varphi\rho o\nu\tau\iota\sigma$（关心，担忧）]，在斯多葛的道德哲学中就已经成了一个术语了。在塞内卡的第 90 封书信中（歌德对这些信件也是很熟悉的），为了满足对原始人加以描述的需要，他也使用了这个词。Cura（牵挂）的两重意义所指的是：作为操持的对于某物的牵挂，即沉浸于世界之中，以及投身意义上的牵挂。而上述意义就与我们前面已经标揭出来的那些结构相互投合了起来。那么，这难道还不足以表明：以一种确定的方式——即便并不是作为一种对此在的存在结构本身的明确的追问——在这个自然的此在解释中，cura（牵挂）已经为人所明见？

凭借牵挂现象，我们就赢得了这样的一些存在结构：由这些结构出发，我们目前所揭示的那些有关此在的存在禀性就会成为我们所能够理解的，确切地说，我们不仅能够理解牵挂的结构本身，而且也能够理解那些源出于牵挂的可能的存在方式。②

---

① K. 布尔达赫："浮士德与牵挂"，《德意志文学与精神历史季刊》，第一卷（1923 年），第 41 页以下。
② 编者注：此处为手稿的结尾。

f) 牵挂与意向性

现在，我们已经将此在的各种结构引向了与牵挂这个基本现象的某种确定的关联，而在目前我们所达到的这个考察阶段之基础上，我们似乎就能够去批判性地重述我们在引导性的考察中关于意向性所曾经听到的东西。根据作为此在基本结构的牵挂现象，就可以指明：在现象学中人们将其看作意向性的东西以及人们看待它的方式，都是成问题的，是一种仅仅以外在的方式看到的现象。而意向性所表示的那种含义——单纯的自身-指-向——还需要更进一步地诉诸"在-已经-寓于某物-存在-之际-先于-自身-存在"这个统一的基本结构才能获得阐明。而这里所指出的这个结构才是一种原本的现象，它对应于以非原本的方式和仅仅在一种孤立的指向中由意向性所表示的那种东西。在这里，我只是非常简短地提示出这一点，而这为的是表明：对于现象学的提问方式的一种原则性批判就是从这个地方开始的。

第 二 部

解释时间本身

第三十二节 基本的此在分析的成果与任务：厘定存在本身的问题

时至目前，我们有必要进一步追问的是：通过至今为止的探察，我们赢得了什么，我们又寻找到了什么？关于此在的解释是在一种什么样的意图之下进行的？

关于此在的日常存在状态的解释，打开了能够看见这一存在者的基本构成枢机的眼界。像在-世界-中-存在、之中-在和共在、常人、开觉状态、理解、沉沦、牵挂等等这些结构，现在都获得了一种明白的阐述。与此同时，上述的最后一种现象则指明了以上的这些多方面结构所具有的共同的根柢所在，而我们前面总是在说：这些结构应当是同等原初的。"这些结构的同等原初性"所意味的就是：它们从来都是一同归属于牵挂现象的，它们都是——尽管是以一种非突出的方式——植根于牵挂之中的。据此，这些结构就不是对于某种在一开始并不具备这些结构的光秃秃的牵挂的一种随意的附加，更不是对于某种借助这些结构的组合而得以成型的我们称之为牵挂现象的附加。但是，如果我们所追问的东西就是此在的存在——就像在我们这里不断进行的那样，那么，只要此在进入了我们的探询，"这些结构的同等原初性"就总是针对此在来说的。这就是说，当我以现象学的方式来观想开觉状态或者常人或者沉沦时，我就会同时意会到这些结构的统一性。

此在既不是各种行为的一种结合，也不是躯体、灵魂和精神的一种组合，要在这里寻求这一组合物的整体存在所具有的意义，那将是徒劳无功的。此在也不是一种主体或者意识，它只是随着某种机缘而方始获得了一个世界。它也不是一种行为的中心——似乎这些行为就从这个中心发射出来,无论是这个中心的存在还是这些行为的存在都不能根据这样的一个中心而得到规定。上面我们所指明的那些结构,不过就是此在这个存在者的存在方式。对于这样的存在方式,我们只有根据那种总是与这些存在方式一起同时得到意会的东西才能够加以理解,就是说,我们只有根据牵挂才能对其加以理解。此在出自其本身而自我理解为牵挂。据此,牵挂就是此在的存在枢机的源本的整体。作为这一整体,它总是秉有它的这一或那一确定的可能存在(Seinskönnen)之方式。在此在的每一存在方式中,这一存在整体本身都是整个地当下在此的。据此,我们通过牵挂现象而赢得的这一作为此在之存在的概念,就不是一个抽象出来的、普遍的概念,仿佛它可以作为一个种概念而为所有的存在方式提供基础。同时,这个概念更不是各种存在方式的共同作用所产生的一种结果,以至于在某种程度上我所抓住的就是这些存在方式所包含的抽象的一般性。所谓各种存在方式的共同作用,似乎只能就是此在的源本的整体结构本身的某种当下的分别作用(Ausaneinderspiel)。

目前的问题是:我们是在一种什么样的意图之下来进行这一关于此在的分析的。对于我们自身所是的存在者即我们称之为此在的存在者之存在结构的清理,此前曾被看作是这样的一种研究:它担负着对一般存在问题加以厘定的任务。我们要赢得让某种一般的存在研究成为可能的具体的地基,这就是说,我们要去揭露使"存在意味着什么?"这一追问得以产生的根基。我们需要赢得一种对这个问题的回答,这个回答不能简单地通过一种形式化命题加以表述,毋宁说它是这样的一种回答:这个回答先行就规定着存在研究的必由之路。现在,根据迄今我们所赢得的东西,我们就可以在方法上更为透彻地理解和表述现象学的这一基本问题:存在意味着什么?

现象学的研究就是着眼于存在者之存在的解释。对于这一解释而言,那纳入先有之中的东西、作为解释的课题而先行拥有的东西,就是一种存在者或一种确定的存在领域。我们是着眼于存在者的存在而追问这一存在者的。换言之,我们对于那纳入先有之中的东西加以追问的那个视角,我们看见存在者和将要看见存在者的那个着眼之点,就是存在。而存在则有待于依据这一存在者得到描摹,这就是说,现象学的解释持以为先-见的那个东西,就是存在。只有当存在者由之而得到追问的那个着眼点即存在充分地得到了清理并从概念上得到了规定时,这样的一种关于存在者之存在的追问才会是一种透彻的追问并成为研究的一种可靠的指南。我们对纳入先见中的东西越是原初而无成见地进行了清理,我们越少使用那些偶然的、来源不清的、表面上不言而喻的以及破旧残缺的概念,那么一种具体的存在研究就将越是确定不移地赢得它的地基并由此而保持为根深蒂固的。

现在已经到了我们对那种作为规定性的东西而引导着一切存在研究的"存在"现象加以澄清的时候了。如同我们前面所显明的那样,现在我们所需要的是对于问题本身的解释,也就是对存在研究所具有的结构加以阐明、对着眼于存在者的存在而进行的追问本身加以阐明。只有当追问的含义、理解的含义、"采纳一种看法"的含义、有关存在者之经验的含义到底是什么,而"一般存在者之存在"的含义又意味着什么都成为了清楚可见的时候,就是说,当所有我们用此在所表示的含义都得到了澄清的时候,提问本身方能清楚明白地进行下去。

第三十三节　开辟对作为整体的此在进行现象学解释这一课题的必要。死亡现象

由于关于此在本身的现象学式解释把一种特定的存在者当作了课题,这种解释就成了一项专门的任务。而现在,关于此在的现象学解释本身又还处在那与解释的结构一道俱来的指导线索的制约之下。关于此在的现象学式解释——如果我们要以一种恰如其分的方式来进行这种解释的话——必须要追问的是:它是否在一开始就原初而本真地将它的课题即此在纳入了先有之中？更确切地说,在对此在分析开端之际,这一此在是否在一开始就得到了这样的把握,以致此在这一存在者的整体都进入了先有之中？只有在我们把作为整体的存在者当作了课题的时候,我们才获得了一种能够依据这一存在者本身而描摹出它的存在的整体结构的保障,故此我们就必须提出上述追问。一种关于此在的准备性解释(即依据此在本身而开掘出此在的存在结构)得以成功进行的基础就在于:在专题性的分析之开端就先行地赢得这一存在者本身,即赢得此在的整体结构。

因此我们必须探询的是:在迄今对于此在的考察中,此在本身是否以整体的方式纳入了我们的眼界并保持于我们的眼界之中,以致依据这一作为整体的存在者,我们就可以描摹出这一存在者的存在之整体？目前的这种我愿意称之为"过渡性考察"的考察,对于以后的理解具有一种基础性的意义,与此同时,能够以一种现象学的方式来清楚明白地进行每一步骤的思考,这一点也是非常重要的。

在前面所进行的准备的基础上,现在,我就应该可以冒险来给你们讲述有关时间的各个方面的问题了。关于时间所指为何物的理解,似乎在所有的场合都是阙失的;这种理解仅仅停留在关于时间的

各种命题之上。因此我选择了一条能够保持我们的考察本身的真正的连续性的唯一可能的途径,以便经由这些逐一的探察步骤而走向这样的一个领域:由这个领域出发,时间本身以确定的方式成为明澈可见的。这里所关系到的多半不是要在有关时间的各种命题里提供一些结论,而是要通过这一探察而打开你们的眼睛,以便你们自己可以看见并检视我们目前所已经赢得的东西。

目前的问题依然是:在至今为止的对此在的考察中,此在是否作为一个整体而获得了认定,以致我们可以提出这样一个要求,即把目前所赢得的存在特性本身就看作一种完整地规定着此在自身的存在特性?如果此在的存在被解释成了牵挂,那么我们要追问的就是:牵挂这一现象就给出了存在结构的整体吗?或者,对牵挂现象的清理岂不是正好把我们带向了对如下一点的洞识:在迄今为止的考察中,作为整体的此在恰好没有被纳入先有之中,进而,我们不仅没有实际上赢得此在的整体,而且,正因为牵挂构成了此在之存在的基本结构,此在的整体在根本上就是不可能赢得的?换言之,只要此在是在牵挂这一存在结构中显现出来的,那么它就正好抗拒着那种以整体的方式获得把握并由此而被纳入先有之中的可能性。

对于真实的存在整体加以描摹,就要求作为整体的存在者是已然既与的。当牵挂作为这一存在者的存在而已经变得明显可见的时候,这就意味着:整体在根本上永远也不是已然既与的;所谓的照样摹写原则上就是不可能的。着眼于此在本身和迄今所清理出来的东西,就会对如下一点获得充分的明见:这一存在者的存在就是牵挂,牵挂的含义之一就是"趋赴某物的朝外存在";在此在的操持中,它同时也操持着它的本己的此在。作为趋赴某物的朝外存在,此在就是趋向那种它尚未成为的东西的向外存在。作为牵挂,此在在本质上就处在走向某物的中途,它在牵挂中走向它尚未成为的它自身。

此在的本己的存在意义恰好就在于：总是还有待于去拥有某种它尚未成为的东西、某种依然悬欠于面前的东西。某物的这种持续的依然-悬欠就意味着：只要它存在着，此在的存在作为牵挂就总是未完结的，只要它存在着，它就依然是阙失某物的。

而当此在已然完结之际（人们把这样的一种完结称为死亡），这时此在虽然走向了终点，作为一个存在者，在这里已不再有任何悬而未决的东西，但是连同着这里的"不再有任何东西悬而未决"，它也就不再是此在了。随着此在达成它本身所是的整体，且正好在这一达成里，此在成了"不再是此在"的东西；它的整体恰好使之消失。据此，我们在根本上就永远也不可能把作为一整体的此在强行纳入先有的范围。即使这一点通过某种方法成为了可能，那么严格地讲这也只能意味着：这一先有不能发挥任何用处；因为我们必须坚持前面给出的关于此在的规定：在本质上，它向来都是我的此在。此在是当下切己的我的此在——这是此在的一个不可磨灭的禀性。只是因为此在合乎本质地向来是我的此在，我才能在常人之中迷失自身。当此在在它的死亡中达成了它的整体时，那么它就恰好再也不作为我的此在而成为我所能经历的了，更确切地讲：在整体状态中，再也没有任何理解性的自我现身的可能了；因为那应该自我现身的存在者，随着已达成的整体并恰好通过这一整体而不复存在了。况且目前我们暂时还完全没有对如下之点加以考虑：要是我们把以下情况看作是可能的——死亡中的此在竟还拥有一种对它的存在施行现象学研究的机会，而为了能够把握到此在的整体，我们就必须一直等待下去，直到它完全走向终结——这到底是不是具有一种意义呢？以上就已在根本上显明：我们不可能以此在的整体的方式现身，我们不可能去经验此在之整体并据此而揭发出这一存在之整体。尽管如此，我们还是需要看到：上述不可能性并不是植根于经验及其结构的著名的非理性性质，也不是植根于我们的认识能力的有限性和不确定性，也不是由于现象学的研究并不适用于去探究死亡的瞬间，毋宁说，这一不可能性仅仅是由这一存在者本身的存在方式所唯一地决定的。如果说，达成整体就意味着不－复－存在，就意味着可能的现身情态之丧失，那么我们就必须因此而也要放弃那种以此在的本己的存在方式为根基的对相应的整体加以显明、对此在之存在作出恰当描述的可能性吗？

但是，现在似乎依然还存在着一条使此在的整体成为某种存在描述之课题的出路，确切地讲，只有当我们对于此在的那种前已指明的特性保持着明察时，这样的一条出路才会出现。我们前面已经说过，此在作为在－世界－中－存在同时也是相互共处。就此在的死亡构成了"不－复－在此"意义上的"走向－终结"而言，虽然死亡阻断了"我从整体上经验并拥有我的本己的此在"这一可能性，但是，在作为共在的此在曾经与之同在的他人那里，这一可能性依然是存在的，或者说，作为与他人的共在，当下依然还存在着的此在具有这样的可能性：把他人的此在当作终结了的此在加以看待并据此而明晰地描摹出这一存在者之存在的整体。可是，这一把他人的已达到终点的此在用作替代性课题的方案，仍然还是一种无用的解决办法，而这并不是因为：如果我们要去把握那种在别人的此在里时至最后还依然保持为悬临不定的存在干系，如果我们要在一种原本的意义上最终去经验他人的死亡，这将会遭遇到一种特别的困难。并不是这个偶然的困难才使得上述解决办法显得在原则上不切实际，毋宁说，我们之所以拒绝把他人的此在当作目前的出路这一方案，这是出于以下的这些更为根本的理由：

第一，在死亡之际，他人的此在也成了一种"不－复－在－世界－中－存在"意义上的"不－复－在此"，就是说当他人已死时，他们的"在-世界-中-存在"本身就再也不存在了;他们的存在再也不是"处在"一个已开显的世界"之中"的存在,再也不是"寓于"一个已开显的世界"之中"的存在。他们的"尚-在-世界-中-存在"的东西就仅仅是一种现成可见的躯体。在这里,一种存在者的从此在式存在方式,即从在-世界-中-存在的存在品格到单纯的现成可见之物的奇特的骤变特别地清楚可见。躯体的单纯现成可见状态是这一存在者先前的存在方式的极端的反例。在严格的意义上,我们甚至再也不能够说:人的身体竟还是现成可见的——对此人们不必自欺欺人;因为随着他人的去世和亡故,虽然有一个实体确实还是现成可见的,但是他的此在本身就全然不是现成可见的了。

第二,上述解决办法还不只是错认了此在的存在。这个解决办法甚至假定:当下切己的此在似乎可以由一个随便的他人的此在来代替。当我或许不能出自我自身而观察到某物的时候,我却能够经由他人而得到观察。那么,这样的一个假定——此在在原则上能够并一直能够替代那些与自己有着相同存在方式的存在者,能够替代其他的此在——能够具有一种什么样的意义呢?实际上,这一可能性就是作为"在世界中的相互共处"的共在所具有的,并且,正是基于"日常的操持性的沉浸于世界"这种存在方式,我才能够去替代他人。在什么方面去替代呢?——在他所做的事情中、在由他所操持的世界中和在操持活动本身的范围内去替代他人。前面已经指出,在日常的自我解释中,此在恰好是出自他向来所做的事情而看到自身的,此在出自这些事情而解释着自身、谈论着自身、命名着自身;一个人无非就是他所从事的事情。在这一日常的相互交融于世的状态里,人们就能够以某种确定的方式相互代替,在一定的限度内一个人似乎可以承接他人的此在。不过,这一替代最终只能发生于某种东西"之中",就是说它最终只能涉及一种操办、涉及一种特定的是什么。

而当事情关系到对这样一种东西——这种东西构成了此在之终结并因之而给出了此在的当下的整体——的存在加以替代时,替代的可能性就将绝对地失效。这里的意思是说:没有人能够从他人那里取走他的死亡。他诚然能够替代一个他人去死,但这里的"替代一个他人而死"所指的只能是这个意思:为了某个特定的事情之故而去替死,就是说在对他人的在-世界-中-存在加以操办这个意义上的替死。替他人而死所指的并不是:凭借此一替代,就从他人那里取走和消除了他的死亡。每一此在都必须作为他自己本身而接受死亡,更确切地说:每一此在——只要它是存在的——都已经把这一存在方式接受于自身了。死亡是当下切己的我的死亡,就是说,只要我存在着,死亡就是属于我的。

前面所提出的解决方案是与这样一种未经道出的成见密不可分的:在有关此在整体之赢取的问题上,首先而唯一要紧的事情就是使此在作为一种观察的对象而成为可把握的。但这一点还只是第二位的困难。首要的困难还在于:此在是否就是人们自身所是的那种存在者——此存在者在本质上就必须一直去成为我的存在者?这个存在者是否拥有一种去成为它的整体的可能性?只有在上述存在可能性的基础上,我们才有可能进一步以一种明确的方式去经验此在的自身存在之整体。

但是,只要此在的整体是在一种本质上属于我的死亡中达成的,那么这一"达成整体"就总已经重又是一种"不-复-在此"了。因此,"去成为此在之整体"就仍然是不可能的,进而,要对那种构成了整体的东西有所经验,就更是不可能的。关于这样的一种不可能性的见解,并不是根据相互矛盾的命题而间接地推论出来的,而是源出于对此在本身之存在枢机的正面的观照而获得的。不过,这一见解同时也向我们提供了某种积极的东西,这就是关于此在的存在方式与那种我们称之为世上物的存在者的存在方式之间区别的理解。

如果此在达成了一种这样的存在样态,以致再也没有什么东西向它悬欠了,就是说如果它作为此在已经是完成了的,那么处于其完成状态的此在也就再也不是它所是的东西了。专就此在而言,完成状态就意味着不－复－存在。与此相反,那种在操持中照面的存在者就只有当其得到了完成、成为了现成可见者时,才能够作为被使用物、被制作物(桌子、书籍、各种器具)而充分实现它的作用。专就一种现成可见的世上物而言,完成状态正好就意味着是现成可见的和成为了可掌握的。这样,我们就赢得了两种各不相同的达成整体和达成整体状态的现象。此区别涉及到"达成整体"与那种当下已然成为了整体的东西之存在之间的关系。与世上物和此在之间在根本上相互区别的存在方式相应,"完成"也具有各不相同的含义。

但是以上所说就意味着:当此之际,此在的特殊的整体结构必须以某种方式而已经成为了可见的,并且,整体的结构是通过对作为此在现象的死亡现象的一种先行的考察而成为可见的。只有当出自此在现象本身,出自死亡现象(即此在所拥有的一种存在方式)而指明了"对作为一个整体的此在加以经验"的不可能性时,我们才能在科学的意义上正当地坚持一种"对此在的整体加以规定的不可能性",并且,只要这一指明是以现象学的方式清楚明白地进行的,那么由此就给关于此在之存在的研究设立了一个不可逾越的限制。因此,为了看清我们在此一问题上的无能为力——我们是否能够经验作为整体的此在并进而能够从结构上揭发出它的存在整体?我们就需要以现象学的方式对死亡概念作出清理。而这就是说:需要把死亡真正地解释为一种纯粹的此在现象,而这复又意味着:我们必须根据那些我们迄今就此在的存在结构所揭示出来的东西来理解死亡。当我们以纯粹现象学的方式来探究以上课题时,就会显明这样一个奇特的结果——上述的不可能性只是一种外观。毋宁说,对死亡现象的真正现象学式解释是唯一的一条打开这样的眼界的途径——通过这一眼界,我们将会看到:此在本身就秉有一种真正地去成为作为整体的它自身这一存在可能性。而这一存在可能性本身的存在品格就为我们赢得此在的整体存在之存在意义提供出了现象上的地基。不仅如此。在通过真正被看见的死亡现象而开示出来并与其存在相应的此在的真正整体之中,这一源本的存在整体本身也同时显现出来。eo ipso(因此),把死亡清理为一种此在现象,在一种对存在者(此即属于我们的课题对象的存在者)之存在结构的严格的考量中来厘定死亡,就会把我们带向存在者本身的存在面前,确切地说,正是在我们进行上述清理和厘定之际,存在者之存在的整体会同时得到获得理解。

第三十四节 对作为此在现象的死亡的现象学解释

现在,我们似乎就要通过考察器具和世上物的完成状态与此在的完成状态之间的区别来找到我们的出路了。第一种意义上的完成状态所指的首先正是现成可见的存在,第二种意义上的完成状态则意味着"不-再-现成存在",而这一"不-再-现成存在"首先则被把握为那至今依然还悬欠着的东西、至今尚未显露于存在者中的东西之遽然来临。然而,在这里此在是如何被看待的呢?——它是作为行为与事件的一种过程系列而得到理解的,而这些行为与事件在某一环节上将会达到一个作为整体的终结,随着那尚处于缺失中的剩余部分的出现,这些行为与事件才会完全地成为它们之所是的东西。这一整体(Gänze)的整体性(Ganzheit)具有合成物(Kompositum)的含义。在这里,整体性、终结的存在也就是死亡是根据世上物的存在结构而得到把握的,是从世界出发而为人所见的。

但是死亡不但没有构成合成物意义上的整体之整体性,它甚至也并不构成这种意义上的合成物整体之整体性:当其达到了完成时,这种整体就不复存在。毋宁说,如果死亡即是此在的一种存在禀性的话,那么就其存在意义而言,死亡首先就不能依据世上物的现成可见状态和非现成可见状态而得到理解。实际上,此在作为牵挂就是朝向某物的存在。死亡并不是某种还在此在那里悬欠(aussteht)着的东西,而是悬临(bevorsteht)于此在的存在之前的东西,确切地说,只消此在存在,死亡就会不断地悬临于此在的存在之前。作为总是已经悬临于前的东西,即便此在尚不是整体的、尚不是完成的,也就是还没有濒临死亡,死亡也是属于此在本身的。死亡不是某个合成物整体当中的一个阙失的部分,毋宁说,它在一开先就构成着此在的整体,以至于唯有出自这一整体此在才能够秉有它的各个部分的存在,才秉有它的可能的去存在的方式。

但是即便是在上述这样的已经相当明晰的规定中,死亡也仍然没有得到充分的把握;因为"某种悬临于前的东西"这一刻画并非唯一而单独地只适用于死亡。在此在中还有着很多我们可以说"它悬临于前"的东西,而这个东西不必就是死亡。虽然人们可以说,死亡也是属于悬临于我面前的东西,但是这里面却存在一种歧义。因为这种说法依然未曾确定死亡现在是如何得到理解的——诚然,现在死亡已不再被理解成悬欠着的客观的事件(这个事件与至今为止已经消逝了的那些过程系列相互拼接了起来),而是被理解成了牵挂本身因其悬临于前和不可避免而对之有所期备的东西。我们问:这悬临于前的东西是我所碰到的一个事件吗?是一种我所遭遇的来自世界的陌生的东西吗？或者，它是一种我在根本上永远也不会与之际会，但作为此在的我本身以一种确定的方式却直接与之相等同的东西？实际上，当死亡不是被看作悬临于前的世上照面之物，不是被看作某种我终究要与之相遭遇的东西之时，相反，仅当其依据此在的存在结构、依据牵挂、依据先行于－自身－存在而得到领会时，死亡才会作为此在的禀性获得理解。

与死亡（它只是一种属于我的当下切己的死亡）相伴随，我的最本己的存在、我每一瞬间的可能存在悬临在了我的面前。我在我的此在的"最后关头"将要成为的那种存在，我在每一瞬间都能够成为的那种存在：这样的可能性就是我的最本己的"我是"之可能性，就是说我将成为我的最为本己的我。而我自己本身就是这一可能性——作为我的死亡的死亡。在根本上，死亡并不存在。

作为先行于－自身－存在，牵挂本身同时就是一种可能存在。"我能"，更确切地讲，我即是这一特出的"我能"，因为我就是这一"每一瞬间我都有可能死亡"。这一可能性是一种我总是已经置身于其中的存在可能性。它是一种特出的可能性，因为我自身就是我自己的这一持续不断的、最极端的可能性，亦即"不复存在"的可能性。牵挂——在根本上作为一种萦系于此在之存在的牵挂，在至深的意义上无非就是处于本己的可能存在这一最极端的可能性之中的先行于－自身－存在。因而，此在在根本上就是它的死亡。那伴随着死亡悬临在此在之前的东西，并非某种世上之物，而是此在本身，而此在并不是在一种他所选择的存在可能性中，而是在它的"不－复－在此"这一存在可能性中悬临于自身之前。只要此在就其可能存在而言在根本上已经就是它的死亡，那么它作为此在就总是已然成为了一个整体。由于此在所指的就是"作为牵挂的先行于－自身－存在"，此在就可以出自其本身而在其存在的每一时刻都整个地成为它的存在。当此在的那种能够原本地成为它的最极端的可能性的存在方式获得了廓清之时,我们才能够从现象上去把握此在整体所具有的结构。循着此一存在方式,就将可以看清:在这样的一种存在方式中,此在如何地就是它的死亡本身。对于那种此在因之而成为它的最极端的存在可能性的存在方式的廓清,就构成了死亡现象的现象学解释的意义,在这一解释中,死亡就被理解成一种对此在之存在具有构成作用的规定。据此,我们同时也就指出了这一关于死亡的解释所不能加以顾及的东西:

第一,它不能对死亡做内容上的描述,它既不能就死亡的多种多样的原因做出描述,也不能就死亡的各种可能的样式,就人们在临死之际具有怎样的行为或能够具有怎样的行为进行描述。且不说上述课题并不属于我们这里的专题,且不说在面对死亡现象时,人们对于死所能够拥有的经验还远远地不如对于生所拥有的经验,说到底,上述那种关于死亡的解释到头来也只有依据一种严格的死亡概念本身的线索才能够进行下去,而这一严格的死亡概念才是我们所要去争取的。

但是第二,对死亡的现象学解释没有先行采取某种面向死亡的立场,它没有就以下问题做任何断定:是否在死亡之后还有某种东西出现,到底是什么东西将会出现,或者是任何东西都不会出现。在现象学的解释中,没有就来世和不朽作出任何断言,因此也没有就今世作出任何断言——仿佛我们要去告诉人们:面向死亡应该如何作为以及应该如何不作为。尽管如此,我们还是能够说:这一解释是在一种最为彻底的现世境界中进行的,就是说,这一解释是以下之点为着眼点而进行的:一种存在者即当下切己的此在的死亡能够是什么。解释所具有的这样一种现世属性完全未对传统的不朽与重生的问题做任何预先断定,以致恰好就是凭借对死亡之存在结构的这样一种现世性的解释，才先行规定了关于死亡的一种可能的提问的意义与基础。只要这里的沉思还徘徊在对于死亡的迷惘的和神话式的肤浅的大众化概念之中，那么关于死亡的沉思与哲学思考就依然是无根基的。只要我未曾对此在的结构加以探询，只要我未曾对死亡的"是什么"加以规定，那么我甚至就没有资格去追问：在此在的死亡之后会有什么东西出现。关于此在和死亡的现象学概念乃是在根本上有意义地提出不朽问题的条件；不过，这个问题不属于一种自我理解的哲学之范围。

去争取一种关于死亡的现象学概念，这指的就是：使此在因之而成为它的最为极端的可能性的那种存在方式成为明白可见的。在此有必要看到的是：与那种本身即为一存在者（如像这里的此在及其死亡）的可能性之间的存在干系（Seinsverhältnis），已经就是一种"成为可能"（Möglichsein）。成为-可能性（Möglichkeit-sein）合乎本质地就是指这一"能够-成为可能"（Möglichsein-können）。而这之中就包含着：此在能够——它在本质上就是一种"我能"——以这种或那种方式成为它的这一最极端的可能性。但是此在同时也不断地就是它的死亡的可能性，因为死亡对此在的存在具有一种构成的作用。即便在其日常状态当中，此在也是这一可能性。由于我们首先是在其日常状态中揭示出此在的存在枢机的，所以我们以下就要从对此在的日常状态的探询出发并且追问：在其日常状态的最为直接的存在样式里，此在怎样地就是它的死亡。这一分析将成为日常状态下的死亡通常能够怎样地存在的证据。按照这样的描述，我们就将同时能够把死亡这一存在样式所具有的结构照样摹写下来。我们需要看到的是以下两点：第一，首先是日常状态的此在走向其最极端的可能性、走向死亡之时的存在方式；第二，我们问：在这一走向死亡的日常状态中，死亡之存在作为什么而显示出来？

a) 日常状态的存在样式中死亡的极端可能性

此在的日常状态是由"混迹于常人之中"所规定的。在相互共处的公众当中，死亡是一种确定不移的日常所遭遇的事件。这一遭遇被解释为"人最终都有一死"。在"众人都要死"这一说法中，掩盖着一种模棱两可；因为这一"众人"刚好就是那永远不死和永远无能去死的东西。此在在说道："众人皆死"，因为这个话就意味着："无人死亡"，就是说我本人刚好就是不死的。死亡是某种存在于相互共处之中的东西，关于这种死亡，常人预先就具备了一种相应的解释。在"众人皆死"的说法中，死亡在一开始就被削平为某种意义上不属于任何人的存在可能性。由此，死亡在一开始就失去了它的真相。"众人皆死"把那种关于日常流行事件的公众性解释方式错误地搬用于此在的最本己的可能性之上，并借此驱走了此在的最本己的可能性。

在这一驱除当中，还存在着一种进一步的模棱两可："众人皆死，但是死亡目前还不会到来。"人们如此地议论，就好像死亡首先必须要从某个地方来到一样，可是实际上，此在本身时时刻刻都已经就是这一可能性。这种对死亡真相的驱除同时还具有一种安定的特征，就是说，公众关于此在的自我解释行进得如此之远，以致人们例如在相互共处中甚至还要劝说濒死之人，说他很快又将康复，也就是很快又要重新回归此在的日常状态。此在的平均的世界化的自我解释试图用这样的话去安慰他人，与他人进入一种真正的相互共处。可是，这样的一种安慰只是重又将此在推回到了混迹于世，以至于他的存在的特有处境对他而言恰好依然是蔽而不明的。

这样的一种对于事物的公众式既定解释在一开始也制约着公众性的面对死亡的存在方式，这种制约的方式是这样的：这种解释方式已经决定了对于死亡应该抱有什么样的思想。在公众看来，思虑死亡就等于怯懦的惧怕，就是阴郁的逃避世界。公众不容许"直面在死亡面前的惧怕"这样一种勇气生起，而是催促着对死亡的遗忘，与此同时，它还把这种遗忘解释为此在所拥有的与这一所谓的阴郁生活正好相反的自信与从容。以上所描述的就是标志着常人的存在方式的那些特征，而这样一点现在也应该清楚可见：这里所表现出的又是那种日常状态的存在方式，也就是此在所具有的那种沉沦的存在样式。

为了维持一种在死亡面前的无思无虑，在使得死亡成为模棱两可之际，常人不仅排斥着死亡的真相，而且这一排斥同时也是一种安定并具有去陌生化（Entfremdung）的特性。伴随着这种对死亡的不愿-思虑，此在的日常状态一直都处于在死亡面前的持续的逃逸中。但是，恰好就是在这一逃逸中，我们才能以从现象上看清：死亡并不是那种来自某个地方的东西，而是一种已然植根于此在本身之中的东西。就在不愿-思虑-死亡之际，此在就凭借死亡本身而见证着它的存在。而反过来，死亡并不是由于此在对它的思虑才处于此在之中。甚至在没有明确地思想死亡的情况下，此在在其日常的沉沦着的逃逸中所逃离的东西，也无非就是此在本身，确切地说，只要死亡对此在具有构成作用，此在就会逃离自身。

但沉沦的存在方式也是一种遮蔽，就是说它行进在一种隔膜的解释（Uminterpretieren）中，行进在一种对死亡之真相的避而不见中。然而，这一存在方式已经就包含了一种事先的和不断的看见，以至于这一存在方式所掩盖的东西，就是它的本己的存在。对那种"不思虑死亡"的不显眼的维护掩盖着死亡的一种基本特性，这就是它的确定性（Gewißheit）。经由模棱两可的"人终有一死"，这一确定性就被错解成了一种不确定性。人们用这样一种公众化的解释方式销蚀了这一确定性的锋芒:"我们每个人最终都必须相信这点"——这是一个仿佛不针对任何人的关于死亡的断言。然而,死亡的意义恰好就在于:死亡就是我自身的存在可能性。"因为我将死,所以我是我自身",这一确定性乃是此在本身的根本的确定性且是一个关于此在的真切的断言,与之相对照,cogito sum(我思故我在)则仅仅只是貌似这样的一种断言。如果这样一种尖锐的表达毕竟道出了某种东西的话,那么那恰当的、切合于此在之存在的断言就应当是: sum moribundus(我在故我死),确切地讲不是作为病弱者和伤残者的 sum moribundus(我在故我死),毋宁说,只要我存在着,我就是 moribundus(将死的)——在此,正是这个 moribundus(将死的)才首先给 sum(我在)赋予了一种意义。

那种此在用以去掩盖它本身的原初的存在确定性的伪确定性,现在还由以下之点而得到了加强:人们似乎计算出并且确定,现在——按照一般的测算,按照人们所习惯的看待事物的方式——死亡绝不会是已然在望的。人们在某种意义上计算出死亡的可能的来期,但是他们刚好蔽而不见的是:在根本上,"死亡每时每刻都可能到来"这一不测性(Unbestimmtheit)就是"死亡的确定性"的应有之义。死亡何时到来的不测性就包含着这样一种实在的可能性:死亡每时每刻都可能到来;这一不测性无论如何都没有减弱死亡之来临的确定性,相反恰好使这一确定性更加如芒刺背,使这一确定性带上了一种极端的和持续的可能性之特性,而这个可能性就是此在。这样的两个特性:死亡是绝对地确定的,同时这一确定又是不测的,就构成了死亡这一可能性的存在方式。死亡是最为极端的可能性,是虽然不测的但又确定不移的可能性,而此在本身就悬临于此一可能性之间。但死亡同时也是日常状态的此在在它面前逃离而去的那种可能性,以至于在这样的一种逃离中此在竟使得这一可能性成为了模棱两可的。而这就表明了：只要在日常状态中人们偏偏转眼不顾或掩盖了死亡的这样一种存在特性：死亡向来都是我的死亡，那么日常状态就还不具备一种朝向死亡的最原本和最原初的存在干系（Seinsverhältnis）。

b）此在朝向死亡的原本的存在干系

只有当那种朝向死亡这一可能性的存在干系达到了这一步：这一可能性就被理解为我的存在的一种确定性，确切地说，当其被理解为不测的确定性和一种存在的确定性（而这就是我所具有的确定性）之时，死亡这一原本的存在可能性方可获得领会。因而这里就出现了这样一个问题：在此在本身之中，是否存在着一种此在能够因之而在原本的意义上达到一种朝向死亡的存在干系的存在可能性？

我在前面已经提示，朝向一种可能性的存在干系必须让可能性作为一种可能性来保持，而不是使这一可能性成为一种现实性——例如也许是通过自杀来使我达到死亡。通过自杀，我恰好就放弃了作为可能性的可能性；在根本上，这个可能性已被颠倒成了一种现实性。然而，只有当这一可能性还依然保持为可能性，即依然保持为悬临于前的可能性，这一可能性才会刚好成为它之所是。在一种朝向这一可能性的存在干系里，我自身必须恰好就成为这个可能性本身。而这就意味着：在这一朝向可能性的存在里，将不会出现"意欲占有可驾驭的可能性"这么一回事，就像世界上的操持把得到操持的东西昭显出来并将其纳入掌握之中那样。与此相反，存在必须先行追上那应该依然是其所是的可能性，不是把可能性作为当前拉到前面，而是让其作为可能性而保持于前并即以这样的方式朝向这一可能性。凭借这样的一种"先行于可能性中"，我似乎才抵达了可能性本身的最为直接无间的近处。但是，在这一抵达之际，可能性并没有变成世界,而是越来越成为了可能性,以更加本真的方式单单成为了可能性。在本质上,在一种极端的意义上,这一我所能够先行于其中的可能性就是属于我的可能性。濒死者(sterbenden)的那种出离世界的可能性作为在－世界－中－存在就是由如下之点而决定的:在这种出离之际,世界作为我所舍弃的所在而仅仅只是现成可见的。在死亡之际,世界就只是一种对我本己的存在不再有什么意义的东西,是作为在－世界－中－存在的此在所正好舍弃的东西。就在－世界－中－存在这种方式而言,在死亡中,世界就是此在对之不再有所期许的东西;世界仅仅只是那种"弥－留"的单纯寄寓之所。

而这就包含着:死亡这一最极端的可能性无非就是此在的一种存在可能性,在这一存在可能性中,此在被完完全全地抛回自身,这种抛回是如此绝对,以致具体的与他人的共在现在也成了漠不相干的东西。虽然在死亡中此在在本质上也依然是一种在－世界－中－存在和与他人的共在,但是现在存在已经原本而直接地转换成了"我在"。只是在死亡之际,我才有可能在某种程度上绝对地说"我在"。

作为此在之存在,死亡这一最极端的可能性(在这一可能性中,此在完全地出自其自身而存在)必须依据此在本身而得到理解。但是,只要此在通常就处于日常状态之中,那么以上所说就意味着:此在必须将自身从这一日常状态唤回到"我在"这一最极端的可能性中。此在在每一瞬间的"向死先行",无非就是此在通过"选择自己"而从常人那里收回自身。

第三十五节 "要有良知"现象与负罪现象

在选择作为我的可能性的我自身之际,我自己选择了我的存在。

但是，我在向死先行之际所选择的这一可能性，乃是一种铁定的可能性，而这种铁定的可能性同时又是不测的可能性。据此，通过"先行赶上可能性"而达致的那种原本的"选择－自身"就必定进入一种与以上可能性品格之间的切当的存在干系中，而这就意味着：只有当可能性已然被理解为每一瞬间的可能性之时，就是说当我断然不移地已然选择了我自身之际，死亡的不测性才能够得到领会。而只有当我本身的每一可能的其他样式的能够存在（Seinkönnen）都在这种选择面前被置于不顾，就是说，当关涉到自己本身的决断状态被理解为各种可能的具体事务之源头时，上述可能性的铁定无疑才得到领会。如果先行中的此在能够进入这样的一种绝对的决断状态，这就是说，如果此在能够在向死先行中使自身在一种绝对的意义上成为负责的，那么上述的那种铁定无疑就会得到领会。此在"能够"选择它自身的存在－条件，换言之，此在能够选择它自己。在此选择中，此在所选择的无非就是"要有良知"（Gewissenhabenwollen）。当然，这一选择不必仅仅只是在这一先行中进行，要有良知当然也可以通过其他的方式获得实现。但是，如果说，这里所关系到的是作为一个整体的明白透彻的此在经由一种理解而实现的自我选择，那么，这里就只能存在"向死先行"这唯一的可能性，因为只有在"向死先行"之际，此在才不会只考虑明后两天而去进行选择，相反，它会去选择它的存在本身。先行就是选择"要有良知"。然而，正如歌德曾经讲过的，行动者总是无良知的。只有当我已经选择了要有良知的时候，我才能够原本地成为无良知的。

行动者是无良知的，或者说，在相互共处中他必然是"负罪的"，但这并不是指：他犯了这一或那一过失，而是指：作为行动着的与他人的共在和作为其本身，此在 eo ipso（已经就是）负罪的，即便是在它不知道（且恰当其不知道）它伤害了他人或毁败了他人的此在时，它也是负罪的。伴随着对要有良知的选择,我同时也选择了"成为负罪的"(Schuldiggewordensein)。此在的与其最极端的和最本己的可能性[源出于此在本身而实现的最本己的先于-自身-存在(Sich-selbst-vorweg-sein)]真正相应的存在方式,就是上面所描述的那种先行的要有良知,而要有良知同时又意味着:选择此在本身所秉有的本质上的负罪存在(只要此在存在,它就是负罪的)。

第三十六节 作为存在的时间,在其中此在能够成为它的整体

先行赶上我的最本己的存在可能性,这无非就是我的最为本己的成为存在(Seinwerden)的存在。而伴随着"成为存在"同时生起的负罪存在,就是最本己的曾在(Gewesensein)之存在。曾在之存在就是过去——这里的实情是:在曾在的存在本身当中我无非就是此在的将来(Zukunft)并与此同时也是此在的过去(Vergangenheit)。此在(即先行于-自身-存在)由之而能够原本地成为它的整体的那种存在,就是时间。

并不是时间存在,而是此在 qua(取道于)时间生成它的存在。时间并不是在我们之外的某个处所生起的一种作为世界事件之框架的东西;同样,时间也不是我们意识内部的某种空穴来风,毋宁说,时间就是那使得"在-已经-寓于某物-存在-之际-先行于-自身-存在"成为可能的东西,也就是使牵挂之存在成为可能的东西。

更为确切地看,我们日常所知并纳入考量的那种时间,无非就是此在的日常状态所沉沦于其中的常人(境界)。作为一种在世界上的相互共处,也就是说,作为一种对于我们所处于其中的同一个世界的共同揭示,我们的生存乃是一种沦入常人的生存和时间性的一种

特定的样式。

我们从空间上-时间上对其加以规定的自然的运动,并不是一种流逝"在时间中"(就像流逝于一个隧道"之中"那样)的运动,自然的运动本身全然是脱离时间的;只要自然的运动之存在被揭示为纯粹的自然,自然的运动就将仅仅只是在时间"之中"照面(begegnen)。自然的运动在我们本身所是的时间"之中"照面。

编 者 后 记

1925年夏季学期,马丁·海德格尔在马堡大学开办了一个每周四学时的系列讲座。在课程预告中,该讲座的标题为"时间概念史",副标题是"关于历史和自然的现象学引论"。课程内容安排如下:

第一部分:时间现象的分析和时间概念的界定

第二部分:时间概念史的解释

第三部分:在第一部分和第二部分的基础上,为一般存在问题以及特别地为历史与自然之存在问题廓清研究的视域。

但是,该讲座最后所真正完成了的内容,只是置于三个主干部分之前的"引论"以及第一部分。在出版时,考虑到其篇幅较大,引论部分就被标示为"准备性部分",它包括了以下三章:

第一章:现象学研究的兴起与初步突破

第二章:现象学的基本发现,它的原则和对其名称的阐明

第三章:现象学研究的初步成型和对现象学的一种既深入其里又超出其外的彻底思考的必要性。

在本书出版时,该讲座的唯一完成了的第一部分被称为"主干部分"。在其中,又只有头两部形成了文字,而第二部的文字还相当简略:

第一部:对研究领域的准备性描述,借此显露时间现象

第二部:解释时间本身。

鉴于海德格尔再也没有去实施关于历史与时间概念这一中心课题的研究,因此,在发表这一讲课稿时我们把原有的标题改为"时间

概念史导论",这样做应该是恰当的;因为只有这篇"导论"是已然形成了文字并经过了讲授的。

讲座副标题的名称标明了它的课题范围:"关于历史与自然的现象学引论"。不过,只有在由海德格尔所揭示出来的"时间"或"时间性"这一新的指导线索之基础上,所谓的"历史"与"自然"才能得到恰当的探究。但这里的"时间"所指的就是"此在的时间性"。1925年的这篇讲座稿是《存在与时间》的一部早年文稿,尽管在其中真正的时间性主题还暂付阙如。通过对这部早年文稿的检视,我们就将能够追溯许多概念的含义是如何在文稿撰写的过程中被明确地建立起来的。例如在手稿中,海德格尔谈到了"此在的开觉状态"和"世界的展开状态"。而在西蒙·摩塞尔的笔记中,海德格尔在讨论此在时则删掉了"开觉状态"而更倾向于使用"展开状态",并在页边上注明:"展开状态本身并不是根据开觉状态而进行揭示,毋宁说,展开状态一同组建起了开觉状态。但是,展开状态之所以能获得成型,这正是因为它本是开觉状态——它从来不是某种自由漂浮的东西——研究(活动)的存在过程。"[摩塞尔(笔记),第329页]

海德格尔的专题思考是由对19世纪后半叶的哲学与科学形势的辨析而开始的。根据他的阐述,他特别地突出了这样一个决定性的事件:作为哲学研究的现象学的突破。他探讨现象学的实质性发现,防止它受到误解,以便在现象学不遵守它的"朝向实事本身"这个主张的时候提出自己的批评。海德格尔并不满足于指明现象学的这些本质性发现:意向性、先天的意义、范畴直观,而是还要进一步追问那在本质上使这些发现成为可能的根源。讲稿的"主干部分"正好就是关于这些发现之可能性条件的研究。如果人们以为,"准备性部分"只是一个单纯的历史性概观,它纯粹是用于向我们指明现象学本身以及现象学受到了什么样的历史与时代条件的限制,或者,这个部分简直就是意在对现象学加以贬低并以此来支持他自己的思想（而他自己的思想由此就会表现在整个思考的核心），这将是错误的。海德格尔从来都是倾向于如此行事：让一个（更恰当地说：他的）问题的展开成为清楚可见的，表明存在课题和此在课题为什么必然要从胡塞尔的和舍勒的现象学那里破土而出，为什么现象学在其自身之中就包藏着这一走向彻底化的趋势。凭借对现象学的提问方式以及现象学的"朝向实事本身"这一座右铭的严格接纳，海德格尔发现了两个最终的、无前提的（由于它是无人得见的）假定：在意向式存在者之存在这个问题上的耽误和在存在本身这个问题上的耽误。如同在后来的《存在与时间》中所发表出来的那样，通过一种"准备性的基础分析"，海德格尔实现了从胡塞尔的意识-立场向此在分析的过渡。

在文本编辑的过程中，我们所掌握并依据的材料是：由海德格尔本人手书，但尚未按音标抄写的手稿，以及经过海德格尔授权与增补的西蒙·摩塞尔的听课笔记。机打的手稿抄录本是由我本人完成的。由其本人打字的摩塞尔速记听课笔记，在完成之后总是直接就呈交给海德格尔，由海德格尔加以检查、订正错误并加上自己的评语。此外，我还持有海德格尔当时的女学生赫伦内·魏斯的一套手写的、词条式的笔记本，不过，这个笔记只是在辨认困难时和在引注时才显得颇有用处。

原始的手稿包括编了号的88页手稿，此外还有若干增页、摘记、补充，其中一部分是直接被编订在某一页之内的，另一部分则是以关键词形式记录下了若干主导概念与主导思想。在对开本原始手稿的横向书写页面的左边页面上，包含着四分之三以上用句子表述的文本，其中带有许多介于破折号之间的、并非总是已完成表述的插入文字，而在右边页上则包含着大量的多数为词条形式的页边注。

在印刷稿的编订过程中,手写本在任何情况下都得到了优先的利用。至于摩塞尔的听课记录本,我们只是在由海德格尔为此所宣布的准则的框架内将其纳入了使用。具体地说,当海德格尔的授课扩展、增加或发展出了一些超出于手稿本所表达的思想时,当(授课中的)总结性重复引进了新的概念和打开了新的思想视野时,以及在我们要对手稿本里的页边注和词条形式的增补所原有的简略表达作出完整表述的时候,我们才把这个笔记本用作参考的凭据。但这里有必要提到一个例外:原始手稿并不包括所作讲座的全部文本,而是在"牵挂女神寓言"处(参见第 31 节,e)就已经结束了。但是海德格尔的授课却并不是在这里结束的,关于这一点,两份听课笔记(摩塞尔的和魏斯的)都提供了证据。因此,我们从获得了海德格尔认可的西蒙·摩塞尔的听课笔记中摘取了"主干部分"的"第二部"。

在与本讲座事实上所讲授的内容相符合的范围内,我严格地遵循了海德格尔最初对讲座内容的安排。我只是把篇幅拉得很长的导言叫做"准备性部分"而把讲座的第一部分叫做"主干部分",因为只有这一部分是形成了文稿的。"准备性部分"里的大的章节划分在表述上也是来自海德格尔本人的,"主干部分"中两部内容的命题同样也是如此。段落安排以及对段落的进一步区分是由出版者所完成的,而段落安排所用的表述总是受到海德格尔的语言用法的约束,这就是说,段落区分要依赖于那些几乎总是逐字地出现在相关的上下文之中的语词用法。

为了本卷文集的成功完成,我要特别地感激瓦尔特·俾麦尔教授、博士的帮助,我同样也要向弗里德里希-韦尔海曼·冯·赫尔曼教授、博士、艾尔弗雷德·海德格尔夫人和弗里茨·海德格尔先生表达我的感激。我还要感谢贝尔恩德-弗里德曼·舒尔茨先生在文本校对中所做的合作。最后,我还要感谢的是艾娃-玛利亚·霍伦卡门普小姐和克劳斯·诺伊格堡尔先生在校对阅读中所给予我的帮助。

佩特拉·耶格尔

附录一 德-汉术语对照表

Abheben　彰显、凸显、辨析、解析、析出
ablesen　摹写、描摹
abschattende　光暗有别的
Abschattung　明暗层次
Abstand　距离、差距
Abständigkeit　差等
Adeaquation　对应、相符
Affektion　感应
Akt　行为、活动
Alltäglich　日常的
Alltäglichkeit　日常状态、日常相
aneignen　习得
angehen　牵动
Angst　惶恐、不安、惶然
Ansatz　基点、起点、进路
Anschauung　直观
Anwesenheit　在场、呈现
Anwesendsein　在场、在场状态
Anzeige　显示、指引、显明
Appräsentieren, Appräsentation　昭显、昭示①
Apriori　先天
Artikulation　串联、勾连、分环勾连
Auffassung　见解、理解
Aufhalten　羁留、驻留

Aufweisen　开示、表明、显明、指明、开显
ausarbeiten　开掘、创制
Ausbildung　成型、深化
Ausdrücklichkeit　可表达状态
Ausgedrücktheit　已表达状态
Ausgelegtheit　已解释状态
ausgezeichnet　特出的、别具一格的
Auslegen, Auslegung　解释
Ausrichtung　伸达
Ausgerichtetheit　伸达状态
Aussein　朝外存在
Ausweisen, Ausweisung　呈示、证实②

Bedeuten　意指、意谓
Bedeutung　意义、意谓、重要性
Bedeutungsamkeit　意蕴
(sich) befinden　自现
Befindlichkeit　现身情态
Befragetes　问之所及
Begegnen, Begegnis　照面、际会、际遇、亮相、相遇
Begegnenlassen　能以照面、得以照面、让照面

---

① 海德格尔是在与 Präsenz 对举的意义上来使用 Appräsentation 的，二者皆具"呈显"义，但 Präsenz 是具体有形的呈出，Appräsentation 则不是具体有形的呈出，对此中译就用"呈显"与"昭显"来分别之。——译注

② Ausweisung 的本义是证实、呈出、出示等，但作为现象学用语，Ausweisung 所指的"证实"总是一种直观性的充实，为了突出它所欲传达的直观性含义，同时也为了同 Identifizierung、Erfüllung、Evidenz 等与 Ausweisung 并用的词相对应，故主要译之为"呈示"。——译注

Begegnisart　际会方式、照面方式
Begegnisfunktion　际会功用、照面功用
Begegnisstruktur　际会结构、照面结构
bei　寓于、依恃于、当……之际
Besorgen　操持、操办、操切、关心、期求、营建、料理、作成
Besorgtheit　所操办的东西、被操持之物
Bestand　合成、持存、构成、组合
Bestände　构成成分
Bestimmen　规定、决定
Bestimmentheit　规定性、确定性
Betrachtung　考察、探察、观察
Bewandtnis　境遇
（Sich）bewegen　行止、活动
Bewegtheit　动向
Beziehen　联系
Bildbewußtsein　图像意识
Bildingwahrnehmung　对图像物的感知
Bilderfassung　图像把握
Bildlichkeit　图像化特性
Bildwahrnehmung　图像感知

Charakter　特性、特征、品格、角色、模式

Da　此（彼）、在此、当场、当下
Dasein　此在、在此、生存、当下存在、定在
Darstellung　表露、显表
defizint　阙失的
Dekung　相符
Dienlichkeit　事用、可用之物
Ding　物、物体、物事、事物
Disjungieren　分离
Drang　驱迫

Eidos　本相
Eigenschaft　属性、本性、秉性
Eigentlich　原本的、本来的、本己的
Eigentümlich　固有的、奇特的、特有的
einfach　单纯的、简单的
Einheit　统一体
Einklammerung　加括号
Einmaligkeit　孤诣独照
Einstellung　姿态
Entbildlichung　去图像化
Entdeken　揭示、开揭、昭揭
Entdecktheit　开觉状态、开觉、揭示
Ent-fernen　去 - 远、远 - 距
entfernendes　远去的
Entfernung　去远、远离、远距
entweltlichen　远离世间的
erfahren, Erfahrung　经验、经历、习得、获知
erfassen, Erfassung　把握、把捉、把执、知解
Erfragtes　问之所求
Erfüllung　充实
ergreifen　领会、理解
Erinnung　忆念
Er-leben　体验
Erlebnis　体验、经验、经历
Erscheinung　显象
Erschließen　展开、展放
Erschloßenheit　展开状态
Erschrecken　惊慌
Evidenz　明见、明证
Existenz　实存、生存
Explikation　阐释、阐发、解析、展显

Faktizität　实相①
Ferne　远、远方

---

① 作为佛学用语的"实相"意指诸法原本而终极的离"名言"无分别法性，"Faktizität"是指此在作为此在在所禀有的当下切己的实际性向或趋向。尽管两个词的含义并不完全一致，但后者在一定程度上和一定条件下也可以具备前者的含义，尤其考虑到两者都同样超出并包容了一般意义上的"事"与"理"、"主"与"客"、"事实"与"逻辑"的二分，因此还是需要借用"实相"来译"Faktizität"。——译注

Flucht　逃逸
Fragstellung　提问、提问方式、问题
Freilegen, Freilegung　开掘、阐发、开揭
Fundierung　奠基
Furcht　惧怕
(sich) fürchten　害怕

geben　给出、呈出、给予
Gefragtes　问之所问
gegebenes　既与的、被给予的、给定的、既有的、既定的
Gegebenheit　被给予性、既与之物
Gegend　场域
gegenwärtig　当前的、现前的
Gegenwärtigung　当前
Gegenstand　对象
Gegenständlichkeit　对象属性、对象化状态
Gegenständlichsein　对象化状态
Geistwissenschaft　人文科学
Gerede　闲谈、闲言
Gechichte　历史、历时
gestuft　多层级的
Gewissenhabenwollen　要有良知
gleichursprünglich　同等原初的
Gelidern　分解
Grundart　基本性向

Hang　趣向
herausarbeiten　廓清、厘定
Hebung, Heraushebung　彰显
Heraussehen　看取
Hinsehen　观视

Hinsicht　视见、视象、视角、着眼处
Horizont　境域、视域、视野
Historie　历史学、历史

Idea, Idee　观念、型相
Ideation　观念化、观念直观
Identifizierung　自证①、认证
Identischsein　同一状态
Identität　同一性
In-der-Welt-sein　在－世界－中－存在、在世界中存在
Indifferenz　漠不相干、浑然不觉
Inhalt　内涵
In-sein　之中－在
Intendiertsein　被意向状态
Intentio　意向行为
intentional　意向式、意向性的
(das) Intentional　意向式存在者
Intentum　意向对象
Interessenahme　起兴
Interpretation　解释

jeweilig　各自的、当下切己的、当下各自的
Jeweiligkeit　切己的当下

Kongjungieren　连接
Konstitution　构成、机括

leben in　亲历
Leermeinen　空意指
Leibhaft　具体有形的、亲身具体的、亲身

---

① Identifizierung 是指通过直观而对被意指者加以充实（Erfüllung）或证实（Ausweisung），而意指与直观都属于同一个意向性的统一体或同一体[参见本书正文第六节，a)、α)："被意指者在作为其本身和作为同一物的被直观者之中得到经验是一种自证（Identifizierung）的行为。被意指者通过被直观者而自证自身；在此人们所经验到的是同一体（Selbigkeit）"]，且 Identifizierung 在字面上又有"对自身同一之物加以辨识"的含义，故此借用佛学唯识宗术语"自证"来翻译它（尽管这里的含义与唯识宗所用的含义并非完全一样）。——译注

的、身体的
Leibhaftigkeit 具体形质、物体形质、身体属性

man 人们、世人、我们、众人
(das) Man 常人、众人
Mannigfaltigkeit 多维流形、多面相、多种多样的……
meinen 意指、表示
Miteinandersein 相互共存、相互共处、共处
Mitdasein 共同此在、共在
Mitgehörigkeit 共属一体
mitmachen 亲证
Mitsein 共在、共处
Mitteilung 共享、传述、交流
Mitverstehen 共同理解
Mitwelt 共同世界
Modifikation 变易、变形、变式、变体、变样
Moment 要素、时机、时刻、机缘、机括

Nach-verstehen 跟随理解、跟从理解
Nähe 切近、近、邻近
Näherung 临近、拉近
Naturding 自然物
Noch nicht 尚未

Objekt 客体、对象
Objektivität 客体属性
offenbar 公开的、敞开的
Öffentlichkeit 公众、公众意见、公开状态
ontisch 实存、实存性、实存状态的、存在物的

Phänomenologie 现象学
Phänomenon 现象
Platz 场位、空场
Plazierung 定位
präsentieren, Präsenz 呈显①

Raum 空间
Räumlichkeit 空间性、空间境界
Realität 实在性
Rede 言说、谈论
Reelles 实项的
(sich-) richten-auf 自身-指-向
Richtung 指向

Sachbestände 事相
Sache 事情、事物、实物、课题、课题内容
Sachgehalt, Sachhaltigkeit 课题内容、事情内容
Sachverhalt 事态
Schein 假象
Schlichtheit 简捷性
schlichtes 简捷的、朴素的、直接的
schuldig (sein) 负罪的
Sein 存在、所是、是、存在(是)、是(存在)、有(存在)、成为、成其为、……之为……
Seindes 存在者、存在物、东西
Sein-bei 寓于某物而存在
(das) Seiendes 存在者、实体
Seinkönnen 能够存在
Sein zu 向……而在
Seinsbezug 存在联系
Seinsverhältnis 存在干系、存在关系
Seinsvollzug 形诸存在
Seinszusammenhang 存在关联
Selbigkeit 同一体
(sich-) selbst-vorweg-sein 先于-自身-存在
Sorge 牵挂、萦系、牵缠、操虑、关切、牵系、期切
Stellungnahme 持态
Stiften 营造、营建
Stimmung 情调
Stufenbau 层级结构

---

① 参见前面对"Appräsentieren, Appräsentation 昭显、昭示"的注解。——译注

Tatbestand　事相、事态
Tatsächlichkeit　事体
Tatbestände　事相
Teilnahme　参与
transzendentes　超越的

"Um"　"寰"
Umgang　打交道
Umgebungganzheit　环境整体
Umhafte　寰围
Umsicht　环顾
Umwelt　寰世
Umweltlichkeit　寰世间
Umweltding　寰世物、寰世之物
Unbestimmtheit　不测性
Unheimlichkeit　惶然失所、无家可归①
ursprünglich　原初的、源始的、源初的、源本的

Verbildlichung　图像化
Verdecken　遮蔽、障蔽
Verfallen　沉沦、没落
Verfassung　枢机、机括
Vergegenwärtigung　观照、当前化
Verhalten　行处应作、行处干连、行为②

Verhältnis　干系、关系
Verhängnis　倒运
Vermeinen　意指
Vernehmen　知觉、知悉
Verräumlichung　空间化
Verstand　理智
Verstehen　理解、领会、参通
Verständnis　理知
Vertrautheit　熟知、熟道、熟悉、熟套、信实
Verweilen　驻留、逗留
Verweisung　指引
Verweisungsbezüge　指引联系
Verweisungsganzheit　指引整体
vollziehen, Vollzug　实现、实行、完成
Vorblick　前瞻
Vorgestellte　被表象者
Vorgestelltsein　被表象状态
Vorgriff　先执
Vorhabe　先有
Vorfindlich　显现物
Vorkommen　生发、现形
vorhanden　现成可见的
Vorhandenheit　现成可见性
Vorhandensein　现成可见状态

---

① 在本书中，"Unheimlichkeit"（惶然失所、无家可归）是与"Angst"（惶恐、不安、惶然）相并举的。——译注

② 虽然德文 Verhalten 与 Akt(行为)有意义重合的地方，但 Akt 是胡塞尔现象学的用语,Verhalten 则是海德格尔所选词的用词，因此还不能简单地用"行为"来译"Verhalten"。Verhalten 有"作出反应、采取态度、处事待人、行为"等义，很难找到一个现成的汉语词与之对应，本书的译法可谓被迫之举。虽然"行处应作"首先和主要地是一个新铸词，但"行处"和"应作"都分别可以在佛学用语中找到来头：在佛教中，"行处"有"行为、对待、行为处事"等义；而"应作"（或"应化"）则意指菩萨为点化众生而因应其不同的种类、根器和境遇来进行示现，由此引申，它就具有了"反应与作为"、"有所反应并应机而作"的含义。历经反复的选择、推敲，我最终觉得"行处应作"这个新铸词才庶几可传原德文词之神。而当海德格尔在"真理是各种行为的一种特定的关联"这个义理上来使用 Verhalten 时，我们就译之为"行处干连"。这里的"干连"意为关系、牵涉，而之所以选用干连，是想传达该词所隐含的超出了单纯认识的"操持"性含义，且能够与"应作"保持一点词义上的沟通。——译注

Vorsicht 先见	Wo 去处、何处
Vorstellung 表象、表象活动	Wohnen 居留
	Wohin 去向
Wahrnehmung 感知	Worin 其间、其中
Wahrnehmungsphase 感知相状	Worumwillen 所欲所求
Wahrgenommene 被感知者	
Wahrgenommenheit 被感知状态	zeitigen, Zeitigung 生成
Wahrgenommensein 被感知状态	Zeitlichkeit 时间性
Was （是）什么	Zeug 工具、器具
Wasgehalt 内容上的是什么	Zu-den-Sach-selbst 面向事情本身
Wahrheit 真理、真相	zugänglich 可通达的、可会通的、可参通的
Wahrsein 成真	Zugänglichkeit 可通达性、参通
Welt 世界	Zugehörigkeit 相互共属
Weltding 世上物	zuhanden 现成可用的
Weltlichkeit 世间性、世间、世间境界	Zuhandenheit 现成可用性
Werkwelt 生产世界	Zuhandensein 现成可用状态
Werkzeug 工具	Zur-Deckung-bringen 达－到－相符
Wertnahme 赋值	Zurückweichen 退避
Wesen 本质	Zusammenhang 关联、关联体、上下文、来龙去脉
Wiederholung 重演	
Wirklichkeit 现实	Zusammengehörigkeit 共属一体
Wirklichsein 成实	Zu-sein 去存在

附录二　古希腊语－汉语词语对照表

（本表中的希腊语汉语译名以本书中的用法为据）

αγαθον　善、善良
δηλουν　使（某物）敞开
διαιοεισ　分析
διαλογεσυαι　对话
ειδεναι　见识
ειδοσ　本相
εποχη　悬搁
εχον　拥有
θεωρειν　理论、理论思考
ιδεα　型相
ιδειν　观念
λεγειν　言说、显明
λεγειν τα φαινομενα　让现象公开显现
λογοσ　逻各斯、说话、言说、道理
λογοσ αποφαντικοσ　陈示性言说
λογοσ σημαντικοσ　意会性言说
λογοσ ψυχησ προσ αυτην　前世灵魂的话语
μεριμνα　忧心、不安
μηον　情志
νοειν　意向行为
νουμενον　本质
ζωον　生命
ονσια　存在（者）、在场（者）、现形（者）、实体
προτερον　在先的
ποιον　性质
ποσον　数量
που　地方
πραγματα　实物
σωματα　有形物体
ποτε　时间
προσ τι　关系
σημαντικοσ　意会
συνθεσισ　综合
ταοντα　存在者
ψυσισ　本性
ψυχη　灵魂
φαινομενον　现象
φαινεσθαι　显现
φαινω　显明
φαινομενον αγαθον　善的外观
φροντισ　关心、担忧
φωνη　声音
φωνη ηετα φαντασιασ　后于视像的声音
φαινεθαι　可显现者、可成像者
φαντασια　视像
φωνη σημαντικη　形诸音声者

附录三 拉丁语-汉语词语对照表

（本表中的拉丁语汉语译名以本书中的用法为据）

adaequare 应和
adaequatio 相符
anima 生命、灵魂
assertoric 实在的
cogito 我思
cogito sum 我思故我在
cogitare 我思者
Cura 牵挂（女神）
De facto 根据实情
essentia 本质
existentia 存在
flatus vocis 人声之吹息、"空洞的名号"
innan 居留
habitare 居住
ann 我居留于……、我与……相亲熟、我护持某物
habito 居留
diligo 勤劳
colo 培植
divisio 部分
extensio 广延
figura 形态
hic et nunc 此时此地的
homo animal rationale 人是理性的生物
inspectio sui 内在的反思
Individuum 个体
intellectio 理性
intellectus 理解
Intentio 意向行为
Intentum 意向对象
mathesis universalis 一般原理

locus 位置
Matrix 基质
moribundus 将死的
motus 运动
Noesis 意向行为
nulla re indiget ad existendum 无需存在者也可达到存在
perceptio 感知
perceptione simultanea 同时性感知
perfectio 完满的
perfectio 完满者
die perfectio entis 完满的存在者
a posteriori 后天的
prius 以前的
proprietas sensatio 感性属性
Prolegomena 引导、引论
quantum 数量
res 存在物
res cogitans 思维的存在、精神的实体、我思者、精神存在者
res extensa 广延的存在
sollicitudo 不安、操虑
spatium 空间
species 种类
substantia corporea 物体实体
substantia creata 被创造实体
sum 我在
sum cogito 我在故我思
sum moribundus 我在故我死
Teomorphismus 神性比喻
vaccum 虚空
Vulgata 传道

图书在版编目(CIP)数据

时间概念史导论/(德)海德格尔著;欧东明译.—北京:商务印书馆,2009(2016.11重印)
(中国现象学文库·现象学原典译丛)
ISBN 978-7-100-05797-4

Ⅰ.时… Ⅱ.①海… ②欧… Ⅲ.①现象学-研究 ②时间哲学-研究 Ⅳ.B089 B016.9

中国版本图书馆 CIP 数据核字(2008)第 033941 号

所有权利保留。
未经许可,不得以任何方式使用。

中国现象学文库
现象学原典译丛

时间概念史导论

〔德〕马丁·海德格尔 著
欧东明 译

商务印书馆出版
(北京王府井大街36号 邮政编码100710)
商务印书馆发行
北京市白帆印务有限公司印刷
ISBN 978-7-100-05797-4

2009年1月第1版　开本 880×1230　1/32
2016年11月北京第3次印刷　印张 15⅛
定价:42.00元